中国迁地栽培植物大全

第七卷

（Guttiferae 藤黄科～Leguminosae 豆科）

黄宏文　主编

科学出版社

北　京

内 容 简 介

植物园是采集、栽培、保存、展示多种多样植物的主要园地，为了让人们对植物园迁地栽培植物有更直观的认识，《中国迁地栽培植物大全》将以系列丛书的形式，以迁地栽培植物的简要文字描述并配以彩色照片的编排陆续出版。本书内容包括植物的中文名、拉丁名、鉴定特征、图片。鉴于植物园引种历史长、原始记录通常与分类学修订不同步，本书对种的核校本着“尊重史实、与时俱进”的原则，按现在分类学修订的进展，适当加以调整归类。书中介绍的植物种类每个科内按属、种拉丁名的字母顺序排序。为了便于查阅，书后附有中文名索引和拉丁名索引。

本卷共记录中国植物园迁地栽培植物 21 科，338 属，1445 种（含种下分类单元），并附有 1401 张植物迁地栽培状况的照片，以方便读者使用。

本书可供农林业、园林园艺、环境保护、医药卫生等相关学科的科研和教学人员，以及政府决策与管理部门的相关人员参考。

图书在版编目（CIP）数据

中国迁地栽培植物大全. 第7卷 / 黄宏文主编. —北京：科学出版社，2017.11

ISBN 978-7-03-045966-4

Ⅰ. ①中… Ⅱ. ①黄… Ⅲ. ①引种栽培－植物志－中国 Ⅳ. ①Q948.52

中国版本图书馆CIP数据核字（2015）第241823号

责任编辑：王 静 娇天扬 / 责任校对：李 影
责任印制：肖 兴 / 封面设计：刘新新

科学出版社 出版
北京东黄城根北街16号
邮政编码：100717
http://www.sciencep.com

北京利丰雅高长城印刷有限公司 印刷

科学出版社发行 各地新华书店经销

*

2017年11月第 一 版 开本：880×1230 A4
2017年11月第一次印刷 印张：28 1/4
字数：926 000

定价：328.00元

（如有印装质量问题，我社负责调换）

《中国迁地栽培植物大全》
（第七卷）
编者名单

主　编： 黄宏文

主　审： 叶华谷　邓云飞　刘兴剑

副主编： 廖景平　张　征　曾小平　余倩霞　陈　磊　王少平
杨科明　陈新兰　彭晓明　许炳强　张玲玲　彭彩霞
韦　强　湛青青　谢思明

数据来源：

中国科学院华南植物园（SCBG）
中国科学院西双版纳热带植物园（XTBG）
中国科学院植物研究所（IBCAS）
中国科学院武汉植物园（WHIOB）
中国科学院昆明植物研究所（KIB）
中国科学院新疆生态与地理研究所（XJB）
江西省中国科学院庐山植物园（LSBG）
江苏省中国科学院植物研究所（CNBG）
深圳市仙湖植物园（SZBG）
广西植物研究所（GXIB）
中国科学院沈阳应用生态研究所（IAE）
厦门市园林植物园（XMBG）

编校人员： 湛青青　彭彩霞

数据库技术支持： 张　征　黄逸斌

本书承蒙以下项目的大力支持：

植物园迁地保护植物编目及信息标准化（No.2009YF120200）
植物园迁地栽培植物志编撰（No.2015FY210100）
广东省数字植物园重点实验室

Preface

前言

中国是世界上植物多样性最丰富的国家之一，有高等植物 33 000 多种。中国还有着农作植物、药用植物及园艺植物等摇篮之称，几千年的农耕文明孕育了众多的栽培植物种质资源，是全球植物资源的宝库，对人类经济社会的可持续发展具有极其重要的意义。

在数百年的发展历程中，植物园一直是调查、采集、鉴定、引种、驯化、保存和推广利用植物的专门科研机构和普及植物科学知识并供公众游憩的园地。植物园各类植物的收集栽培及其“同园”栽培对比观察工作的开展，既为植物分类学和基础生物学研究提供丰富翔实的活体植物生长发育材料，也为基础生物学提供可靠的原始数据，对基础植物学的研究举足轻重；同时，又为人们认识大千植物世界提供了一个绝佳的观赏涉猎场所。基于活植物收集的植物园研究工作具有多学科综合的特征，既对基础生物学研究具有重要意义，也与经济繁荣、社会发展和人类日常生活密切相关。

植物园在植物引种驯化、资源发掘和开发利用上具有悠久的历史。传承了几个世纪以来，植物园科学研究的脉络和成就，在近代植物引种驯化、传播栽培及作物产业国际化进程中发挥了重要作用，特别是对经济植物的引种驯化和传播栽培，对近代农业产业发展、农产品经济和贸易、国家或区域经济社会发展的推动作用更为明显，如橡胶、茶叶、烟草及众多的果树、蔬菜、药用植物、园艺植物等。人类对植物的引种驯化有千百年的历史，与人类早期文明史密切相关，曾对世界四大文明古国——中国、古埃及、古巴比伦和古印度的历史进程产生了巨大的影响。尤其是哥伦布发现美洲新大陆以来的 500 多年，美洲植物引种驯化及其广泛传播和栽培，深刻地改变了世界农业生产的格局，对促进人类社会文明进步产生了深远影响。植物的引种驯化在促进农业发展、食物供给、人口增长、经济社会进步中发挥了不可估量的重要作用，是人类农业文明及后续工业文明发展的源动力。

一个基因可以左右一个国家的经济命脉，一个物种可以影响一个国家的兴衰存亡。植物资源是人类赖以生存和发展的基础，是维系人类经济社会可持续发展的根本保障，数以万计的植物蕴涵着解决人类生存与可持续发展必需的衣、食、住、行所依赖的资源需求的巨大潜力。植物园收集、保存的植物资源材料，是构成国家植物资源本底、基础数据和国家生物战略储备的重要组成部分，也是国家植物多样性保护和可持续利用的源头资源。

随着我国经济社会的发展，我国植物园也担负起越来越重要的使命。中国植物园不仅在植物学研究和引种驯化方面发挥着重要的作用，在迁地保护中也起到了关键作用。我国有约 160 个植物园，遍布祖国大江南北、长城内外，覆盖我国主要的植物地理区系。特别是中国科学院所属的 16 个植物园，建园历史长、研究积累丰富、区域代表性强，在专科、专属、专类植物的引种收集方面具有系统性强、资料丰富、数据翔实的长期基础数据积累和系统整理成就。我国植物园现有迁地栽培高等维管植物约 396 个科、3633 个属、23 340 个种（含种下分类单元），其中我国本土植物有 288 科、2911 属、约 20 000 种，分别占我国本土高等植物科的 91%、属的 86%、物种数的 60%。有些植物已野外绝灭，在植物园得以栽培保存，植物园已成为名副其实的“诺亚方舟”，为回归引种及野生居群恢复重建奠定了坚实的基础。同时，我国植物园从世界 62 个国家和地区引种了几千种植物，于高山之巅、沙漠之腹、雨林之丛、冰雪之下广集世界奇花异卉。

诚然，我国植物园的植物引种栽培在近100年发展历程中取得了长足的发展，但目前还不能满足我国生物产业快速发展的需要，无论从基础数据、评价发掘，还是从产业化利用方面，都滞后于国家经济社会发展的需求。从国家层面，明确战略植物资源的功能定位、科学研究方向、技术产品研发策略、经济社会服务职能，将有助于植物园植物资源收集保藏、发掘利用和公共服务能力的提升，确保国家未来植物资源可持续利用。我国迁地栽培植物的系统整理、评价、发掘、利用仍任重道远。全面开展我国植物园植物多样性基础数据资料的梳理与评估，加强各植物园间的信息联系和数据共享，建立国家层面的植物收集信息共享平台，有助于建立和完善国家植物园体系，统一规划全国植物园的引种保存，提升植物园迁地保护的科学研究水平，对配合国家对生物多样性的保护战略与行动计划，有效保护和发掘利用植物资源有着非常重要的促进作用。

为了让人们对植物园迁地栽培植物有更直观的认识，本书将以系列丛书的形式，以迁地栽培植物的简要文字描述并配以彩色照片的编排陆续出版。本系列丛书在编排过程中得到单位同事和全国各地同行的帮助和支持，在此深表谢意。因我们学术水平有限，本书疏漏和不当之处在所难免，敬请社会各界人士批评指正。

黄宏文

2015年7月22日

Contents

目录

Guttiferae 藤黄科

该科共计 62 种，在 11 个园中有种植

乔木或灌木，稀为草本，在裂生的空隙或小管道内含有树脂或油。叶为单叶，全缘，对生或有时轮生，一般无托叶。花序各式，聚伞状或伞状，或为单花；小苞片通常生于花萼之紧接下方，与花萼难以区分。花两性或单性，轮状排列或部分螺旋状排列，通常整齐，下位。萼片 (2)4~5(6)，覆瓦状排列或交互对生，内部的有时花瓣状。花瓣 (2)4~5(6)，离生，覆瓦状排列或旋卷。雄蕊多数，离生或成 4~5(10) 束，束离生或不同程度合生。子房上位，通常有 5 个或 3 个多少合生的心皮，1~12 室，具中轴或侧生或基生的胎座；胚折在各室中 1 枚至多数，横生或倒生；花柱 1~5 枚或不存在；柱头 1~12 枚，常呈放射状。果为蒴果、浆果或核果；种子 1 颗至多颗。

Calophyllum 红厚壳属

该属共计 3 种，在 3 个园中有种植

Calophyllum inophyllum L. **红厚壳**

乔木。叶片厚革质，宽椭圆形或倒卵状椭圆形，稀长圆形，两面具光泽。总状花序或圆锥花序近顶生，长在 10cm 以上；花两性，白色；花梗长 1.5~4cm；花 4 数。果圆球形，无尖头。（栽培园地：SCBG, XTBG, XMBG）

Calophyllum inophyllum 红厚壳（图 1）

Calophyllum inophyllum 红厚壳（图 2）

Calophyllum membranaceum Gardn. et Champ. **薄叶红厚壳**

灌木至小乔木。幼枝四棱形，具狭翅。叶片薄革质，长圆形或长圆状披针形。聚伞花序腋生，长 2.5~3cm；花白色略带浅红色；花梗长 5~8mm，无毛；花 4 数。果卵状长圆球形，顶端具短尖头。（栽培园地：SCBG, XTBG）

Calophyllum polyanthum Wall. ex Choisy **滇南红厚壳**

乔木。幼枝被灰色微柔毛。叶片革质，长圆状椭圆形或卵状椭圆形，稀披针形，长 5.5~9.5cm，宽 2.5~4.3cm，顶端渐尖，钝头，基部锐尖或楔形，下延成翼。圆锥花序或总状花序；花梗密被锈色微柔毛。果椭圆球形，顶端具尖头。（栽培园地：XTBG）

Clusia 书带木属

该属共计 1 种，在 1 个园中有种植

Clusia rosea Jacq. **书带木**

乔木。枝条圆形，无毛。叶片厚革质，倒卵形，顶端圆，基部楔形，叶面绿色或具乳黄色斑块。花白色略带粉红色。蒴果卵球形。（栽培园地：XTBG）

Cratoxylum 黄牛木属

该属共计 2 种，在 4 个园中有种植

Cratoxylum cochinchinense (Lour.) Bl. **黄牛木**

落叶灌木或乔木，全株无毛。叶片椭圆形至长椭圆形或披针形。聚伞花序腋生及顶生。花瓣粉红色、色至红黄色，倒卵形，基部无鳞片。雄蕊束长 4~8mm。

Cratoxylum cochinchinense 黄牛木（图 1）

Cratoxylum cochinchinense 黄牛木（图 2）

下位肉质腺体盔状，顶端反曲。蒴果椭圆形。（栽培园地：SCBG, XTBG, SZBG, GXIB）

Cratoxylum formosum (Jacq.) Benth. et Hook. f. ex Dyer **越南黄牛木**

落叶灌木或乔木，全株无毛。叶片椭圆形或长圆形。团伞花序生于落叶痕腋内。花瓣倒卵形或倒卵状长圆形，基部有鳞片。雄蕊束纤细。下位肉质腺体舌状向上渐狭。蒴果椭圆形。（栽培园地：XTBG）

Garcinia 藤黄属

该属共计 25 种，在 8 个园中有种植

Garcinia bracteata C. Y. Wu ex Y. H. Li **大苞藤黄**

乔木。叶片革质，卵形、卵状椭圆形或长圆形。花杂性，异株；聚伞花序通常腋生；总梗先端具苞叶 2 枚，苞叶革质；雄花能育雄蕊花丝连合成杯状；雌蕊柱头边缘具不规则的浅裂。果卵球形。（栽培园地：WHIOB, XTBG）

Garcinia celebica L. **黄萼藤黄**

乔木。叶片椭圆形或卵状披针形。花杂性，同株，簇生；花萼和花梗黄色；萼片 2 大 2 小；花瓣等大。（栽培园地：XTBG）

Garcinia cowa Roxb. ex Choisy **云树**

乔木。叶片披针形或长圆状披针形。花单性，异株。雄花伞形排列成簇生状；萼片等大，花瓣黄色，雄蕊多数，花丝合生成 1 束，无退化雌蕊。雌花通常单生叶腋；子房外面具 4~8 棱。果卵球形。（栽培园地：SCBG, XTBG）

Garcinia dulcis (Roxb.) Kurz **爪哇凤果**

乔木。叶片椭圆形或卵状披针形。花杂性，同株，聚伞花序腋生；花橙黄色；萼片 3 大 2 小；花瓣等大。果球形，顶端浑圆，成熟时深红色。（栽培园地：XTBG）

Garcinia erythrosepala Y. H. Li **红萼藤黄**

乔木。叶片椭圆形、倒披针形或椭圆状披针形，侧脉 5~8 对。花单性、异株。雄花 2~5 朵簇生枝条顶端；花萼和花梗紫红色，萼片等大；雄蕊合成 1 束。雌花和果未见。（栽培园地：WHIOB, XTBG）

Garcinia esculenta Y. H. Li **山木瓜**

乔木。叶片纸质，椭圆形、卵状椭圆形或长圆状椭圆形。花单性，异株。雄花序聚伞状，生于嫩枝顶端；萼片 2 大 2 小；花瓣淡黄色，3 大 1 小；雄蕊花丝聚合成 1 束，无退化雌蕊。雌花柱头具多数乳头状瘤突。果大，

成熟时卵球形。（栽培园地：XTBG）

Garcinia gummi-gutta (L.) Roxb. **藤黄果**

乔木。叶片椭圆形或卵状披针形。花杂性，同株，圆锥状聚伞花序；花橙黄色；萼片2大2小；花瓣等大；雄蕊花丝基部联合成1束。果扁球形，具沟槽。（栽培园地：KIB）

Garcinia hanburyi Hook. f. **藤黄**

乔木。叶片卵形或卵状椭圆形。聚伞花序腋生；萼片和花瓣4枚。果圆球形。（栽培园地：XTBG）

Garcinia indica (Thouars) Choisy **印度藤黄**

乔木。叶片椭圆形或卵状披针形。花杂性，雄花为聚伞花序；萼片2大2小；花瓣等大。果球形，顶端浑圆，成熟时暗红色。（栽培园地：XTBG）

Garcinia kwangsiensis Merr. **广西藤黄**

乔木。叶片卵状披针形或长圆状披针形；叶柄长1~1.5cm。花杂性，异株。雄花序为极短的聚伞状，腋生；花萼裂片2大2小；花瓣淡黄色，等大；能育雄蕊的花丝联合成4束。雌蕊柱头无乳头状瘤突。果圆球形。（栽培园地：SCBG）

Garcinia kwangsiensis 广西藤黄（图1）

Garcinia kwangsiensis 广西藤黄（图2）

Garcinia kwangsiensis 广西藤黄（图3）

Garcinia lancilimba C. Y. Wu ex Y. H. Li **长裂藤黄**

小乔木。叶片卵状披针形、长圆状披针形或披针形。花杂性，同株，通常单生或有时成对，腋生；花被裂片4片；雄蕊4束；柱头全缘。果圆球形。（栽培园地：XTBG）

Garcinia mangostana L. **山竹**

小乔木。叶片具光泽，椭圆形或椭圆状矩圆形。雄花2~9朵簇生枝条顶端，雄蕊合生成4束；柱头5~6深裂。果成熟时紫红色，有种子4~5粒，白色假种皮瓢状多汁。（栽培园地：XTBG, XMBG）

Garcinia multiflora Champ. ex Benth. **木竹子**

乔木或灌木。叶片卵形、长圆状卵形或长圆状倒卵形。花杂性，同株。雄花序成聚伞状圆锥花序式；萼片2大2小，花丝合生成4束。柱头盾形，光滑。果卵圆形至倒卵圆形。（栽培园地：SCBG, WHIOB, KIB, XTBG, CNBG, GXIB）

Garcinia nujiangensis C. Y. Wu et Y. H. Li **怒江藤黄**

乔木。叶片披针形，卵状披针形或长圆状披针形。花杂性，异株。雄花序为极短的聚伞状，腋生；花萼等

Garcinia multiflora 木竹子（图 1）

Garcinia multiflora 木竹子（图 2）

Garcinia multiflora 木竹子（图 3）

大；能育雄蕊的花丝联合成 4 束。雌蕊柱头 4 裂。果成熟时圆球形。（栽培园地：KIB, XTBG）

Garcinia oblongifolia Champ. ex Benth. **岭南山竹子**

乔木或灌木。叶片长圆形、倒卵状长圆形至倒披针形。花小，单性，异株，单生或成伞形聚伞花序。雄花萼片等大，淡绿色；雄蕊合生成 1 束，无退化雌蕊。雌花柱头上面具乳头状瘤突。浆果卵球形。（栽培园地：SCBG, XTBG, SZBG）

Garcinia oblongifolia 岭南山竹子

Garcinia oligantha Merr. **单花山竹子**

灌木。叶片长圆状椭圆形至披针形，稀卵形。花杂性，异株。雄花未见。雌花单生叶腋，花萼裂片 2 大 2 小；花瓣等大；退化雄蕊 12 枚，花丝基部连合成浅杯状；柱头具乳头状瘤突。果纺锤形或狭椭圆形。（栽培园地：WHIOB）

Garcinia paucinervis Chun et How **金丝李**

乔木。叶片嫩时紫红色，椭圆形、椭圆状长圆形或卵状椭圆形。花杂性，同株。雄花的聚伞花序腋生和顶生；花萼裂片 4 枚；花瓣黄色；雄蕊合生成 4 裂的环。雌花柱头全缘。果成熟时椭圆形。（栽培园地：SCBG,

Garcinia paucinervis 金丝李（图 1）

Garcinia paucinervis 金丝李（图 2）

Garcinia paucinervis 金丝李（图 3）

XTBG, GXIB）

Garcinia pedunculata Roxb. ex Buch.-Ham. **大果藤黄**

乔木。叶片椭圆形、倒卵形或长圆状披针形。花杂性，异株，4 基数；雄花序顶生的圆锥状聚伞花序；花梗长 3~7cm；萼片等大；雄蕊合生成 1 束；雌花柱头上面具乳头状瘤突。果大，扁球形。（栽培园地：XTBG）

Garcinia spicata Hook. f. **福木**

乔木。小枝具 4~6 棱。叶片卵形、卵状长圆形或椭圆形。花杂性，同株，5 数；簇生或单生于落叶腋部，

Garcinia spicata 福木（图 1）

Garcinia spicata 福木（图 2）

雄花成假穗状；雄花萼片2大3小；雄蕊合生成5束；柱头5深裂，无瘤突。浆果宽长圆形。（栽培园地：SCBG, XTBG）

Garcinia subelliptica Merr. **菲岛福木**

乔木。小枝具4~6棱。叶片卵形、卵状长圆形或椭圆形，稀圆形。花杂性，同株，5数；簇生或单生于落叶腋部，雄花成假穗状；雄花萼片2大3小；雄蕊合生成5束；柱头5深裂，无瘤突。浆果宽长圆形。（栽培园地：SCBG, XTBG, SZBG）

Garcinia subelliptica 菲岛福木（图1）

Garcinia subelliptica 菲岛福木（图2）

Garcinia tetralata C. Y. Wu ex Y. H. Li **双籽藤黄**

乔木。叶片椭圆形或狭椭圆形，稀卵状椭圆形，侧脉13~16对；叶柄长0.8~1.2cm。果圆球形，近无柄，宿存柱头具乳头状瘤突。（栽培园地：XTBG）

Garcinia tonkinensis Vesque **油山竹**

乔木。叶片椭圆形或倒卵状披针形。花杂性，异株。雄花序为腋生的聚伞花序；花萼等大；雄蕊的花丝联合成4束。雌蕊柱头4裂。果卵球形，宿存柱头具乳

Garcinia tonkinensis 油山竹（图1）

Garcinia tonkinensis 油山竹（图2）

Garcinia tonkinensis 油山竹（图 3）

Garcinia xanthochymus 大叶藤黄（图 2）

头状瘤突。（栽培园地：SCBG, XTBG, SZBG）

Garcinia xanthochymus Hook. f. ex T. Anders. **大叶藤黄**

乔木。叶两行排列，叶片椭圆形、长圆形或长方状披针形。伞房状聚伞花序，腋生或从落叶叶腋生出；花两性，5 数；萼片和花瓣 3 大 2 小。浆果圆球形或卵球形，顶端突尖，有时偏斜。（栽培园地：SCBG, KIB, XTBG, SZBG, GXIB）

Garcinia xanthochymus 大叶藤黄（图 1）

Garcinia xishuanbannaensis Y. H. Li **版纳藤黄**

乔木。叶片椭圆形，椭圆状披针形或卵状披针形。花杂性，同株，圆锥状聚伞花序顶生，稀腋生；花梗长 0.8~1.2cm；萼片 2 大 2 小；雄蕊花丝基部联合成 1 轮，柱头上面近瘤突状。果成熟时直径 4~5cm，圆球形。（栽培园地：XTBG）

Garcinia yunnanensis Hu **云南藤黄**

乔木。叶片倒披针形、倒卵形或长圆形。花杂性，异株。雄花为顶生或腋生的圆锥花序；花直径 0.8~1cm；萼片等大；雄蕊合生成 4 束。子房 4 室。幼果椭圆形，柱头宿存。（栽培园地：XTBG）

Hypericum 金丝桃属

该属共计 27 种，在 10 个园中有种植

Hypericum acmosepalum N. Robson **尖萼金丝桃**

灌木，茎直立。叶排列在一个平面上，叶柄长 0.5~1mm；叶片长圆形至狭椭圆形，有明显而通常连续的近边缘脉。花直径 3~5cm。萼片在花蕾及结果时多少外弯。花瓣深黄色。（栽培园地：WHIOB）

Hypericum androsaemum L. **浆果金丝桃**

灌木，茎直立。叶排列成 4 行，叶片宽卵形至卵状披针形，先端渐尖或急尖。萼片在花蕾及结果时直立，先端急尖。花瓣黄色，倒卵形至倒卵状圆形；花柱 3 枚。（栽培园地：KIB, XJB）

Hypericum ascyron L. **黄海棠**

多年生草本。叶无柄，叶片披针形、长圆状披针形、长圆状卵形至椭圆形、狭长圆形，基部楔形或心形而抱茎。顶生伞房状至狭圆锥状花序。花直径 (2.5)3~8cm。萼片卵形或披针形。花瓣黄色，倒披针形，十分弯曲，宿存。雄蕊 5 束。花柱 5 枚。（栽培园地：IBCAS,

Hypericum androsaemum 浆果金丝桃（图 1）

Hypericum androsaemum 浆果金丝桃（图 2）

WHIOB, LSBG, CNBG, SZBG）

Hypericum attenuatum Fisch. ex Choisy **赶山鞭**

多年生草本。茎有 2 条纵线棱，散生黑色腺点。叶片卵状长圆形或卵状披针形至长圆状倒卵形，下面散生黑色腺点。顶生近伞房状或圆锥花序。萼片卵状披针形，先端锐尖。花瓣淡黄色。雄蕊 3 束。花柱 3 枚。蒴果具条状腺斑。（栽培园地：IBCAS）

Hypericum augustinii N. Robson **无柄金丝桃**

灌木。叶对生，全部或上部叶无柄；叶片长圆状披针形或长圆状卵形至宽卵形，下面无可见的第三级脉网。花序近伞房状。花直径 4~6.6cm。花瓣暗至亮金黄色。雄蕊 5 束。花柱直立至略叉开。（栽培园地：XTBG）

Hypericum ascyron 黄海棠

Hypericum beanii N. Robson **栽秧花**

直立灌木。茎初时具 4 棱。叶排列成 4 行，叶片狭椭圆形或长圆状披针形至披针形或卵状披针形，主侧

Hypericum beanii 栽秧花（图 1）

Hypericum beanii 栽秧花（图 2）

脉序（通常模糊）开放，第三级脉序不明显网状。萼片卵形至长圆状卵形或宽卵形，先端锐尖至钝形，全缘或上方有细小齿。花瓣金黄色，小尖突先端钝形至圆形。雄蕊长为花瓣的 1/2~7/10。花柱长为子房的 3/5 至与其相等。（栽培园地：KIB）

Hypericum bellum Li. **美丽金丝桃**

灌木。茎初时具 4 纵线棱。叶片卵状长圆形或宽菱形至近圆形，先端钝形或微凹，主侧脉序（通常明显）闭合，第三级脉序较为密网状。花序近伞房状。花直径 2.5~3.5cm，盃状；花蕾先端钝形至圆形。萼片在花蕾及结果时直立，狭椭圆形至倒卵形，先端圆形，边缘全缘。花瓣金黄色至奶黄色。（栽培园地：KIB）

Hypericum bellum 美丽金丝桃

Hypericum canariense L. **加拿利金丝桃**

灌木。叶无柄；叶排列成 4 行，叶片椭圆状披针形至卵形，先端锐尖或渐尖至圆形。花蕾先端钝形至圆形。萼片在花蕾及结果时直立，狭椭圆形。花瓣深黄色。（栽培园地：SCBG）

Hypericum canariense 加拿利金丝桃

Hypericum choisianum Wall. ex N. Robson **多蕊金丝桃**

灌木。茎直立至开张。叶柄长 2~4mm；叶排列成 4 行，叶片三角状披针形或稀为三角状卵形至卵形，先端锐尖或渐尖至钝形或稀为圆形。花序近伞房状。花浅盃状。萼片在花蕾及结果时开张至下弯，先端锐尖

Hypericum choisianum 多蕊金丝桃（图 1）

Hypericum choisianum 多蕊金丝桃（图 2）

至具小尖突。花瓣深金黄色，宽倒卵形至倒卵状圆形。雄蕊长为花瓣的 1/3~2/5。蒴果卵珠状圆锥形至近圆球形。（栽培园地：WHIOB）

Hypericum densiflorum Pursh **密花金丝桃**

落叶灌木。叶近无柄；叶片狭长圆形至披针形，散布多数透明松脂状腺点，边缘内卷，主侧脉纤弱。花序在长枝和侧枝上顶生。花蕾先端钝圆。萼片 5 枚，在花蕾及结果时开张或外弯。花瓣金黄色。花柱合生至顶端。（栽培园地：LSBG）

Hypericum densiflorum 密花金丝桃

Hypericum elodeoides Choisy **挺茎遍地金**

多年生草本。茎圆柱形。叶近无柄；叶片披针状长圆形至长圆形，边缘疏生黑色腺点，全面散布多数透明松脂状腺点。花序于茎及分枝上顶生，苞片及小苞片边缘有小刺齿，齿端有黑色腺体。萼片 5 枚，边缘有小刺齿，齿端有黑色腺体。花瓣倒卵状长圆形。雄蕊 3 束。花柱 3 枚，长为子房的 2 倍或 2 倍以上。（栽培园地：LSBG）

Hypericum erectum Thunb. ex Murr. **小连翘**

多年生草本。茎圆柱形。叶无柄，叶片长椭圆形至长卵形，边缘全缘，近边缘密生腺点。花序顶生，常具腋生花枝。萼片 5 枚，全缘，边缘及全面具黑色腺点。花瓣黄色，上半部有黑色点线。雄蕊 3 束。（栽培园地：LSBG）

Hypericum forrestii (Chittenden) N. Robson **川滇金丝桃**

灌木。茎红至橙色，幼时 4 棱形且略呈两侧压扁，很快呈圆柱形。叶排列成 4 行；叶片披针形或宽卵形，主侧脉 4~5 对，第三级脉网模糊。花序近伞房状。花蕾先端钝形至圆形。萼片卵形或宽椭圆形至近圆形，先端圆形或偶有小尖突。花瓣金黄色，小尖突先端圆形。雄蕊 5 束。（栽培园地：KIB）

Hypericum henryi Lévl. et Van. **西南金丝梅**

灌木。茎具 4 纵线棱及两侧压扁，最后具 2 纵线棱或圆柱形。叶排列在一个平面上，叶片卵状披针形或稀为椭圆形至宽卵形，先端锐尖。花盃状；花蕾卵珠形至近圆球形，先端钝形至圆形。萼宽长圆形或宽椭圆形至宽卵形或圆形，在花蕾及结果时直立，边缘全缘至具啮蚀状小齿，透明。花瓣金黄色或暗黄色。（栽培园地：WHIOB, KIB）

Hypericum henryi 西南金丝梅（图 1）

Hypericum henryi 西南金丝梅（图 2）

Hypericum humifusum L. **匍伏金丝桃**

多年生草本。茎匍匐，具2纵线棱。叶片卵状披针形至狭椭圆形，散生透明腺点。花序顶生。花蕾卵珠形，先端锐尖。萼片披针形至狭椭圆形，先端钝圆。花瓣黄色。花柱3枚。（栽培园地：XTBG）

Hypericum japonicum Thunb. **地耳草**

一年生或多年生草本。茎具4纵线棱。叶无柄，叶片卵形至长圆形或椭圆形，基部心形抱茎至截形，散布透明腺点。花蕾圆柱状椭圆形，先端钝形。萼片狭长圆形或披针形至椭圆形，边缘无腺点。花瓣白色、淡黄色至橙黄色。雄蕊5~30枚，不成束。花柱3枚。（栽培园地：SCBG, KIB, XTBG, LSBG, GXIB）

Hypericum japonicum 地耳草（图1）

Hypericum japonicum 地耳草（图2）

Hypericum longistylum Oliv. **长柱金丝桃**

灌木。茎直立。叶近无柄或具短柄；叶片狭长圆形至椭圆形或近圆形，长1~3.1cm，中脉分枝和第三级脉网几不可见。花序1花，在短侧枝上顶生。花瓣金黄色至橙色。子房具柄；花柱合生几达顶端后开张。蒴果略具柄。（栽培园地：WHIOB）

Hypericum monogynum L. **金丝桃**

灌木。茎直立。叶无柄或具短柄；叶片倒披针形或椭圆形至长圆形，长3~11cm，基部楔形至圆形，第三级脉网密集。花序具1~30花，顶生。花瓣金黄色至柠檬黄色。雄蕊5束。花柱长为子房的3.5~5倍，合生几达顶端。（栽培园地：SCBG, WHIOB, KIB, LSBG, CNBG, GXIB）

Hypericum monogynum 金丝桃（图1）

Hypericum monogynum 金丝桃（图2）

Hypericum patulum Thunb. **金丝梅**

灌木。枝条开张，多叶。茎很快具2纵线棱。叶具柄；叶片披针形或长圆状披针形至卵形或长圆状卵形，先端钝形至圆形，具小尖突，第三级脉网稀疏而几不可见。花蕾先端钝形。萼片在花蕾及果时直立，宽卵形或宽椭圆形，边缘啮蚀状小齿，膜质。花瓣金黄色。蒴果长9~11mm。（栽培园地：WHIOB, LSBG）

Hypericum perforatum L. **贯叶连翘**

多年生草本。茎有2纵线棱。叶无柄，椭圆形至线形，全面散布黑色腺点。二歧状聚伞花序组成顶生圆锥花序。萼片5枚，长圆形或披针形，先端渐尖至锐尖，边缘有黑色腺点。花瓣黄色。雄蕊3束。花柱3枚。蒴果具背生腺条及侧生黄褐色囊状腺体。（栽培园地：IBCAS, WHIOB, CNBG）

Hypericum przewalskii Maxim. **突脉金丝桃**

多年生草本。茎圆柱形。叶无柄，叶片为倒卵形、卵形或卵状椭圆形，侧脉与中脉在下面凸起。顶生聚伞花序。花直径约2cm；花蕾先端锐尖。萼片直伸。花瓣长圆形，稍弯曲。雄蕊5束。花柱5枚。（栽培园地：WHIOB）

Hypericum pseudohenryi N. Robson **北栽秧花**

灌木。茎直立，具4棱。叶排列成4行，叶具柄；叶片卵形或卵状长圆形，先端圆形，中脉在上方分枝，第三级脉网稀疏并且模糊。萼片卵状长圆形，先端锐尖至钝形。花瓣金黄色，小尖突先端钝形。雄蕊长约为花瓣的4/5。花柱长于子房，近直立至略叉开。（栽培园地：KIB）

Hypericum sampsonii Hance **元宝草**

多年生草本。茎圆柱形。叶对生，基部完全合生而

Hypericum sampsonii 元宝草（图1）

Hypericum sampsonii 元宝草（图2）

Hypericum sampsonii 元宝草（图3）

茎贯穿其中，散生透明或黑色腺点。花序顶生。萼片5枚，全缘，散布淡色或黑色腺点。花瓣淡黄色，有黑色腺点。雄蕊3束。花柱3枚。蒴果有囊状腺体。（栽培园地：WHIOB, KIB, LSBG, CNBG, GXIB）

Hypericum seniawinii Maxim. **密腺小连翘**

多年生草本。茎圆柱形。叶近无柄；叶片长圆状披针形至长圆形，基部浅心形且略抱茎。花序顶生；苞片及小苞片边缘具黑色腺点。萼片长圆状披针形，先端锐尖，边缘有成行的黑色腺点；花瓣上部及边缘疏布黑色腺点。雄蕊3束。花柱3枚。蒴果无囊状腺体。（栽培园地：LSBG）

Hypericum seniawinii 密腺小连翘

Hypericum subsessile N. Robson **近无柄金丝桃**

灌木。茎直立。叶排列在一个平面，近无柄；叶片狭椭圆形，第三级脉网稀疏不明显。花直径3.5~4.5cm；萼片在花蕾时外弯，结果时外折。花瓣亮黄色。雄蕊5束。花柱离生，短于子房。（栽培园地：KIB）

Hypericum uralum Buch.-Ham. ex D. Don **匙萼金丝桃**

灌木。茎直立而拱弯，多叶，两侧压扁。叶具柄；

Hypericum uralum 匙萼金丝桃

叶片披针形或卵形，先端锐尖至圆形具小尖突，第三级脉网几不可见。花蕾先端钝形至圆形。萼片长圆形或椭圆形至倒卵状匙形，先端圆形或钝形，边缘全缘。花瓣金黄色至深黄色。（栽培园地：KIB）

Hypericum wightianum Wall. ex Wright **遍地金**

一年生草本。茎侧生小枝或生长不规则。叶无柄；叶片卵形或宽椭圆形，脉网在叶下面几不可见。花序顶生。花小。萼片5枚，长圆形或椭圆形，有黑色腺点。花瓣黄色，边缘及上部有黑色腺点。雄蕊3束。花柱3枚，几与子房等长。蒴果近圆球形或圆球形。（栽培园地：KIB, XTBG）

Hypericum wightianum 遍地金（图1）

Hypericum wightianum 遍地金（图2）

Mammea 黄果木属

该属共计1种，在1个园中有种植

Mammea yunnanensis (H. L. Li) Kosterm. **格脉树**

常绿乔木。叶片长圆形、长方状披针形或狭椭圆形，基部通常圆形，侧脉近平行，几与中脉垂直，网脉明显。花杂性，通常单生或有时成对着生于无叶的老枝上，直径约3cm；萼片2枚；花瓣6枚，白色；柱头光滑，盾状3裂，边缘下弯。浆果成熟时椭圆形。（栽培园地：XTBG）

Mesua 铁力木属

该属共计1种，在6个园中有种植

Mesua ferrea L. **铁力木**

常绿乔木。嫩叶橙红色，老时深绿色，叶片披针形或狭卵状披针形，下面被白粉，侧脉斜向平行。花两

Mesua ferrea 铁力木

性；萼片2大2小；花瓣4枚，白色；雄蕊分离。果介于木质和肉质之间，成熟时顶端2瓣裂。（栽培园地：SCBG, XTBG, CNBG, SZBG, GXIB, XMBG）

Pentadesma 猪油果属

该属共计1种，在2个园中有种植

Pentadesma butyracea Sabine **猪油果**

常绿乔木。小枝具纵条纹。叶片倒卵状披针形或长圆状披针形，侧脉近平行。花两性，直径4~6cm，顶生；萼片3大2小，卵状披针形；花瓣5枚，淡黄色，花丝基部联合成5束，柱头5裂，(4~)5室，每室有胚珠12~14枚。果顶端不裂。（栽培园地：SCBG, XTBG）

Pentadesma butyracea 猪油果

Triadenum 三腺金丝桃属

该属共计1种，在2个园中有种植

Triadenum breviflorum (Wall. ex Dyer) Y. Kimura **三腺金丝桃**

多年生草本。叶片狭椭圆形至长圆形。长2~5.5(7)cm，宽0.6~1.3(1.5)cm，基部渐狭。花序聚伞状，腋生。花直径5~6mm。萼片卵形至长圆形，具透明的腺条。花瓣白色。雄蕊3束。蒴果卵球形。（栽培园地：SCBG, XTBG）

Triadenum breviflorum 三腺金丝桃（图1）

Triadenum breviflorum 三腺金丝桃（图2）

Triadenum breviflorum 三腺金丝桃（图3）

Haemodoraceae 血皮草科

该科共计 1 种，在 2 个园中有种植

多年生草本植物，叶丛生，叶片革质，浓绿色有光泽，线状披针形，排列整齐紧凑。花生长在花茎上，有毛，花形奇特，中部膨大，两端小，前有一个小的开口。

Anigozanthos 袋鼠爪属

该属共计 1 种，在 2 个园中有种植

Anigozanthos manglesii D. Don **长药袋鼠爪**

多年生草本，高达 1.2m。叶片丛生，剑开，长 30~60cm。穗状花序，花冠像袋鼠爪，红色和绿色。花梗绿色，密被红色绒毛。爪托红色，爪瓣绿色，被绒毛。花瓣初期朝下，盛花期向上。雄蕊 6 枚横排于爪瓣内侧；雌蕊 1 枚，绿色。（栽培园地：SCBG, KIB）

Anigozanthos manglesii 长药袋鼠爪

Haloragaceae 小二仙草科

该科共计 8 种，在 7 个园中有种植

陆生、沼生或水生草本，单叶互生、对生或轮生。花两性或单性，单生或组成穗状花序、圆锥花序、伞房花序或假二歧伞房花序；萼管与子房合生，萼片 2~4 枚或缺；花瓣 4 枚、8 枚或缺；花药基着，2 室，纵裂；子房下位，2 或 4 室，花柱 2 枚或 4 枚；胚珠每室 1 枚，悬垂。果为坚果或核果。

Haloragis 小二仙草属

该属共计 2 种，在 3 个园中有种植

Haloragis chinensis (Lour.) Merr. **黄花小二仙草**

多年生草本，高 10~60cm。茎四棱形，近直立，被粗毛。叶通常对生，叶片条状披针形至矩圆形，边缘具齿，被粗毛。花序为圆锥花序。花两性，极小；萼筒圆柱形，裂片披针状三角形；花瓣黄色。坚果极小，近球形。（栽培园地：SCBG, XTBG）

Haloragis micrantha (Thunb.) R. Br. **小二仙草**

多年生草本，高 5~45cm。茎直立或下部平卧，赤褐色。叶对生，茎上部叶有时互生，叶片卵形或卵圆形，边缘具齿，两面无毛，背面紫褐色。花序为圆锥花序；花极小，两性；萼筒绿色，裂片三角形；花瓣淡红色。坚果小型，近球形。（栽培园地：SCBG, LSBG）

Myriophyllum 狐尾藻属

该属共计 5 种，在 6 个园中有种植

Myriophyllum aquaticum (Vell.) Verdc. **粉绿狐尾藻**

多年生水生草本，株高 10~20cm。叶片针状，绿白色，5~7 枚轮生，羽状排列，沉水叶丝状，红色。花序穗状顶生，花单性，红色，雌雄同株，花序上半部为雄花，下半部为雌花。核果坚果状。（栽培园地：IBCAS, KIB, SZBG）

Myriophyllum elatinoides Gaudich. **绿狐尾藻**

多年生水生草本，高达 30cm。叶片二型，水面以下呈丝状，黄绿色，而水面以上呈羽毛状，翠绿色，小叶片 4~6 片轮生。花腋生，淡黄色或白色。（栽培园地：SCBG, WHIOB）

Myriophyllum aquaticum 粉绿狐尾藻

Myriophyllum elatinoides 绿狐尾藻

Myriophyllum spicatum L. **穗状狐尾藻**

多年生沉水草本。根状茎发达。茎圆柱形，长1~2.5m，分枝。叶常5片轮生，丝状全细裂，裂片约13对，细线形。雌雄同株，穗状花序。雄花萼筒广钟状；花瓣粉红色。雌花萼筒管状。果广卵形或卵状椭圆形。（栽培园地：SCBG）

Myriophyllum spicatum 穗状狐尾藻

Myriophyllum ussuriense Maxim. **乌苏里狐尾藻**

多年生水生草本。茎圆柱形，不分枝，高6~25cm。水中茎中下部叶披针形，常4片轮生；茎上部水面叶仅具1~2片，细线状。花单生于叶腋，雌雄异株。雄花萼钟状。雌花萼壶状。果圆卵形。（栽培园地：SCBG, WHIOB）

Myriophyllum ussuriense 乌苏里狐尾藻

Myriophyllum verticillatum L. **狐尾藻**

多年生沉水草本。茎圆柱形，长20~40cm，多分枝。

Myriophyllum verticillatum 狐尾藻

叶通常 4 片轮生，丝状全裂；裂片 8~13 对，互生；水上叶互生，披针形。秋季于叶腋中生出棍棒状冬芽而越冬。苞片羽状篦齿状分裂。果广卵形。（栽培园地：SCBG, WHIOB, KIB, XTBG）

Proserpinaca palustris 人鱼藻

Proserpinaca 人鱼藻属

该属共计 1 种，在 1 个园中有种植

Proserpinaca palustris L. **人鱼藻**

水生草本。常单茎直立。叶形态和颜色变化多样，水上叶片披针形，互生，边缘具齿。在水中的叶片可以从披针形转为卵形、不规则裂叶，以及羽状叶等。叶片颜色可由绿色转为橙红色、深红色。（栽培园地：SCBG）

Hamamelidaceae 金缕梅科

该科共计 53 种，在 11 个园中有种植

常绿或落叶乔木和灌木。叶互生，很少对生，全缘或有锯齿，或为掌状分裂，具羽状脉或掌状脉；通常有明显的叶柄；托叶线形，或为苞片状，早落、少数无托叶。花排成头状花序、穗状花序或总状花序，两性，或单性而雌雄同株，稀雌雄异株，有时杂性；异被，放射对称，或缺花瓣，少数无花被；常为周位花或上位花，亦有为下位花；萼筒与子房分离或多少合生，萼裂片 4~5 数，镊合状或覆瓦状排列；花瓣与萼裂片同数，线形、匙形或鳞片状；雄蕊 4~5 数，或更多，有为不定数的，花药通常 2 室，直裂或瓣裂，药隔突出；退化雄蕊存在或缺；子房半下位或下位，亦有为上位，2 室，上半部分离；花柱 2 枚，有时伸长，柱头尖细或扩大。果为蒴果，常室间及室背裂开为 4 片；种子多数，常为多角形，扁平或有窄翅，或单独而呈椭圆卵形。

Altingia 蕈树属

该属共计 5 种，在 7 个园中有种植

Altingia chinensis (Champ.) Oliv. ex Hance **蕈树**

常绿乔木。叶片革质或厚革质，倒卵状矩圆形，长 7~13cm，宽 3~4.5cm，边缘具钝锯齿，叶柄长约 1cm；托叶细小，早落。雄花短穗状花序；雌花头状花序。果序头状；种子褐色。（栽培园地：SCBG, XTBG, CNBG, SZBG, GXIB）

Altingia chinensis 蕈树

Altingia excelsa Noronha **细青皮**

常绿乔木。叶片纸质，卵形或长卵形，长 8~14cm，宽 4~6.5cm，托叶线形，早落；叶柄细，长 2~4cm。雄花头状花序，常多个再排成总状花序；雌花头状花序常单生，有 14~22 朵花，萼筒完全与子房合生。头状果序近圆球形，蒴果完全藏于果序轴内，无萼齿；种子褐色。（栽培园地：KIB, XTBG, CNBG）

Altingia gracilipes Hemsl. **细柄蕈树**

常绿乔木。叶片革质，卵状披针形，长 4~7cm，宽 1.5~2.5cm，先端尾状渐尖，全缘；叶柄长 2~3cm，纤细；无托叶。雄花头状花序圆球形，常多个排成圆

Altingia excelsa 细青皮

锥花序；雌花头状花序单生或数个排成总状，有花 5~6 朵。头状果序倒圆锥形；种子多角形，褐色。（栽培园地：CNBG）

Altingia siamensis Craib **镰尖蕈树**

乔木。叶片坚纸质，椭圆状长圆形至卵状披针形，先端具长尾，镰状渐尖，边缘具细锯齿；叶柄纤细，长 1~3cm。花未见。果序扁半球形至陀螺形，密被成簇微硬毛。（栽培园地：WHIOB）

Altingia yunnanensis Rehd. et Wils **云南蕈树**

常绿乔木。叶片革质，矩圆形，长 6~15cm，宽 3.5~6.5cm，边缘具明显锯齿，叶柄长 1~2cm；托叶线形，早落。雄花头状花序椭圆形，常排成圆锥花序；雌花头状花序单生或排成总状，每个头状花序有 16~24 朵花。头状果序近球形；种子细小，具棱。（栽培园地：KIB）

Altingia yunnanensis 云南蕈树

Corylopsis 蜡瓣花属

该属共计 11 种，在 7 个园中有种植

Corylopsis calcicola C. Y. Wu **灰岩蜡瓣花**

灌木至小乔木。芽纺锤形。叶片厚纸质，近圆形至椭圆形；叶柄长 0.5~1.4cm。花序下垂，长 2~4cm；花淡黄色；退化雄蕊紫色。果序长 2.5~5.5cm；蒴果紫黑色。（栽培园地：KIB）

Corylopsis glandulifera Hemsl. **腺蜡瓣花**

落叶灌木。嫩枝及顶芽无毛，花序、总苞、萼筒及子房均秃净无毛。叶片倒卵形或倒卵圆形，下面被毛。总状花序，花瓣匙形，长 5~6mm，雄蕊长 4~5mm；退化雄蕊 2 裂；花柱与花瓣等长。子房与萼筒合生，半下位。（栽培园地：LSBG）

Corylopsis glandulifera Hemsl. var. **hypoglauca** (Cheng) Chang **灰白蜡瓣花**

本变种与原变种的主要区别为：叶片近圆形，叶背灰白色。（栽培园地：WHIOB, LSBG）

Corylopsis glaucescens Hand.-Mazz. **怒江蜡瓣花**

落叶灌木或小乔木。叶片卵圆形或倒卵圆形，下面灰白色，脉上有毛或变秃。总状花序；花瓣倒披针形，宽 1.7mm；退化雄蕊 10 枚，2 裂；子房与萼筒合生，均无毛。蒴果。（栽培园地：KIB）

Corylopsis multiflora Hance. **瑞木**

落叶或半常绿灌木或小乔木。嫩枝及叶有毛；芽体有灰白色绒毛。叶片薄革质，倒卵形、倒卵状椭圆形或卵圆形。花瓣倒披针形，长 4~5mm；雄蕊长 6~7mm，突出花冠外，退化雄蕊不分裂。蒴果硬木质，长 1.2~2cm，具短柄。（栽培园地：SCBG, WHIOB, KIB, XTBG, CNBG, GXIB）

Corylopsis multiflora 瑞木

Corylopsis sinensis Hemsl. **蜡瓣花**

落叶灌木。嫩枝及叶下面有毛。叶片倒卵圆形或倒卵形，长 5~9cm，宽 3~6cm。总苞、苞片、花序轴、萼筒、子房及蒴果被星毛，萼齿无毛；雄蕊较花瓣略短，退化雄蕊 2 裂；花柱比花瓣略长。蒴果近圆球形，长 7~9mm，被褐色柔毛。（栽培园地：SCBG,

Corylopsis sinensis 蜡瓣花

WHIOB, KIB, LSBG, CNBG）

Corylopsis sinensis Hemsl. var. **calvescens** Rehd. et Wils. **秃蜡瓣花**

本变种与原变种的主要区别为：嫩枝无毛，叶较窄，仅在下面有毛，或仅叶背脉上具毛。（栽培园地：LSBG）

Corylopsis trabeculosa Hu et Cheng **求江蜡瓣花**

落叶灌木或小乔木。嫩枝初时具柔毛。叶片膜质，卵状椭圆形或矩圆形，下面具绒毛，侧脉 10~12 对。花未见。总状果序长 8~9cm，有蒴果 20~40 个。（栽培园地：KIB）

Corylopsis veitchiana Bean **红药蜡瓣花**

落叶灌木。嫩枝无毛。叶片倒卵形或椭圆形，幼嫩时背脉上具毛，叶柄长 5~8mm。总苞状鳞片无毛，萼筒及萼齿均被星毛；雄蕊稍突出花冠外，花药红褐色，退化雄蕊 2 裂。蒴果被星毛。（栽培园地：WHIOB, CNBG）

Corylopsis willmottiae Rehd. et Wils. **四川蜡瓣花**

落叶灌木或小乔木。嫩枝无毛。叶片倒卵形，下面被毛或后变秃净。总苞状鳞片、萼筒及萼齿均无毛；花瓣广倒卵形，稍短小；雄蕊较花瓣短，退化雄蕊 2

Corylopsis willmottiae 四川蜡瓣花

裂；花柱稍长于雄蕊；子房无毛。（栽培园地：SCBG, WHIOB）

Corylopsis yunnanensis Diels **滇蜡瓣花**

落叶灌木。嫩枝有毛。叶片倒卵圆形，下面有星毛，侧脉 8 对，叶柄长 1cm。总苞无毛，萼齿有毛；花瓣匙形，长 6~7mm；雄蕊长 4~5mm，退化雄蕊 2 裂；花柱不突出。果序有蒴果 14~20 个；蒴果长 6~7mm，被星毛，宿存花柱稍弯曲。（栽培园地：SCBG, KIB）

Corylopsis yunnanensis 滇蜡瓣花

Disanthus 双花木属

该属共计 1 种，在 5 个园中有种植

Disanthus cercidifolius Maxim. var. **longipes** Chang **长柄双花木**

多分枝灌木。小枝屈曲。叶片的宽度大于长度，阔卵圆形，长 5~8cm，宽 6~9cm，先端钝或为圆形，背部不具灰色。头状花序腋生；花瓣红色，狭长带形。蒴果倒卵形，果序柄较长，长 1.5~3.2cm。（栽培园地：SCBG, WHIOB, LSBG, CNBG, GXIB）

Disanthus cercidifolius var. **longipes** 长柄双花木

Distyliopsis 假蚊母树属

该属共计 1 种，在 1 个园中有种植

Distyliopsis yunnanensis (Hung T. Chang) C. Y. Wu **滇假蚊母树**

常绿灌木或小乔木。嫩枝具鳞垢，老枝秃净，具皮孔。叶片革质，矩圆形，中脉和侧脉下陷，在下面突起；叶柄长 6~9mm，被鳞垢。总状果序，长约 4cm，有蒴果 3~4 个；蒴果无柄，卵圆形，具鳞垢，无宿存花柱。（栽培园地：XTBG）

Distylium 蚊母树属

该属共计 9 种，在 8 个园中有种植

Distylium buxifolium (Hance) Merr. **小叶蚊母树**

常绿灌木。幼枝纤细，节间长 1~2.5cm。叶片倒披针形或矩圆状倒披针形，先端锐尖，基部狭窄下延；全缘，仅在先端有 1 个小尖突；叶柄极短。雌花或两性花的穗状花序腋生，花序轴被毛。蒴果卵圆形，

Distylium buxifolium 小叶蚊母树

长 7~8mm，被褐色星状绒毛。（栽培园地：SCBG, WHIOB, CNBG）

Distylium chinense (Franch. ex Hemsl.) Diels **中华蚊母树**

常绿灌木。幼枝粗壮，被褐色柔毛，节间极短，长

Distylium chinense 中华蚊母树（图 1）

~4mm。叶片矩圆形，长 2~4cm，近先端有 2~3 个锯齿，叶脉不明显，叶柄长 2mm。雄花穗状花序，花无柄，雄蕊 2~7 个。蒴果卵圆形，长 7~8mm，被褐色星状柔毛。（栽培园地：SCBG, WHIOB, KIB, XTBG）

Distylium chinense 中华蚊母树（图 2）

Distylium chungii (Metcalfe) W. C. Cheng **闽粤蚊母树**

常绿小乔木。芽体和嫩枝具毛。叶片矩圆形或卵状

Distylium chungii 闽粤蚊母树

矩圆形，全缘或近先端有 1~2 个小齿突；下面疏被星状绒毛或变秃净，叶柄长约 1cm。蒴果卵圆形，长 1.5cm，被褐色星状绒毛，宿存花柱长 2~3mm，果柄极短。（栽培园地：WHIOB）

Distylium elaeagnoides Chang **鳞毛蚊母树**

常绿灌木或小乔木。顶芽、嫩枝、叶下面和蒴果均密被鳞毛。叶片倒卵形或倒卵状矩圆形，先端钝。总状果序腋生，果序轴具鳞毛。蒴果长卵圆形，长 1.6cm，密被灰色鳞毛。（栽培园地：SCBG, WHIOB）

Distylium elaeagnoides 鳞毛蚊母树

Distylium macrophyllum Chang **大叶蚊母树**

常绿灌木或小乔木。嫩枝略具棱，有鳞垢。叶片厚革质，椭圆形或卵状椭圆形，无毛，全缘或有几个齿突。总状果序腋生，果序轴及果序柄具鳞垢，果梗长 2~5mm，无毛。蒴果卵圆形，长约 1.5cm，被黄褐色星状绒毛，宿存花柱长 2~4mm。（栽培园地：GXIB）

Distylium myricoides Hemsl. **杨梅叶蚊母树**

常绿灌木或小乔木。嫩枝和顶芽具鳞垢。叶片矩圆形或倒披针形，长为宽的 3~4 倍，边缘上半部具数个小齿突。总状花序腋生，花序轴具鳞垢，蒴果卵圆形，长 1~1.2cm，被黄褐色星毛。（栽培园地：SCBG, WHIOB, KIB, LSBG, CNBG, GXIB）

Distylium pingpienense (Hu) Walker **屏边蚊母树**

常绿灌木。幼枝纤细，被锈褐色星状绒毛。叶片薄

Distylium macrophyllum 大叶蚊母树

Distylium myricoides 杨梅叶蚊母树

革质，卵状披针形或披针形，先端尾状渐尖，基部圆形，下面具褐色星状绒毛。总状果序腋生，具褐色星状绒毛。蒴果卵圆形，长约 1.2cm，被褐色星状绒毛。（栽培园地：KIB）

Distylium racemosum Siebold et Zucc. **蚊母树**

常绿灌木或乔木。嫩枝和顶芽具鳞垢。叶片革质，椭圆形或倒卵状椭圆形，先端钝或略尖，侧脉不明显，无毛，全缘。花雌雄同序，雌花位于花序的顶端。蒴果卵圆形，长 1~1.3cm，被褐色星状绒毛。（栽培园地：SCBG, WHIOB, KIB, XTBG, CNBG, SZBG）

Distylium pingpienense 屏边蚊母树

Distylium racemosum 蚊母树（图 1）

Distylium racemosum 蚊母树（图 2）

Distylium tsiangii Chun ex Walker **黔蚊母树**

常绿小乔木。嫩枝被锈褐色绒毛。叶片矩圆形，先端尖锐，基部楔形，背面有绒毛，全缘或靠近先端有 1~2 个小锯齿；叶柄长 1~1.5cm，密被绒毛。总状花序，花序轴具褐色绒毛。蒴果长卵形，长 1.5~1.7cm，密被绒毛，宿存花柱长 3m。（栽培园地：WHIOB）

Eustigma 秀柱花属

该属共计 2 种，在 1 个园中有种植

Eustigma balansae Oliver **褐毛秀柱花**

常绿乔木。嫩枝、叶背和蒴果具褐色星状绒毛。叶片椭圆形或矩圆形，全缘。总状花序长 4~7cm，单生或聚成圆锥花序，花序及花序轴均有褐色绒毛；花瓣鳞片状，先端钝。蒴果卵圆形，完全被萼筒所包裹，外被褐色星状绒毛。（栽培园地：SCBG）

Eustigma oblongifolium Gardner et Champ. **秀柱花**

常绿灌木或小乔木。叶背及嫩枝无毛。叶片矩圆形或披针形，全缘或有少数齿突。总状花序长 2~2.5cm，花序柄具鳞毛；花瓣倒卵形，先端 2 浅裂。蒴果无毛，萼筒长为蒴果的 3/4，完全与蒴果合生。（栽培园地：SCBG）

Exbucklandia 马蹄荷属

该属共计 2 种，在 7 个园中有种植

Exbucklandia populnea (R. Br.) R. W. Brown. **马蹄荷**

乔木。叶片阔卵圆形，基部心形或平截。头状花序有 8~12 朵花；花瓣长 2~3mm 或缺；雄蕊长约 5mm。蒴果椭圆形，长 7~9mm，表面平滑。（栽培园地：SCBG, WHIOB, KIB, GXIB）

Exbucklandia populnea 马蹄荷

Exbucklandia tonkinensis (Lec.) Steenis **大果马蹄荷**

常绿乔木。嫩枝具褐色柔毛，节膨大。叶片阔卵圆形，基部阔楔形。总状花序有 7~9 朵花；无花瓣；雄蕊长约 8mm。蒴果卵圆形，长 1~1.5cm，表面常具小瘤状突起。（栽培园地：SCBG, WHIOB, KIB, CNBG, SZBG, XMBG）

Exbucklandia tonkinensis 大果马蹄荷

Fortunearia 牛鼻栓属

该属共计 1 种，在 4 个园中有种植

Fortunearia sinensis Rehd. et Wils. **牛鼻栓**

落叶灌木或小乔木。嫩枝被灰褐色柔毛。叶片膜质，

Fortunearia sinensis 牛鼻栓

倒卵形或倒卵状椭圆形，边缘具锯齿。两性花的总状花序长 4~8cm，花序柄和花序轴均具绒毛；花瓣狭披针形；雄蕊近于无柄；花柱反卷；蒴果卵圆形。（栽培园地：SCBG, WHIOB, LSBG, CNBG）

Hamamelis 金缕梅属

该属共计 4 种，在 7 个园中有种植

Hamamelis japonica Siebold et Zucc. **日本金缕梅**

落叶灌木或小乔木，高达 10m。叶片圆形，较大，几乎秃净；侧脉较多，第一对侧脉有二次分支侧脉。花瓣较长，黄色；萼片带紫色。（栽培园地：CNBG）

Hamamelis mollis Oliv. **金缕梅**

落叶灌木或小乔木。嫩枝被星状绒毛。叶片阔倒卵圆形，密生绒毛，基部不等侧心形；侧脉 6~8 对，第一对侧脉有二次分支侧脉。花瓣带状，黄白色；蒴果长 1.2cm。（栽培园地：IBCAS, WHIOB, KIB, LSBG, CNBG, SZBG, GXIB）

Hamamelis mollis 金缕梅（图 1）

Hamamelis mollis 金缕梅（图 2）

Hamamelis vernalis Sarg. **春金缕梅**

灌木；株高达 4m。叶片卵圆形，基部楔形至略倾斜，端部圆钝或急尖，叶缘具波状齿；叶面深绿色，背面灰绿色。头状花序，花瓣深红色至亮红色，稀黄色，长 7~10mm；雄蕊 4 枚，短而成簇。（栽培园地：IBCAS, LSBG）

Hamamelis virginiana L. **弗吉尼亚金缕梅**

落叶大灌木，高达 6m。叶片阔椭圆形，长 3.7~16.7cm，宽 2.5~13cm，基部偏斜，叶缘具波状齿或浅圆裂。头状花序，花黄色，稀橙色或红色，花瓣长 1~2cm。木质蒴果长 1~1.4cm。（栽培园地：IBCAS, KIB）

Liquidambar 枫香树属

该属共计 4 种，在 9 个园中有种植

Liquidambar acalycina Chang **缺萼枫香**

落叶乔木。叶片阔卵形，掌状 3 裂；叶柄长 4~8cm。雌花头状花序有雌花 15~26 朵，萼齿缺或鳞片状。头状果序宽 2.5cm，干后变黑褐色，疏松易碎，宿存花柱粗而短，稍弯曲。（栽培园地：KIB, LSBG, CNBG）

Liquidambar acalycina 缺萼枫香

Liquidambar formosana Hance **枫香树**

落叶乔木。叶片阔卵形，掌状 3 裂，叶柄长达 11cm，常具短柔毛。雄花短穗状花序常多个排成总状；雌花序头状有花 24~43 朵。头状果序圆球形，木质，直径 3~4cm；种子褐色。（栽培园地：SCBG, WHIOB, KIB, XTBG, XJB, LSBG, CNBG, SZBG, GXIB）

Liquidambar orientalis Mill. **苏合香**

乔木。叶片掌状 5 裂，偶为 3 裂或 7 裂，裂片卵形或长方卵形，先端急尖，基部心形。雄花头状花序排成圆锥状，花序柄短；雌花头状花序，子房半下位，2 室。果序球形，直径约 2.5cm。种子顶端有翅。（栽

Liquidambar formosana 枫香树

培园地：CNBG）

Liquidambar styraciflua L. **北美枫香**

落叶乔木，高可达30m。叶掌状5~7裂，长10~18cm，叶柄长6.5~10cm。花小，绿色。两性花常生于枝顶，雄花花序呈总状，雌性花头状花序，多个头状花序排成头状，直径2.5~3.8cm。蒴果2室，种子具小翼。（栽培园地：WHIOB, KIB, XTBG, CNBG）

Loropetalum 檵木属

该属共计2种，在10个园中有种植

Loropetalum chinense (R. Br.) Oliver **檵木**

灌木或小乔木。叶片革质，卵形，长2~5cm，全

Loropetalum chinense 檵木

缘；托叶膜质，三角状披针形。花3~8朵簇生，白色；花瓣4枚，带状，长1~2cm；萼筒杯状。蒴果卵圆形；种子圆卵形，黑色。（栽培园地：SCBG, WHIOB, KIB, XTBG, LSBG, CNBG, GXIB）

Loropetalum chinense (R. Br.) Oliver var. **rubrum** Yieh **红花檵木**

本变种与原变种的主要区别为：花紫红色，长2cm。（栽培园地：SCBG, IBCAS, WHIOB, KIB, XTBG, LSBG, CNBG, SZBG, GXIB, XMBG）

Loropetalum chinense var. rubrum 红花檵木

Mytilaria 壳菜果属

该属共计1种，在7个园中有种植

Mytilaria laosensis Lecomte **壳菜果**

常绿乔木。具环状托叶痕。叶片革质，阔卵圆形，

Mytilaria laosensis 壳菜果

全缘或幼叶先端3浅裂，基部心形；掌状脉5条。花瓣带状舌形，长8~10mm，白色。蒴果长1.5~2cm，外果皮厚，黄褐色，松脆易碎。（栽培园地：SCBG, KIB, XTBG, CNBG, SZBG, GXIB, XMBG）

Parrotia 银缕梅属

该属共计1种，在1个园中有种植

Parrotia subaequalis (H. T. Cheng) R. M. Hao et H. T. Wei **银缕梅**

落叶小乔木。叶片宽倒卵形或椭圆形，长4~6.5cm，边缘疏生波状齿；基出脉3条，中间一条具4~5对侧脉。花无瓣，花萼合生成浅杯状，雄蕊3~10枚。蒴果直径8~9mm。（栽培园地：CNBG）

Rhodoleia 红花荷属

该属共计3种，在4个园中有种植

Rhodoleia championii Hook. f. **红花荷**

常绿乔木，无毛。叶片厚革质，卵形，长7~13cm。头状花序长3~4cm，常弯垂；花序柄长2~3cm；花瓣匙形，红色；雄蕊与花瓣等长。蒴果卵圆形；种子扁平，黄褐色。（栽培园地：SCBG, SZBG, GXIB）

Rhodoleia championii 红花荷

Rhodoleia henryi Tong **显脉红花荷**

常绿乔木。叶片革质，卵状椭圆形，具明显三出脉，侧脉及网脉干后下陷。头状花序的总苞具锈褐色长绒毛；花瓣2~5片，匙形，深红色。（栽培园地：SCBG, KIB）

Rhodoleia parvipetala Tong **小花红花荷**

常绿乔木。叶片矩圆形；三出脉和侧脉均不明显。花序柄长1~1.5cm，总苞有短柔毛；花瓣匙形，长

Rhodoleia parvipetala 小花红花荷

1.5~1.8cm，宽5~6mm。蒴果卵圆形，长约1cm。（栽培园地：KIB, GXIB）

Semiliquidambar 半枫荷属

该属共计1种，在2个园中有种植

Semiliquidambar cathayensis Chang **半枫荷**

常绿乔木。叶簇生于枝顶，异型，叶片卵状椭圆形，掌状3裂或单侧叉状分裂，长于10cm；叶柄长3~4cm，较粗壮。头状果序直径2.5cm，宿存萼齿长2~5mm。（栽培园地：SCBG, GXIB）

Semiliquidambar cathayensis 半枫荷

Sinowilsonia 山白树属

该属共计1种，在2个园中有种植

Sinowilsonia henryi Hemsl. **山白树**

落叶灌木或小乔木。嫩枝和蒴果具灰黄色星状绒毛。叶片纸质或膜质，倒卵形，边缘密生小齿突。雄花总状花序；雌花穗状花序，萼筒壶形，长约3mm；

Sinowilsonia henryi 山白树

花柱突出萼筒外。蒴果无柄，无宿存花柱。（栽培园地：WHIOB, CNBG）

Sycopsis 水丝梨属

该属共计 3 种，在 6 个园中有种植

Sycopsis dunnii Hemsl. **尖叶水丝梨**

常绿灌木或小乔木。嫩枝具鳞垢。叶片矩圆形，先端锐尖，全缘。雄花与两性花排成总状或穗状花序，雄花无柄；两性花具短柄。蒴果卵圆形，萼筒长为蒴果的 1/3。（栽培园地：SCBG）

Sycopsis sinensis Oliver **水丝梨**

常绿乔木。嫩枝被鳞垢。叶片革质，长卵形或披针形，无三出脉。雄花穗状花序密集，近头状，苞片红褐色，卵圆形，雄蕊正常，花丝长 1~1.2cm；雌花或两性花排成短穗状花序。蒴果具长丝毛。（栽培园地：SCBG, WHIOB, CNBG, SZBG, GXIB）

Sycopsis sinensis 水丝梨

Sycopsis triplinervia Chang **三脉水丝梨**

常绿灌木。嫩枝具星状绒毛，多分枝。叶片革质，矩圆形或倒卵状矩圆形，具离基三出脉，下面有毛。短穗状花序近似头状，苞片广卵形，花无柄；花丝长 8~10mm。宿存萼筒长约 2mm。（栽培园地：KIB）

Sycopsis triplinervia 三脉水丝梨

Tetrathyrium 四药门花属

该属共计 1 种，在 1 个园中有种植

Tetrathyrium subcordatum Benth. **四药门花**

常绿灌木或小乔木。叶片革质，卵状或椭圆形，全缘或上半部具少数小锯齿；托叶披针形。花两性，5 数；花瓣带状，长 1.5mm，白色；退化雄蕊叉状分裂。蒴果近球形，萼筒长达蒴果的 2/3。（栽培园地：SCBG）

Tetrathyrium subcordatum 四药门花

Hernandiaceae 莲叶桐科

该科共计 10 种，在 3 个园中有种植

乔木或灌木，或为攀援藤本。单叶或指状复叶，具叶柄，部分卷曲攀援，无托叶。花两性或单性或杂性，辐射对称，排列成腋生和顶生的伞房花序或聚伞状圆锥花序；有苞片或无苞片。花萼基部管状，上部具 3~5 个裂片；花瓣与萼片相同；雄蕊 5~3 枚，花药 2 室，瓣裂；雄蕊附属物排列于花丝基部外侧或无；子房下位，1 室，胚珠 1 颗，垂生。果为核果，多少具纵肋，有 2~4 个阔翅或无翅而包藏于膨大的总苞内；种子 1 粒，无胚乳，外种皮革质。

Hernandia 莲叶桐属

该属共计 1 种，在 1 个园中有种植

Hernandia sonora L. **莲叶桐**

常绿乔木。单叶互生，叶片心状圆形，盾状，全缘。聚伞花序或圆锥花序腋生。花单性同株，两侧为雄花，中央的为雌花。果肉质，种子球形。（栽培园地：SCBG）

Hernandia sonora 莲叶桐

Illigera celebica 宽药青藤

Illigera 青藤属

该属共计 9 种，在 3 个园中有种植

Illigera celebica Miq. **宽药青藤**

藤本。指状复叶含小叶 3 片；小叶片卵形至卵状椭圆形，两面无毛。聚伞花序组成的圆锥花序腋生。花绿白色；花萼萼片椭圆状长圆形。果具 4 翅。（栽培园地：SCBG, WHIOB, XTBG）

Illigera cordata Dunn **心叶青藤**

藤本。指状叶，小叶 3 枚。小叶片卵形、椭圆形至长圆状椭圆形，全缘，叶面具毛。聚伞花序较紧密地排列成近伞房状，腋生。花黄色；花萼萼片长圆形；花瓣与萼片同形。果 4 翅。（栽培园地：XTBG）

Illigera grandiflora W. W. Smith et J. F. Jeff. **大花青藤**

藤本，高 2~6m。指状复叶具 3 枚小叶。小叶片卵形或倒卵形至披针状椭圆形，下面无毛。聚伞花序腋生。花红色，有紫红色斑点或条纹；萼片长圆形；花瓣与萼片同形。果具 4 翅。（栽培园地：XTBG）

Illigera grandiflora W. W. Smith et J. F. Jeff. var. **pubescens** Y. R. Li **柔毛青藤**

本变种与原变种的主要区别为：小叶下面密被柔毛。（栽培园地：XTBG）

Illigera orbiculata C. Y. Wu **圆叶青藤**

藤本。指状复叶有 3 小叶。小叶片圆形，全缘，上面无毛。聚伞状圆锥花序腋生。花未见。果具 2 翅。（栽培园地：XTBG）

Illigera parviflora Dunn **小花青藤**

藤本。指状复叶具3小叶，互生。小叶片椭圆状披针形至椭圆形，两面无毛。聚伞状圆锥花序腋生。花绿白色，两性；花萼萼片椭圆状长圆形；花瓣与萼片同，白色。果具4翅。（栽培园地：SCBG, WHIOB, XTBG）

Illigera parviflora 小花青藤

Illigera rhodantha Hance **红花青藤**

藤本。指状复叶互生，有3小叶；小叶片卵形至倒卵状椭圆形或卵状椭圆形，全缘。聚伞花序组成的圆锥花序腋生，萼片紫红色，长圆形；花瓣与萼片同形，玫瑰红色。果具4翅。（栽培园地：SCBG, WHIOB）

Illigera rhodantha 红花青藤

Illigera rhodantha Hance var. **dunniana** (Lévl.) Kubitzki **锈毛青藤**

本变种与原变种的主要区别为：枝被黄褐色长柔毛；小叶较大，两面被黄色绒毛，叶柄及小叶柄密被金黄褐色绒毛。（栽培园地：XTBG）

Illigera trifoliata (Griff.) Dunn **三叶青藤**

藤本。指状复叶具3小叶。小叶片披针状椭圆形或椭圆形至卵形，两面无毛。聚伞圆锥花序腋生。花紫绿色或绿色；花瓣与萼片同形稍短。果具2翅。（栽培园地：SCBG）

Illigera trifoliata 三叶青藤

Hippocastanaceae 七叶树科

该科共计 9 种，在 9 个园中有种植

乔木稀灌木，落叶稀常绿。冬芽大形，顶生或腋生，有树脂或无。叶对生，3~9 枚小叶组成掌状复叶，无托叶，叶柄通常长于小叶，无小叶柄或有长达 3cm 的小叶柄。聚伞圆锥花序，侧生小花序系蝎尾状聚伞花序或二歧式聚伞花序。花杂性，雄花常与两性花同株；萼片 4~5 枚，基部联合成钟形或管状抑或完全离生，整齐或否，排列成镊合状或覆瓦状；花瓣 4~5 片，与萼片互生，大小不等，基部爪状；雄蕊 5~9 枚，着生于花盘内部，长短不等；花盘全部发育成环状或仅一部分发育，不裂或微裂；子房上位，卵形或长圆形，3 室，每室有 2 颗胚珠，花柱 1 枚，柱头小而常扁平。蒴果 1~3 室，平滑或有刺，常于胞背 3 裂；种子球形，常仅 1 枚稀 2 枚发育，种脐大形，淡白色，无胚乳。

Aesculus 七叶树属

该属共计 9 种，在 9 个园中有种植

Aesculus assamica Griff. **长柄七叶树**

落叶乔木，高达 10m 以上。掌状复叶，小叶 6~9 枚，长圆状披针形，边缘具齿。花序顶生，细长圆筒形。花杂性；花萼裂片钝尖或三角形；花瓣白色有紫褐色斑块。蒴果倒卵圆形或近于椭圆形。（栽培园地：KIB, XTBG, GXIB）

Aesculus assamica 长柄七叶树（图 1）

Aesculus assamica 长柄七叶树（图 2）

Aesculus assamica 长柄七叶树（图 3）

Aesculus chinensis Bunge **七叶树**

落叶乔木，高达 25m。掌状复叶，小叶 5~7 枚，长圆状披针形至长圆状倒披针形，边缘具齿。花序圆筒形，花杂性，雄花与两性花同株，花萼裂片钝形；花瓣白色。果实球形或倒卵圆形，种子近球形，栗褐色。（栽培园地：IBCAS, CNBG, IAE）

Aesculus chinensis 七叶树

Aesculus chinensis Bunge var. **wilsonii** (Rehder) Turland et N. H. Xia **天师栗**

落叶乔木，高达20m。掌状复叶对生，小叶5~7枚，长圆状倒卵形、长圆形或长圆状倒披针形，边缘具齿，下面具毛。花序顶生，圆筒形。花杂性，雄花与两性花同株；花萼裂片钝形；花瓣倒卵形，白色。蒴果黄褐色，卵圆形或近于梨形；种子近球形，栗褐色。（栽培园地：WHIOB, KIB, CNBG, GXIB, XMBG）

Aesculus chinensis var. **wilsonii** 天师栗

Aesculus flava Ait. **黄花七叶树**

落叶乔木，高达20~47m。掌状复叶，通常含5枚小叶，边缘具齿。圆锥花序，花瓣黄色或黄绿色。蒴果近球形，表面光滑。（栽培园地：IBCAS, CNBG）

Aesculus flava 黄花七叶树

Aesculus glabra Willd. **光果七叶树**

落叶乔木，高可达15~25m。掌状复叶，小叶5~7枚，边缘具齿。圆锥花序，花黄色或黄绿色。果近球形，浅褐色，具刺。种子1~3粒，坚果状，棕色。（栽培园地：IBCAS）

Aesculus glabra 光果七叶树

Aesculus hippocastanum L. **欧洲七叶树**

落叶乔木，通常高达25~30m。掌状复叶对生，具5~7枚小叶，边缘具齿。圆锥花序顶生，花较大，花瓣白色，有红色斑纹。朔果近球形，褐色具刺；种子栗褐色，通常1~3粒，淡褐色。（栽培园地：IBCAS, LSBG, CNBG, GXIB, IAE）

Aesculus hippocastanum 欧洲七叶树

Aesculus pavia L. **北美红花七叶树**

落叶乔木或灌木，高达12~25m。掌状复叶，小叶5~7枚，倒卵状长椭圆形，边缘具齿。圆锥形花序，雌雄同株，花小，红色。果球形或倒卵形，表面光滑，红褐色。（栽培园地：IBCAS, CNBG）

Aesculus turbinata Bl. **日本七叶树**

落叶乔木，高达30m。掌状复叶对生，小叶5~7

枚，倒卵形、长圆状倒卵形至倒卵状椭圆形，边缘具齿，下面有白粉。圆锥花序顶生。花较小，花萼管状或管状钟形；花瓣白色或淡黄色，有红色斑点；果倒卵圆形或卵圆形，棕色；种子褐色。（栽培园地：IAE）

Aesculus wangii Hu **云南七叶树**

落叶乔木，高达 20m。掌状复叶，小叶 5~7 枚，常为椭圆形至长椭圆形，边缘具齿。花序顶生，圆筒形。花杂性，雄花与两性花同株；花萼管状，裂片三角形或三角状卵形；花瓣被茸毛；蒴果扁球形稀倒卵形，褐色；种子近球形，褐色。（栽培园地：WHIOB, KIB, XTBG, CNBG, GXIB）

Aesculus wangii 云南七叶树

Hippocrateaceae 翅子藤科

该科共计 12 种，在 3 个园中有种植

藤本，灌木或小乔木。单叶，对生，偶有互生；具柄，托叶小或缺。花两性，辐射对称，簇生或为二歧聚伞花序；萼片 5 枚，覆瓦状排列，花瓣 5 片，分离，覆瓦状或镊合状排列；花盘杯状或垫状，有时不明显；雄蕊 3 枚，稀 2 枚、4 枚或 5 枚，着生于花盘边缘，与花瓣互生，花丝舌状，扁平；花药基着，子房上位，多少与花盘愈合，3 室，胚珠每室 2~12 颗，双行排列，生于中轴胎座上；花柱短，锥尖状，通常 3 裂或截形。果为蒴果或浆果。种子有时压扁状，具翅，无胚乳，子叶大而厚，合生。

Loeseneriella 翅子藤属

该属共计 4 种，在 2 个园中有种植

Loeseneriella concinna A. C. Smith **程香仔树**

藤本。叶片纸质，长圆状椭圆形，叶缘具齿。聚伞花序腋生或顶生；苞片与小苞片三角形。花淡黄色；萼片三角形。蒴果倒卵状椭圆形；种子具翅。（栽培园地：SCBG）

Loeseneriella lenticellata C. Y. Wu **皮孔翅子藤**

藤本。叶片革质，无毛，披针形或阔披针形，叶缘具齿。聚伞花序，花少，苞片与小苞片三角形。花黄绿色；萼片卵状三角形被毛；花瓣披针形。蒴果卵状长圆形。种子具翅。（栽培园地：XTBG）

Loeseneriella lenticellata 皮孔翅子藤

Loeseneriella merrilliana A. C. Smith **翅子藤**

藤本。叶片薄革质，长椭圆形，边缘具齿，无毛。聚伞花序；苞片和小苞片三角形；花瓣长圆状披针形。蒴果椭圆形至倒卵状椭圆形。种子阔椭圆形，具翅。（栽培园地：SCBG, XTBG）

Loeseneriella merrilliana 翅子藤

Loeseneriella yunnanensis (Hu) A. C. Smith. **云南翅子藤**

藤本。叶片纸质，卵形或卵状长圆形，全缘或具齿。

Loeseneriella yunnanensis 云南翅子藤

聚伞花序；苞片与小苞片三角形。花淡黄色，萼片三角状卵形，被毛；花瓣卵状长圆形。蒴果卵状长圆形；种子具翅，较窄。（栽培园地：XTBG）

Pristimera 扁蒴藤属

该属共计 3 种，在 1 个园中有种植

Pristimera arborea (Roxb.) A. C. Smith **二籽扁蒴藤**

藤本。叶片纸质，阔卵形至卵状长圆形，叶缘具齿。聚伞花序单生；苞片三角状长圆形，无毛。花淡黄色。萼片长圆形。蒴果窄椭圆形，种子具翅。（栽培园地：XTBG）

Pristimera cambodiana (Pierre) A. C. Smith **风车果**

藤本。叶片近革质，卵状长圆形、卵状椭圆形或卵状披针形，边缘具齿。花淡绿色，萼片长圆形。蒴果长圆形，种子扁平，干时黑色。（栽培园地：XTBG）

Pristimera setulosa A. C. Smith **毛扁蒴藤**

藤本。叶片纸质，椭圆形，边缘具齿。聚伞花序，单生或对生。花黄白色，萼片三角状长圆形。蒴果长椭圆形，扁平，种子干时黑褐色。（栽培园地：XTBG）

Salacia 五层龙属

该属共计 5 种，在 3 个园中有种植

Salacia cochinchinensis Lour. **柳叶五层龙**

灌木，高达 2m。叶对生，叶片纸质或薄革质，长圆状披针形，全缘。多花簇生，花淡绿色；萼片扁三角形；花瓣 5 枚，倒卵形。浆果球形，种子具棱角。（栽培园地：XTBG）

Salacia miqueliana Loes. **阔叶沙拉木**

木质藤本。叶对生，叶片椭圆形。花小，着生于叶腋，花萼裂片 5 枚；花瓣 5 片，白色或微黄色。浆果较大，圆球形，绿色。（栽培园地：SCBG）

Salacia miqueliana 阔叶沙拉木

Salacia obovatilimba S. Y. Bao **河口五层龙**

灌木，高 2m 左右。叶对生，叶片倒卵状椭圆形，全缘，叶面光亮。花少数，簇生；萼片阔三角形；花瓣 5 片，卵形；花盘杯状。果未见。（栽培园地：XTBG）

Salacia polysperma Hu **多籽五层龙**

攀援状灌木，长约 5m。叶对生，叶片长圆形或长圆状椭圆形，边缘具齿。花淡绿色，花多数，簇生；萼片三角状圆形；花瓣 5 枚，近圆形；花盘杯状。果皮有细瘤或平滑；种子多数。（栽培园地：XTBG）

Salacia sessiliflora Hand.-Mazz. **无柄五层龙**

灌木，高达 4m。叶片长圆状椭圆形或长圆状披针形，叶缘具齿，叶面光亮。花少数，淡绿色；萼片卵形。浆果橙黄色至橙红色。种子 3~4 粒。（栽培园地：WHIOB）

Hippuridaceae 杉叶藻科

该科共计 1 种，在 3 个园中有种植

多年生水生草本。茎直立、多节，上部挺水不分枝，下部为合轴分枝，分出匍匐肉质根状茎。叶两型，轮生，(4)6~12(16) 片排成一轮，无柄：沉水叶线状披针形，弯曲细长柔弱；露在水面上的叶条形或狭长圆形，短粗而挺直；托叶不存在。花细小，两性或单性，无柄，单生于叶腋；花萼与子房大部分合生，卵状椭圆形，具 2~4 齿裂或全缘；花瓣不存在；雄蕊 1 枚，生于子房上，花药"个"字形着生，椭圆形，两裂；子房下位，椭圆形，由 1 枚心皮组成 1 室，1 颗倒生胚珠，单层珠被，珠孔完全闭合，有珠柄，花柱宿存，细长，针形，雌蕊先熟，为风媒传粉。果为小坚果状，卵状椭圆形，表面平滑，外果皮薄，内果皮厚而硬，不开裂，内有 1 粒种子，具胚乳。

Hippuris 杉叶藻属

该属共计 1 种，在 3 个园中有种植

Hippuris vulgaris L. **杉叶藻**

多年生水生草本。茎直立，上部不分枝。叶轮生，两型：沉水叶线状披针形；浮水叶条形或狭长圆形。花细小，两性，单生叶腋；萼紫色；花药红色，椭圆形。果卵状椭圆形。（栽培园地：IBCAS, WHIOB, SZBG）

Hippuris vulgaris 杉叶藻（图 1）

Hippuris vulgaris 杉叶藻（图 2）

Hydrocharitaceae 水鳖科

该科共计 18 种，在 6 个园中有种植

一年生或多年生淡水和海水草本，沉水或漂浮水面。根扎于泥里或浮于水中。茎短缩，直立，少有匍匐。叶基生或茎生，基生叶多密集，茎生叶对生、互生或轮生；叶形、大小多变；叶柄有或无；托叶有或无。佛焰苞合生，稀离生，无梗或有梗，常具肋或翅，先端多为 2 裂，其内含 1 至数朵花。花辐射对称，稀左右对称；单性，稀两性，常具退化雌蕊或雄蕊。花被片离生，3 枚或 6 枚，有花萼花瓣之分，或无花萼花瓣之分；雄蕊 1 至多枚，花药底部着生，2~4 室，纵裂；子房下位，由 2~15 枚心皮合生，1 室，侧膜胎座，有时向子房中央突出，但从不相连；花柱 2~5 枚，常分裂为 2；胚珠多数，倒生或直生，珠被 2 层。果肉果状，果皮腐烂开裂。种子多数，形状多样；种皮光滑或有毛，有时具细刺瘤状凸起。

Blyxa 水筛属

该属共计 5 种，在 3 个园中有种植

Blyxa aubertii Rich. **无尾水筛**

沉水草本。茎短。叶基生，叶片线形。佛焰苞有梗；花两性，单生于佛焰苞内。果圆柱形。种子矩状纺锤形，两端无尾状附属物。（栽培园地：SCBG, WHIOB, XTBG）

Blyxa echinosperma (Clarke) Hook. f. **有尾水筛**

沉水草本。茎短。叶基生，叶片条形。佛焰苞梗扁平；花两性；雄蕊 3 枚。果长圆柱形。种子纺锤形，表面具明显的疣状凸起，两端有尾状附属物。（栽培园地：SCBG, WHIOB）

Blyxa japonica (Miq.) Maxim. ex Asch. et Gürke **水筛**

沉水草本。具根状茎。叶茎生，螺旋状排列，叶片披针形。佛焰苞腋生，无梗。花两性；雄蕊 3 枚，长 1~3mm；花柱 3 枚，长 3~4mm。种子长椭圆形。（栽培园地：SCBG, WHIOB, XTBG）

Blyxa leiosperma Koidz. **光滑水筛**

沉水草本。根状茎匍匐。叶茎生，螺旋状排列，叶片披针形。佛焰苞有短梗；花两性；雄蕊 3 枚，长 3~5mm；花柱长 5~6mm。果圆柱形。种子卵形。（栽培园地：WHIOB）

Blyxa octandra (Roxb.) Planch. ex Thw. **八药水筛**

沉水草本。具根茎。叶基生，叶片线形。花单性，雌雄异株；雄蕊 9 枚。果圆柱形。种子椭圆形，无尾，表面有 8 行弯刺。（栽培园地：SCBG）

Elodea 水蕴藻属

该属共计 1 种，在 1 个园中有种植

Elodea canadensis Michx. **水蕴藻**

多年生水生草本。茎细长。叶茎生，3~8 片轮生，叶片线形至卵形，叶缘具齿。花单生；佛焰苞长 6mm 以上。雌雄异株；花粉为四分体。果椭圆形。种子纺锤形。（栽培园地：WHIOB）

Hydrilla 黑藻属

该属共计 1 种，在 5 个园中有种植

Hydrilla verticillata (L. f.) Royle **黑藻**

多年生沉水草本。茎圆柱形。休眠芽长卵圆形；苞

Hydrilla verticillata 黑藻（图 1）

Hydrilla verticillata 黑藻（图 2）

叶狭披针形，边缘锯齿明显。叶轮生，叶片线形或长条形，边缘锯齿明显。花单性，雌雄异株；雄佛焰苞近球形，顶端具刺凸；雄花花瓣反折开展，白色或粉红色，漂浮于水面开花。（栽培园地：SCBG, IBCAS, WHIOB, XTBG, GXIB）

Hydrocharis 水鳖属

该属共计 1 种，在 4 个园中有种植

Hydrocharis dubia (Bl.) Backer **水鳖**

浮水草本。具匍匐茎。叶簇生，多漂浮；叶片心形或圆形，叶背具垫状贮气组织；具叶柄。花单性，雌雄同株；佛焰苞无棱和翅。雌花 1 朵，花大，花瓣 3 片，白色。果浆果状，球形。（栽培园地：SCBG, IBCAS, WHIOB, XTBG）

Hydrocharis dubia 水鳖（图 1）

Hydrocharis dubia 水鳖（图 2）

Nechamandra 虾子草属

该属共计 1 种，在 1 个园中有种植

Nechamandra alternifolia (Roxb.) Thw. **虾子草**

多年生草本。有主根。叶在基部莲座状丛生，叶狭匙形而有长柄，其花茎上叶仅 3~4 对，叶片条状披针形。花序下部有短小枝；花单性。下部的果梗最长不超过 2.6cm。（栽培园地：SCBG）

Ottelia 水车前属

该属共计 6 种，在 5 个园中有种植

Ottelia acuminata (Gagn.) Dandy var. **crispa** (Hand.-Mazz.) H. Li **波叶海菜花**

沉水草本。茎短缩。叶基生，叶形长椭圆形、披针形，边缘波状反卷，基部骤狭，常下延成翅；花单生，雌雄异株；佛焰苞无翅，具 2~6 棱；雄佛焰苞内含 40~50 朵雄花，雄佛焰苞内不具珠芽。萼片长 8~15mm，宽 2~4mm；雌佛焰苞内含 2~3 朵雌花。果为弯纺锤形。种子无毛。（栽培园地：WHIOB）

Ottelia acuminata (Gagn.) Dandy var. **lunanensis** H. Li **路南海菜花**

沉水草本。茎短缩。叶基生，叶片长椭圆形、卵形及阔心形；花单生，雌雄异株；佛焰苞无翅，具 2~6 棱；雄佛焰苞内含 40~50 朵雄花，佛焰苞内有珠芽；雄花开放时珠芽萌发伸出苞外。萼片长 8~15mm，宽 2~4mm；雌佛焰苞内含 2~3 朵雌花。果为三棱状纺锤形。种子无毛。（栽培园地：WHIOB）

Ottelia acuminata (Gagnep.) Dandy **海菜花**

沉水草本。茎短缩。叶基生，叶形变化较大，线形、长椭圆形、披针形、卵形及阔心形；叶柄长短因水深浅而异，柄上及叶背沿脉常具肉刺。花单生，雌雄异株；佛焰苞无翅，具2~6棱；雄佛焰苞内含40~50朵雄花，雄佛焰苞内不具珠芽。萼片长8~15mm，宽2~4mm；雌佛焰苞内含2~3朵雌花。果为三棱状纺锤形。种子无毛。（栽培园地：SCBG, WHIOB, KIB, GXIB）

Ottelia acuminata 海菜花（图1）

Ottelia acuminata 海菜花（图2）

Ottelia acuminata (Gagnep.) Dandy var. **jingxiensis** H. Q. Wang **靖西海菜花**

沉水草本。茎短缩。叶基生，叶片长椭圆形；花单生，雌雄异株；佛焰苞无翅，具2~6棱；雄佛焰苞内含雄花60~190朵；雄花萼片长18~20mm，宽5~7mm；雌佛焰苞内含8~9朵雌花。果为三棱状纺锤形。种子无毛。（栽培园地：WHIOB, GXIB）

Ottelia acuminata var. **jingxiensis** 靖西海菜花（图1）

Ottelia acuminata var. **jingxiensis** 靖西海菜花（图2）

Ottelia alismoides (L.) Pers. **龙舌草**

沉水草本。茎短缩。叶基生；叶片形态各异，多为广卵形、卵状椭圆形、近圆形或心形、披针形及线形；

Ottelia alismoides 龙舌草（图1）

Ottelia alismoides 龙舌草（图 2）

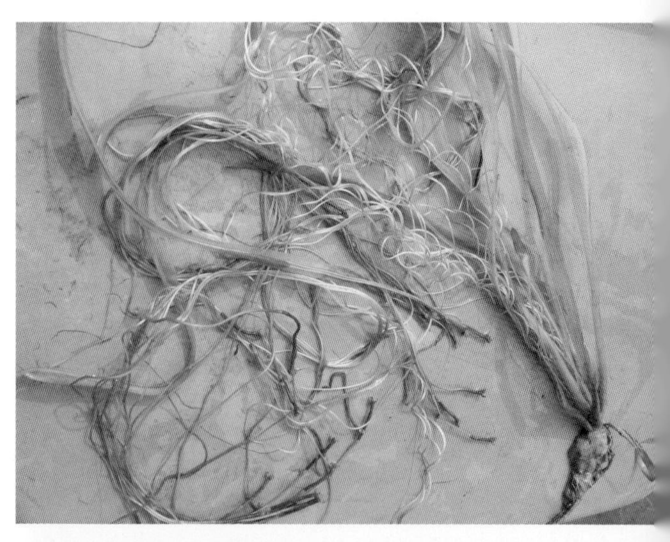

Vallisneria natans 苦草（图 1）

叶柄长短随水体的深浅而异。两性花，偶见单性花；佛焰苞椭圆形至卵形，有 3~6 条纵翅；花无梗，单生；果长圆柱形；种子多数，被白毛。（栽培园地：SCBG, WHIOB, XTBG）

Ottelia emersa Zhao et Luo **出水水菜花**

水生草本。茎短缩。叶基生，绝大部分叶片的 1/2 或全部伸出水面；雌雄异株；佛焰苞扁平，具纵棱 3 条；雄佛焰苞内有雄花 47~60 朵；雌佛焰苞内有雌花 1 朵；花柱 14~18 枚；果椭圆形。种子多数，密被灰色绒毛。（栽培园地：WHIOB）

Vallisneria 苦草属

该属共计 3 种，在 4 个园中有种植

Vallisneria denseserrulata (Makino) Makino **密刺苦草**

多年生沉水草本。根茎直。匍匐茎表面具微刺，节上生根和叶。叶基生，叶片线形，叶缘具密钩刺；雌雄异株；雄花小，雄蕊 2 枚；佛焰苞梗纤细；果三棱状圆形。种子多数，无翅。（栽培园地：WHIOB）

Vallisneria natans (Lour.) Hara **苦草**

沉水草本。具匍匐茎。叶基生，叶片线形；无叶柄；花单性；雌雄异株；成熟的雄花浮在水面开放；雄蕊 1 枚；雌佛焰苞筒状，梗纤细极长，受精后螺旋状卷曲；雌花单生于佛焰苞内。果圆柱形。种子倒长卵形，无翅。（栽培园地：SCBG, IBCAS, WHIOB, XTBG）

Vallisneria natans 苦草（图 2）

Vallisneria spinulosa Yan **刺苦草**

沉水草本。匍匐茎上有小棘。叶基生，叶片线形；花单性，雌雄异株；雄花小；雄蕊 2 枚；雌佛焰苞梗纤长，受精后卷曲；果实三棱状圆柱形。种子倒卵形，具 2~5 翅。（栽培园地：WHIOB）

Hydrophyllaceae 田基麻科

该科共计 2 种，在 3 个园中有种植

一年生或多年生草本，或为亚灌木，直立或平卧，有时丛生，毛被各式，有时具刺。叶全缘或羽裂，很少掌状裂，无托叶，互生或对生，常形成基生莲座式。花小或显著，通常组成直立的、多花的二歧蝎尾状聚伞花序，或聚伞花序、头状花序或单生等；花两性，辐射对称，通常 5 数；萼片于基部连合，覆瓦状排列，其间有时有托叶状附属物，宿存；花冠合瓣，辐状、钟状或短漏斗状，5 裂，裂片通常宽而伸展，覆瓦状排列，花冠管内通常有具折或鳞片状的附属物，成对位于雄蕊之间或其前方；雄蕊 5 枚，很少 4 枚。蒴果室背或室间开裂，2 瓣裂开。种子与胚珠同数或较少，通常多皱纹。

Hydrolea 田基麻属

该属共计 1 种，在 2 个园中有种植

Hydrolea zeylanica (L.) Vahl **田基麻**

一年生草本。茎直立或平卧，长 10~60cm。叶片披针形或披针状椭圆形，全缘，两面无毛。总状花序；花萼裂片披针形；花冠蓝色。蒴果卵形。种子长圆形，黄褐色。（栽培园地：SCBG, XTBG）

Nemophila 粉蝶花属

该属共计 1 种，在 1 个园中有种植

Nemophila menziesii Hook. et Arn. **粉蝶花**

一年生草本。叶片羽状或裂片状，叶面具毛。花瓣 5 片，蓝白色。果球形或卵状，具毛。种子卵形，光滑。（栽培园地：KIB）

Icacinaceae 茶茱萸科

该科共计 18 种，在 5 个园中有种植

乔木、灌木或藤本，有些具卷须或白色乳汁。单叶互生，稀对生，通常全缘，稀分裂或有细齿，大多羽状脉，少有掌状脉；无托叶。花两性或有时退化成单性而雌雄异株，极稀杂性或杂性异株，辐射对称，通常具短柄或无柄，排列成穗状、总状、圆锥或聚伞花序，花序腋生、顶生或稀对叶生；苞片小或无；花萼小，通常 4~5 裂，裂片覆瓦状排列，稀镊合状排列，有时合成杯状，常宿存但不增大；花瓣 (3)4~5 片，极稀无花瓣，分离或合生，镊合状排列，稀覆瓦状排列，先端多半内折；雄蕊与花瓣同数对生。果核果状，有时为翅果，1 室，1 种子（极稀 2 种子），种子悬垂，种皮薄，绝无假种皮。

Apodytes 柴龙树属

该属共计 1 种，在 2 个园中有种植

Apodytes dimidiata E. Meyer. **柴龙树**

灌木或乔木，通常高 7~10m。叶片纸质，椭圆形或长椭圆形，两面无毛。圆锥花序顶生，被黄色柔毛；花两性，淡黄色或白色；花萼杯状；花瓣 5 片，黄绿色。核果长圆形。种子 1 枚。（栽培园地：XTBG, GXIB）

Apodytes dimidiata 柴龙树

Gomphandra 粗丝木属

该属共计 2 种，在 3 个园中有种植

Gomphandra mollis Merr. **毛粗丝木**

灌木或小乔木，高 2~7m。叶片长圆形至倒卵状长

圆形。聚伞花序与叶对生，密被黄色柔毛，花多数。雄花白色，花萼杯状，萼片卵形或卵状披针形。雌花未见。核果椭圆形。（栽培园地：KIB）

Gomphandra tetrandra (Wall ex Roxb.) Sleum. **粗丝木**

灌木或小乔木，高 2~10m。叶片纸质，狭披针形、长椭圆形或阔椭圆形。聚伞花序与叶对生或腋生。雄花黄白色或白绿色；花冠钟形。雌花黄白色；花冠钟形。核果椭圆形，浆果状。（栽培园地：SCBG, XTBG）

Gomphandra tetrandra 粗丝木

Gonocaryum 琼榄属

该属共计 2 种，在 1 个园中有种植

Gonocaryum calleryanum (Baill.) Becc. **台湾琼榄**

灌木。叶片圆形或阔卵形，全缘。总状花序，花少；花两性，萼片圆形，花冠圆筒形。核果卵形至椭圆形，黑色，光滑。（栽培园地：XTBG）

Gonocaryum lobbianum (Miers) Kurz **琼榄**

灌木或小乔木，高 1.5~8m。叶片革质，长椭圆形至阔椭圆形，两面无毛。花杂性异株，雄花序穗状，

Gonocaryum calleryanum 台湾琼榄

Gonocaryum lobbianum 琼榄

雌花和两性花少数，总状花序。花冠管状，白色，无毛。雌花萼卵形。核果椭圆形至长椭圆形。（栽培园地：XTBG）

Hosiea 无须藤属

该属共计 1 种，在 1 个园中有种植

Hosiea sinensis (Oliv.) Hemsl. et Wils. **无须藤**

攀援藤本。叶片纸质，卵形、三角状卵形或心状卵形，两面被柔毛。多花，聚伞花序；花小，两性；花萼棕色，裂片长卵形；花瓣绿色，披针形。核果扁椭圆形。种子橙红色，子叶椭圆形。（栽培园地：WHIOB）

Iodes 微花藤属

该属共计 3 种，在 4 个园中有种植

Iodes cirrhosa Turcz. **微花藤**

木质藤本；具卷须。叶片卵形或宽椭圆形，厚纸质，背面密被柔毛。雌花序花少，伞房花序。雄花小，花

Iodes cirrhosa 微花藤

萼裂片三角形；花瓣黄色。雌花花萼较大。核果卵球形，成熟时红色，被柔毛。（栽培园地：WHIOB, XTBG）

Iodes seguini (Levl.) Rehd **瘤枝微花藤**

木质藤本；具卷须。叶片卵形或近圆形，背面被毛。伞房花序呈圆锥状。雄花花萼长卵形；花瓣裂片卵形至椭圆形。雌花不详。果倒卵状长圆形，成熟时红色，密毛。（栽培园地：WHIOB）

Iodes vitiginea (Hance) Hemsl. **小果微花藤**

木质藤本；具卷须。叶片长卵形至卵形，背面被毛。伞房圆锥花序腋生，雄花黄绿色，萼片披针形；花瓣裂片长三角形至长卵形。雌花绿色，萼片狭披针形；花瓣裂片披针形至阔卵形。核果卵形或阔卵形，成熟时红色。（栽培园地：SCBG, XTBG, GXIB）

Iodes vitiginea 小果微花藤

Mappianthus 定心藤属

该属共计 1 种，在 3 个园中有种植

Mappianthus iodoides Hand.-Mazz. **定心藤**

木质藤本；卷须粗壮。叶片通常长椭圆形至长圆形。雌雄花序均交替腋生。雄花花萼杯状，花冠黄色。雌花花萼浅杯状，裂片钝三角形。核果椭圆形，果肉薄。种子 1 枚。（栽培园地：SCBG, WHIOB, XTBG）

Mappianthus iodoides 定心藤

Natsiatopsis 麻核藤属

该属共计 1 种，在 1 个园中有种植

Natsiatopsis thunbergiaefolia Kurz **麻核藤**

攀援灌木。叶片卵状长圆形，坚纸质，表面被毛。花序簇生于叶腋。雄花花萼 4 裂；花冠管状。雌花萼片卵状三角形；花冠管状。核果卵圆形，压扁。（栽培园地：XTBG）

Nothapodytes 假柴龙树属

该属共计 5 种，在 2 个园中有种植

Nothapodytes collina C. Y. Wu **厚叶假柴龙树**

乔木或小乔木，高 4~12m。叶互生，叶片椭圆形，两面无毛。聚伞花序顶生；花未见。核果椭圆形，成熟后黑色。种子 1 枚。（栽培园地：XTBG）

Nothapodytes obscura C. Y. Wu **薄叶假柴龙树**

小乔木或灌木，高 1.8~10m。叶互生，叶片椭圆形。

聚伞花序顶生。花两性，淡黄色；花萼5齿；花瓣5片，条形。核果卵圆形，黑色。种子1枚。（栽培园地：XTBG）

Nothapodytes obtusifolia (Merr.) Howard **假柴龙树**

灌木或乔木，高3~8m。叶通常互生，叶片长椭圆形或长圆状倒卵形，两面无毛。聚伞花序顶生。花萼钟形，花瓣白色，长圆形至披针形。核果长圆状倒卵形。（栽培园地：XTBG）

Nothapodytes pittosporoides (Oliv.) Sleum. **马比木**

灌木或小乔木，高1.5~5m。叶片长圆形或倒披针形，薄革质。聚伞花序顶生。花萼钟形，5裂齿，裂齿三角形；花瓣黄色，条形。核果椭圆形至长圆状卵形，成熟时红色。（栽培园地：WHIOB, XTBG）

Nothapodytes pittosporoides 马比木

Nothapodytes tomentosa C. Y. Wu **毛假柴龙树**

灌木，高2~3m。叶互生，叶片通常椭圆形至长圆状椭圆形，纸质。聚伞花序顶生或近顶生。花两性，黄色。花萼杯状，裂片5枚，三角形；花瓣条形。核果椭圆形，成熟时紫色。（栽培园地：XTBG）

Nothapodytes tomentosa 毛假柴龙树

Pittosporopsis 假海桐属

该属共计1种，在3个园中有种植

Pittosporopsis kerrii Craib **假海桐**

灌木或小乔木，高4~7m。叶片长椭圆状倒披针形至长椭圆形，两面通常无毛。花序被柔毛。花萼裂片三角形。花瓣由黄绿色转为白绿色，最后为白色。核果近圆形至长圆形，稍偏，干时褐色。（栽培园地：SCBG, KIB, XTBG）

Pittosporopsis kerrii 假海桐

Platea 肖榄属

该属共计1种，在1个园中有种植

Platea latifolia Blume **阔叶肖榄**

乔木，高6~25m。叶片椭圆形或长圆形，革质。雌

Platea latifolia 阔叶肖榄

雄异株。雄花序为大型圆锥花序，腋生，被绒毛；萼片卵形；花瓣卵状椭圆形，绿色。雌花为腋生的短总状花序，萼片裂齿三角形。核果椭圆状卵形。（栽培园地：XTBG）

Illiciaceae 八角科

该科共计 17 种，在 8 个园中有种植

常绿小乔木或灌木。单叶互生，有时聚生或假轮生于小枝的顶部，无托叶。花两性，辐射对称，单生或有时2~3 朵聚生于叶腋或叶腋之上；花被片多数，数轮排列，常有腺体，无花萼和花瓣之分；花托扁平。

Illicium 八角属

该属共计 17 种，在 8 个园中有种植

Illicium brevistylum A. C. Smith **短柱八角**

灌木或乔木。叶 3~5 片簇生或互生，叶片薄革质，狭长圆状椭圆形或倒披针形。花梗长 8~16mm；花被片 9~11 片，淡红色，外面的纸质，内面的肉质；花柱短，长仅为 0.8~1.2mm。（栽培园地：WHIOB）

Illicium brevistylum 短柱八角

Illicium burmanicum Wils. **中缅八角**

灌木或乔木。叶中脉在叶面凹陷，在背面凸起，侧脉在两面凸起或在叶面近平坦，不规则地伸展，网脉在背面常明显和稍凸起。花被片 20~27 片，白色略带紫色；雄蕊 20~24 枚。（栽培园地：WHIOB）

Illicium difengpi B. N. Chamg et al. **地枫皮**

灌木。叶片密布褐色细小油点，背面尤其明显。花梗长 12~25mm；花被片 15~17 片，紫红色或红色，最大一片宽椭圆形或近圆形；雄蕊 20~23 枚；心皮常为 13 枚。聚合果直径 2.5~3cm，蓇葖 9~11 枚。（栽培园地：SCBG, XTBG, GXIB）

Illicium difengpi 地枫皮（图 1）

Illicium difengpi 地枫皮（图 2）

Illicium dunnianum Tutch. **红花八角**

灌木。叶常 3~8 片成假轮生，叶片狭披针形或狭倒披针形；叶柄具狭翅。花梗纤细，直径 0.5~1mm；花被片 12~20 枚，粉红色、红色或紫红色，最大的花被片椭圆形至近圆形；雄蕊 19~31 枚；心皮 8~13 枚。（栽培园地：SCBG, WHIOB）

Illicium floridanum J. Ellis **美洲八角**

常绿灌木。叶片革质，狭卵形至倒卵状披针形，叶面光滑，具光泽。花被片 20~30 片，狭披针形，深胭脂红色或红褐色。（栽培园地：KIB）

Illicium dunnianum 红花八角

Illicium lanceolatum 红毒茴

Illicium henryi Diels **红茴香**

灌木或乔木。花梗细长，长15~50mm；花被片10~15片，粉红色至深红色、暗红色，最大的花被片长圆状椭圆形或宽椭圆形；雄蕊11~14枚，药室明显凸起；心皮通常7~9枚，花柱长，钻形，长2~3.3mm。（栽培园地：WHIOB, LSBG, CNBG, SZBG）

Illicium jiadifengpi B. N. Chang **假地枫皮**

乔木。叶常3~5片聚生于小枝近顶端，叶片狭椭圆形或长椭圆形；中脉在叶面明显凸起。花梗长20~30mm；花被片34~55片，薄纸质或近膜质，狭舌形，白色或带浅黄色。蓇葖12~14枚。（栽培园地：LSBG）

Illicium lanceolatum A. C. Smith **红毒茴**

灌木或小乔木。叶片披针形、倒披针形或倒卵状椭圆形；中脉在叶面微凹陷，背面稍隆起。花梗15~50mm；花被片10~15片，红色、深红色，最大的花被片椭圆形或长圆状倒卵形；雄蕊6~11枚；心皮10~14枚。（栽培园地：SCBG, WHIOB, KIB, LSBG, CNBG, GXIB）

Illicium macranthum A. C. Smith **大花八角**

灌木或小乔木。叶中脉在叶面显著凹陷。花被片27~32片，白色至略带绿色，最大花被片长15~25mm，宽2~4mm；雄蕊21~26枚，花药长1.5~2.5mm；心皮13~14枚，花柱钻形。（栽培园地：KIB）

Illicium macranthum 大花八角（图1）

Illicium macranthum 大花八角（图 2）

Illicium majus Hook. f. et Thomson **大八角**

乔木。叶片无褐色细小的油点；中脉在叶面轻微凹陷，在背面突起。花被片 15~21 片，外层花被片常具透明腺点，内层花被片肉质，最大的花被片椭圆形或倒卵状长圆形；雄蕊 12~21 枚；心皮 11~14 枚，花柱长 2~3mm。果直径 4~4.5cm，蓇葖 10~14 枚。（栽培园地：SCBG, WHIOB, KIB, GXIB）

Illicium majus 大八角

Illicium merrillianum A. C. Smith **滇西八角**

小乔木。叶中脉在叶面明显凹陷，在背面凸起。花梗长 20~40mm；花被片 15~20 片，樱桃红色，最大的花被片椭圆形；雄蕊 14~19 枚；心皮 8 枚，花柱长 1.8~2.5mm，钻形。（栽培园地：XTBG）

Illicium micranthum Dunn **小花八角**

灌木或小乔木。叶互生、近对生或 3~5 片簇生于枝上，叶片倒卵状椭圆形、狭长圆状椭圆形或披针形；中脉在叶面凹陷。花被片 14~17 片，红色、橘红色；雄蕊 10~12 枚；心皮 7~8 枚，花柱长 1~1.5mm。种子长 4.5~5mm。（栽培园地：WHIOB, XTBG）

Illicium micranthum 小花八角

Illicium modestum A. C. Smith **滇南八角**

灌木或小乔木。叶片通常较小，狭长圆状椭圆形，长 5~7.5cm，宽 1.5~2.5cm；中脉在叶面凹陷。花被片约 19 片，绿黄色，纸质；雄蕊约 17 枚；心皮约 12 枚。（栽培园地：XTBG, GXIB）

Illicium modestum 滇南八角

Illicium religiosum Sieb. et Zucc. **毒八角**

灌木或小乔木。叶片长椭圆形至倒椭圆状披针形。花被片约 30 片，狭长，淡黄白色或绿白色。（栽培园地：KIB）

Illicium simonsii Maxim. **野八角**

乔木。叶片披针形、椭圆形或长圆状椭圆形；中脉在叶面凹下，侧脉常不明显。花被片 18~23 片，最大

Illicium simonsii 野八角（图 1）

Illicium simonsii 野八角（图 2）

的长 9~15mm，淡黄色，有时为奶油色或白色；雄蕊 16~28 枚；花药长 1.4~2.4mm。蓇葖 8~13 枚。（栽培园地：WHIOB, KIB, XTBG）

Illicium tsangii A. C. Smith **粤中八角**

灌木。叶片厚革质，披针形或狭倒卵状椭圆形；背面密布棕色细小油点；中脉在叶面显著下陷。花被片 14~17 片，红色；雄蕊 7~10 枚；心皮 7~10 枚，长 3~5.5mm，花柱钻形，长 2~3.8mm，明显长于子房。（栽培园地：SCBG）

Illicium verum Hook. f. **八角**

乔木。叶不整齐互生，叶片倒卵状椭圆形、倒披针形或椭圆形；中脉在叶面稍凹下。花被片常 10~11 片，粉红色至深红色，最大的花被片宽椭圆形至宽卵圆形；雄蕊 11~20 枚；心皮通常 8 枚。种子长 7~10mm。（栽培园地：SCBG, WHIOB, KIB, CNBG, GXIB）

Illicium tsangii 粤中八角

Illicium verum 八角（图 1）

Illicium verum 八角（图 2）

Iridaceae 鸢尾科

该科共计 64 种，在 11 个园中有种植

多年生、稀一年生草本。地下部分通常具根状茎、球茎或鳞茎。叶多基生，少为互生，条形、剑形或为丝状，基部成鞘状，互相套叠，具平行脉。大多数种类只有花茎，少数种类有分枝或不分枝的地上茎。花两性，色泽鲜艳美丽，辐射对称，少为左右对称，单生、数朵簇生或多花排列成总状、穗状、聚伞及圆锥花序；花或几花序下有 1 至多个草质或膜质的苞片，簇生、对生、互生或单一；花被裂片 6 枚，两轮排列，内轮裂片与外轮裂片同形，等大或不等大，花被管通常为丝状或喇叭状；雄蕊 3 枚，花药多外向开裂；花柱 1 枚，上部多有 3 个分枝，分枝圆柱形或扁平呈花瓣状，柱头 3~6 枚，子房下位，3 室，中轴胎座，胚珠多数。蒴果，成熟时室背开裂；种子多数，半圆形或成不规则的多面体，常有附属物或小翅。

Belamcanda 射干属

该属共计 1 种，在 9 个园中有种植

Belamcanda chinensis (L.) DC. **射干**

多年生草本。根状茎为不规则的块状，斜伸，黄色或黄褐色；须根多数，带黄色。茎高 1~1.5m，实心。叶互生，叶片剑形；花橙红色，散生紫褐色的斑点。蒴果倒卵形或长椭圆形，成熟时室背开裂，果瓣外翻，中央有直立的果轴；种子圆球形，黑紫色，有光泽。（栽培园地：SCBG, IBCAS, WHIOB, KIB, XTBG, XJB, LSBG, CNBG, GXIB）

Belamcanda chinensis 射干

Crocosmia 雄黄兰属

该属共计 2 种，在 6 个园中有种植

Crocosmia aurea J. E. Planch. **黄金臭藏红花**

多年生草本。地下部分为球茎，外包有网状的膜质包被。花茎直立。叶片剑形或条形。圆锥花序；花两侧对称，有橙黄、红、紫、黄白等颜色。蒴果长大于宽，室背开裂，每室有 4 至多数种子。（栽培园地：CNBG）

Crocosmia crocosmiflora (Nichols.) N. E. Br. **雄黄兰**

多年生草本，高 50~100cm。球茎扁圆球形，外包有棕褐色网状膜质包被。叶多基生，叶片剑形。花茎常 2~4 分枝，由多花组成疏散的穗状花序；每朵花基部有 2 枚膜质的苞片；花两侧对称，橙黄色。蒴果三棱状球形。（栽培园地：SCBG, WHIOB, KIB, XTBG, CNBG, GXIB）

Crocosmia crocosmiflora 雄黄兰

Crocus 番红花属

该属共计 1 种，在 3 个园中有种植

Crocus sativus L. **番红花**

多年生草本。球茎扁圆球形，外有黄褐色的膜质包被。叶基生，叶片条形，灰绿色，边缘反卷。花茎甚短，不伸出地面；花 1~2 朵，淡蓝色、红紫色或白色，有香味。蒴果椭圆形，长约 3cm。（栽培园地：WHIOB, LSBG, CNBG）

Crocus sativus 番红花

Dietes 离被鸢尾属

该属共计 2 种，在 2 个园中有种植

Dietes bicolor (Steud.) Sweet ex Klatt **褐斑离被鸢尾**

多年生根茎植物。叶片剑状淡绿色。花黄色，有 3 个暗紫色斑点，每个边缘包围着橙色轮廓，下面具荚膜。种子成熟时，荚膜干燥分裂。（栽培园地：SCBG）

Dietes bicolor 褐斑离被鸢尾

Dietes iridioides (L.) Sweet **离被鸢尾**

茎高 60cm。叶片深绿色，硬革质，剑形，叶丛直立伞状。花茎弯曲，长 0.6~1.2m，白色花被 6 片，外花被较大且有鲜黄色斑纹，花柱分枝 3 片，花瓣状，淡紫色。果为椭圆形的蒴果，种子黑色，成熟时其枝柄朝地面弯曲。（栽培园地：SCBG, KIB）

Dietes iridioides 离被鸢尾

Eleutherine 红葱属

该属共计 1 种，在 4 个园中有种植

Eleutherine plicata Herb. **红葱**

多年生草本。鳞茎卵圆形。根柔嫩，黄褐色。叶片宽披针形或宽条形，基部楔形，顶端渐尖。花茎高 30~42cm，上部有 3~5 个分枝，分枝处生有叶状的苞片；伞形花序状的聚伞花序生于花茎的顶端；花下苞片 2 枚，卵圆形，膜质；花白色，无明显的花被管，花被片 6 枚，2 轮排列，内、外花被片近于等大，倒披针形；雄蕊 3 枚，花药“丁”字形着生，花丝着生于花被片的

Eleutherine plicata 红葱

基部；花柱顶端3裂，子房长椭圆形，3室。（栽培园地：SCBG, KIB, XTBG, GXIB）

Freesia 香雪兰属

该属共计1种，在1个园中有种植

Freesia refracta Klatt **香雪兰**

多年生草本。球茎狭卵形或卵圆形，外包有薄膜质的包被，包被上有网纹及暗红色的斑点。叶片剑形或条形，略弯曲，黄绿色，中脉明显。花茎直立；花无梗；每朵花基部有2枚膜质苞片；花直立，淡黄色或黄绿色，有香味；花被管喇叭形。蒴果近卵圆形，室背开裂。（栽培园地：GXIB）

Freesia refracta 香雪兰

Gladiolus 唐菖蒲属

该属共计1种，在5个园中有种植

Gladiolus gandavensis Van Houtte **唐菖蒲**

多年生草本。球茎扁圆球形，直径2.5~4.5cm，外包有棕色或黄棕色的膜质包被。叶片剑形。花茎直立，高50~80cm，不分枝，花茎下部生有数枚互生的叶；顶生穗状花序，每朵花下有苞片2枚，膜质，黄绿色；

Gladiolus gandavensis 唐菖蒲

花在苞内单生，两侧对称，有红、黄、白或粉红等颜色。蒴果椭圆形或倒卵形，成熟时室背开裂；种子扁而有翅。（栽培园地：WHIOB, KIB, XJB, LSBG, CNBG）

Iris 鸢尾属

该属共计48种，在11个园中有种植

Iris anguifuga Y. T. Zhao ex X. J. Xue **单苞鸢尾**

多年生草本，植株冬季常绿，夏季枯萎。根状茎粗

Iris anguifuga 单苞鸢尾

壮，肥厚，斜伸，棕红色或黄褐色，靠近地表处常膨大成球形，黄白色。叶片条形。花茎高 30~50cm；苞片 1 枚，草质，狭披针形，苞片内只有 1 朵花；花蓝紫色。蒴果三棱状纺锤形；种子圆球形。（栽培园地：WHIOB）

Iris aphylla L. **无叶鸢尾**

多年生草本，植株高 20~70cm。茎较细，常自中部以下或基部分枝；每葶具花 1~5 朵，花有白色至深紫色或淡蓝紫色。（栽培园地：CNBG）

Iris bulleyana Dykes **西南鸢尾**

多年生草本。根状茎较粗壮，斜伸，节密集，包有红褐色的老叶残留叶鞘及膜质鞘状叶；须根绳索状，灰白色或棕褐色，有皱缩的横纹。叶基生，叶片条形。花茎中空，光滑，高 20~35cm，基部围有少量红紫色的鞘状叶；苞片 2~3 枚，膜质，绿色，边缘略带红褐色，内包含有 1~2 朵花；花天蓝色，具蓝紫色斑点及条纹。蒴果三棱状柱形，6 条肋明显，表面具明显的网纹；种子棕褐色，扁平，半圆形。（栽培园地：SCBG, IBCAS, KIB, LSBG, CNBG）

Iris bulleyana 西南鸢尾

Iris chrysographes Dykes **金脉鸢尾**

多年生草本，植株基部围有大量棕色披针形的鞘状叶。根状茎圆柱形，棕褐色，斜伸，外包有老叶的残留叶鞘及棕色膜质鞘状叶；须根粗壮，黄白色，有皱缩的横纹，生于根状茎的一侧。叶基生，叶片条形，灰绿色。花茎光滑，中空，叶鞘宽大抱茎；苞片 3 枚，绿色略带红紫色，披针形，内包含有 2 朵花；花深蓝紫色。蒴果三棱状圆柱形；种子近梨形，棕褐色。（栽培园地：SCBG, IBCAS, KIB）

Iris collettii Hook. f. **高原鸢尾**

多年生草本，植株基部围有棕褐色毛发状的老叶残留纤维。根状茎短，节不明显；根膨大略成纺锤形，棕褐色，肉质。叶基生，叶片条形或剑形，灰绿色。花茎很短，不伸出地面，基部围有数枚膜质的鞘状叶；苞片绿色，内包含有 1~2 朵花；花深蓝色或蓝紫色；花被管细长，上部逐渐扩大成喇叭形。蒴果绿色，三棱状卵形；种子长圆形，黑褐色，无光泽。（栽培园地：SCBG, KIB, CNBG）

Iris collettii 高原鸢尾

Iris confusa Sealy **扁竹兰**

多年生草本。根状茎横走，黄褐色，节明显，节间

Iris confusa 扁竹兰

较长；须根多分枝，黄褐色或浅黄色。地上茎直立，高80~120cm，扁圆柱形，节明显，节上常残留有老叶的叶鞘。叶10余枚，密集于茎顶，排列成扇状，叶片宽剑形，黄绿色，两面略带白粉。花茎长20~30cm，总状分枝，每个分枝处着生4~6枚膜质的苞片；苞片卵形，其中包含有3~5朵花；花浅蓝色或白色。蒴果椭圆形，表面有网状的脉纹及6条明显的肋；种子黑褐色。（栽培园地：SCBG, IBCAS, WHIOB, KIB, XTBG, CNBG）

Iris decora Wall. **尼泊尔鸢尾**

多年生草本，植株基部围有大量棕褐色的毛发状老叶叶鞘的残留纤维。根状茎短而粗，块状；根膨大成纺锤形，棕褐色，肉质，肥厚，有皱缩的横纹。叶片条形，有2~3条纵脉。花茎高10~25cm；苞片3枚，膜质，绿色，内包含有2朵花；花蓝紫色或浅蓝色。蒴果卵圆形，顶端有短喙。（栽培园地：KIB）

Iris delavayi Mich. **长葶鸢尾**

多年生草本。叶片剑形或条形，灰绿色。花茎中空，光滑，高60~120cm；苞片2~3枚，膜质，绿色，

Iris delavayi 长葶鸢尾

略带红褐色，宽披针形，内包含有2朵花，外花被裂片上有白色及深紫色的斑纹。（栽培园地：IBCAS, WHIOB, KIB）

Iris dichotoma Pall. **野鸢尾**

多年生草本。根状茎为不规则的块状，棕褐色或黑褐色；须根发达，粗而长，黄白色，分枝少。叶基生或在花茎基部互生，两面灰绿色，剑形。花茎实心，高40~60cm；苞片4~5枚，膜质，绿色，边缘白色，披针形，内包含有3~4朵花；花蓝紫色或浅蓝色，有棕褐色的斑纹。蒴果圆柱形或略弯曲，果皮黄绿色，革质；种子暗褐色，椭圆形，有小翅。（栽培园地：IBCAS, WHIOB, XJB, CNBG）

Iris ensata Thunb. **玉蝉花**

多年生草本，植株基部围有叶鞘残留的纤维。根状茎粗壮，斜伸，外包有棕褐色叶鞘残留的纤维；须根绳索状，灰白色，有皱缩的横纹。叶片条形，基部鞘状，两面中脉明显。花茎圆柱形，高40~100cm，实心，有1~3枚茎生叶；苞片3枚，近革质，披针形，内包含有2朵花；花深紫色；花被管漏斗形。蒴果长椭圆形，6条肋明显；种子棕褐色，扁平，半圆形，边缘呈翅状。（栽培园地：SCBG, IBCAS, WHIOB, KIB, LSBG, CNBG）

Iris ensata 玉蝉花

Iris ensata Thunb. var. **hortensis** Makino et Nemoto **花菖蒲**

本变种为园艺变种，品种甚多，植物的营养体、花型及颜色因品种而异。叶片宽条形，长50~80cm，宽1~1.8cm，中脉明显而突出。花茎高约1m，直径5~8mm；苞片近革质，脉平行，明显而突出，顶端钝或短渐尖；花的颜色由白色至暗紫色，斑点及花纹变化甚大，单瓣以至重瓣。（栽培园地：WHIOB, CNBG）

Iris flavissima Pall. **黄金鸢尾**

多年生草本，植株基部生有浅棕色的老叶残留纤维。

根状茎很短、木质、褐色；须根粗而长，少分枝，黄白色。花茎甚短，不伸出或略伸出地面，基部包有膜质、黄白色的鞘状叶；苞片膜质，2~3 枚，其中包含有 1~2 朵花；花黄色。蒴果纺锤形。（栽培园地：CNBG）

Iris foetidissima L. **红籽鸢尾**

多年生宿根性直立草本，株高 30~60cm。叶剑形二纵列交互相包排列呈鞘状，叶片深绿色并富光泽，四季常绿。花色有淡紫色、黄色等，花直径 7~9cm；蒴果开裂，种子橙红色或鲜红色。（栽培园地：KIB, CNBG）

Iris formosana Ohwi **台湾鸢尾**

多年生草本。根状茎粗壮，直立，指状或不规则分枝。叶表面亮绿色，背面灰绿色，剑形。花茎直立，有 4~5 个分枝，斜上生长，形成总状至圆锥状花序；苞片 4~6 枚，绿色，边缘膜质，中脉明显，内包含有 3~5 朵花；花白色，具天蓝色条纹及黄色斑点；花梗扁三角形，略超出苞片；花被管白色，外花被裂片倒卵形，上半部反折，白色花被裂片上有天蓝色条纹及黄色的斑点，边缘有均匀的牙齿及缺刻，爪部楔形，基部有黄色斑点，中脉上有 1 条隆起的黄色鸡冠状附属物，内花被裂片蓝白色。蒴果长圆形至卵圆柱形；种子多数。（栽培园地：IBCAS）

Iris forrestii Dykes **云南鸢尾**

多年生草本，植株基部有数枚鞘状叶及老叶残留的纤维。根状茎斜伸，棕褐色，包有红褐色的老叶残留纤维，须根黄白色，有皱缩的横纹。叶片条形，黄绿色。花茎光滑，黄绿色；苞片 3 枚，膜质，绿色，上部略带红紫色，披针形，内包含有 1~2 朵花。花黄色；花被管漏斗形。蒴果钝三棱状椭圆形，有短喙，6 条肋明显，室背开裂；种子扁平，半圆形。（栽培园地：WHIOB, KIB, CNBG）

Iris forrestii 云南鸢尾

Iris germanica L. **德国鸢尾**

多年生草本。根状茎粗壮而肥厚，常分枝，扁圆形斜伸，具环纹，黄褐色；须根肉质，黄白色。叶直立或略弯曲，叶片淡绿色、灰绿色或深绿色，常具白粉，剑形，基部鞘状，常带红褐色，无明显的中脉。花茎光滑，黄绿色，高 60~100cm；苞片 3 枚，草质，绿色，边缘膜质，有时略带红紫色，卵圆形或宽卵形，内包含有 1~2 朵花；花大，鲜艳；花色因栽培品种而异，多为淡紫色、蓝紫色、深紫色或白色，有香味；花被管喇叭形。蒴果三棱状圆柱形；种子梨形，黄棕色，表面有皱纹，顶端生有黄白色的附属物。（栽培园地：SCBG, IBCAS, WHIOB, KIB, XJB, LSBG, CNBG, GXIB）

Iris germanica 德国鸢尾

Iris goniocarpa Baker **锐果鸢尾**

多年生草本。根状茎短，棕褐色；须根细，质地柔嫩，黄白色，多分枝。叶片，黄绿色，条形。花茎高 10~25cm，无茎生叶；苞片 2 枚，膜质，绿色略带淡红色，披针形，内包含有 1 朵花；花蓝紫色。蒴果黄棕色，三棱状圆柱形或椭圆形，顶端有短喙。（栽培园地：WHIOB）

Iris halophila Pall. **喜盐鸢尾**

多年生草本。根状茎紫褐色，粗壮而肥厚，斜伸，有环形纹，表面残存有老叶叶鞘；须根粗壮，黄棕色，有皱缩的横纹。叶片剑形，灰绿色。花茎粗壮，高 20~40cm；在花茎分枝处生有 3 枚苞片，草质，绿色，边缘膜质，白色，内包含有 2 朵花；花黄色。蒴果椭圆状柱形，绿褐色或紫褐色，具 6 条翅状的棱，每 2 个棱成对靠近，顶端有长喙，成熟时室背开裂；种子近梨形，黄棕色，种皮膜质，薄纸状，皱缩，有光泽。（栽培园地：IBCAS, KIB, CNBG）

Iris halophila Pall. var. **sogdiana** (Bge.) Grubov **蓝花喜盐鸢尾**

本变种营养体形态与原变种相似，只是花的颜色为

Iris goniocarpa 锐果鸢尾

Iris halophila 喜盐鸢尾

蓝紫色，或内、外花被裂片的上部为蓝紫色，爪部为黄色与原变种有别。（栽培园地：XJB, CNBG）

Iris henryi Bak. **长柄鸢尾**

多年生疏丛草本，植株基部带红紫色，围有老叶残留的纤维。根状茎纤细而长，横走，棕褐色；须根纤细。叶数枚丛生，淡绿色，狭条形。花茎纤细，高15~25cm，基部包有1~2枚茎生叶；苞片2~3枚，草质，绿色，内多包含有2朵花；花蓝色或蓝紫色。（栽培园地：WHIOB）

Iris japonica Thunb. **蝴蝶花**

多年生草本。叶基生，暗绿色，有光泽，近地面处

Iris japonica 蝴蝶花

带红紫色，剑形。花茎直立，高于叶片，顶生稀疏总状聚伞花序；苞片叶状，3~5枚，其中包含有2~4朵花，花淡蓝色或蓝紫色。蒴果椭圆状柱形，无喙，6条纵肋明显，成熟时自顶端开裂至中部；种子黑褐色。（栽培园地：SCBG, IBCAS, WHIOB, KIB, XTBG, LSBG, CNBG, SZBG）

Iris lactea Pall. **马蔺**

多年生密丛草本。根状茎粗壮，木质，斜伸，外包有大量致密的红紫色折断的老叶残留叶鞘及毛发状纤维；须根粗而长，黄白色，少分枝。叶基生，坚韧，叶片灰绿色，条形或狭剑形。花茎光滑，草质，绿色，边缘白色，披针形，内包含有2~4朵花；花乳白色。蒴果长椭圆状柱形，有6条明显的肋，顶端有短喙；种子为不规则的多面体，棕褐色，略有光泽。（栽培园地：SCBG, IBCAS, WHIOB, KIB, XJB, CNBG）

Iris lactea 马蔺

Iris laevigata Fisch. **燕子花**

多年生草本，植株基部围有棕褐色毛发状老叶残留纤维。根状茎粗壮，斜伸，棕褐色；须根黄白色，有

Iris laevigata 燕子花

皱缩的横纹。叶片灰绿色，剑形或宽条形。花茎实心，光滑，高 40~60cm，有不明显的纵棱，中、下部有 2~3 枚茎生叶；苞片 3~5 枚，膜质，披针形，内包含有 2~4 朵花；花大，蓝紫色。蒴果椭圆状柱形，有 6 条纵肋，其中 3 条较粗；种子扁平，半圆形，褐色，有光泽。（栽培园地：IBCAS, KIB, XTBG, LSBG, CNBG）

Iris mandshurica Maxim. **长白鸢尾**

多年生草本，植株基部围有棕褐色的老叶残留纤维。根状茎短粗、肥厚、肉质、块状；须根近肉质，上粗下细，少分枝，黄白色。叶片镰刀状弯曲或中部以上略弯曲。花茎平滑，基部包有披针形的鞘状叶，高 15~20cm；苞片 3 枚，膜质，绿色，倒卵形或披针形，内包含有 1~2 朵花；花黄色。蒴果纺锤形，有 6 条明显的纵肋。（栽培园地：IBCAS）

Iris milesii Baker ex M. Foster **红花鸢尾**

多年生草本。根状茎粗壮，节明显。地上茎明显直立，高 60~90cm，基部略粗，节明显，下部节处残存有黄褐色的老叶叶鞘。叶两面灰绿色，在茎的上部互生，宽剑形。茎上部有 2~4 个分枝，基部生有披针形的茎生叶；苞片数枚，膜质，生于分枝处，内包含有 3~4 朵花；花淡红紫色，有较深的条纹和斑点。蒴果卵圆形，果皮革质，具明显的网状脉；种子梨形，黑色，有白色附属物。（栽培园地：IBCAS）

Iris pallida Lam. **香根鸢尾**

多年生草本。根状茎粗壮而肥厚，扁圆形，斜伸，有环纹，黄褐色或棕色；须根粗壮，黄白色。叶片灰绿色，外被有白粉，剑形。花茎光滑，绿色，有白粉；苞片 3 枚，膜质，银白色，卵圆形或宽卵圆形，其中包含有 1~2 朵花；花大，蓝紫色、淡紫色或紫红色。蒴果卵圆状圆柱形，顶端钝，无喙，成熟时自顶端向下开裂为 3 瓣；种子梨形，棕褐色，无附属物。（栽培园地：CNBG）

Iris proantha Diels **小鸢尾**

多年生矮小草本，植株基部淡绿色，围有 3~5 枚鞘状叶及少量的老叶残留纤维。根状茎细长，坚韧，二歧状分枝，横走，棕黄色，节处膨大；须根细弱，生于节处，棕黄色。叶片狭条形，黄绿色。花茎高 5~7cm，中下部有 1~2 枚鞘状的茎生叶；苞片 2 枚，草质，绿色，狭披针形，内包含有 1 朵花；花淡蓝紫色。蒴果圆球形，顶端有短喙。（栽培园地：CNBG）

Iris pseudacorus L. **黄菖蒲**

多年生草本，植株基部围有少量老叶残留的纤维。根状茎粗壮，斜伸，节明显，黄褐色；须根黄白色，有皱缩的横纹。基生叶片灰绿色，宽剑形。花茎粗壮，高 60~70cm，有明显的纵棱；花黄色。（栽培园地：SCBG, IBCAS, WHIOB, KIB, XTBG, LSBG, CNBG）

Iris pseudacorus 黄菖蒲

Iris qinghainica Y. T. Zhao **青海鸢尾**

多年生密丛草本，植株基部存留折断的老叶叶鞘常分裂成毛发状纤维，棕褐色。地下生有不明显的木质，根状茎块状；须根绳索状，灰褐色。叶片灰绿色。花茎甚短，不伸出地面，基部常包有披针形的膜质鞘状叶；苞片3枚，草质，绿色，对褶，边缘膜质，淡绿色，披针形，内包含有1~2朵花，花蓝紫色或蓝色。（栽培园地：WHIOB）

Iris ruthenica Ker-Gawl. var. **nana** Maxim. **矮紫苞鸢尾**

多年生草本，植株基部围有短的鞘状叶。根状茎斜伸，二歧分枝，节明显，外包以棕褐色老叶残留的纤维。叶片条形，灰绿色，叶长8~15cm，宽1.5~3mm。花茎纤细，高5~5.5cm；苞片2枚，膜质，绿色，边缘带红紫色，披针形或宽披针形，苞片长1.5~3cm，宽5~8mm；花淡蓝色或蓝紫色。蒴果球形或卵圆形，6条肋明显，顶端无喙；种子球形或梨形，有乳白色附属物，遇潮湿易变黏。（栽培园地：KIB, CNBG）

Iris ruthenica var. **nana** 矮紫苞鸢尾

Iris sanguinea 溪荪

Iris sanguinea Donn ex Horn. **溪荪**

多年生草本。根状茎粗壮，斜伸，外包有棕褐色老叶残留的纤维；须根绳索状，灰白色，有皱缩的横纹。叶片条形。花茎光滑，实心，具1~2枚茎生叶；苞片3枚，膜质，绿色，披针形，内包含有2朵花；花天蓝色。果长卵状圆柱形，有6条明显的肋。（栽培园地：IBCAS, KIB, XTBG, LSBG, CNBG）

Iris sanguinea Donn ex Horn. f. **albiflora** Makino **白花溪荪**

本变型花为白色。（栽培园地：CNBG）

Iris setosa Pall. ex Link **山鸢尾**

多年生草本，植株基部围有棕褐色的老叶残留纤维。根状茎粗，斜伸，灰褐色；须根绳索状，黄白色。叶片剑形或宽条形。花茎光滑，高60~100cm，并有1~3枚茎生叶；每个分枝处生有苞片3枚，膜质，绿色略带红褐色，披针形至卵圆形；花蓝紫色；花被管短，喇叭形。蒴果椭圆形至卵圆形，顶端无喙，6条肋明显突出；种子淡褐色。（栽培园地：IBCAS, KIB, XTBG）

Iris setosa 山鸢尾

Iris sibirica L. **西伯利亚鸢尾**

多年生草本，植株基部围有鞘状叶及老叶残留的纤维。根状茎粗壮，斜伸；须根黄白色，绳索状，有皱缩的横纹。叶片灰绿色，条形。花茎高于叶片，平滑，高40~60cm，有1~2枚茎生叶；苞片3枚，膜质，绿色，边缘略带红紫色，狭卵形或披针形，内包含有2朵花；花蓝紫色。蒴果卵状圆柱形、长圆柱形或椭圆

状柱形，无喙。（栽培园地：SCBG, IBCAS, WHIOB, XJB, LSBG, CNBG）

Iris speculatrix Hance **小花鸢尾**

多年生草本，植株基部围有棕褐色老叶叶鞘纤维及披针形鞘状叶。根状茎二歧状分枝，斜伸，棕褐色；根较粗壮，少分枝。叶略弯曲，叶片暗绿色，有光泽，剑形或条形。花茎光滑，有1~2枚茎生叶；苞片2~3枚，草质，绿色，狭披针形，内包含有1~2朵花；花蓝紫色或淡蓝色。蒴果椭圆形，顶端有细长而尖的喙，果梗于花凋谢后弯曲成90°角，使果呈水平状态；种子为多面体，棕褐色，旁附有小翅。（栽培园地：IBCAS, WHIOB, LSBG, CNBG, GXIB）

Iris speculatrix 小花鸢尾

Iris spuria L. **拟鸢尾**

多年生草本。叶片绿色，披针形。花被片蓝色，有网纹；外花被无附属物，内花被不全部开展。蒴果长圆柱形，纵棱明显。（栽培园地：IBCAS, CNBG）

Iris subdichotoma Y. T. Zhao **中甸鸢尾**

多年生草本，植株基部围有棕褐色毛发状的老叶残留纤维。根状茎短；根粗，少分枝。叶片灰绿色，剑形或宽条形。花茎多自叶丛旁侧抽出，上部有2~5个分枝；苞片3~5枚，绿色，边缘膜质，簇生于花茎分枝处，内包含有2~4朵花；花蓝紫色。蒴果长圆柱形，6条肋微突出；种子棕褐色，长7.5~8.5mm，有小翅。（栽培园地：KIB）

Iris tectorum Maxim **鸢尾**

多年生草本，植株基部围有老叶残留的膜质叶鞘及纤维。根状茎粗壮，二歧分枝。叶基生，叶片黄绿色，稍弯曲，宽剑形。花茎光滑，高20~40cm；花蓝紫色。蒴果长椭圆形或倒卵形；种子黑褐色，梨形（栽培园地：IBCAS, WHIOB, KIB, XTBG, LSBG, CNBG, GXIB, XMBG）

Iris tectorum 鸢尾

Iris tectorum Maxim. f. **alba** Makino **白花鸢尾**

多年生草本，植株基部围有老叶残留的膜质叶鞘及纤维。根状茎粗壮，二歧分枝。叶基生，叶片黄绿色，稍弯曲，宽剑形。花茎光滑，高20~40cm；花白色；外花被裂片爪部带有浅黄色斑纹。蒴果长椭圆形或倒卵形；种子黑褐色，梨形。（栽培园地：LSBG, CNBG）

Iris tenuifolia Pall. **细叶鸢尾**

多年生密丛草本，植株基部存留红褐色或黄棕色折断的老叶叶鞘，根状茎块状，短而硬，木质，黑褐色；根坚硬，细长，分枝少。叶片质地坚韧，丝状或狭条形。花茎通常甚短，不伸出地面；苞片4枚，披针形，内包含有2~3朵花；花蓝紫色。蒴果倒卵形。（栽培园地：IBCAS, WHIOB）

Iris tigridia Bunge **粗根鸢尾**

多年生草本，植株基部常有大量老叶叶鞘残留的纤维，棕褐色。叶片深绿色，有光泽，狭条形。花茎细，不伸出或略伸出地面；苞片2枚，黄绿色，膜质，狭披针形，顶端短渐尖，内包含有1朵花；花蓝紫色。蒴果卵圆形或椭圆形，果皮革质，顶端渐尖成喙，枯萎的花被宿存其上，成熟的果只沿室背开裂至基部；种子棕褐色，梨形，有黄白色附属物。（栽培园地：IBCAS, WHIOB, CNBG）

Iris typhifolia Kitag. **北陵鸢尾**

多年生草本，植株基部红棕色，围有披针形的鞘状叶及叶鞘残留的纤维。根状茎较粗，斜伸；须根灰白色或灰褐色，上下近等粗，有皱缩的横纹。叶片条形，扭曲。花茎平滑，中空，高 50~60cm；苞片 3~4 枚，膜质，有棕褐色或红褐色的细斑点，披针形。蒴果三棱状椭圆形，具 6 条肋，其中 3 条较明显，室背开裂。（栽培园地：WHIOB, CNBG）

Iris unguicularis Poir. **阿尔及利亚鸢尾**

多年生草本，高约 30cm。叶片条形或披针形，花紫色或淡紫色。外花被裂片的中肋上有淡黄色斑纹及白色的条状斑纹；花柱分枝的中肋上略带紫红色。蒴果卵圆形、椭圆形。（栽培园地：KIB, XTBG）

Iris uniflora Pall. ex Link **单花鸢尾**

多年生草本，植株基部围有黄褐色的老叶残留纤维及膜质的鞘状叶。根状茎细长，斜伸，二歧分枝，节处略膨大，棕褐色；须根细，生于节处。叶条形或披针形。花茎纤细，中下部有 1 枚膜质、披针形的茎生叶；苞片 2 枚，等长，质硬，干膜质，黄绿色，有的植株苞片边缘略带红色，内包含有 1 朵花；花蓝紫色。蒴果圆球形，有 6 条明显的肋，顶端常残留有凋谢的花被，基部宿存有黄色干膜质的苞片。（栽培园地：IBCAS, WHIOB, CNBG）

Iris variegata L. **黄褐鸢尾**

多年生草本，植株高 30~45cm。叶片深绿色，剑形，略弯曲。花葶高于叶，每葶具花 3~6 朵；花冠直径 5~7cm，内花被片黄色，外花被片白色至淡黄色，有暗红至紫色脉纹，部分脉纹可聚成紫色斑块。（栽培园地：IBCAS）

Iris ventricosa Pall. **囊花鸢尾**

多年生密丛草本，植株基部宿存有橙黄色或棕褐色折断的老叶叶鞘。地下生有不明显的木质根状茎块状；须根灰黄色，坚韧，上下近等粗。叶片条形，灰绿色。花茎高 10~15cm，圆柱形，有 1~2 枚茎生叶；苞片 3 枚，草质，边缘膜质；花蓝紫色。蒴果三棱状卵圆形，6 条肋明显。（栽培园地：IBCAS, WHIOB, CNBG）

Iris wattii Baker **扇形鸢尾**

多年生草本。根状茎粗壮，横走，节明显，节间长，黄白色；须根分枝较多，黄白色。地上茎扁圆柱形，高 50~100cm，节明显，残留有老叶的叶鞘。叶片黄绿色，宽剑形，表面皱褶，10 余枚密集于茎顶。花茎高 30~50cm，有纵棱和浅沟；总状圆锥花序，有 5~7 个分枝；每个分枝处生有苞片 3~5 枚，膜质，绿色，披针形至狭卵形，内包含有 2~4 朵花；花蓝紫色。蒴果

Iris wattii 扇形鸢尾

椭圆形，无明显的喙，有 6 条肋；种子棕褐色，扁平，半圆形。（栽培园地：IBCAS, KIB, XTBG）

Iris wilsonii C. H. Wright **黄花鸢尾**

多年生草本，植株基部有老叶残留的纤维。根状茎粗壮，斜伸；须根黄白色，少分枝，有皱缩的横纹。叶基生，叶片灰绿色，宽条形。花茎中空，高 50~60cm，有 1~2 枚茎生叶；苞片 3 枚，草质，绿色，披针形，内包含有 2 朵花；花黄色。蒴果椭圆状柱形，6 条肋明显，顶端无喙；种子棕褐色，扁平，半圆形。（栽培园地：IBCAS, WHIOB, GXIB）

Iris wilsonii 黄花鸢尾

Moraea 肖鸢尾属

该属共计 1 种，在 1 个园中有种植

Moraea iridioides L. **肖鸢尾**

多年生草本。根状茎短粗而肥厚，斜伸。叶基生，扁平，互相套迭，叶片条形，质地坚硬，革质，叶脉明显。花茎高 30~90cm，节明显，节上生有披针形抱茎的鞘状叶；花下的苞片与鞘状叶相似，互生；每花茎分枝的顶端生 2~3 朵花；花白色或略带淡蓝色。蒴果椭圆形，顶端无喙，常残留有扁平的花被痕迹。（栽培园地：SCBG）

Neomarica 马蝶花属

该属共计 1 种，在 7 个园中有种植

Neomarica gracilis (Herb.) Sprague **巴西鸢尾**

高 40~50cm，叶从基部根茎处抽出，扇形排列。叶片宽约 2cm，革质，深绿色；花茎扁平似叶状，但中肋较明显突出，花从花茎顶端鞘状苞片内开出，花有 6 瓣，3 瓣外翻的白色苞片，基部有红褐色斑块，另 3 瓣直立内卷，为蓝紫色并有白色线条。（栽培园地：SCBG, WHIOB, KIB, XTBG, SZBG, GXIB, XMBG）

Neomarica gracilis 巴西鸢尾

Sisyrinchium 庭菖蒲属

该属共计 3 种，在 4 个园中有种植

Sisyrinchium angustifolium Mill. **狭叶庭菖蒲**

多年生草本，高 30~50cm。茎具翼状翅，宽约 0.6cm，与茎等长。花 2~3 朵簇生，花被片倒卵形，蓝紫色，基部黄色，长约 0.5cm。蒴果含种子多数。（栽培园地：WHIOB, LSBG）

Sisyrinchium rosulatum Bickn. **庭菖蒲**

一年生莲座丛状草本。须根纤细，黄白色，多分

Sisyrinchium rosulatum 庭菖蒲

枝。茎纤细。叶基生或互生，叶片狭条形。花序顶生；苞片 5~7 枚，外侧 2 枚狭披针形，边缘膜质，绿色，内包含有 4~6 朵花；花淡紫色，喉部黄色。蒴果球形，黄褐色或棕褐色，成熟时室背开裂；种子多数，黑褐色。（栽培园地：SCBG, KIB）

Sisyrinchium striatum Sm. **智利豚鼻花**

多年生草本。叶片剑形，灰绿色。穗状花序高达 90cm，花排列稠密，乳白色至淡黄色，花冠裂片 6 枚，倒卵状椭圆形。（栽培园地：KIB）

Tigridia 老虎花属

该属共计 1 种，在 1 个园中有种植

Tigridia pavonia (L. f.) Ker-Gawl. **老虎花**

多年生草本。球茎卵圆形，棕褐色。叶片剑形或宽条形。花茎直立，高 70~120cm，花生于分枝的顶端；花下有苞片 3~7 枚，草质，绿色；花黄色、橙红色或紫色，具深紫色斑点，花被管半圆形，杯状。蒴果三棱状圆柱形，上粗下细，顶端残留有花被的痕迹。（栽培园地：KIB）

Tigridia pavonia 老虎花

Trimezia 黄扇鸢尾属

该属共计 1 种，在 1 个园中有种植

Trimezia martinicensis (Jacq.) Herb. **黄扇鸢尾**

多生年草本。花从花茎顶端鞘状苞片内开出，金黄色；外轮 3 枚萼片大，内轮 3 枚花瓣向外反卷，基部布满红褐色豹斑。（栽培园地：SCBG）

Juglandaceae 胡桃科

该科共计 22 种，在 11 个园中有种植

落叶或半常绿乔木或小乔木，具树脂，有芳香，被有橙黄色盾状着生的圆形腺体。叶互生或稀对生，无托叶，奇数或稀偶数羽状复叶；小叶对生或互生，具或不具小叶柄，羽状脉，边缘具锯齿或稀全缘。花单性，雌雄同株，风媒。花序单性或稀两性。雄花序常为葇荑花序，单独或数条成束，生于叶腋或芽鳞腋内；雄花生于 1 枚不分裂或 3 裂的苞片腋内；小苞片 2 枚及花被片 1~4 枚，贴生于苞片内方的扁平花托周围，或无小苞片及花被片；雄蕊 3~40 枚，插生于花托上。雌花序穗状，顶生，具少数雌花而直立，或有多数雌花而成下垂的葇荑花序。果由小苞片及花被片或仅由花被片、或由总苞及子房共同发育成核果状的假核果或坚果状；外果皮肉质或革质或者膜质，成熟时不开裂或不规则破裂、或 4~9 瓣开裂；内果皮（果核）由子房本身形成，坚硬，骨质，1 室，室内基部具 1~2 骨质的不完全隔膜。种子大形，完全填满果室，具 1 层膜质的种皮。

Annamocarya 喙核桃属

该属共计 1 种，在 4 个园中有种植

Annamocarya sinensis (Dode) Leroy **喙核桃**

落叶乔木，高 10~15m。奇数羽状复叶，小叶通常 7~9 枚，全缘，无毛。雄花葇荑花序，苞片及小苞片愈合。雌花穗状花序，花 3~5 朵。果近球状或卵状椭圆形；果核球形或卵球形。（栽培园地：WHIOB, KIB, XTBG, GXIB）

Annamocarya sinensis 喙核桃

Carya 山核桃属

该属共计 3 种，在 6 个园中有种植

Carya cathayensis Sarg. **山核桃**

乔木，高达 10~20m。复叶具小叶 5~7 枚；小叶边缘具齿，下面脉上具宿存或脱落的毛。雄性葇荑花序。雄花苞片长椭圆状线形。雌性穗状花序，具花 1~3 朵。总苞的裂片钻状线形。果倒卵形，果核倒卵形或椭圆状卵形。（栽培园地：IBCAS, KIB, CNBG, GXIB）

Carya cathayensis 山核桃

Carya hunanensis Cheng et R. H. Chang ex Chang et Lu **湖南山核桃**

乔木，高 12~14m。奇数羽状复叶，小叶 5~7 枚，长椭圆形至长椭圆状披针形，叶下面的叶脉常被毛，边缘具齿。雌花序有 1~2 花，顶生直立。果倒卵形，果核倒卵形。（栽培园地：WHIOB, CNBG）

Carya illinoinensis (Wangenh.) K. Koch **美国山核桃**

大乔木，高达 50m。芽为鳞芽，芽鳞镊合状排列。奇数羽状复叶长，边缘具齿。雄性葇荑花序。雌性穗状花序直立。果矩圆状或长椭圆形。（栽培园地：IBCAS, WHIOB, KIB, CNBG, XMBG）

Carya illinoinensis 美国山核桃

Cyclocarya 青钱柳属

该属共计 1 种，在 7 个园中有种植

Cyclocarya paliurus (Batal.) Iljinsk. **青钱柳**

乔木，高达 10~30m。奇数羽状复叶具 7~9 小叶；小叶片纸质，边缘具齿。葇荑花序，花序轴密被柔毛。果扁球形，密被柔毛，中部具翅。（栽培园地：SCBG, IBCAS, WHIOB, KIB, LSBG, CNBG, GXIB）

Cyclocarya paliurus 青钱柳

Engelhardtia 黄杞属

该属共计 5 种，在 5 个园中有种植

Engelhardtia colebrookeana Lindl. ex Wall. **毛叶黄杞**

小乔木，高 5~7m。偶数羽状复叶；叶柄和叶轴被柔毛，小叶 2~4 对，全缘。雄葇荑花序多条，雌花序单生或生于雄花序束顶端；雄花苞片 3 裂；雌花几无梗。果序俯垂，密被柔毛。（栽培园地：XTBG）

Engelhardtia fenzelii Merr. **少叶黄杞**

小乔木，高 3~10m，整体无毛。偶数羽状复叶，小叶 1~2 对，叶片椭圆形至长椭圆形，全缘。通常雌雄同株。雌雄花序成圆锥状或伞状。果序俯垂，果球形。（栽培园地：SCBG, WHIOB, XMBG）

Engelhardtia fenzelii 少叶黄杞

Engelhardtia roxburghiana Wall. **黄杞**

半常绿乔木，高达 10m，整体无毛。偶数羽状复叶，

Engelhardtia roxburghiana 黄杞

小叶3~5对，叶片革质，长椭圆状披针形至长椭圆形，全缘。通常为雌雄同株。花序俯垂，其中雌花序1条，雄花序数条。雄花花被片兜状。雌花花被片贴生于子房。果坚果状，球形。（栽培园地：SCBG, WHIOB, XTBG）

Engelhardtia serrata Bl. **齿叶黄杞**

乔木，高达12m。羽状复叶，长15~25cm，小叶3~7对，长椭圆形或长椭圆状披针形，边缘具齿。果序生于叶痕腋内，果球状，裂片倒披针状矩圆形。（栽培园地：XTBG）

Engelhardtia serrata 齿叶黄杞

Engelhardtia spicata Lesch. ex Bl. **云南黄杞**

大乔木，高15~20m。羽状复叶，小叶4~7对，长椭圆形至长椭圆状披针形，全缘。葇荑花序。雄花苞片3裂，花被片4枚。雌花近于无柄。果序俯垂，果球状。（栽培园地：WHIOB, KIB, XTBG）

Engelhardtia spicata 云南黄杞

Juglans 胡桃属

该属共计6种，在8个园中有种植

Juglans ailanthifolia Carrière **日本胡桃**

落叶乔木，高达20m。奇数羽状复叶，小叶11~17枚，被柔毛。雄花序葇荑状；雌蕊粉红色。坚果球形，成熟前绿色。（栽培园地：IBCAS, LSBG）

Juglans cathayensis Dode **formosana** (Hayata) A. M. Lu et R. H. Chang **华东野核桃**

本变种与原变种的主要区别为：果核较平滑，仅有2条纵向棱脊，皱纹不明显，无刺状凸起及深凹窝。（栽培园地：LSBG）

Juglans cathayensis var. **formosana** 华东野核桃

Juglans cathayensis Dode **野核桃**

乔木，高达12~25m。奇数羽状复叶，小叶9~17枚，近对生，卵状矩圆形或长卵形，边缘具齿，两面被星状毛。雄性葇荑花序生于枝顶端叶痕腋内，雄花被腺毛。

Juglans cathayensis 野核桃

雌性花序直立生于枝顶端，雌花排列成穗状。果卵形或卵圆形，核卵形或阔卵形，有6~8条纵向棱脊，棱脊之间有刺状凸起和凹陷。（栽培园地：WHIOB, KIB, CNBG）

Juglans mandshurica Maxim. **胡桃楸**

乔木，高达20m以上。奇数羽状复叶，小叶15~23枚，椭圆形至长椭圆形或卵状椭圆形至长椭圆状披针形，边缘具齿。雄性葇荑花序，花序轴被毛。雌性穗状花序，花序轴被毛。雌花花被片披针形或线状披针形。果球状、卵状或椭圆状。（栽培园地：IBCAS, WHIOB, KIB, XTBG, IAE）

Juglans mandshurica 胡桃楸

Juglans regia L. **胡桃**

乔木，高达20~25m。奇数羽状复叶；小叶通常5~9枚，椭圆状卵形至长椭圆形，全缘，上面无毛。雄性葇荑花序下垂。雄花的苞片、小苞片及花被片均被腺毛。雌花序穗状，雌花的总苞被腺毛。果近球状，无毛；果核具皱曲。（栽培园地：IBCAS, WHIOB, KIB, XTBG, XJB, LSBG, CNBG, IAE）

Juglans sigillata Dode **泡核桃**

乔木。单数羽状复叶，小叶通常9~11枚，卵状披针形或椭圆状披针形，下面脉腋簇生柔毛。雌花序轴密生腺毛。果倒卵圆形或近球形；果核倒卵形，两侧稍扁，表面具皱曲。（栽培园地：KIB, XTBG）

Juglans regia 胡桃

Juglans sigillata 泡核桃

Platycarya 化香树属

该属共计1种，在8个园中有种植

Platycarya strobilacea Sieb. et Zucc. **化香树**

落叶小乔木，高2~6m。奇数羽状复叶，具小叶

Platycarya strobilacea 化香树

7~23 枚，卵状披针形至长椭圆状披针形，边缘具齿。两性花序，雄花序直立在小枝顶端；雌花序位于下部。雄花苞片阔卵形，雌花苞片卵状披针形。果为小坚果状。种子卵形。（栽培园地：SCBG, IBCAS, WHIOB, KIB, XTBG, LSBG, CNBG, GXIB）

Pterocarya 枫杨属

该属共计 5 种，在 10 个园中有种植

Pterocarya hupehensis Skan **湖北枫杨**

乔木，高 10~20m。奇数羽状复叶，小叶 5~11 枚，叶缘具齿，侧生小叶对生或近于对生，长椭圆形至卵状椭圆形。雄花序具花序梗，雄花的花被片仅 2~3 枚发育。雌花序顶生，下垂。果序轴近无毛，果翅阔，椭圆状卵形。（栽培园地：WHIOB, CNBG）

Pterocarya hupehensis 湖北枫杨

Pterocarya insignis Rehd. et Wils. **华西枫杨**

乔木，高 12~15m。奇数羽状复叶，小叶 7~13 枚，边缘具齿，侧生小叶对生或近对生，卵形至长椭圆形。雄性葇荑花序 3~4 条，雄花具被柔毛的苞片。雌性葇荑花序单独顶生，俯垂，雌花具被毡毛的钻形苞片。果无毛，果翅椭圆状圆形。（栽培园地：WHIOB）

Pterocarya macroptera Batalin var. **delavayi** (Franch.) W. E. Manning **云南枫杨**

乔木，高 10~15m。奇数羽状复叶，小叶 7~13 枚，边缘具齿，上面被毛及小腺体；侧生小叶对生或近对生，长椭圆形或长椭圆状卵形至长椭圆状披针形。雄

Pterocarya macroptera var. **delavayi** 云南枫杨

性葇荑花序下垂。雌性葇荑花序顶生，俯垂。雌、雄花苞片均被毡毛。果基部及顶端密被短柔毛。（栽培园地：SCBG, IBCAS）

Pterocarya stenoptera C. DC. **枫杨**

大乔木，高达 30m。叶多为偶数或稀奇数羽状复叶，小叶 10~16 枚，长椭圆形至长椭圆状披针形，边缘具齿。雄性葇荑花序单独生于枝条上叶痕腋内。雌性葇荑花序顶生。果长椭圆形。（栽培园地：SCBG, WHIOB, KIB, XTBG, XJB, LSBG, CNBG, GXIB, IAE）

Pterocarya stenoptera 枫杨

Pterocarya tonkinensis (Franch.) Dode **越南枫杨**

乔木，高 15~30m。多为偶数羽状复叶，小叶 8~12 枚，卵形或矩圆状卵形，上面无毛，边缘具齿。坚果菱形。（栽培园地：KIB, XTBG, CNBG）

Juncaceae 灯心草科

该科共计 16 种，在 7 个园中有种植

多年生或稀为一年生草本。叶全部基生成丛而无茎生叶，或具茎生叶数片，常排成 3 列；叶鞘开放或闭合；花单生或集生成穗状或头状，头状花序往往再组成圆锥、总状、伞状或伞房状等各式复花序；头状花序下通常有数枚苞片，最下面 1 枚常比花长；花序分枝基部各具 2 枚膜质苞片；整个花序下常有 1~2 枚叶状总苞片；花小形，两性，稀为单性异株，多为风媒花，有花梗或无，花下常具 2 枚膜质小苞片；花被片 6 枚，排成 2 轮，稀内轮缺如，颖状，狭卵形至披针形、长圆形或钻形，绿色、白色、褐色、淡紫褐色乃至黑色，常透明，顶端锐尖或钝；雄蕊 6 枚，分离，与花被片对生，有时内轮退化而只有 3 枚。果通常为室背开裂的蒴果，稀不开裂。种子卵球形、纺锤形或倒卵形，有时两端（或一端）具尾状附属物。

Juncus 灯心草属

该属共计 12 种，在 7 个园中有种植

Juncus alatus Franch. et Sav. **翅茎灯心草**

多年生草本。根状茎短而横走。茎丛生，直立，扁平，两侧有狭翅，具不明显的横隔。叶基生或茎生；叶片扁平，通常具不明显的横隔或几无横隔。花序由多个头状花序排列成聚伞状，花被片披针形，内轮稍长；雄蕊 6 枚；种子非锯屑状，两端无尾状附属物。（栽培园地：LSBG）

Juncus allioides Franch. **葱状灯心草**

多年生草本。根状茎横走。茎稀疏丛生，圆柱形。叶基生和茎生；叶片皆圆柱形，具明显横隔；头状花序单一顶生，花被片披针形，内外轮近等长；雄蕊 6 枚，伸出花外；种子两端有白色附属物。（栽培园地：WHIOB）

Juncus compressus Jacq. **扁茎灯心草**

多年生草本。根状茎粗壮。茎丛生，圆柱形或稍扁。叶基生和茎生；叶片线形，扁平；叶耳圆形。顶生复聚伞花序；花单生，彼此分离；花被片顶端钝圆，外轮稍长于内轮；雄蕊 6 枚。蒴果卵球形，种子斜卵形，成熟时褐色。（栽培园地：WHIOB, LSBG）

Juncus diastrophanthus Buchenau **星花灯心草**

多年生草本。根状茎短。茎丛生，两侧略具狭翅。叶基生和茎生；叶片扁平，具不明显的横隔；花序由多个头状花序组成，排列成顶生复聚伞状；头状花序呈星芒状球形；花被片狭披针形，内轮比外轮长；雄蕊 3 枚。种子非锯屑状，两端无尾状附属物。（栽培园地：IBCAS, WHIOB, LSBG）

Juncus effusus L. **灯心草**

多年生草本。根状茎粗壮。茎丛生，直立，圆柱型。叶全部为低出叶，基部红褐至黑褐色；叶片退化为刺芒状。聚伞花序假侧生，含多花；总苞片圆柱形；花被片线状披针形，外轮稍长于内轮；雄蕊 3 枚（偶有 6 枚）。（栽培园地：SCBG, IBCAS, WHIOB, CNBG）

Juncus effusus 灯心草

Juncus inflexus L. **片髓灯心草**

多年生草本。根状茎粗壮。茎丛生，圆柱形。叶全部为低出叶，呈鞘状重叠包围在茎的基部。花序假侧生，多花排列成稍紧密的圆锥花序状；总苞片圆柱形；花被片狭披针形，外轮者长于内轮；雄蕊 6 枚。（栽培园地：SCBG, WHIOB）

Juncus luzuliformis Franch. **分枝灯心草**

多年生草本。茎密丛生。叶基生和茎生；低出叶鞘状或鳞片状；茎生叶通常 2 枚，细线形；叶耳钝圆。花 3~5 朵排列成聚伞花序，生于茎顶端；花被片披针形，内外轮不等长；雄蕊 6 枚；种子长圆形，两端有白色附属物。（栽培园地：WHIOB）

Juncus potaninii Buchenau **单枝灯心草**

多年生草本。茎丛生，纤细。叶基生和茎生；茎生叶常 2 枚；叶片丝状；叶耳短，钝圆。头状花序单生于茎顶，常具 2 花；花被片披针形，内轮者稍长于外

Juncus inflexus 片髓灯心草（图 1）

Juncus potaninii 单枝灯心草

轮；雄蕊 6 枚；花药长约 1mm；花丝长 2.53mm。蒴果卵状长圆形。（栽培园地：SCBG）

Juncus prismatocarpus R. Br. ssp. **teretifolius** K. F. Wu **圆柱叶灯心草**

多年生草本。茎丛生。叶基生和茎生；叶片圆柱形，具明显的完全横隔，单管；叶耳稍钝。花序由多个头状花序排列成顶生复聚伞花序；头状花序半球形；总苞片圆柱形；花被片狭披针形，内外轮等长；雄蕊 3 枚。蒴果三棱状圆锥形。（栽培园地：SCBG）

Juncus inflexus 片髓灯心草（图 2）

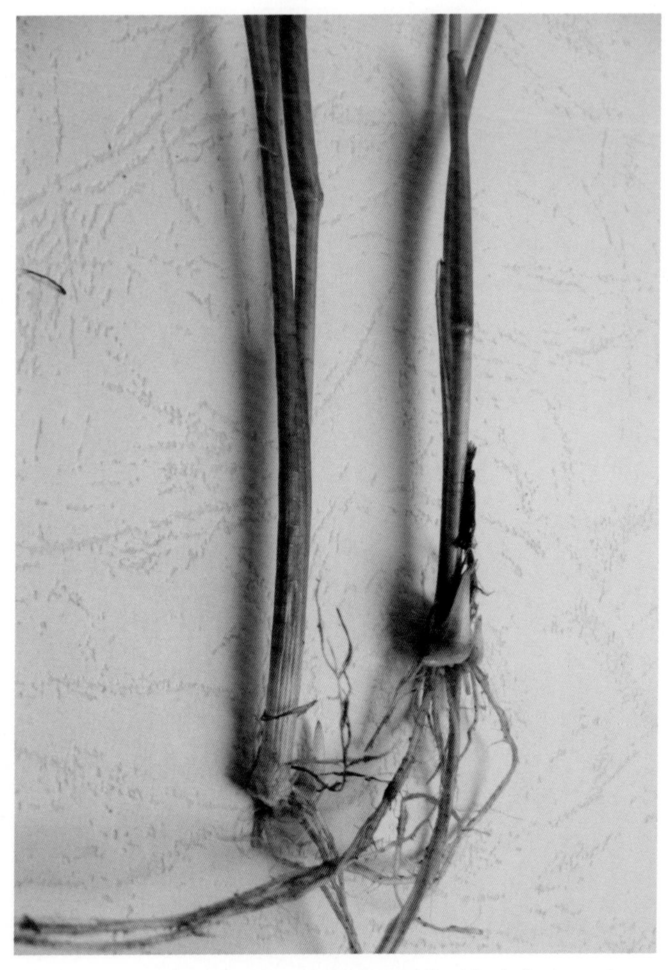

Juncus prismatocarpus ssp. **teretifolius** 圆柱叶灯心草（图 1）

Juncus prismatocarpus ssp. **teretifolius** 圆柱叶灯心草（图 2）

Juncus setchuensis 疏花灯心草（图 2）

Juncus prismatocarpus R. Br. **笄石菖**

多年生草本。茎丛生，圆柱形，或稍扁。叶基生和茎生，短于花序；叶片线形，通常扁平，具不完全横隔；叶耳稍钝。花序由多个头状花序组成，排列成顶生复聚伞花序；头状花序半球形；花被片狭披针形，内外轮等长或内轮稍短；雄蕊通常 3 枚。蒴果三棱状圆锥形。种子长卵形，具短小尖头。（栽培园地：WHIOB, XTBG, LSBG）

Juncus setchuensis Buchen. **疏花灯心草**

多年生草本。根状茎短。茎丛生，圆柱形。叶全部为低出叶；叶片退化为刺芒状。聚伞花序假侧生；总苞片圆柱形；花被片卵状披针形，内轮与外轮等长；雄蕊 3 枚。（栽培园地：WHIOB, KIB, XTBG, LSBG）

Juncus setchuensis 疏花灯心草（图 1）

Juncus tenuis Willd. **坚被灯心草**

多年生草本。根状茎短。茎丛生，圆柱形或稍扁。叶基生；叶片细长线形；叶鞘边缘膜质；叶耳钝圆。圆锥花序顶生；叶状总苞片 2 枚；花被片披针形，长 3.5~4mm，内、外轮近等长；雄蕊 6 枚；花药短于花丝。蒴果三棱状卵形。种子基部有白色短附属物。（栽培园地：LSBG）

Luzula 地杨梅属

该属共计 4 种，在 3 个园中有种植

Luzula campestris (L.) DC. **地杨梅**

多年生草本。根状茎粗壮。茎疏丛生，圆柱形。叶基生和茎生；基生叶边缘具缘毛；叶鞘筒状紧包茎。花序由 3~7 个头状花序组成，排列成聚伞状；头状花序半球形；小苞片顶端锐尖或撕裂状；花被片长圆状披针形，内、外轮近等长，黄褐色；雄蕊 6 枚。蒴果三棱状。种子基部具黄白色的种阜。（栽培园地：SCBG）

Luzula effusa Buchen. **散序地杨梅**

多年生草本。根状茎短。茎圆柱形。叶基生和茎生；基生叶数枚；茎生叶叶片扁平，边缘具稀疏的长缘毛；叶鞘包茎较紧。花序常为多级分枝的二歧聚伞花序，排列成近伞房状；花排列较疏散；小苞片边缘撕裂状；花被片卵状披针形，近等长或内轮者稍长；雄蕊 6 枚；蒴果三棱状卵形。种子无种阜。（栽培园地：WHIOB）

Luzula multiflora (Rotz.) Lej. **多花地杨梅**

多年生草本。根状茎短。茎密丛生。叶基生和茎生；

Luzula campestris 地杨梅

基生叶丛生；茎生叶线状披针形；叶片扁平，边缘具白色丝状长毛；叶鞘闭合紧包茎。花序由多个头状花序排列成近伞形的顶生聚伞花序；花序分枝近辐射状；叶状总苞片线状披针形；头状花序半球形；小苞片宽卵形，边缘常有丝状长毛，有时撕裂状；花被片披针形，内、外轮近等长；雄蕊6枚；蒴果三棱状倒卵形。种子基部具淡黄色的种阜。（栽培园地：LSBG）

Luzula plumosa E. Mey. **羽毛地杨梅**

多年生草本；根状茎横走。茎丛生，圆柱形。叶基生和茎生；基生叶叶片线状披针形，扁平，边缘具稀疏长柔毛；叶鞘筒状紧包茎。花序顶生，2~3花排列为简单聚伞花序，再排列成伞形复聚伞状；叶状总苞片；小苞片，卵形，长1.5~2mm，边缘具稀疏丝状毛或撕裂；花被片卵状披针形，内轮稍长；雄蕊6枚；蒴果三棱状宽卵形。种子顶端具黄白色种阜。（栽培园地：LSBG）

Juncaginaceae 水麦冬科

该科共计1种，在1个园中有种植

多年生湿生草本。具根茎，密生须根。叶全部基生，叶片条形或锥状条形，具叶鞘，鞘缘膜质。总状花序较长，棱无苞片；花两性，花被片6枚，2轮，卵形，绿色；雄蕊6枚，与花被片对生，花药2室，无花丝；心皮6枚，有时3枚不发育，合生，柱头毛笔状，子房上位，每室胚珠1颗。蒴果椭圆形、卵形或长圆柱形，成熟后呈3或6瓣开裂，内含种子1粒。

Triglochin 水麦冬属

该属共计1种，在1个园中有种植

Triglochin maritima L. **海韭菜**

多年生草本。植株稍粗壮。根茎短。叶基生，叶片条形。总状花序，花排列较紧密；雌蕊由6枚合生心皮组成。蒴果6棱状椭圆形，长3~5mm。（栽培园地：WHIOB）

Labiatae 唇形科

该科共计273种，在11个园中有种植

多年生至一年生草本，半灌木或灌木，极稀乔木或藤本，常具含芳香油的表皮，有柄或无柄的腺体，及各式的单毛、具节毛，甚至于星状毛和树枝状毛，常具有4棱及沟槽的茎，和对生或轮生的枝条。叶为单叶，全缘至具有各种锯齿，浅裂至深裂，稀为复叶，对生（常交互对生），稀3~8枚轮生，极稀部分互生。花很少单生。花序聚伞式，通常由两个小的三至多花的二歧聚伞花序，在节上形成明显轮状的轮伞花序（假轮）；或多分枝而过渡到成为一对单歧聚伞花序，稀仅为1~3花的小聚伞花序，后者形成每节双花的现象。由于主轴完全退化而形成密集的无柄花序，或主轴及侧枝均或多或少发达，苞叶退化成苞片状，而由数个至许多轮伞花序聚合成顶生或腋生的总状、穗状、圆锥状、稀头状的复合花序，稀由于花向主轴一面聚集而成背腹状（开向一面），极稀每苞叶承托1朵花，由于花亦互生而形成真正的总状花序。果通常裂成4枚果皮干燥的小坚果；种子每坚果单生，直立。

Acrocephalus 尖头花属

该属共计1种，在1个园中有种植

Acrocephalus indicus (Burm. f.) Kuntze **尖头花**

一年生草本，高0.5~1m。茎多分枝。叶片披针形或卵圆形。轮伞花序排列成球状或椭圆状的头状花序。花冠白色至紫红色。小坚果卵珠形。（栽培园地：XTBG）

Agastache 藿香属

该属共计3种，在6个园中有种植

Agastache foeniculum Kuntze **茴藿香**

多年生草本，分枝多，高30~80cm。叶片狭长心形，对生，叶缘呈粗锯齿状。穗状花序顶生。花冠白色或紫色。全株具茴香香气。（栽培园地：IBCAS）

Agastache mexicana (H. B. K.) Link. et Epling **墨西哥藿香**

多年生草本或亚灌木，高约1m。叶片披针形或卵状披针形。穗状花序，花冠紫红色。（栽培园地：IBCAS）

Agastache rugosa (Fisch. et Mey.) O. Ktze. **藿香**

多年生直立草本，高0.4~1.2m，四棱形。叶片心状卵形至长圆状披针形，基部心形边缘具粗齿。轮伞花序组成密集的顶生穗状花序。花冠淡紫蓝色。成熟小坚果卵状长圆形。（栽培园地：SCBG, IBCAS, WHIOB, KIB, LSBG, CNBG）

Ajuga 筋骨草属

该属共计6种，在7个园中有种植

Ajuga ciliata Bunge **筋骨草**

多年生直立草本。茎高25~40cm。叶片卵状椭圆形至狭椭圆形，边缘具不整齐的双重牙齿，具缘毛。穗状聚伞花序顶生。苞叶大，叶状。花冠紫色。小坚果长圆状或卵状三棱形。（栽培园地：WHIOB, XTBG）

Ajuga ciliata Bunge var. **glabrescens** Hemsl. **微毛筋骨草**

本变种与原变种的主要区别为：叶片薄，无毛或几无毛，如有毛则为微柔毛，阔椭圆形或椭圆状卵形。花白色至淡粉红或红色，花萼被疏微柔毛或几无毛。（栽培园地：WHIOB）

Ajuga decumbens Thunb. **金疮小草**

叶片匙形、倒卵状披针形或倒披针形至几长圆形；植株花时具基生叶，平卧，具匍匐茎，逐节生根。花冠淡蓝色或淡红紫色，稀白色。小坚果倒卵状三棱形。（栽培园地：SCBG, WHIOB, LSBG, CNBG）

Ajuga forrestii Diels **痢止蒿**

多年生直立或匍匐草本。茎高6~20cm，基部木质化。穗状轮伞花序长约6cm；花萼外面在上部沿脉及齿缘具缘毛。小坚果倒卵状三棱形。（栽培园地：SCBG, KIB）

Ajuga forrestii 痢止蒿（图1）

Ajuga forrestii 痢止蒿（图 2）

Ajuga macrosperma Wall. ex Benth. **大籽筋骨草**

直立草本，或具匍匐茎，茎四棱形，高 15~50cm，基部略木质化。叶片纸质，倒披针形。穗状花序。小坚果倒卵状三棱形。（栽培园地：XTBG）

Ajuga nipponensis Makino **紫背金盘**

一或二年生草本。茎常直立，稀匍匐，基部常分枝，高 10~20cm 或以上。叶片纸质，阔椭圆形或卵状椭圆形。顶生穗状花序。花冠淡蓝色或蓝紫色。小坚果卵状三棱形。（栽培园地：SCBG, WHIOB, GXIB）

Ajuga nipponensis 紫背金盘

Anisochilus 排草香属

该属共计 1 种，在 1 个园中有种植

Anisochilus pallidus Wall. ex Benth. **异唇花**

一年生直立草本。茎四棱形，高达 1m。叶片卵状长圆形。穗状花序。小坚果扁卵圆形。（栽培园地：XTBG）

Anisomeles 广防风属

该属共计 1 种，在 2 个园中有种植

Anisomeles indica (L.) Kuntze **广防风**

多年生直立草本。茎高 1~1.5m，多分枝。叶片阔卵圆形。轮伞花序，在主茎及侧枝的顶部排列成稠密或间断的长穗状花序。花冠淡紫色。小坚果黑色，近

Anisomeles indica 广防风（图 1）

Anisomeles indica 广防风（图 2）

圆球形。（栽培园地：SCBG, GXIB）

Betonica 药水苏属

该属共计 1 种，在 3 个园中有种植

Betonica officinalis L. **药水苏**

多年生草本，高 50~100cm。茎直立，钝四棱形，具条纹，密被微疏柔毛。茎生叶卵圆形，通常 2 对，远离。轮伞花序多花，密集成紧密的长 4cm 的长圆形穗状花序。子房黑褐色。（栽培园地：WHIOB, KIB, LSBG）

Ceratanthus 角花属

该属共计 1 种，在 1 个园中有种植

Ceratanthus calcaratus (Hemsl.) G. Taylor **角花**

多年生直立草本，高约 25cm。叶片卵形至卵状长圆形。轮伞花序 4~10 花，在主茎及侧枝顶部组成稀疏的总状花序。小坚果近球形。（栽培园地：XTBG）

Clerodendranthus 肾茶属

该属共计 1 种，在 7 个园中有种植

Clerodendranthus spicatus (Thunb.) C. Y. Wu ex H. W. Li **猫须草**

多年生草本。茎直立，高 1~1.5m。叶片卵形，先端急尖，基部宽楔形至截状楔形，边缘具粗牙齿或疏圆齿，齿端具小突尖。轮伞花序在主茎及侧枝顶端组成具总梗长 8~12cm 的总状花序。花冠浅紫色或白色。雄蕊 4 枚，超出花冠 2~4cm，前对略长，花丝长丝状，无齿，花药小，药室叉开。花柱长长地伸出，先端棒状头形，2 浅裂。花盘前方呈指状膨大。小坚果卵形，具皱纹。（栽培园地：SCBG, WHIOB, KIB, XTBG, SZBG, GXIB, XMBG）

Clerodendranthus spicatus 猫须草

Clinopodium 风轮菜属

该属共计 3 种，在 5 个园中有种植

Clinopodium chinense (Benth.) O. Kuntze **风轮菜**

多年生基部匍匐草本。茎四棱形，高达 80cm。叶片卵圆形。轮伞花序多花，半球状。花冠紫红色。小坚果倒卵形。（栽培园地：SCBG, LSBG, CNBG, GXIB）

Clinopodium chinense 风轮菜

Clinopodium confine (Hance) Kuntze **邻近风轮菜**

铺散草本。茎四棱形，疏被微柔毛。高 20~40cm。叶片卵圆形。轮伞花序近球形。花冠粉红色至紫红色，稍超出花萼。小坚果卵球形。（栽培园地：GXIB）

Clinopodium gracile (Benth.) Matsum. **瘦风轮菜**

多年生纤细草本。茎多分枝，高 8~30cm。叶片圆卵形或卵形。轮伞花序分离，成短总状花序。花冠白色至紫红色。小坚果卵球形。（栽培园地：SCBG, XTBG, LSBG, GXIB）

Clinopodium confine 邻近风轮菜

Clinopodium gracile 瘦风轮菜

Colebrookea 羽萼木属

该属共计 1 种，在 1 个园中有种植

Colebrookea oppositifolia Sm. **羽萼木**

直立灌木，高 1~3m，多分枝。茎叶对生或三叶轮生，叶片长圆状椭圆形。圆锥花序着生于枝顶，由穗状分枝组成。小坚果倒卵珠形。（栽培园地：XTBG）

Coleus 鞘蕊花属

该属共计 3 种，在 9 个园中有种植

Coleus blumei Benth. **彩叶草**

多年生常绿草本，基部木质化。高达 80cm。叶片卵形或卵状披针形，叶色多变且艳丽，有黄色、红色、橙色及其混色。花冠浅紫色至紫色或蓝色。小坚果宽卵圆形或圆形。（栽培园地：XTBG, LSBG, SZBG, XMBG）

Coleus blumei 彩叶草

Coleus scutellarioides (L.) Benth. **彩叶紫苏**

多年生草本。全株有毛，茎 4 棱，基部木质化。单叶对生，叶片卵圆形，先端长渐尖，缘具钝齿牙，长可达 15cm，叶面绿色，有淡黄色、桃红色、朱红色、紫色等色彩鲜艳的斑纹。顶生总状花序，花小，浅蓝色或浅紫色。小坚果平滑有光泽。（栽培园地：SCBG, WHIOB, KIB, LSBG, CNBG, SZBG, GXIB）

Coleus xanthanthus C. Y. Wu et Y. C. Huang **黄鞘蕊花**

小灌木，高约 0.5m。茎下部近圆柱形，上部及枝近四棱形。叶片长卵圆形。圆锥花序顶生及侧生，排列成复合圆锥花序。枝、叶及花序轴密被黄棕色绒毛。花冠黄色。小坚果卵圆形。（栽培园地：XTBG）

Coleus scutellarioides 彩叶紫苏

Colquhounia 火把花属

该属共计 4 种，在 3 个园中有种植

Colquhounia compta W. W. Smith **金江火把花**

灌木，高 1~2m，直立，多分枝。叶片卵圆形或长卵圆形。聚伞花序腋生。花冠暗灰红色。（栽培园地：WHIOB）

Colquhounia elegans Wall. **秀丽火把花**

灌木。叶片椭圆形，坚纸质，上面略具皱纹，两面均被硬伏单毛，尤以下面密集。轮伞花序少花，在茎枝上多数紧缩成密集的花序。花冠黄色或红色，长约 2.8cm，外被短柔毛，内面在筒部被短柔毛，冠筒细长，喉部增大，冠檐二唇形，上唇直伸，椭圆形，先端圆形或微缺，下唇 3 裂，裂片卵圆形，近等大，花冠筒伸长，其长度为上唇片 3 倍以上。雄蕊 4 枚，前对较长，花丝丝状，被短柔毛，插生于花冠喉部以下。（栽培园地：KIB）

Colquhounia elegans Wall. var. **tenuiflora** (Hook. f.) Prain **细花火把花**

灌木，高 1~3m。枝圆柱形。叶片椭圆形，边缘为具小突尖的小圆齿。枝、叶及花序梗均被硬伏单毛。

Colquhounia elegans var. **tenuiflora** 细花火把花

轮伞花序少花，在茎枝上多数紧缩成密集的花序。花冠黄色或红色。花期 11 月至翌年 2 月。（栽培园地：XTBG）

Colquhounia sequinii Vaniot **藤状火把花**

灌木，高约 2m。茎近圆柱形，直立攀援，小枝对生，长短不一。叶片卵状长圆形。轮伞花序由具短梗的 1~3 花聚伞花序组成，常多数在小枝上形成小头状花序，萼 10 脉。花冠红色、紫色、暗橙色至黄色。小坚果三棱状卵圆形，顶端具翅。（栽培园地：WHIOB, XTBG）

Comanthosphace 绵穗苏属

该属共计 1 种，在 2 个园中有种植

Comanthosphace ningpoensis (Hemsl.) Hand.-Mazz. **绵穗苏**

多年生直立草本。具密生须根的木质根茎。茎高 60~100cm，基部圆柱形，上部钝四棱形，茎顶花序被白色星状绒毛。叶片卵圆状长圆形。穗状花序于主茎及侧枝上顶生，在茎顶常呈三叉状。苞片早落。花冠淡红色至紫色。（栽培园地：WHIOB, LSBG）

Craniotome 簇序草属

该属共计 1 种，在 1 个园中有种植

Craniotome furcata (Link) Kuntze **簇序草**

一年生直立草本。茎圆柱形，高 1~2m。叶片阔卵圆状心形，边缘具圆齿。聚伞花序常呈蝎尾状或二歧状。花萼 10 脉。花冠紫红色。（栽培园地：XTBG）

Dracocephalum 青兰属

该属共计 2 种，在 1 个园中有种植

Dracocephalum moldavica L. **香青兰**

一年生草本，高 6~40cm。茎不明显四棱形。中部以上叶片披针形，边缘通常具不规则的三角形牙齿或疏锯齿。轮伞花序生于茎或分枝上部，通常具 4 朵花，花冠淡蓝紫色。小坚果长圆形。（栽培园地：IBCAS）

Dracocephalum rupestre Hance **岩青兰**

直立草本，高 15~42cm，茎四棱形。基出叶多数，三角状卵形，先端钝，基部常为深心形，边缘具圆锯齿。轮伞花序成穗状，花冠紫蓝色。（栽培园地：IBCAS）

Dysophylla 水蜡烛属

该属共计 4 种，在 4 个园中有种植

Dysophylla pentagona C. B. Clarke ex Hook. f. **五棱水蜡烛**

一年生草本。茎高 0.4~2m，密被黄色平展长硬毛。叶片长圆形或卵状长圆形，边缘具整齐的锯齿。穗状花序。花冠淡紫色至白色。雄蕊伸出部分具髯毛。小坚果近球形。（栽培园地：XTBG）

Dysophylla sampsonii Hance **齿叶水蜡烛**

一年生草本。茎直立，高 15~50cm。叶片倒卵状长圆形，边缘自 1/3 处以上具明显小锯齿。花冠紫红色。雄蕊伸出。小坚果卵形。（栽培园地：SCBG, WHIOB, GXIB）

Dysophylla sampsonii 齿叶水蜡烛

Dysophylla stellata (Lour.) Benth. **水虎尾**

一年生直立草本。茎高 15~40cm，具轮状分枝。叶 4~8 枚轮生。穗状花序长 0.5~4.5cm，极密集。花冠紫红色。小坚果倒卵形。花、果期全年。（栽培园地：SCBG, WHIOB）

Dysophylla yatabeana Makino **水蜡烛**

多年生草本。茎高 40~60cm。叶 3~4 枚轮生，叶片狭披针形。穗伏花序。花冠紫红色，花丝密被紫红色髯毛。（栽培园地：SCBG, WHIOB）

Dysophylla yatabeana 水蜡烛

Elsholtzia 香薷属

该属共计 20 种，在 9 个园中有种植

Elsholtzia argyi Levl. **紫花香薷**

一年生直立草本，高 0.5~1m。茎四棱形，叶片卵形。穗状花序顶生，偏向一侧。花冠玫瑰红紫色。小坚果长圆形。（栽培园地：WHIOB, LSBG）

Elsholtzia blanda (Benth.) Benth. **四方蒿**

直立草本，高 1~1.5m。茎、枝四棱形。叶片椭圆形至椭圆状披针形，边缘具锯齿。穗状花序顶生或腋生，近偏向一侧。花冠白色。小坚果长圆形。（栽培园地：KIB, XTBG, GXIB）

Elsholtzia bodinieri Van. **东紫苏**

多年生草本，高 25~30cm。短枝具对生的鳞状叶，仅出土部分具正常叶，茎枝上叶片披针形。穗状花序单生于茎及枝顶端。花冠玫瑰红紫色。小坚果长圆形。（栽培园地：KIB）

Elsholtzia blanda 四方蒿（图 1）

Elsholtzia blanda 四方蒿（图 2）

Elsholtzia ciliata (Thunb.) Hyland. **香薷**

一年生直立草本，高 0.3~0.5m。具密集的须根。叶片卵形。穗状花序偏向一侧。花冠淡紫色。小坚果长圆形。（栽培园地：WHIOB, XTBG, LSBG）

Elsholtzia communis (Collett et Hemsl.) Diels **吉龙草**

草本，高约 60cm，全株有浓烈的柠檬醛香气。茎直立，密被下曲的白色短柔毛。叶片卵形。穗状花序生于茎枝顶端，密被白色疏柔毛。花冠漏斗形，外面被疏柔毛及腺点，内面在花丝基部具不明显毛环。小坚果长圆形。（栽培园地：XTBG）

Elsholtzia cypriani (Pavol.) C. Y. Wu et S. Chow **野草香**

一年生直立草本，茎高 0.1~1m，钝四棱形，密被下弯短柔毛。叶片卵形至长圆形，边缘具圆齿状锯齿。穗状花序圆柱形。花冠玫瑰红色。小坚果长圆状椭圆。（栽培园地：WHIOB）

Elsholtzia cypriani (Pavol.) C. Y. Wu et S. Chow var. **angustifolia** C. Y. Wu et S. C. Huang **窄叶野草香**

本变种与原变种的主要区别为：叶片较狭或更小，边缘具粗大锯齿。（栽培园地：XTBG）

Elsholtzia densa Benth. **密花香薷**

一年生直立草本，高 20~60cm。叶片长圆状披针形至椭圆形。穗状花序长圆形。花冠淡紫色。小坚果卵珠形。（栽培园地：XJB）

Elsholtzia flava (Benth.) Benth. **野苏子**

直立半灌木，高 0.6~2.6m。茎分枝，钝四棱形。叶片阔卵形。穗状花序顶生或腋生。花冠黄色。小坚果长圆形。（栽培园地：KIB, XTBG）

Elsholtzia flava 野苏子

Elsholtzia fruticosa (D. Don) Rehd. **鸡骨柴**

直立灌木，高 0.8~2m，多分枝。茎、枝钝四棱形。叶片披针形，被弯曲的短柔毛，两面密布黄色腺点。

穗状花序圆柱状。花冠白色至淡黄色。小坚果长圆形。（栽培园地：SCBG, IBCAS, WHIOB）

Elsholtzia heterophylla Diels **异叶香薷**

草本，高 0.3~0.8m。具纤细匍匐枝及密集的须根。叶两型，匍匐枝上的叶小，叶片宽椭圆形或近圆形，长 0.2~0.6cm，宽 0.2~0.4cm，边缘疏生钝齿；茎上叶片披针形或椭圆形，长 1.3~2.6cm，宽 0.3~0.7cm，边缘具浅锯齿或圆齿状锯齿。穗状花序单生于茎顶，圆柱形。花冠玫瑰红紫色。小坚果长圆形。（栽培园地：XTBG）

Elsholtzia kachinensis Prain **水香薷**

柔弱平铺草本，长 10~40cm。下部茎节常生不定根。叶片卵圆形。穗状花序顶生。花冠白色至淡紫色或紫色。小坚果长圆形，栗色。（栽培园地：XTBG）

Elsholtzia penduliflora W. W. Sm. **大黄药**

半灌木，高 1~2m，芳香。叶片披针形。穗状花序顶生或腋生，下垂。花冠白色。小坚果长圆形，棕色。（栽培园地：KIB）

Elsholtzia penduliflora 大黄药

Elsholtzia pilosa (Benth.) Benth. **长毛香薷**

平铺草本，高 10~50cm。茎具 4 槽，疏被柔毛状刚毛。叶片卵形或卵状披针形，基部楔形或近圆形，下延至叶柄，边缘具圆锯齿。穗状花序在茎及枝上顶生；苞片钻形或线状钻形；花梗与序轴密被疏柔毛。萼齿 5 枚。花冠粉红色。小坚果长圆形，淡黄色，无毛。（栽培园地：WHIOB）

Elsholtzia rugulosa Hemsl. **野拔子**

草本至半灌木。茎高 0.3~1.5m，多分枝，密被白色微柔毛。叶片卵形。穗状花序着生于主茎及侧枝的顶部。花冠白色。小坚果长圆形，光滑无毛。（栽培园地：WHIOB, XTBG）

Elsholtzia souliei Lévl. **川滇香薷**

纤细草本，高 10~50cm。叶片披针形。穗状花序顶生。花冠紫色。小坚果长圆形，深棕色。（栽培园地：KIB）

Elsholtzia splendens Nakai ex F. Maekawa **海州香薷**

直立草本，高 30~50cm。茎被近 2 列疏柔毛。叶片卵状三角形。穗状花序顶生，偏向一侧，由多数轮伞花序组成。花冠玫瑰红紫色。小坚果长圆形。（栽培园地：SCBG, LSBG, CNBG）

Elsholtzia stachyodes (Link) C. Y. Wu **穗状香薷**

柔弱草本，高 0.3~1m。叶片菱状卵圆形，基部楔形，下延至叶柄成狭翅。穗状花序顶生及腋生。花冠白色，有时为紫红色。小坚果椭圆形，淡黄色。（栽培园地：WHIOB, XTBG）

Elsholtzia stachyodes 穗状香薷

Elsholtzia stauntoni Benth. **木香薷**

直立半灌木，高 0.7~1.7m。茎上部多分枝，上部钝四棱形，带紫红色，被灰白色微柔毛。叶片披针形至椭圆状披针形。穗状花序生于茎枝及侧生小花枝顶上。花冠玫瑰红紫色，内面约在冠筒中部花丝基部有斜向间断髯毛毛环。小坚果椭圆。（栽培园地：IBCAS, XJB）

Elsholtzia winitiana Craib **白香薷**

直立草本，高 1~1.7m。枝钝四棱形，密被白色卷曲长柔毛。叶片长圆状披针形，边缘具圆锯齿。穗状花序顶生及腋生；花萼10脉。花冠白色，内面在花丝基部有斜向小髯毛环。小坚果长圆形，淡棕黄色。（栽培园地：XTBG）

Eurysolen 宽管花属

该属共计1种，在2个园中有种植

Eurysolen gracilis Prain **宽管花**

直立或攀援状灌木，高0.5~2m。枝条圆柱形。叶片倒卵状菱形或长圆状倒卵形。穗状花序顶生于短枝上；花萼10脉，边缘具缘毛，果时花萼稍成壶形。花冠白色。小坚果扁倒卵形，黑褐色。（栽培园地：WHIOB, XTBG）

Galeobdolon 小野芝麻属

该属共计1种，在1个园中有种植

Galeobdolon chinense (Benth.) C. Y. Wu **小野芝麻**

一年生草本，有时具块根。茎高10~60cm。叶片多卵圆形。花冠粉红色，外面被白色长柔毛，冠筒内面下部有毛环。小坚果三棱状倒卵圆形，顶端截形。（栽培园地：GXIB）

Galeobdolon chinense 小野芝麻

Galeopsis 鼬瓣花属

该属共计1种，在2个园中有种植

Galeopsis bifida Boenn. **鼬瓣花**

草本。茎直立，高0.2~1m，在节上加粗但在干时明显收缢，此处密被多节长刚毛。茎叶卵圆状披针形或披针形。花冠白色、黄色或粉紫红色。小坚果倒卵状三棱形。（栽培园地：WHIOB, KIB）

Galeopsis bifida 鼬瓣花

Geniosporum 网萼木属

该属共计1种，在1个园中有种植

Geniosporum coloratum (D. Don) Kuntze **网萼木**

灌木，高约2m。茎直立，钝四棱形，具槽，被有短小鳞片状柔毛。叶片卵圆状披针形。疏生轮伞花序多花排列成总状花序，在茎顶由于具2侧生总状花序而呈三叉状。花冠白色。小坚果卵珠形，黑褐色。（栽培园地：XTBG）

Glechoma 活血丹属

该属共计3种，在7个园中有种植

Glechoma biondiana (Diels) C. Y. Wu et C. Chen var. **angustituba** C. Y. Wu et C. Chen **狭萼白透骨消**

本变种与原变种的主要区别：植株高大，通常高在30cm以上，被稀疏的长柔毛；轮伞花序花较多，通常为9花，稀为6花；花萼狭，圆柱形，口部与基部等宽。（栽培园地：WHIOB）

Glechoma hederacea L. **金钱薄荷**

蔓生草本。具匍匐茎，上升，逐节生根。茎高10~17cm，除节上被倒向糙伏毛外，其余几无毛。叶片

Glechoma hederacea 金钱薄荷

草质，茎基部叶片近圆形，茎上部叶片肾形或肾状圆形。聚伞花序2~4花，组成轮伞状。花冠紫色。（栽培园地：WHIOB）

Glechoma longituba (Nakai) Kupr **活血丹**

多年生草本，具匍匐茎。茎高10~30cm。叶片心形或近肾形。轮伞花序通常2花，稀具4~6花。花冠淡蓝色、蓝色至紫色。小坚果深褐色，长圆状卵形。（栽培园地：SCBG, WHIOB, KIB, XTBG, LSBG, CNBG, GXIB）

Glechoma longituba 活血丹

Gomphostemma 锥花属

该属共计11种，在4个园中有种植

Gomphostemma arbusculum C. Y. Wu **木锥花**

灌木或粗壮草本。茎高1~5m，密被污黄色星状弯曲毡毛。叶片长圆形。聚伞花序近无梗。萼片10肋。花冠白色或浅紫色。小坚果长圆状三棱形。（栽培园地：XTBG）

Gomphostemma chinense Oliv **中华锥花**

草本。根木质；根茎粗厚，木质，自其上抽出1~2茎。茎直立，高24~80cm，下部近木质，几圆柱形，密被星状绒毛。叶片椭圆形或卵状椭圆形。花序为聚伞花序。花冠浅黄色至白色。小坚果倒卵状三棱形，具小突起。（栽培园地：SCBG）

Gomphostemma crinitum Wall. ex Benth. **长毛锥花**

多年生草本。茎钝四棱形。叶片椭圆形。聚伞花序蝎尾状丛生于叶腋。花冠黄色。小坚果单生。（栽培园地：XTBG, CNBG）

Gomphostemma deltodon C. Y. Wu **三角齿锥花**

多年生直立草本。茎高约1m，密被污黄色星状长绒毛。叶片椭圆形，先端微偏斜，基部通常不对称。圆锥花序穗状，萼齿三角形。花冠紫红色。（栽培园地：XTBG）

Gomphostemma latifolium C. Y. Wu **宽叶锥花**

直立灌木。茎高0.6~2m，密被污黄色星状毡毛。叶片卵圆形。花冠白色或浅黄色。小坚果长圆状三棱形。（栽培园地：XTBG）

Gomphostemma lucidum Wall. ex Benth. **光泽锥花**

直立小灌木。茎高1.5m，被污黄色星状毡毛，下

Gomphostemma lucidum 光泽锥花

部几圆柱形，木质，粗糙。叶片长圆形。聚伞花序腋生，短而密集，多花，几无梗，萼10肋异常明显，果时花萼增大，破裂。花冠白色至浅黄色。小坚果扁倒卵形，有残存星状毛。（栽培园地：SCBG, WHIOB, XTBG）

Gomphostemma microdon Dunn **小齿锥花**

直立草本。茎高约1m，密被灰色星状短绒毛。叶片长圆形至椭圆形。穗状圆锥花序直立，腋生。花冠浅紫色至淡黄色。小坚果每花有3枚成熟，扁长圆形。（栽培园地：XTBG）

Gomphostemma parviflorum Wall. ex Benth. var. **farinosum** Prain **污粉小锥花**

本变种与原变种的主要区别为：苞片及小苞片卵状披针形至披针形，具三出脉；花萼狭钟形，萼齿线状披针形或三角状披针形，略短于萼筒；小坚果有细纹。（栽培园地：XTBG）

Gomphostemma pedunculatum Benth. ex Hook. f. **抽葶锥花**

多年生草本。茎高0.3~3m，密被星状绒毛及具长柄的星状绵毛，下部半木质化。叶片多卵圆形，叶柄具狭翅。穗状花序生于茎基部。苞片紫红色。花冠黄色。小坚果长圆状三棱形。（栽培园地：XTBG）

Gomphostemma pedunculatum 抽葶锥花

Gomphostemma pseudocrinitum C. Y. Wu **拟长毛锥花**

灌木，直立。茎单生，高1.2m，上部草质，下部木质化，几圆柱形，密被星状绒毛。叶片卵圆状长圆形，边缘有大小不等的粗牙齿。聚伞花序干后栗色至紫褐色，生于茎的基部。花冠黄色。（栽培园地：WHIOB）

Gomphostemma stellatohirsutum C. Y. Wu **硬毛锥花**

多年生粗壮草本。茎高约1m，密被污黄色星状毡毛或被稀疏的星状长柔毛。叶片多长圆状椭圆形，边

Gomphostemma pseudocrinitum 拟长毛锥花

缘具浅锯齿或不规则的小牙齿。聚伞花序腋生，无梗，花萼10肋。花冠紫红色。小坚果长圆状三棱形。（栽培园地：XTBG）

Holocheila 全唇花属

该属共计1种，在1个园中有种植

Holocheila longipedunculata S. Chow ex C. Y. Wu et S. Chow **全唇花**

多年生草本，高20~30cm。叶柄长2.2~5.5cm，被具腺长硬毛；叶片心形或正圆状心形。花萼斜钟形，10脉。花冠粉红色，长达1.2cm。小坚果仅1枚成熟，近球形。（栽培园地：KIB）

Hyptis 山香属

该属共计2种，在2个园中有种植

Hyptis rhomboidea Mart. et Gal. **吊球草**

一年生直立粗壮草本。茎高0.5~1.5m。叶片披针

Hyptis rhomboidea 吊球草

形。花多数，密集成一具长梗、腋生、单生的球形小头状花序。花冠乳白色。小坚果长圆形。（栽培园地：KIB）

Hyptis suaveolens (L.) Poit. **山香**

一年生、直立、粗壮、多分枝草本，揉之有香气。叶片卵形至宽卵形。聚伞花序 (1)2~5 花，着生于逐渐变小的叶腋内，成总状花序或圆锥花序。花冠蓝色，冠檐二唇形，上唇先端 2 圆裂，裂片外翻，下唇 3 裂，侧裂片与上唇裂片相似，中裂片囊状，略短。雄蕊 4 枚，下倾，插生于花冠喉部，花丝扁平，被疏柔毛，花药汇合成 1 室。花柱先端 2 浅裂。花盘阔环状，边缘微有起伏。子房裂片长圆形，无毛。小坚果常 2 枚成熟，扁平。（栽培园地：SCBG）

Hyssopus 神香草属

该属共计 1 种，在 1 个园中有种植

Hyssopus canescens DC. ex Nyman **神香草**

半灌木，高 20~80cm。茎多分枝。叶片多线形。轮伞花序腋生，常组成伸长的顶生穗状花序。花冠浅蓝色至紫色。（栽培园地：IBCAS）

Isodon 香茶菜属

该属共计 22 种，在 8 个园中有种植

Isodon adenanthus (Diels) Kud **腺花香茶菜**

多年生半木质草本。根茎常不规则结节状增大，中部叶片菱状卵圆形至卵圆状披针形。聚伞花序 3~5 花成顶生总状具苞叶花序。花冠蓝色、紫色、淡红色至白色，外密被微柔毛及淡黄色腺点。小坚果卵圆形，棕褐色。（栽培园地：XTBG）

Isodon amethystoides (Benth.) H. Hara **香茶菜**

多年生直立草本。根茎肥大，疙瘩状，木质，向下密生纤维状须根。茎高 0.3~1.5m，叶腋内常有不育短枝，其上具较小形的叶。叶片卵状圆形。由聚伞花序组成的顶生圆锥花序。花冠白色、蓝白色或紫色。成熟小坚果卵形。（栽培园地：SCBG, WHIOB, XTBG, CNBG）

Isodon coetsa (Buch.-Ham. ex D. Don) Kudo **细锥香茶菜**

多年生草本或半灌木。向下密生纤维状的须根。茎直立，高 0.5~2m，多分枝。茎叶对生，卵圆形。狭圆锥花序。花冠紫色、紫蓝色。成熟小坚果倒卵球形。（栽培园地：WHIOB, XTBG）

Isodon amethystoides 香茶菜

Isodon excisoides (Sun ex C. H. Hu) Hara **拟缺香茶菜**

多年生草本。根茎横走，木质，略增粗或呈疙瘩状，粗可达 2cm，向下密生纤维状须根。茎直立，多数，高 0.3~1.5m。茎叶对生，宽椭圆形、卵形或圆卵形，叶柄上部具宽翅。总状圆锥花序顶生或于上部茎叶腋生。花冠白色、淡红色、淡紫色至紫蓝色。成熟小坚果近球形，褐色，无毛。（栽培园地：WHIOB）

Isodon inflexus (Thunb.) Kudô **内折香茶菜**

多年生草本。高 0.4~1(1.5)m。茎叶三角状阔卵形或阔卵形，先端锐尖或钝，基部阔楔形，骤然渐狭下延，边缘在基部以上具粗大圆齿状锯齿，齿尖具硬尖。狭圆锥花序长 6~10cm。花冠淡红色至青紫色，冠檐二唇形，上唇外翻，下唇阔卵圆形。（栽培园地：LSBG）

Isodon irroratus (Forrest ex Diels) Hara **露珠香茶菜**

直立灌木，高 0.3~1m。叶对生，中部叶片卵形至阔卵形，先端钝，基部阔楔形，除叶基 1/3 外边缘具圆齿。聚伞花序具 3~5 花，多数组成长 (6)10~15(20) cm 的圆锥花序，花萼明显 10 脉。花冠蓝色或紫色。小坚果卵球形，直径约 1.5mm，棕褐色。（栽培园地：WHIOB）

Isodon japonicus (Burm. f.) Hara **毛叶香茶菜**

多年生草本。高 0.4~1.5m。叶片卵形或阔卵形，先

端具卵形的顶齿，基部阔楔形，边缘有粗大具硬尖头的钝锯齿。圆锥花序在茎及枝上顶生，疏松而开展。花丝扁平，中部以下具髯毛。成熟小坚果卵状三棱形，顶端具疣状凸起。（栽培园地：WHIOB）

Isodon japonicus (Burm. f.) Hara var. **glaucocalyx** (Maxim.) Hara **蓝萼香茶菜**

本变种与原变种的主要区别为：叶片疏被短柔毛及腺点，先端具卵形的顶齿，基部阔楔形，边缘有粗大具硬尖头的钝锯齿，顶齿卵形或披针形而渐尖，锯齿较钝；花萼常带蓝色，外面密被贴生微柔毛。（栽培园地：IBCAS）

Isodon leucophyllus (Dunn) Kudo **白叶香茶菜**

直立小灌木，高 0.5~1.2m，除花冠外各处均密被灰白色鳞粃星状绒毛或绵毛。叶片卵圆形或三角状卵圆形，先端钝或微锐尖，基部钝、近圆形或近圆状楔形，边缘在基部以上具圆齿。聚伞花序组成长达 8cm 尖塔形聚伞圆锥花序。花冠粉红色、紫色至深紫蓝色。成熟小坚果卵球形，长 1.5mm，黄褐色，无毛。（栽培园地：WHIOB）

Isodon lophanthoides (Buch.-Ham. ex D. Don) Hara **线纹香茶菜**

多年生柔弱草本。基部匍匐生根，并具小球形块根。茎高 15~100cm。茎叶卵形、阔卵形或长圆状卵形，边缘具圆齿。圆锥花序顶生及侧生。花萼钟形，外面下部疏被串珠状具节长柔毛，萼齿 5 枚，卵状三角形。花冠白色或粉红色，具紫色斑点，冠檐外面被稀疏小黄色腺点。（栽培园地：SCBG, WHIOB, XTBG）

Isodon lophanthoides (Buch.-Ham. ex D. Don) Hara var. **micrantha** (C. Y. Wu) H. W. Li **小花线纹香茶菜**

本变种与原变种的主要区别为：花较小，长 2~3mm；叶片被极疏具节微硬毛，下面常带紫色。（栽培园地：XTBG）

Isodon macrocalyx (Dunn) Hara **大萼香茶菜**

多年生草本。根茎木质，疙瘩状，直径达 2.5cm 以上，向下密生纤维状须根。茎直立，高 0.4~1.5m，髓部大，白色。茎叶对生，卵圆形，边缘在基部以上有整齐的圆齿状锯齿。总状圆锥花序顶生及在茎上部叶腋内腋生，整体排列成尖塔形的复合圆锥花序，果时花萼明显增大，10 脉。花冠浅紫色、紫色或紫红色。成熟小坚果卵球形。（栽培园地：SCBG, LSBG）

Isodon nervosus (Hemsl.) Kudo **显脉香茶菜**

多年生草本，高达 1m。根茎稍增大呈结节块状，其上生直径 1~3mm 的细根和多数纤细须根。茎自根茎生出，直立，不分枝或少分枝。叶交互对生，叶片披针形至狭披针形。聚伞花序于茎顶，组成疏散的圆锥花序，萼齿 5 枚，果时萼增大呈阔钟形。花冠蓝色。雄蕊 4 枚，二强，伸出于花冠外，花丝下部疏被微柔毛。小坚果卵圆形，顶端被微柔毛。（栽培园地：SCBG, WHIOB, CNBG）

Isodon parvifolius (Batal.) Hara **小叶香茶菜**

小灌木，高 0.5~5m，多分枝。叶对生，叶片小，长圆状卵形。聚伞花序腋生。花萼钟形，外面密被白色短绒毛，萼齿 5 枚，卵状三角形，果时花萼增大，外折。花冠浅紫色，冠筒基部上方浅囊状。小坚果小形，褐色，光滑。（栽培园地：WHIOB）

Isodon racemosus (Hemsl.) Murata **总序香茶菜**

多年生草本，茎直立，高 0.6~1m。叶片菱状卵圆形，先端长渐尖，基部楔形，长渐狭下延，边缘具粗大牙齿或锯齿状牙齿。花序总状或假总状，后一情况时花序下部为具短梗的 3 花聚伞花序，顶生及腋生。花冠白色或微红色。花丝中部以下具髯毛。成熟小坚果倒卵珠形。（栽培园地：WHIOB）

Isodon rubescens (Hemsl.) Hara **碎米桠**

小灌木。叶与枝幼时密被绒毛，但老时脱落至近无毛，常带紫红色；叶片卵圆形或菱状卵圆形，先端锐尖或渐尖，基部宽楔形，骤然渐狭下延成假翅，边缘具粗圆齿状锯齿。聚伞花序 3~5 花。花萼钟形，外密被灰色微柔毛及腺点，明显带紫红色，内面无毛，10 脉，萼齿 5 枚，微呈 3/2 式二唇形，齿均卵圆状三角形，近钝尖，约占花萼长之半，上唇 3 齿，中齿略小，下唇 2 齿稍大而平伸，果时花萼增大，管状钟形，略弯曲。小坚果倒卵状三棱形。（栽培园地：IBCAS, WHIOB）

Isodon sculponeatus (Vaniot) Kudo **黄花香茶菜**

直立草本，高 0.5~2m。叶片阔卵状心形或卵状心形，先端锐尖或渐尖，基部深心形或浅心形，边缘具圆齿或牙齿。花冠黄色，上唇内面具紫色斑，外被短柔毛及腺点。小坚果卵状三棱形，具不明显的锈色小疣。（栽培园地：WHIOB）

Isodon serra (Maxim.) Kudo **溪黄草**

多年生直立草本，茎高达 1.5m。叶对生，叶片草质，卵圆形或卵状披针形，长 3~10cm，宽 1~4.5cm，先端近渐尖，基部楔形，边缘具粗大锯齿。圆锥花序顶生，长 10~20cm。花冠紫色。花柱丝状，内藏，先端相等 2 浅裂。花盘环状。小坚果阔卵圆形，具腺点及白色髯毛。（栽培园地：SCBG, WHIOB, GXIB, XMBG）

Isodon ternifolius (D. Don) Kudo **牛尾草**

多年生粗壮草本或半灌木至灌木，高 0.5~2m，有时达 7m。茎直立，具分枝，六棱形，密被绒毛状长柔毛。

Isodon serra 溪黄草

叶对生及3~4枚轮生，叶片狭披针形、披针形或狭椭圆形，边缘具锯齿。由聚伞花序组成的穗状圆锥花序极密集，顶生及腋生。花冠白色至浅紫色，上唇有紫色斑。小坚果卵圆形。花期9月至翌年2月，果期12月至翌年4月或5月。（栽培园地：SCBG, XTBG）

Isodon walkeri (Arnott) H. Hara **长叶香茶菜**

多年生草本，常具匍匐茎。茎高40~60cm，不分枝或具分枝。茎叶对生，叶片狭披针形。圆锥花序生于主茎及侧枝顶端。花萼小，钟形。花冠粉红色或白色，上唇具紫色斑，极外翻，下唇与冠筒近等长，伸展。雄蕊及花柱长长地伸出。小坚果卵形，略扁。花期11月至翌年1月，果期12月至翌年1月。（栽培园地：SCBG, XTBG）

Isodon weisiensis (C. Y. Wu) H. Hara **维西香茶菜**

茎具深槽，仅棱上被短柔毛，其余无毛；叶片均长过于宽，宽卵圆形、卵圆状圆形或近圆形，先端长渐尖，基部宽楔形或截状楔形，骤然渐狭下延，边缘具粗大近于整齐或有时双重的牙齿，顶齿披针形长渐尖；花冠白色。（栽培园地：WHIOB）

Isodon wikstroemioides (Hand.-Mazz.) Hara **荛花香茶菜**

叶片椭圆形、披针形或倒披针形，长0.8~1.5cm，宽0.5~0.7cm，先端锐尖或近圆形，基部阔楔形至圆形或近截平而渐狭，全缘或中部以上疏生少数不明显的牙齿，上面密被短绒毛及乳突状腺点，下面极密被由卷曲单毛组成的绒毛。（栽培园地：WHIOB）

Keiskea 香简草属

该属共计1种，在1个园中有种植

Keiskea elsholtzioides Merr. **香薷状香简草**

草本。茎高约40cm，圆柱形，带紫红色，近无毛，幼枝密生平展的纤毛状柔毛。叶片卵形或卵状长圆形，大小变异很大。总状花序顶生或腋生，花多少远离；苞片宿存，阔卵状圆形，边缘具白色纤毛。花冠白色，染以紫色，内面在冠筒中部稍下方有横向的柔毛状髯毛环。小坚果近球形。（栽培园地：WHIOB）

Kinostemon 动蕊花属

该属共计1种，在2个园中有种植

Kinostemon ornatum (Hemsl.) Kudo **动蕊花**

多年生草本。茎直立，基部分枝，并具早年残存的茎基，四棱形，无槽，高50~80cm，光滑无毛。叶具短柄，叶片卵圆状披针形至长圆状线形，先端直，尾状渐尖，基部楔状下延，边缘具疏牙齿，两面光滑无毛。轮伞花序2花，远隔，开向一面，多数组成顶生及腋生无毛的疏松总状花序，腋生者稍短于叶；苞片早落。花冠紫红色。子房球形。（栽培园地：SCBG, WHIOB）

Lagochilus 兔唇花属

该属共计1种，在1个园中有种植

Lagochilus diacanthophyllus (Pall.) Benth. **二刺叶兔唇花**

多年生小灌木，高10~30cm。具不大的垂直根。茎自基部多少平展分枝，密具叶，被柔毛。下部的叶具柄，柄长5~10mm，上部的多数无柄，叶片宽卵圆形，基部楔状渐狭成短柄，3分裂，裂片半裂成多数小裂片，小裂片长圆形，先端呈圆形，具短刺尖，上面被刺状茸毛，下面被腺体。轮伞花序约6花；苞片白色。花冠淡粉红色。小坚果顶端具腺点。（栽培园地：XJB）

Lagopsis 夏至草属

该属共计1种，在1个园中有种植

Lagopsis supina (Stephan ex Willd.) Ikonn.-Gal. ex Knorring **夏至草**

多年生草本。披散于地面或上升，具圆锥形的主根。

Lagopsis supina 夏至草

茎高15~35cm，四棱形，具沟槽，带紫红色，密被微柔毛。叶片先端圆形，基部心形，3深裂，裂片有圆齿或长圆形犬齿，有时叶片为卵圆形，3浅裂或深裂。轮伞花序具疏花，直径约1cm，在枝条上部者较密集，在下部者较疏松。花冠白色，稀粉红色。小坚果长卵形。（栽培园地：KIB）

Lamium 野芝麻属

该属共计2种，在4个园中有种植

Lamium amplexicaule L. **宝盖草**

一年生或二年生植物。茎高10~30cm，基部多分枝，上升，四棱形，具浅槽，常为深蓝色，几无毛，中空。茎下部叶具长柄，柄与叶片等长或超过之，上部叶无柄，叶片圆形或肾形，先端圆，基部截形或截状阔楔形，半抱茎，边缘具极深的圆齿，顶部的齿通常较其余的大。轮伞花序6~10花，其中常有闭花授精的花；苞片披针状钻形。花冠紫红色或粉红色，外面除上唇被有较密带紫红色的短柔毛外，其余均被微柔毛，内面无毛环。小坚果倒卵圆形，具3棱。花期3~5月，果期7~8月。（栽培园地：SCBG, CNBG）

Lamium barbatum Sieb. et Zucc. **野芝麻**

多年生植物。根茎有长地下匍匐枝。茎高达1m，单生，直立，四棱形。茎下部的叶片卵圆形或心形，先端尾状渐尖，基部心形，茎上部的叶片卵圆状披针形，较茎下部的叶片长而狭，先端长尾状渐尖，边缘有微内弯的牙齿状锯齿，齿尖具胼胝体的小突尖。轮伞花序着生于茎端；苞片狭线形或丝状，具缘毛。花冠白色或浅黄色。小坚果倒卵圆形。花期4~6月，果期7~8月。（栽培园地：LSBG, CNBG, GXIB）

Lamium barbatum 野芝麻

Lavandula 薰衣草属

该属共计3种，在7个园中有种植

Lavandula angustifolia Mill. **薰衣草**

半灌木或矮灌木，分枝。叶片线形或披针状线形，在花枝上的叶较大，疏离，被密的或疏的灰色星状绒毛，干时灰白色或橄绿色，在更新枝上的叶小，簇生，密被灰白色星状绒毛，干时灰白色，均先端钝，基部渐狭成极短柄，全缘，边缘外卷，中脉在下面隆起，侧脉及网脉不明显。轮伞花序通常具6~10朵花，多数，在枝顶聚集成间断或近连续的穗状花序；花具短梗，蓝色，密被灰色、分枝或不分枝绒毛。花萼卵状管形或近管形，二唇形。小坚果4枚，光滑。（栽培园地：IBCAS, XJB, LSBG, XMBG）

Lavandula angustifolia 薰衣草

Lavandula dentata L. **齿叶薰衣草**

多年生草本，茎四棱形，多分枝，密被星状毛。叶片椭圆形，一至二回羽状分裂。轮伞花序组成顶生而紧凑的穗状花序，被星状毛。花萼管状，直立，长约5mm，密被星状毛，5齿，齿极短，不明显。花冠紫色，长约1cm，冠檐二唇形，上唇直伸，2裂，卵圆形，先端钝，下唇开展，3裂，裂片近圆形。小坚果长卵形，光滑。（栽培园地：SCBG, KIB）

Lavandula pedunculata (Mill.) Cav. **蝴蝶薰衣草**

常绿灌木。叶片灰绿色，花呈穗管状，深紫色，顶部有紫色苞片。全株具香味。（栽培园地：SCBG, GXIB）

Lavandula pedunculata 蝴蝶薰衣草

Leonurus 益母草属

该属共计2种，在9个园中有种植

Leonurus japonicus Thunb. **益母草**

一年生或二年生直立草本。茎高40~120cm，钝四棱形，具槽，多分枝，被倒糙伏毛，多分枝。叶形变

Leonurus japonicus 益母草（图1）

Leonurus japonicus 益母草（图2）

化很大，最下部茎叶卵形或心状圆形，中部叶菱形，裂片更多，裂片长圆状线形，上部叶渐小，3裂至全缘，近无柄，线状披针形至线形先端锐尖。轮伞花序腋生，多数在同一枝上组成穗状花序。花冠淡紫红色。小坚果长圆状三棱形，黑褐色，顶端截平，基部楔形。（栽培园地：SCBG, WHIOB, KIB, XTBG, XJB, LSBG, CNBG, GXIB, XMBG）

Leonurus turkestanicus V. Krecz. et Rupr. **新疆益母草**

多年生草本。根茎木质，具密须根的圆锥形主根。茎多数，稀单一，多分枝。茎叶圆形或卵状圆形，5裂，其上再分裂成宽披针形小裂片。轮伞花序腋生。花冠粉红色。小坚果三棱形，顶端截平。（栽培园地：XJB）

Leucas 绣球防风属

该属共计4种，在2个园中有种植

Leucas ciliata Benth. **绣球防风**

直立草本，高30~80cm。茎密被贴生或倒向的金黄色长硬毛。叶片卵状披针形或披针形。轮伞花序腋生，少数而远离地着生于枝条的先端，球形，多花密集，萼齿10枚，刺状。花冠白色或紫色，外面密被金黄色长柔毛。小坚果卵珠形，褐色。（栽培园地：XTBG）

Leucas mollissima Wall. ex Benth. **银针七**

直立草本，高可达1m。叶片卵圆形。轮伞花序腋生，分布于枝条中部至上部，球状。花萼管状，萼口平截，齿10枚。花冠白色、淡黄色至粉红色。小坚果卵珠状三棱形，黑褐色。（栽培园地：SCBG, XTBG）

Leucas mollissima Wall. ex Benth. var. **scaberula** Hook. f. **糙叶银针七**

本变种与原变种的主要区别为：叶片较秃净；萼有刚毛。（栽培园地：XTBG）

Leucas zeylanica (L.) R. Br. **绉面草**

直立草本，高约40cm。叶片长圆状披针形。轮伞花序腋生。花冠白色，或白色具紫色斑，或浅棕色、红色、蓝色。小坚果椭圆状近三棱形，栗褐色，有光泽。（栽培园地：SCBG）

Leucosceptrum 米团花属

该属共计1种，在3个园中有种植

Leucosceptrum canum Smith **米团花**

大灌木至小乔木，高1.5~7m。新枝被灰白色至淡黄色浓密绒毛。叶片纸质或坚纸质，椭圆状披针形，边缘具浅锯齿或锯齿。花序为由轮伞花序排列成顶生稠密圆柱状穗状花序；花梗密被星状绒毛。花冠白色或粉红色至紫红色，筒状。（栽培园地：WHIOB, KIB, XTBG）

Loxocalyx 斜萼草属

该属共计1种，在1个园中有种植

Loxocalyx urticifolius Hemsl. **斜萼草**

直立草本。茎高1~1.3m。叶片宽卵圆形或心状卵圆形，先端长渐尖，顶端一齿极伸长，基部楔形、圆形、截形至心形，边缘为粗大的锯齿状牙齿，膜质。轮伞花序有时在每叶腋内为单花，但常具3~6花。花萼管状，8脉，后3齿的2居间脉消失，显著，齿5枚，比萼筒短，长三角形或卵圆形，二唇状，前2齿靠合，比后3齿长，后3齿近等大，齿端为刺尖。花冠玫瑰红、紫色或深紫色至暗红色。小坚果卵状三棱形，腹面具棱，栗褐色。（栽培园地：WHIOB）

Lycopus 地笋属

该属共计2种，在5个园中有种植

Lycopus lucidus Turcz. **地笋**

多年生草本，高0.6~1.7m。根茎横走，具节，节上

Lycopus lucidus 地笋

密生须根，先端肥大呈圆柱形，此时于节上具鳞叶及少数须根，或侧生有肥大的具鳞叶的地下枝。茎直立，通常不分枝。叶具极短柄或近无柄，叶片长圆状披针形，多少弧弯，先端渐尖，基部渐狭，边缘具锐尖粗牙齿状锯齿。轮伞花序无梗，圆球形。花萼边缘具小缘毛。花冠白色。小坚果倒卵圆状四边形。（栽培园地：SCBG, WHIOB, KIB）

Lycopus lucidus Turcz. var. **hirtus** Regel **硬毛地笋**

本变种与原变种的主要区别为：茎棱上被向上小硬毛，节上密集硬毛；叶片披针形，暗绿色，上面密被细的刚毛状硬毛，叶缘具缘毛，下面主要在肋及脉上被刚毛状硬毛，两端渐狭，边缘具锐齿。（栽培园地：IBCAS, LSBG）

Marrubium 欧夏至草属

该属共计1种，在1个园中有种植

Marrubium vulgare L. **欧夏至草**

多年生直立草本。茎高30~40cm，密被贴生的绵状

Marrubium vulgare 欧夏至草

柔毛。叶片卵形、阔卵形至圆形，边缘有粗齿状锯齿，下面密被粗糙平伏长柔毛。轮伞花序腋生，圆球状。花萼管状，10脉，凸出，齿通常10枚，其中5枚主齿较长，5枚副齿较短且数目不定，长1~4mm，钻形，在先端呈钩吻状弯曲。花冠白色。小坚果卵圆状三棱形。（栽培园地：SCBG）

Meehania 龙头草属

该属共计4种，在4个园中有种植

Meehania fargesii (Lévl.) C. Y. Wu **华西龙头草**

多年生直立草本，高10~40cm。具匍匐茎；茎细弱，不分枝。叶片心形至卵状心形或三角状心形，先端短渐尖，基部心形，边缘具疏锯齿或钝锯齿。花通常成对着生于茎顶部2~3节叶腋，有时亦成轮伞花序。花时花萼管形，口部微开张，具15脉，外面密被微柔毛，齿5枚，具缘毛，先端渐尖。花冠淡红色至紫红色。（栽培园地：WHIOB）

Meehania fargesii (Lévl.) C. Y. Wu var. **pedunculata** (Hemsl.) C.Y. Wu **梗花华西龙头草**

本变种与原变种的主要区别为：茎较高大粗壮，多分枝，不形成匍匐状分枝；聚伞花序通常具花3朵以上，形成具明显短或长梗的轮伞花序，在茎的上部常形成顶生假总状花序；叶片通常为长三角状卵形，形状变异颇大，但均显然较原变种大。（栽培园地：WHIOB）

Meehania fargesii (Lévl.) C. Y. Wu var. **radicans** (Vaniot) C. Y. Wu **走茎华西龙头草**

本变种与原变种的主要区别为：茎较粗壮而长，通常超过30cm，多分枝，常形成匍匐生根的走茎；叶片常为长圆状卵形，长3~15cm，具圆锯齿，基部心形；花通常为腋生双花，总梗极短，常着生于茎最上部的1~3节上。（栽培园地：WHIOB, LSBG）

Meehania urticifolia (Miq.) Makino **荨麻叶龙头草**

多年生草本，株高60~120cm。地上茎直立呈四棱状。叶对生，叶片长椭圆至披针形，缘有锯齿，呈亮绿色。穗状花序聚成圆锥花序状，顶生，长20~30cm，单一或分枝。花冠唇形，花序自下端往上逐渐绽开，小花密集。如将小花推向一边，不会复位，因而得名。小花玫瑰紫色。（栽培园地：SCBG, WHIOB, KIB）

Melissa 蜜蜂花属

该属共计2种，在3个园中有种植

Melissa axillaris (Benth.) Bakh. f. **蜜蜂花**

多年生草本。具地下茎。地上茎近直立或直立，高0.6~1m。叶具柄，叶片卵圆形，草质。轮伞花序少花或多花，在茎、枝叶腋内腋生，疏离；苞片小，近线形，具缘毛。花萼钟形，13脉，二唇形，上唇3枚齿，下唇2枚齿，齿披针形。花冠白色或淡红色，冠筒至喉部扩大。雄蕊4枚。小坚果卵圆形，腹面具棱。（栽培园地：WHIOB）

Melissa officinalis L. **香蜂草**

多年生草本。茎直立。叶具柄，叶片卵圆形，先端急尖或钝，基部圆形至近心形。轮伞花序腋生，具短梗，2~14花；苞片叶状，比叶小很多，被长柔毛及具缘毛。花萼钟形，外面被有具节长柔毛，内面在中部以上被长柔毛，二唇形。花冠乳白色，冠檐二唇形，上唇直伸。雄蕊4枚。花柱先端相等2浅裂。小坚果卵圆形。（栽培园地：IBCAS, CNBG）

Mentha 薄荷属

该属共计11种，在10个园中有种植

Mentha aquatica L. **水薄荷**

多年生草本，水生或湿生。根茎粗壮，具纤维性；具地下茎，高约90cm。茎四棱形，无毛或有毛。叶具柄，叶片卵形或卵状披针形。轮伞花序顶生，花淡紫红色。小坚果卵圆形。（栽培园地：IBCAS）

Mentha arvensis L. **田野薄荷**

多年生草本。茎直立，高30~60cm，下部数节具纤细的须根及水平匍匐根状茎。叶片长圆状披针形，基部楔形至近圆形，边缘在基部以上疏生粗大的牙齿状锯齿。轮伞花序腋生，球形。花萼管状钟形，10脉。花冠淡紫色。雄蕊4枚，前对较长，花药卵圆形。小坚果卵珠形，黄褐色，具小腺窝。（栽培园地：IBCAS, WHIOB, CNBG）

Mentha asiatica Boriss. **假薄荷**

多年生草本，高30~150cm。根茎斜行，节上生根；全株被短绒毛，具臭味。茎直立，稍分枝，大多较纤细，钝四棱形，密被短绒毛。叶片长圆形、椭圆形或长圆状披针形。轮伞花序在茎及分枝的顶端集合成圆柱状、先端急尖的穗状花序。花萼钟形，外面多少带紫红色，萼齿5枚，果时靠合。花冠紫红色。雄蕊4枚，雄花伸出，雌花内藏。花柱伸出花冠很多。小坚果褐色，卵珠形。（栽培园地：XJB, CNBG）

Mentha canadensis L. **薄荷**

多年生草本。茎直立，高30~60cm，下部数节具纤细的须根及水平匍匐根状茎，锐四棱形，具4槽，上部被倒向微柔毛，下部仅沿棱上被微柔毛，多分枝。

Mentha canadensis 薄荷

叶片长圆状披针形、披针形、椭圆形或卵状披针形，稀长圆形，边缘在基部以上疏生粗大的牙齿状锯齿。轮伞花序腋生，球形。花萼管状钟形，10 脉。雄蕊 4 枚。小坚果卵珠形，黄褐色，具小腺窝。（栽培园地：SCBG, IBCAS, WHIOB, KIB, XTBG, XJB, LSBG, CNBG, GXIB）

Mentha cardiaca L. **苏格兰留兰香**

多年生草本。高 80~100cm。茎四棱形，无毛或有毛。叶具柄，叶片卵形或卵状披针形。轮伞花序顶生或腋生，花白色或淡紫色。（栽培园地：IBCAS）

Mentha citrata Ehrh. **柠檬留兰香**

多年生草本。有具叶的匍匐枝，全体无毛或近于无毛。茎外倾，曲折，高 30~60cm。叶片宽卵圆形或椭圆形，先端钝，基部近圆形至浅心形，边缘疏生锐锯齿，薄纸质。轮伞花序在茎及分枝顶端密集成长 2.5~4cm 的穗状花序。花冠淡紫色，花药紫色，卵圆形，2 室。花柱伸出花冠很多，先端相等 2 浅裂。（栽培园地：IBCAS）

Mentha longifolia (L.) Huds. **欧薄荷**

多年生草本，高达 100cm。根茎匍匐。茎直立，锐四棱形。叶片卵圆形至长圆状披针形或披针形，长达 6cm，宽 1.5cm，先端锐尖，基部圆形至浅心形，边缘具粗大而不整齐的锯齿状牙齿。轮伞花序在茎及分枝顶端集合，组成圆柱形先端锐尖的穗状花序。花冠淡紫色。花柱超出花冠很多。花盘平顶。子房无毛。（栽培园地：LSBG, CNBG）

Mentha piperita L. **辣薄荷**

多年生草本。茎自基部上升，直立，高 30~100cm。叶片披针形至卵状披针形，基部近圆形至浅心形，边缘具不等大的锐锯齿，下面密被腺点。轮伞花序在茎及分枝顶端集合成圆柱形先端锐尖的穗状花序。花萼管状，常染紫色。花冠白色，裂片具粉红晕。小坚果倒卵圆形，顶端具腺点。（栽培园地：IBCAS, CNBG）

Mentha pulegium L. **唇萼薄荷**

多年生草本，芳香。地下枝具鳞叶，节上生根。茎大多上升，极稀直立或匍匐，常染红紫色，多分枝，节间通常比叶长。叶片卵圆形或卵形，先端钝，基部近圆形，边缘具疏圆齿，但常为全缘，草质；苞叶无柄，筒形，下弯，比轮伞花序短，细小。轮伞花序多花。花冠鲜玫瑰红色、紫色或稀白色，冠筒在上部骤然囊状增大。（栽培园地：CNBG）

Mentha rotundifolia (L.) Huds. **圆叶薄荷**

多年生草本，高可达 60~70cm，全株疏被短毛。地下根茎蔓延，茎四棱形，细长，直立或斜生，略分枝。单叶对生，叶片椭圆形或卵状矩圆形，长可达 3~10cm，边缘具锯齿，两面均疏被短毛，基部近于心形或钝形；无柄或近于无柄。穗状花序顶生；花冠白色或淡红色。小坚果卵球形。（栽培园地：IBCAS, CNBG）

Mentha spicata L. **留兰香**

多年生草本。茎直立，高 40~130cm，无毛或近于无毛，绿色，钝四棱形，具槽及条纹，不育枝仅贴地生。叶片卵状长圆形或长圆状披针形，先端锐尖，基部宽楔形至近圆形，边缘具尖锐而不规则的锯齿，草质。轮伞花序生于茎及分枝顶端。花冠淡紫色。子房褐色。（栽培园地：IBCAS, WHIOB, KIB, LSBG, CNBG, XMBG）

Mentha spicata 留兰香

Mesona 凉粉草属

该属共计 1 种，在 2 个园中有种植

Mesona chinensis Benth. **凉粉草**

草本，直立或匍匐。茎高 15~100cm，分枝或少分支。叶片狭卵圆形至阔卵圆形或近圆形，先端急尖或钝，基部钝或有时圆形，边缘具或浅或深的锯齿。轮伞花序多数，组成间断或近连续的顶生总状花序。花萼开花时钟形，果时花萼筒状或坛状筒形。花冠白色或淡红色。雄蕊后对花丝基部具齿状附属器，其上被硬毛。花柱远超出雄蕊之上，先端不相等2浅裂。小坚果长圆形，黑色。（栽培园地：SCBG, XTBG）

Micromeria 姜味草属

该属共计1种，在1个园中有种植

Micromeria biflora (Buch.-Ham. ex D. Don) Benth. **姜味草**

半灌木，丛生，具香味。茎密被白色具节平展疏柔毛及短柔毛；花萼短管状，连齿长达4mm，萼齿5枚，呈二唇形，后3枚齿长三角形，长1.5mm，先端长渐尖，前2枚齿钻形，长近2mm，先端具刺尖；花冠小，长5mm。小坚果长圆形。（栽培园地：KIB）

Microtoena 冠唇花属

该属共计4种，在3个园中有种植

Microtoena delavayi Prain **云南冠唇花**

多年生草本，直立，高1~2m。根茎粗厚，木质，具须根。叶片心形至心状卵圆形，先端短尾尖，基部截状楔形、截形至心形，边缘为具小突尖的圆齿状粗锯齿。二歧聚伞花序多花，腋生，或组成顶生的圆锥花序。花冠黄色，花冠上唇盔状，盔红色，直立。花柱丝状。小坚果扁圆状三棱形，直径约2mm，黑褐色。（栽培园地：XTBG）

Microtoena delavayi 云南冠唇花

Microtoena insuavis (Hance) Prain ex Dunn **冠唇花**

直立草本或半灌木。茎高1~2m，四棱形，被贴生的短柔毛。叶片卵圆形或阔卵圆形，先端急尖，基部截状阔楔形，下延至叶柄而成狭翅，边缘具锯齿状圆齿，齿尖具不明显的小突尖。聚伞花序二歧，分枝蝎尾状，在主茎及侧枝上组成开展的顶生圆锥花序。花冠红色，具紫色的盔。小坚果卵圆状。（栽培园地：SCBG, XTBG）

Microtoena patchoulii (C. B. Clarke ex Hook. f.) C. Y. Wu et S. J. Hsuan **滇南冠唇花**

直立草本。茎高1~2m，四棱形，基部半木质化，多分枝。茎叶三角状卵圆形，稀为长圆状卵圆形，先端急尖状长尖，基部阔楔形至近心形，边缘为具小突尖的粗锯齿。二歧聚伞花序蝎尾状或不明显蝎尾状，腋生，组成顶生的圆锥花序。花冠上唇盔状，紫色或褐色。小坚果卵圆状三棱形。（栽培园地：XTBG）

Microtoena subspicata C. Y. Wu ex Hsuan **近穗状冠唇花**

粗壮、挺直草本。茎四棱形。叶片三角状卵圆形，先端骤然长渐尖，基部截状阔楔形，边缘为较深的圆齿状牙齿，齿略不等大，上面橄绿色。花序为小聚伞花序组成的紧缩圆锥花序，近穗状，生于主茎及侧枝的顶端。花冠黄色，上唇盔状。小坚果近圆形，三棱状。（栽培园地：GXIB）

Microtoena subspicata 近穗状冠唇花

Moluccella 贝壳花属

该属共计1种，在1个园中有种植

Moluccella laevis L. **贝壳花**

一年生草本。茎高40~100cm，叶对生，叶片卵圆形，先端钝，基部心形，边缘具钝齿。轮伞花序顶生或腋生。萼片联合成钟状，绿色，花冠白色，6朵轮生。种子三角形。（栽培园地：KIB）

Monarda 美国薄荷属

该属共计 4 种，在 5 个园中有种植

Monarda citriodora Cerv ex Lag. **柠檬香蜂草**

一年生直立草本。茎高 80~100cm。叶片披针形。边缘具锯齿。苞片与茎叶同形，较小，常具艳色。小苞片小。轮伞花序密集多花，在枝顶成单个头状花序，或为多个而远离。花萼管状，伸长，直立或稍弯，具 15 脉，萼齿 5 枚，近相等，在喉部常有长柔毛或硬毛。花冠紫红色。小坚果卵球形。（栽培园地：IBCAS）

Monarda didyma L. **马薄荷**

一年生直立草本。茎锐四棱形。叶片卵状披针形，先端渐尖或长渐尖，基部圆形，边缘具不等大的锯齿。轮伞花序多花，在茎顶密集成直径达 6cm 的头状花序；苞片叶状，染红色。花冠紫红色。花柱超出雄蕊，先端为不相等 2 浅裂。（栽培园地：SCBG, IBCAS, WHIOB, LSBG, CNBG）

Monarda didyma 马薄荷

Monarda fistulosa L. **拟美国薄荷**

一年生草本。茎钝四棱形，带红色或多少具紫红色斑点，上部分枝。叶片披针状卵圆形或卵圆形，先端渐尖，基部圆形或近截形，边缘具不相等的锯齿，纸质。轮伞花序多花，在茎、枝顶部密集成径达 5cm 的头状花序；苞叶叶状，变小，全缘。花萼管内面在喉部密被 1 环白色长髯毛。花冠紫红色。小坚果倒卵圆形，顶部截平。（栽培园地：IBCAS, LSBG, CNBG）

Monarda punctata L. **细斑香蜂草**

一年生直立草本。茎高 60~90cm。叶片披针形。边缘具锯齿。苞片与茎叶同形，较小，常紫红色。轮伞花序密集多花，在枝顶成单个头状花序。花冠黄色并具紫色斑点。小坚果卵球形。（栽培园地：IBCAS）

Monarda fistulosa 拟美国薄荷

Mosla 石荠苎属

该属共计 5 种，在 5 个园中有种植

Mosla cavaleriei Lévl. **小花荠苎**

一年生草本。茎高 25~100cm，具分枝。叶片卵形或卵状披针形，先端急尖，基部圆形至阔楔形，边缘具细锯齿，近基部全缘。总状花序小，顶生于主茎及侧枝上。花冠紫色或粉红色。小坚果灰褐色，球形。（栽培园地：SCBG, XTBG）

Mosla chinensis Maxim. **石香薷**

直立草本。茎高 9~40cm，纤细，自基部多分枝。叶片线状长圆形至线状披针形。总状花序头状。花冠紫红色、淡红色至白色。小坚果球形，具深雕纹，无毛。花期 6~9 月，果期 7~11 月。（栽培园地：SCBG, LSBG, CNBG, SZBG）

Mosla dianthera (Buch.-Ham. ex Roxb.) Maxim. **小鱼仙草**

一年生草本。茎高至 1m，四棱形，多分枝。叶片

Mosla dianthera 小鱼仙草

卵状披针形或菱伏披针形，有时卵形，先端渐尖或急尖，基部渐狭，边缘具锐尖的疏齿，近基部全缘，纸质。总状花序生于主茎及分枝的顶部，通常多数。花冠淡紫色。小坚果灰褐色，近球形，具疏网纹。（栽培园地：SCBG, LSBG）

Mosla longibracteata (C. Y. Wu) C. Y. Wu **长苞荠苎**

一年生草本。茎高 30~50cm，四棱形，棱及节上被倒生短硬毛，多分枝。叶片倒卵形或菱形，先端钝，基部渐狭，下延成叶柄，边缘在中部以上具圆齿或圆齿状据齿，下部全缘。总状花序顶生于主茎及侧枝上。花冠淡粉红色或近白色。小坚果黄褐色，近球形，具极疏的网纹。（栽培园地：LSBG）

Mosla scabra (Thunb.) C. Y. Wu et H. W. Li **石荠苎**

一年生草本。茎高 20~100cm，多分枝，分枝纤细，茎、枝均四棱形。叶片卵形或卵状披针形，基部圆形或宽楔形，边缘近基部全缘，自基部以上为锯齿状，纸质。总状花序生于主茎及侧枝上。花冠粉红色。小坚果黄褐色，球形，具深雕纹。（栽培园地：SCBG, LSBG）

Mosla scabra 石荠苎

Nepeta 荆芥属

该属共计 4 种，在 6 个园中有种植

Nepeta annua Pall. **小裂叶荆芥**

一年生草本。茎高 13~26cm。叶片宽卵形至长圆状卵形，长 1~2.3cm，宽 0.7~2.1cm，二回羽状深裂，裂片线状长圆形至卵状长圆形，两面均偶见黄色树脂腺点。顶生穗状花序。花冠淡紫色，略超过花萼。小坚果长圆状三棱形，顶端圆形，基部急尖。（栽培园地：XJB）

Nepeta cataria L. **拟荆芥**

多年生草本。茎坚强，基部木质化，多分枝，高 40~150cm，基部近四棱形，上部钝四棱形。叶片卵状至三角状心形，先端钝至锐尖，基部心形至截形，边缘具粗圆齿或牙齿，草质，上面黄绿色。花序为聚伞状，下部的腋生，上部的组成连续或间断的、较疏松或极密集的顶生分枝圆锥花序，聚伞花序呈二歧状分枝。花冠白色，下唇有紫色点。小坚果卵形，几三棱状，灰褐色。（栽培园地：IBCAS, WHIOB, KIB, CNBG）

Nepeta citriodora Dum. **柠檬荆芥**

草本。茎高 20~80cm，钝四棱形，具浅槽。叶片卵圆形或三角状心形，先端锐尖，稀钝形，基部心形或近截形，具圆齿状锯齿，坚纸质。穗状花序顶生，密集成圆筒状；最下部的花叶叶状，其余的卵形至披针形。花冠蓝紫色。雄蕊藏于花冠内，花药黄色。子房光滑无毛。小坚果卵形。（栽培园地：SCBG）

Nepeta tenuifolia Benth. **裂叶荆芥**

一年生草本。茎高 0.3~1m，四棱形，多分枝，被灰白色疏短柔毛，茎下部的节及小枝基部通常微红色。叶通常为指状 3 裂，大小不等，先端锐尖，基部

Nepeta tenuifolia 裂叶荆芥

楔状渐狭并下延至叶柄，裂片披针形，中间的较大，两侧的较小，全缘，草质。花序为多数轮伞花序组成的顶生穗状花序。小坚果长圆状三棱形。（栽培园地：IBCAS, CNBG）

Ocimum 罗勒属

该属共计 4 种，在 8 个园中有种植

Ocimum basilicum L. **罗勒**

一年生草本，高 20~80cm。茎直立，基部常染有红色，多分枝。叶片卵圆形至卵圆状长圆形，先端微钝或急尖，基部渐狭，边缘具不规则牙齿或近于全缘，两面近无毛，下面具腺点。总状花序顶生于茎、枝上，各部均被微柔毛。花萼钟形，萼齿 5 枚，呈二唇形，上唇 3 齿，中齿最宽大，近圆形，内凹，具短尖头，边缘下延至萼筒，果时花萼宿存，明显增大。花冠淡紫色，或上唇白色下唇紫红色。小坚果卵珠形，黑褐色。花期通常 7~9 月，果期 9~12 月。（栽培园地：SCBG, IBCAS, WHIOB, XTBG, CNBG, XMBG）

Ocimum basilicum 罗勒（图 1）

Ocimum basilicum 罗勒（图 2）

Ocimum basilicum 罗勒（图 3）

Ocimum basilicum L. var. **pilosum** (Willd.) Benth. **疏柔毛罗勒**

本变种与原变种的主要区别为：茎多分枝上升，叶小，叶片长圆形，叶柄及轮伞花序极多疏柔毛，总状花序延长。（栽培园地：SCBG, IBCAS, XTBG, XJB, GXIB）

Ocimum basilicum var. **pilosum** 疏柔毛罗勒

Ocimum gratissimum L. **丁香罗勒**

一年生草本。茎高 0.5~1m，被长柔毛。叶片卵状矩圆形或矩圆形，长 5~12cm，两面密被柔毛状绒毛。轮伞花序 6 花，密集，组成顶生、长 10~15cm 的圆锥花序，密被柔毛状绒毛。花冠白色或白黄色。小坚果近球形。（栽培园地：XTBG）

Ocimum gratissimum L. var. **suave** (Willd.) Hook. f. **毛叶丁香罗勒**

直立灌木，极芳香。茎高 0.5~1m，多分枝，茎、枝均四棱形，被长柔毛或在棱角上毛被脱落而近于无毛，干时红褐色，髓部白色，充满。叶片卵圆状长圆形或长圆形，向上渐变小，先端长渐尖，基部楔形至长渐狭，边缘疏生具胼胝尖的圆齿，坚纸质，微粗糙，两面密被柔毛状绒毛及金黄色腺点，脉上毛茸密集。

总状花序顶生及腋生，直伸，在茎、枝顶端常呈三叉状，中央者最长，两侧较短，均由具6花的轮伞花序所组成，花序各部被柔毛。花冠白黄色至白色。小坚果近球状，褐色。（栽培园地：XMBG）

Origanum 牛至属

该属共计1种，在5个园中有种植

Origanum vulgare L. **牛至**

多年生草本或半灌木，芳香。根茎斜生。茎直立，通常高25~60cm，具倒向或微蜷曲的短柔毛。叶具柄，叶片卵圆形，先端钝或稍钝，基部宽楔形至近圆形或微心形，全缘或有远离的小锯齿。花序呈伞房状圆锥花序，开张，多花密集，由多数长圆状在果时多少伸长的小穗状花序所组成。花萼内面在喉部有白色柔毛环，13脉。花冠紫红色、淡红色至白色。小坚果卵圆形，先端圆，基部骤狭。（栽培园地：IBCAS, XTBG, XJB, LSBG, CNBG）

Origanum vulgare 牛至

Paraphlomis 假糙苏属

该属共计5种，在5个园中有种植

Paraphlomis albotomentosa C. Y. Wu **绒毛假糙苏**

草本，高约50cm。茎下部叶早落，上部叶阔三角状卵圆形，长4~9cm，宽3~6cm，先端短渐尖，基部宽楔形，基部以上有不规则而向上渐远离的犬齿状锯齿。轮伞花序具4~8花，多少明显地由具短梗的紧缩聚伞花序所组成，其下承以叶状的苞片及线形的小苞片。花冠白色，长1.5~2cm，冠檐二唇形，上唇长椭圆形，全缘，下唇稍大，3浅裂。子房无毛。（栽培园地：WHIOB）

Paraphlomis gracilis Kudo **纤细假糙苏**

草本。茎高约1m。叶片披针形，通常长5~10cm，宽1.7~3.3cm，向上渐变小，先端锐尖或渐尖，基部渐狭而延伸至具微具狭翅的叶柄，边缘在基部以上有圆齿状锯齿。轮伞花序通常具4~8花。花冠白色，下唇具紫色斑，长约1.5cm，冠筒比萼筒短，长约5mm，外面无毛，内面在中部以上有明显的疏柔毛毛环，冠檐二唇形。花盘平顶。子房近无毛，顶端截平。（栽培园地：WHIOB）

Paraphlomis javanica (Bl.) Prain **狭叶假糙苏**

草本，高约50cm，有时高达1.5m。叶片椭圆形、椭圆状卵形或长圆状卵形，通常长7~15cm，宽3~8.5cm，先端锐尖或渐尖，基部圆形或近楔形，边缘有具小突尖的圆齿状锯齿。轮伞花序多花，圆球形，连花冠直径约3cm，其下承以少数小苞片。花冠通常黄色或淡黄色，亦有近于白色的，长约1.7cm。子房紫黑色。小坚果倒卵珠状三棱形。花期6~8月，果期8~12月。（栽培园地：SCBG, WHIOB, KIB, XTBG）

Paraphlomis javanica 狭叶假糙苏

Paraphlomis javanica (Bl.) Prain var. **coronata** (Vaniot) C. Y. Wu et H. W. Li **小叶假糙苏**

本变种与原变种的主要区别为：叶远较小，一般长3~9cm，有时达15cm，宽1.5~6cm，肉质，边缘疏生

锯齿或有小尖突的圆齿，齿常不明显或极浅。（栽培园地：WHIOB）

Paraphlomis seticalyx C. Y. Wu ex H. W. Li **刺萼假糙苏**

草本，高 40~60cm。叶片卵圆形、卵状圆形或近圆形，长 10~12cm，宽 6~8cm，先端锐尖，基部宽楔形、近圆形或微心形，边缘有不规则的具胼胝尖的圆齿，叶柄纤细，疏被污黄色具节小刺毛。轮伞花序 10~18 花。花萼管状，外面沿脉上被污黄色具节小刺毛。花冠白色或在喉部有小紫色斑，长 1.8cm。子房顶端截平，无毛。（栽培园地：GXIB）

Perilla 紫苏属

该属共计 4 种，在 9 个园中有种植

Perilla frutescens (L.) Britt. **紫苏**

一年生直立草本。茎高 0.3~2m，绿色或紫色。叶片阔卵形或圆形，长 7~13cm，宽 4.5~10cm，先端短尖或突尖，基部圆形或阔楔形，边缘在基部以上有粗锯齿。轮伞花序 2 花，组成偏向一侧的顶生及腋生总状花序。花冠白色至紫红色，长 3~4mm。小坚果近球形，灰褐色，直径约 1.5mm，具网纹。（栽培园地：SCBG, WHIOB KIB, XTBG, LSBG, CNBG, SZBG, GXIB, XMBG）

Perilla frutescens 紫苏

Perilla frutescens (L.) Britt. var. **acuta** (Thunb.) Kudo **野紫苏**

本变种与原变种的主要区别为：果萼小，长 4~5.5mm，下部被疏柔毛，具腺点；茎被短疏柔毛；叶较小，卵形，长 4.5~7.5cm，宽 2.8~5cm，两面被疏柔毛；小坚果较小，土黄色，直径 1~1.5mm。（栽培园地：LSBG）

Perilla frutescens (L.) Britt. var. **crispa** (Thunb.) Hand.-Mazz. **回回苏**

本变种与原变种的主要区别为：叶具狭而深的锯齿，常为紫色；果萼较小。（栽培园地：SCBG, LSBG）

Perilla frutescens var. **crispa** 回回苏

Perilla frutescens (L.) Britt. var. **purpurascens** (Hay.) H. W. Li **野生紫苏**

本变种与原变种的主要区别为：茎被细毛，叶片卵形，（4.5~7.5）cm×（2.8~5）cm。果期萼片长 4~5.5mm，基部具腺毛，小坚果褐色，直径 1~1.5mm。（栽培园地：WHIOB, CNBG, GXIB）

Perilla frutescens var. **purpurascens** 野生紫苏

Phlomis 糙苏属

该属共计 6 种，在 6 个园中有种植

Phlomis agraria Bunge **耕地糙苏**

多年生草本，高 40~60cm。基生叶三角状心形，长 8~10cm，宽 4~6cm，下部的茎生叶长 5.5cm，宽 3~3.5cm，上部的同形，但变小。轮伞花序 10~12 花。花萼管状钟形。花冠粉红色，稀白色，冠檐二唇形。后对雄蕊花丝具距状附属器。花柱先端具不等的 2 裂片。小坚果顶端被毛。（栽培园地：SCBG）

Phlomis atropurpurea Dunn **深紫糙苏**

多年生草本。茎高 20~60cm。基生叶及茎生叶卵形，稀狭卵状长圆形，有的茎生叶长圆状披针形，长 2.5~11cm，宽 1.5~8cm，先端钝，基部心形，边缘为圆齿状，苞叶狭长圆形或长圆状披针形，有时下部的卵形。轮伞花序多花，通常 1~3 个生于主茎或分枝顶部，彼此分离。花冠紫色。（栽培园地：KIB）

Phlomis chinghoensis C. Y. Wu **青河糙苏**

多年生草本，高 20~50cm。基生叶及下部的茎生叶箭状卵形，基生叶长 8~12.5cm，宽 5~7cm，茎生叶长 5.5~7cm，宽 2.5~3cm，叶片两面均被星状微柔毛。轮伞花序多花。花冠为花萼长的 2 倍，外面除筒部近无毛外被白色绵毛。雄蕊内藏。花柱先端不等的 2 裂。小坚果无毛。（栽培园地：XJB）

Phlomis megalantha Diels **大花糙苏**

多年生草本。茎高 15~45cm。茎生叶圆卵形或卵形至卵状长圆形，长 5~17.5cm，宽 4.2~11cm，先端急尖或钝，稀渐尖，基部心形。轮伞花序多花，1~2 个生于主茎顶部。花冠淡黄色、蜡黄色至白色，长 3.7~5cm，冠筒外面上部疏被短柔毛，下部无毛，内面无毛环，冠檐二唇形。（栽培园地：WHIOB）

Phlomis mongolica Turcz. **串铃草**

多年生草本。茎高 40~70cm，不分枝或具少数分枝，被具节疏柔毛或平展具节刚毛，节上较密。基生叶卵状三角形至三角状披针形，长 4~13.5cm，宽 2.7~7cm。轮伞花序多花密集，多数，彼此分离。花冠紫色，长约 2.2cm。雄蕊内藏，花丝被毛，后对基部在毛环稍上处具反折短距状附属器。花柱先端不等的 2 裂。小坚果顶端被毛。（栽培园地：IBCAS）

Phlomis mongolica 串铃草

Phlomis umbrosa Turcz. **糙苏**

多年生草本。茎高 50~150cm。叶片近圆形、圆卵形至卵状长圆形，长 5.2~12cm，宽 2.5~12cm，先端急尖，稀渐尖，基部浅心形或圆形，边缘为具胼胝尖的锯齿状牙齿，或为不整齐的圆齿。轮伞花序通常 4~8 花，多数，生于主茎及分枝上。花萼管状。花冠通常粉红色。（栽培园地：IBCAS, WHIOB, SZBG）

Phlomis umbrosa 糙苏

Plectranthus 延命草属

该属共计 3 种，在 2 个园中有种植

Plectranthus amboinicus (Lour.) Spreng. **到手香**

多年生草本，高 15~30cm，全株密被细毛，具强烈特殊辛香味。叶肥厚，对生，叶片广卵形，先端钝圆或锐，齿状缘稍上卷。轮伞花序多花，花冠白色。（栽培园地：SCBG）

Plectranthus australis R. Br. **瑞典常春藤**

多年生草本。茎蔓生，长 30~50cm。叶片卵圆形，叶基心形，叶缘具半圆形锯齿。叶稍肉质，有光泽，长 3~4cm，宽 2.5~3cm。轮伞花序多花，花冠白色。（栽培园地：IBCAS）

Plectranthus ecklonii Benth. **紫凤凰**

多年生草本，高 60~90cm，四棱形，紫黑色。叶片纸质，对生，卵形，长 3.5~5cm，叶片上表面密被点状腺毛，叶脉部分深紫色，侧脉 3~4 对，叶缘近叶尖部分有 3~5 对不规则锯齿；叶柄 1~3cm。轮伞花序具 2~3 花，组成顶生和腋生的总状花序；花冠紫色，长约 1.5cm，上唇宽大，2 裂，下唇全缘，雄蕊 4 枚，内藏，雌蕊外露，突出花冠外。（栽培园地：SCBG）

Plectranthus ecklonii 紫凤凰

Pogostemon 刺蕊草属

该属共计 9 种，在 4 个园中有种植

Pogostemon auricularius (L.) Hassk. **水珍珠菜**

一年生草本。茎高 0.4~2m，基部平卧，节上生根，上部上升，多分枝。叶片长圆形或卵状长圆形，边缘

Pogostemon auricularius 水珍珠菜（图 1）

Pogostemon auricularius 水珍珠菜（图 2）

具整齐的锯齿。穗状花序长 6~18cm，花期先端尾状渐尖。花冠淡紫色至白色。小坚果近球形。（栽培园地：SCBG, XTBG）

Pogostemon cablin (Blanco) Benth. **广藿香**

多年生芳香草本或半灌木。茎直立，高 0.3~1m。叶片圆形或宽卵圆形，边缘具不规则的齿裂，草质，

Pogostemon cablin 广藿香

上面深绿色，被绒毛，老时渐稀疏，下面淡绿色，被绒毛。轮伞花序10至多花。花冠紫色。（栽培园地：SCBG, WHIOB, KIB）

Pogostemon chinensis C. Y. Wu et Y. C. Huang **长苞刺蕊草**

草本，直立，高0.5~2m。叶片卵圆形，长5~10(13)cm，宽2~6(7)cm，边缘具重锯齿或重圆齿状锯齿。轮伞花序多少有些偏向一侧，排列成间断或近连续的穗状花序，小苞片长3~4mm。花冠淡红色。（栽培园地：WHIOB）

Pogostemon esquirolii (H. Lév.) C. Y. Wu et Y. C. Huang **膜叶刺蕊草**

草本或半灌木。茎高1~1.5m。叶片卵圆形，边缘具重圆齿或重锯齿，膜质或近纸质，上面被粗伏毛或稀有密被长柔毛。轮伞花序密集。花冠白色或淡紫色。雄蕊长伸出花冠，伸出部分与花冠等长，被髯毛部分伸出花冠。（栽培园地：XTBG）

Pogostemon falcatus (C. Y. Wu) C. Y. Wu et H. W. Li **镰叶水珍珠菜**

直立草本。根茎木质。茎高30~40cm。叶片长镰形，先端渐尖，基部渐狭，边缘下部近全缘，其上具疏锯齿，草质。穗状花序长4.5~5.5cm；苞片线形，略超出花萼，膜质，外面被疏柔毛，萼齿5枚，短小。花冠红色，干后变黑色。（栽培园地：XTBG）

Pogostemon glaber Benth. **刺蕊草**

直立草本。茎高0.5~2m。叶片卵圆形，边缘具重锯齿。轮伞花序多花，穗状花序具总梗。花冠白色或淡红色，上唇裂片外被短髯毛，下唇无毛。小坚果圆形，稍压扁状。（栽培园地：WHIOB, XTBG）

Pogostemon glaber 刺蕊草

Pogostemon menthoides Blume **小刺蕊草**

匍匐或披散多年生草本。叶片卵圆形或卵状披针形，边缘具锯齿或重锯齿，近膜质或纸质。轮伞花序组成顶生的间断总状花序。花冠淡紫色，外伸，长约为花萼2倍或稍短。小坚果近圆形，压扁，腹面具棱。（栽培园地：XTBG）

Pogostemon nigrescens Dunn **黑刺蕊草**

直立草本。茎高30~70cm。叶片卵圆形，先端急尖或短渐尖，基部钝或圆形，边缘具重圆齿，草质。轮伞花序多花，组成下部1~2节稍间断上部稠密的穗状花序，穗状花序顶生。花萼内面喉部有1密而白色的硬毛环。花冠淡紫色或紫色。小坚果近圆形。（栽培园地：XTBG）

Pogostemon xanthiifolius G. Y. Wu et Y. C. Huang **苍耳叶刺蕊草**

草本。茎高约1m。叶片卵圆形或宽卵圆形，先端急尖或短渐尖，基部宽楔形或钝，边缘具缺刻状重锯齿。轮伞花序排列成下部间断、上部连续的穗状花序。花冠白色，稍伸出花萼或与花萼近等长。（栽培园地：XTBG）

Prunella 夏枯草属

该属共计4种，在8个园中有种植

Prunella asiatica Nakai **山菠菜**

多年生草本。植株粗壮；花冠明显超出萼很多，长18~21mm，约为萼长的2倍。（栽培园地：LSBG, CNBG）

Prunella grandiflora (L.) Jacq. **大花夏枯草**

花冠具向上弯曲的冠筒，长20~27mm，长约为花萼的3倍；最上方一对叶远离花序，因而花序明显具长梗；前对花丝不育齿短小而呈钝瘤状；花萼上唇3齿明显；小坚果近圆形，略具瘤状突起，在边缘及背面明显具沟纹。花期9月，果期9月以后。原产欧洲经巴尔干半岛及西亚至亚洲中部。（栽培园地：CNBG）

Prunella hispida Benth. **硬毛夏枯草**

多年生草本。植株各部明显具刚毛；花冠蓝紫色，上唇背上明显具1硬毛带。（栽培园地：CNBG）

Prunella vulgaris L. **夏枯草**

多年生草本。植株细弱；花冠略超出萼，长绝

Prunella vulgaris 夏枯草

不达萼长之 2 倍，长约 13mm。（栽培园地：SCBG, IBCAS, WHIOB, KIB, XTBG, LSBG, CNBG, GXIB）

Rosmarinus 迷迭香属

该属共计 1 种，在 6 个园中有种植

Rosmarinus officinalis L. **迷迭香**

灌木，高达 2m。茎及老枝圆柱形，密被白色星状细绒毛。叶常在枝上丛生，具极短的柄或无柄，叶片线形，全缘。花近无梗，对生，少数聚集在短枝的顶端组成总状花序。花冠蓝紫色。雄蕊 2 枚发育，着生于花冠下唇的下方，花丝中部有 1 向下的小齿。花柱先端不相等 2 浅裂。花盘平顶，具相等的裂片。子房裂片与花盘裂片互生。花期 11 月。（栽培园地：SCBG, IBCAS, WHIOB, KIB, CNBG, XMBG）

Rostrinucula 钩子木属

该属共计 2 种，在 3 个园中有种植

Rostrinucula dependens (Rehd.) Kudo **钩子木**

灌木。叶片长圆状椭圆形或倒卵状椭圆形，长 4~9.5cm，宽 1.3~4cm，先端短尖或短渐尖，基部楔形，边缘除基部 1/3 全缘外具不规则的锯齿，下面初时散布星毛，其后除脉外近无毛。（栽培园地：WHIOB）

Rostrinucula sinensis (Hemsl.) C. Y. Wu **长叶钩子木**

灌木。叶片长圆形至长圆状披针形，长 5.5~14.5cm，宽 1.5~3cm，先端急尖，基部圆形或近圆形，边缘除基部 1/3~1/4 全缘外具细圆齿状锯齿，下面密被白色星状绒毛。（栽培园地：SCBG, WHIOB, SZBG）

Salvia 鼠尾草属

该属共计 32 种，在 11 个园中有种植

Salvia bowleyana Dunn **南丹参**

花萼筒形；花冠筒内藏或微伸出花萼，平伸，上唇长 8~12mm；小叶片卵圆状披针形，两面除脉上略被小疏柔毛外其余均无毛。（栽培园地：SCBG, WHIOB, LSBG）

Salvia cavaleriei Lévl. **贵州鼠尾草**

一年生草本，高 12~32cm。叶形不一，下部的叶为羽状复叶，较大，顶生小叶片长卵圆形或披针形，先端钝或钝圆，基部楔形或圆形而偏斜，边缘有稀疏的钝锯齿。轮伞花序组成顶生总状花序。花萼筒状，内无长硬毛毛环，内面上部被微硬伏毛。花冠蓝紫色或紫色。小坚果长椭圆形，黑色。（栽培园地：WHIOB）

Salvia cavaleriei Lévl. var. **erythrophylla** (Hemls.) Stib. **紫背贵州鼠尾草**

本变种与原变种的主要区别为：叶大多数基出，常为 1~2 对羽片的羽状复叶，稀为单叶，边缘具整齐的粗圆齿或圆齿状牙齿，下面紫色，两面被疏柔毛，稀近无毛，叶柄常比叶片短，常被开展疏柔毛；花暗紫色或白色。（栽培园地：SZBG）

Salvia cavaleriei Lévl. var. **simplicifolia** Stib. **血盆草**

本变种与原变种的主要区别为：叶全部基出或稀在茎最下部着生，通常为单叶，心状卵圆形或心状三角形，稀三出叶，侧生小叶小，叶片长 3.5~10.5cm，宽约为长的 1/2，先端锐尖或钝，具圆齿，无毛或被疏柔毛，叶柄常比叶片长，无毛或被开展疏柔毛；花序被极细贴生疏柔毛，无腺毛；花紫色或紫红色。（栽培园地：SCBG, WHIOB）

Salvia chinensis Benth. **华鼠尾草**

一年生草本。叶为单叶或具 3 小叶，小叶及单叶均卵圆形或卵状椭圆形，基部圆形或心形。花萼内面喉部全部被长硬毛；花冠下唇裂片不同形，中裂片最大，且先端微缺。（栽培园地：WHIOB, LSBG, CNBG, SZBG, GXIB）

Salvia coccinea L. **朱唇**

一年生或多年生草本。叶两面被毛，下面被灰色短绒毛；花冠钟状管形，长 2~2.3cm，深红色或绯红色。小坚果倒卵圆形，长 1.5~2.5mm，黄褐色，具棕色斑纹。花期 4~7 月。（栽培园地：SCBG, KIB, SZBG, XMBG）

Salvia cyclostegia Stib. var. **purpurascens** C. Y. Wu **紫花圆苞鼠尾草（变种）**

本变种与原变种的主要区别为：花冠淡紫色或粉红色。（栽培园地：SCBG, KIB）

Salvia cynica Dunn **犬形鼠尾草**

多年生草本。茎直立，高 30~50cm，茎生叶叶片宽卵圆形、戟状宽卵圆形或近圆形，先端渐尖，基部心状戟形，边缘具重牙齿或重锯齿，叶下面通常绿色；花萼筒形，长 1.7~2.1cm；花冠筒内面有毛环。轮伞花序组成总状圆锥花序。花冠黄色。小坚果圆形，直径 2.8mm，褐色。（栽培园地：WHIOB）

Salvia deserta Schang. **新疆鼠尾草**

多年生草本，高达 70cm。叶片卵圆形或披针状卵圆形，基部心形，边缘具不整齐的圆锯齿。轮伞花序组成伸长的总状或总状圆锥花序。花冠蓝紫色至紫色。小坚果倒卵圆形，黑色，光滑。（栽培园地：SCBG, XJB, XMBG）

Salvia digitaloides Diels **毛地黄鼠尾草**

多年生直立草本。茎高 30~60cm，密被长柔毛。叶通常为基出叶，叶片长圆状椭圆形，基部圆形或浅心形；花冠黄色。小坚果灰黑色，倒卵圆形，腹面具棱。（栽培园地：SCBG）

Salvia farinacea Benth. **粉萼鼠尾草**

多年生直立或匍匐草本，高 0.6~1m，常簇生。叶对生，叶片长椭圆形，全缘或有齿。穗状花序顶生，花紫色，5 裂，2 唇形，萼片粉白色。花期为夏秋。（栽培园地：SCBG, KIB, LSBG, XMBG）

Salvia farinacea 粉萼鼠尾草（图 1）

Salvia farinacea 粉萼鼠尾草（图 2）

Salvia filicifolia Merr. **蕨叶鼠尾草**

多年生草本，高达 55cm。叶为三至四回羽状复叶，裂片极多，呈狭椭圆形至线状披针形或倒披针形，全缘或具少数小裂片，长 8~15mm，宽 2~4mm，先端钝至渐尖，基部渐狭；花序轴被灰色微柔毛及具腺疏柔毛。轮伞花序组成顶生及腋生具梗的总状花序。花冠黄色，外面密被疏柔毛。小坚果椭圆形，褐色。（栽培园地：SCBG, WHIOB）

Salvia filicifolia 蕨叶鼠尾草

Salvia fragarioides C. Y. Wu **草莓状鼠尾草**

多年生草本，高 20~30cm。叶基出或近基出，3 裂，顶生小叶菱状卵圆形，侧生小叶卵圆形，比顶生小叶较小。轮伞花序组成疏松顶生具总梗的总状花序。花冠未开放，外面在唇片略被微柔毛，内面无毛。（栽培园地：XTBG）

Salvia glutinosa L. **胶质鼠尾草**

多年生草本。茎直立，高 1~1.25m，单一，全体被有下部扁平的具节毛，在花序部分混生有腺毛。叶片卵圆状长圆形。轮伞花序 6 花，彼此相距 1~2cm，由 10~12 个组成单一的顶生总状花序。花冠黄色，在冠檐上有美丽而细的花纹及斑点，稀有紫色。小坚果椭圆形，

Salvia glutinosa 胶质鼠尾草

具有较大的黑色网纹。（栽培园地：IBCAS）

Salvia guaranitica A.St.-Hil. ex Benth. **深蓝鼠尾草**

多年生亚灌木，高0.9~1.5m。叶片近椭圆形，具浅齿。穗状花序，管状花，蓝色。（栽培园地：WHIOB）

Salvia japonica Thunb. **鼠尾草**

一年生直立草本，高40~60cm。茎上部叶为一回羽状复叶，具短柄，顶生小叶披针形或菱形，先端渐尖或尾状渐尖，基部长楔形，边缘具钝锯齿，侧生小叶卵圆状披针形，基部偏斜近圆形。轮伞花序组成伸长的总状花序或分枝组成顶生总状圆锥花序。花冠淡红色、淡紫色、淡蓝色至白色。小坚果椭圆形。（栽培园地：LSBG）

Salvia leucantha Cav. **墨西哥鼠尾草**

多年生草本，株高30~70cm，全株具绒毛。茎直立多分枝，基部稍木质化。叶片披针形。轮伞花序顶生，花冠紫色。（栽培园地：KIB）

Salvia leucantha 墨西哥鼠尾草

Salvia maximowicziana 鄂西鼠尾草

多年生直立草本，高达90cm。叶有基出叶及茎生叶两种，叶片均圆心形或卵圆状心形，长与宽6~8(11~12)cm，先端圆形或骤然渐尖，基部心形或近戟形，边缘有粗大的圆齿状牙齿，齿锐尖或稍钝，有时具重牙齿及小裂片，膜质，叶柄长为叶片2~2.5倍。轮伞花序通常2花，排列成疏松庞大总状圆锥花序。花冠黄色，冠檐二唇形。小坚果倒卵圆形，两侧略扁，黄褐色，顶部圆形，基部略尖。（栽培园地：SZBG）

Salvia miltiorrhiza Bunge **丹参**

多年生直立草本。根肥厚，肉质，外面朱红色，内面白色，长5~15cm，直径4~14mm，疏生支根。茎高40~80cm。叶常为奇数羽状复叶，叶片卵圆形、椭圆状卵圆形或宽披针形，先端锐尖或渐尖，基部圆形或偏斜，边缘具圆齿，与叶轴密被长柔毛。轮伞花序组成顶生或腋生总状花序。花冠紫蓝色，长2~2.7cm，外被具腺短柔毛，尤以上唇为密。小坚果黑色。（栽培园地：SCBG, IBCAS, WHIOB, LSBG, CNBG, GXIB）

Salvia officinalis L. **药用鼠尾草**

多年生直立草本，高达50cm。叶片长圆形、椭圆

Salvia officinalis 药用鼠尾草（图1）

Salvia officinalis 药用鼠尾草（图 2）

Salvia plebeia 荔枝草（图 2）

形或卵圆形，基部圆形或近截形，边缘具小圆齿。轮伞花序组成顶生总状花序。花冠紫色或蓝色。小坚果近球形。（栽培园地：SCBG, IBCAS, LSBG）

Salvia plebeia R. Br. **荔枝草**

一年生或二年生草本。茎直立，高 15~90cm，被向下的灰白色疏柔毛。叶片椭圆状卵圆形或椭圆状披针形，先端钝或急尖，基部圆形或楔形，边缘具圆齿、牙齿或尖锯齿。轮伞花序在茎、枝顶端密集组成总状或总状圆锥花序。花冠淡红色、淡紫色、紫色、蓝紫色至蓝色，稀白色。小坚果倒卵圆形。（栽培园地：SCBG, XTBG, LSBG, CNBG, GXIB）

Salvia plebeia 荔枝草（图 1）

Salvia plectranthoides Griff. **长冠鼠尾草**

一年生或二年生草本。根常增大成块根状，外皮朱红色。叶基出及茎生，为三出叶至 5~7 小叶的奇数羽状复叶或二回羽状复叶，小叶片卵形、近圆形至披针形，宽与长相等或较狭，基部偏斜。轮伞花序组成伸长的顶生总状或总状圆锥花序。花冠红色、淡紫色、紫红色、紫色至紫蓝色，稀为白色。小坚果长圆形。（栽培园地：WHIOB）

Salvia pratensis L. **草甸鼠尾草**

多年生草本，高 1~1.5m。叶两面被毛，边缘具齿。轮伞花序组成总状或总状圆锥花序。花冠深紫色、蓝紫色、紫色、品红色或纯白色。雄蕊内藏，小坚果 4 个。（栽培园地：IBCAS）

Salvia prionitis Hance **红根草**

一年生草本，高 20~45cm。叶大多数基出，单叶或三出羽状复叶，单叶叶片长圆形、椭圆形或卵圆状披针形，复叶的顶生小叶最大，卵圆状椭圆形，长可达 9cm，宽达 5cm，侧生小叶最小，卵圆形。轮伞花序 6~14 花，疏离，组成顶生总状花序或总状圆锥花序。花冠青紫色。小坚果椭圆形，淡棕色。（栽培园地：SCBG, GXIB）

Salvia przewalskii Maxim. **甘西鼠尾**

多年生草本。根木质，直伸，圆柱锥状，外皮红褐色。茎高达 60cm。叶有基出叶和茎生叶两种，均具柄，叶片三角状或椭圆状戟形，稀心状卵圆形，有时具圆的侧裂片，密被微柔毛。轮伞花序组成顶生总状花序。花冠紫红色。小坚果倒卵圆形。（栽培园地：SCBG, IBCAS, KIB）

Salvia prionitis 红根草（图 1）

Salvia prionitis 红根草（图 2）

Salvia scapiformis Hance **地埂鼠尾草**

一年生草本，高 20~26cm。叶常为根出叶或近根出叶，根出叶多为单叶，间或有分出 1 片或 1 对小叶而成复叶，叶柄长 2.5~9cm，扁平，无毛或略被微柔毛，叶片心状卵圆形。轮伞花序组成顶生总状或总状圆锥花序。花冠紫色或白色。小坚果长卵圆形。（栽培园地：SCBG, GXIB）

Salvia sclarea L. **南欧丹参**

多年生草本，高达 50cm。叶片三角状披针形。先端急尖，基部圆形，边缘具锯齿。轮伞花序组成顶生总状花序，苞片卵圆形，红色，大。花萼管状，绿色。花冠紫红色或白色。（栽培园地：IBCAS, CNBG）

Salvia splendens Ker-Gawl. **一串红**

亚灌木状草本，高可达 90cm。叶片卵圆形或三角状卵圆形，先端渐尖，基部截形或圆形，稀钝，边缘具锯齿，上面绿色，下面较淡，两面无毛。轮伞花序组成顶生总状花序，苞片卵圆形，红色，大，在花开前包裹着花蕾，先端尾状渐尖。花萼钟形，红色。花冠红色，长 4~4.2cm。小坚果椭圆形，边缘或棱具狭翅，光滑。（栽培园地：SCBG, IBCAS, WHIOB, KIB, XJB, LSBG, CNBG, SZBG, GXIB, XMBG）

Salvia splendens 一串红

Salvia uliginosa Benth. **天蓝鼠尾草**

多年生直立草本，亚灌木，高 30~60cm。叶片长椭圆形，先端锐尖，基部楔形，边缘具小齿，两面具细皱，被白色短绒毛。轮伞花序组成顶生总状花序。花冠蓝色。小坚果近球形，暗褐色，光滑。（栽培园地：SCBG, WHIOB）

Salvia verbenaca L. **冬鼠尾草**

多年生直立草本，高达 70cm，多少被毛。叶对生，叶片椭圆形至卵形，边缘具齿，羽状半裂至全裂或基生叶具缺刻。聚伞圆锥花序，花冠蓝紫色至淡紫色。（栽培园地：IBCAS）

Salvia viridis L. **绿鼠尾草**

一年生直立草本，高 30~60cm。叶对生，叶片卵状披针形，叶柄和叶片近等长。总状花序，苞片大形，红色、紫红色、紫色等多种颜色。花期为春夏季节。（栽培园地：IBCAS）

Salvia yunnanensis C. H. Wright **云南鼠尾草**

多年生草本。根茎短缩而匍匐，向下生出块根及纤

Salvia yunnanensis 云南鼠尾草

维状须根，块根通常 2~3 块，朱红色，纺锤形。茎直立，高约 30cm，密被平展白色长柔毛。叶通常基出，稀有 1~2 对茎生叶；基出叶为单叶或 3 裂或为羽状复叶，单叶时叶片为长圆状椭圆形，先端钝或圆形，基部心形至圆形，边缘具圆齿，两面密被或疏被长柔毛，通常具细皱，三裂叶或羽状复裂叶的顶裂片最大。轮伞花序顶生总状花序或总状圆锥花序。花冠蓝紫色。（栽培园地：KIB）

Satureja 塔花属

该属共计 1 种，在 1 个园中有种植

Satureja montana L. **冬香薄荷**

常绿灌木，高 0.3~0.4m。叶对生，叶片全缘，倒披针形，背面具稀疏粗硬毛。总状花序，花冠粉红色或白色。（栽培园地：IBCAS）

Schnabelia 四棱草属

该属共计 2 种，在 5 个园中有种植

Schnabelia oligophylla Hand.-Mazz. **四棱草**

多年生草本。茎高 60~120cm，上部几成丛缠绕。叶对生，具柄，叶片纸质，卵形或三角状卵形，稀掌状三裂。花冠淡紫蓝色或紫红色，外面被短柔毛，花冠筒细长。小坚果倒卵珠形。（栽培园地：LSBG）

Schnabelia tetrodonta (Sun) C. Y. Wu et C. Chen **四齿四棱草**

多年生草本。茎高 30~70cm。叶对生，具柄，叶柄长 3~8mm，纤细，被糙伏毛；叶片纸质，茎中部以下的卵形，长 1~1.4cm，宽 7~9mm，先端锐尖，基部楔形，边缘具粗锯齿，有花 1 朵或 2~3 朵，花萼钟状，萼筒极短，

Schnabelia tetrodonta 四齿四棱草

萼齿 4 枚，线状披针形，相等。花冠极小，从不开放，内藏。小坚果倒卵珠形。（栽培园地：SCBG, WHIOB, XTBG, SZBG）

Scutellaria 黄芩属

该属共计 20 种，在 10 个园中有种植

Scutellaria amoena C. H. Wright **滇黄芩**

多年生草本。茎直立，高 12~26(35)cm。叶片草质，

Scutellaria amoena 滇黄芩

长圆状卵形或长圆形。花对生，排列成顶生长 5~14cm 的总状花序。花冠紫色或蓝紫色，长 2.4~3cm，外被具腺微柔毛，内面无毛；冠筒近基部前方微囊大，明显膝曲状。成熟小坚果卵球形，腹面近基部具 1 个果脐。（栽培园地：WHIOB, KIB）

Scutellaria baicalensis Georgi **黄芩**

多年生草本。茎高 15~120cm。叶片坚纸质，披针形至线状披针形，长 1.5~4.5cm，宽 (0.3)0.5~1.2cm，顶端钝，基部圆形，全缘。花序在茎及枝上顶生，总状。花萼开花时长 4mm，盾片高 1.5mm，外面密被微柔毛，萼缘被疏柔毛，内面无毛，果时花萼长 5mm，有高 4mm 的盾片。花冠紫色、紫红色至蓝色。小坚果卵球形。（栽培园地：SCBG, IBCAS, WHIOB, KIB, CNBG）

Scutellaria baicalensis 黄芩

Scutellaria barbata D. Don **半枝莲**

多年生草本。茎直立，高 12~55cm。叶具短柄或近无柄，叶片三角状卵圆形或卵圆状披针形，有时卵圆形，先端急尖，基部宽楔形或近截形，边缘生有疏而钝的浅牙齿。花单生于茎或分枝上部叶腋内。花萼开花时长约 2mm，盾片高约 1mm，果时花萼长 4.5mm，盾片高 2mm。花冠紫蓝色，长 9~13mm。小坚果褐色，扁球形，直径约 1mm，具小疣状突起。（栽培园地：SCBG, IBCAS, WHIOB, KIB, XTBG, CNBG）

Scutellaria barbata 半枝莲

Scutellaria delavayi Lévl. **方枝黄芩**

多年生草本。茎高 25~60cm，锐四棱形，棱上微具翅。叶片卵圆形至披针形，长 2~7cm，宽 1.3~3cm，先端尾状渐尖，基部宽楔形至圆形，边缘波状，具远离的小牙齿。花序总状，顶生及腋生，果时花萼长 5mm，盾片高 4.5mm。花冠乳黄色至白色。成熟小坚果黑色，卵球形，直径约 1mm，具瘤状突起，腹面基部具果脐。（栽培园地：WHIOB）

Scutellaria franchetiana Lévl. **岩藿香**

多年生草本，高 30~70cm。茎叶具柄，叶片卵圆形至卵圆状披针形，先端渐尖，基部宽楔形、近截形至心形，边缘每侧具 3~4 个大牙齿。总状花序于茎中部以上叶腋内腋生，花序下部具不育叶，其叶腋内复有极短枝，果时花萼长 4mm，盾片高 3mm。花冠紫色，长达 2.5cm。小坚果黑色，卵球形。（栽培园地：WHIOB）

Scutellaria galericulata L. **盔状黄芩**

多年生草本，高 35~40cm。叶具短柄，叶片长圆状披针形。花单生于茎中部以上叶腋内，一侧向。花冠紫色、紫蓝色至蓝色，上唇半圆形，盔状，内凹，先端微缺。小坚果黄色，三棱状卵圆形。（栽培园地：XJB）

Scutellaria honanensis C. Y. Wu et. H. W. Li **河南黄芩**

多年生草本。茎直立，高 70cm。叶具柄，叶片披针状卵圆形，先端渐尖至尾状渐尖，基部浅心形，边缘具不整齐锐锯齿。花序总状，顶生或腋生，腋生者下部常具 1 对营养叶。花冠紫色。（栽培园地：WHIOB）

Scutellaria indica L. **韩信草**

多年生草本。茎高 12~28cm。叶片草质至近坚纸质，心状卵圆形或圆状卵圆形至椭圆形，长 1.5~2.6(3)cm，宽 1.2~2.3cm，先端钝或圆，基部圆形、浅心形至心形，边缘密生整齐圆齿。花对生，在茎或分枝顶上排列成总状花序。盾片花时高约 1.5mm，果时竖起，增大 1 倍。花冠蓝紫色。成熟小坚果栗色或暗褐色，卵形。花果期 2~6 月。（栽培园地：SCBG, LSBG, CNBG, GXIB, XMBG）

Scutellaria indica L. var. **elliptica** Sun et C. H. Hu **长毛韩信草**

本变种与原变种的主要区别为：节间十分缩短；

Scutellaria indica 韩信草

叶通常聚生于茎顶，卵圆形或三角状卵圆形，长 1.6~4(5.2)cm，宽 1.2~4(4.4)cm；花序密集，短，长 2~3.5(6)cm。（栽培园地：LSBG）

Scutellaria obtusifolia Hemsl. var. **trinervata** (Vaniot) C. Y. Wu et H. W. Li **三脉钝叶黄芩**

本变种与原变种的主要区别为：叶片椭圆形或菱状卵圆形，但绝不为倒卵圆形至近圆形，较大，长 3~8cm，宽 1.3~3cm，先端急尖或近急尖，基部楔状渐狭，边缘不明显疏生波状犬齿（每侧 4~8 枚），但绝不为全缘；花较小，一般长 2~2.5cm（罕有达 3cm）。（栽培园地：WHIOB）

Scutellaria oligophlebia Merr. et Chun **少脉黄芩**

多年生草本。茎高 40cm。叶片近革质，卵圆形，边缘疏生 3~4 对圆齿。花对生，排列成顶生的总状花序。花冠白色带紫色，长达 1.6cm，外面密被微柔毛；冠筒长 1.3cm，近直伸，基部前方稍膨大；冠檐二唇形，上唇盔状。花盘肥厚、环状。（栽培园地：SCBG）

Scutellaria pekinensis Maxim. **京黄芩**

一年生草本。茎高 24~40cm，绿色，基部通常带紫色。叶片草质，卵圆形或三角状卵圆形，先端锐尖至钝，有时圆形，基部截形、截状楔形至近圆形，边缘具浅而钝的 2~10 对牙齿。花对生，排列成顶生的总状花序。

Scutellaria pekinensis 京黄芩

花冠蓝紫色。成熟小坚果栗色或黑栗色。（栽培园地：IBCAS）

Scutellaria pekinensis Maxim. var. **purpureicaulis** (Migo) C. Y. Wu et H. W. Li **紫茎京黄芩**

本变种与原变种的主要区别为：茎及叶柄密被短柔毛，常带紫色；叶两面疏被具节柔毛，下面沿脉上密被短柔毛。（栽培园地：LSBG）

Scutellaria regeliana Nakai **狭叶黄芩**

多年生草本。茎高 26~30cm。叶片披针形或三角状披针形，长 1.7~3.3cm，宽 3~6mm，先端钝，基部不明显浅心形或近截形，边缘全缘但稍内卷。花单生于茎中部以上的叶腋内，偏向一侧。花冠紫色。小坚果黄褐色，卵球形。（栽培园地：IBCAS）

Scutellaria regeliana 狭叶黄芩

Scutellaria rehderiana Diels **甘肃黄芩**

多年生草本。茎弧曲，直立，高 12~35cm。叶片草质，卵圆状披针形、三角状狭卵圆形至卵圆形，顶端圆或钝，有时微尖，基部阔楔形、近截形至近圆形，全缘，或自下部每侧有2~5个不规则远离浅牙齿，而中部以上常全缘。花序总状，顶生。花冠粉红色、淡紫色至紫蓝色。（栽培园地：WHIOB, KIB）

Scutellaria reticulata C. Y. Wu et W. T. Wang **显脉黄芩**

半灌木。茎近圆柱形。叶片椭圆形，先端渐尖或稍尾状渐尖，基部楔形，边缘全缘或波状，或每侧在中部以上有1~2枚波状细牙齿。花对生，组成长约16cm的顶生总状花序。花冠紫色。（栽培园地：GXIB）

Scutellaria scordifolia Fisch. ex Schrank **并头黄芩**

多年生草本。茎高12~36cm。叶具很短的柄或近无柄，叶片三角状狭卵形、三角状卵形或披针形。花单生于茎上部的叶腋内，偏向一侧。果时花萼长4.5mm，盾片高2mm。花冠蓝紫色。（栽培园地：IBCAS）

Scutellaria shweliensis W. W. Sm. **瑞丽黄芩**

亚灌木。根茎木质。茎直立，高30~60cm。叶片坚纸质，在茎枝中部以下者卵圆形，在茎枝上部者变小，卵圆形或圆状卵圆形，均先端急尖或微钝，基部宽楔形至圆形，边缘具钝的浅圆齿或茎枝上部者全缘。花单生于苞状叶腋内，聚生于茎枝上部。花冠紫色。小坚果黑色。（栽培园地：XTBG）

Scutellaria yingtakensis Sun ex C. H. Hu **英德黄芩**

多年生草本。茎高35cm。叶片狭卵圆形至狭三角状卵圆形，基部宽楔形至近截形，边缘疏生4~6对浅牙齿。花对生，花冠淡红色至紫红色。小坚果深褐色，光滑。（栽培园地：LSBG）

Scutellaria yunnanensis Lévl. **红茎黄岑**

多年生草本。茎高25~50cm，常呈水红色。叶通常4对，叶片卵圆形或椭圆状卵圆形，长3~11cm，宽2~4.5cm，先端渐尖或短渐尖，基部圆形，边缘疏生极不明显的小齿或浅波状或近全缘，两面无毛，上面深绿色，下面较淡，带红色，叶柄水红色。花对生，排列成顶生或间有少数腋生总状花序。花冠于冠檐紫红色但筒部色淡或白色。小坚果成熟时暗褐色。（栽培园地：SCBG）

Siphocranion 筒冠花属

该属共计1种，在1个园中有种植

Siphocranion nudipes (Hemsl.) Kudo **光柄筒冠花**

多年生草本。茎高30~50cm。叶少数，在茎中部以上聚集，披针形，长6~15cm，宽3~7cm，先端锐尖及长渐尖，基部楔形下延至叶柄，边缘有细锐锯齿，近膜质。总状花序通常单生于茎顶，花冠小，长1.2~1.5cm，冠筒中部稍横缢；雄蕊插生于冠筒中部稍上方；果萼通常长不超过1cm；小苞片细小，长在2mm以下。（栽培园地：SCBG）

Stachys 水苏属

该属共计8种，在8个园中有种植

Stachys arrecta L. H. Bailey **蜗儿菜**

多年生草本，高40~60cm。有簇生须根的横走肉质根茎。茎直立，自基部至上部均多分枝，分枝细弱。茎生叶心形，边缘具整齐的细圆齿或圆齿状锯齿，纸质，上面散布柔毛。轮伞花序2~6花，少数远离生于枝条的顶端。花萼管状钟形，细小，连齿在内长约5mm。花冠粉红色。小坚果卵珠形，褐色，具瘤。（栽培园地：SZBG）

Stachys baicalensis Fisch ex Benth. **毛水苏**

多年生草本，高50~100cm。有在节上生须根的根茎。茎叶长圆状线形，先端稍锐尖，基部圆形，边缘有小的圆齿状锯齿。轮伞花序通常具6花，多数组成穗状花序。花冠淡紫色至紫色。小坚果棕褐色，卵珠状，无毛。（栽培园地：WHIOB）

Stachys byzantina C. Koch **绵毛水苏**

多年生草本，高约60cm。茎密被灰白色丝状绵毛。基生叶及茎生叶长圆状椭圆形，长约10cm，宽约2.5cm，两端渐狭，边缘具小圆齿，质厚，两面均密被灰白色丝状绵毛。轮伞花序多花，向上密集组成顶生长10~22cm的穗状花序。花冠紫红色。（栽培园地：WHIOB, KIB, CNBG）

Stachys byzantina 绵毛水苏

Stachys geobombycis C. Y. Wu **地蚕**

多年生草本，高40~50cm。根茎横走，肉质，肥大，在节上生出纤维状须根。茎直立。茎叶长圆状卵圆形，基部浅心形或圆形，边缘有整齐的粗大圆齿状锯齿。轮伞花序腋生，4~6花，组成穗状花序。花冠淡紫色至

紫蓝色，亦有淡红色。（栽培园地：SCBG, LSBG）

Stachys japonica Miq. **水苏**

多年生草本，高 20~80cm。茎叶长圆状宽披针形，长 5~10cm，宽 1~2.3cm，先端微急尖，基部圆形至微心形，边缘为圆齿状锯齿，上面绿色，下面灰绿色，两面均无毛。轮伞花序组成穗状花序。花冠粉红色或淡红紫色。小坚果卵珠状。（栽培园地：IBCAS, WHIOB）

Stachys oblongifolia Benth **纤梗针筒菜**

多年生草本，高 30~60cm。茎生叶长圆状披针形，通常长 3~7cm，宽 1~2cm，先端微急尖，基部浅心形，边缘为圆齿状锯齿，叶柄长约 2mm，至近于无柄。轮伞花序组成顶生穗状花序。花冠粉红色或粉红紫色。小坚果卵珠状。（栽培园地：SCBG, WHIOB, GXIB）

Stachys pseudophlomis C. Y. Wu **狭齿水苏**

多年生草本。茎劲直，高 50~100cm；根茎肥大，在节上密生纤维状须根。茎叶卵圆状心形，边缘有规则的细圆齿状锯齿，膜质。轮伞花序腋生。花冠紫色或红色。（栽培园地：WHIOB）

Stachys sieboldii Miq. **甘露子**

多年生草本，高 30~120cm。在茎基部数节上生有密集的须根及多数横走的根茎；根茎白色，在节上有鳞状叶及须根，顶端有念珠状或螺蛳形的肥大块茎。茎生叶卵圆形或长椭圆状卵圆形，先端微锐尖或渐尖，基部平截至浅心形，有时宽楔形或近圆形，边缘有规则的圆齿状锯齿，内面被或疏或密的贴生硬毛。轮伞花序组成顶生穗状花序。花萼狭钟形，齿 5 枚，正三角形至长三角形。花冠粉红色至紫红色，下唇有紫色斑。小坚果卵珠形。（栽培园地：IBCAS, LSBG）

Teucrium 香科科属

该属共计 9 种，在 6 个园中有种植

Teucrium bidentatum Hemsl. **二齿香科科**

多年生草本。茎高 60~90cm。叶片卵圆形、卵圆状披针形或披针形，长 4~11cm，宽 1.5~4cm，先端渐尖至尾状渐尖，基部楔形或阔楔形下延，边缘在中部以下全缘，中部以上具 3~4 对粗锯齿。轮伞花序具 2 朵花，在茎及短于叶的腋生短枝上组成假穗状花序。花萼下唇极合生，弯缺常不达下唇长的 1/3。花冠白色。小坚果卵圆形。（栽培园地：WHIOB）

Teucrium canadense L. **加拿大石蚕**

多年生草本。茎高 80cm。叶对生，叶片宽卵形或披针形，边缘具粗锯齿。茎下部叶具短柄，上部叶无柄。总状花序顶生。花冠白色或淡紫色，下唇紫色。小坚果 4 枚，圆形，具斑点状白色绒毛。（栽培园地：WHIOB）

Teucrium chamaedrys L. **石蚕香科科**

多年生常绿灌木。茎高 0.3~0.5m。叶对生，叶片卵形，叶缘具粗锯齿。总状花序，花冠紫红色。（栽培园地：IBCAS）

Teucrium fruticans L. **水果蓝**

常绿小灌木，高达 1.8m。叶对生，叶片卵圆形，长 1~2cm，宽 1cm。小枝四棱形，全株被白色绒毛，以叶背和小枝最多。花冠淡紫色。（栽培园地：SCBG）

Teucrium fruticans 水果蓝

Teucrium japonicum Willd **穗花香科科**

多年生草本，具匍匐茎。茎高 50~80cm。叶片卵圆状长圆形至卵圆状披针形，长 5~10cm，宽 1.5~4.5cm，分枝上者十分变小，先端急尖或短渐尖，基部心形、近心形或平截，边缘为带重齿的锯齿或圆齿。假穗状花序生于主茎及上部分枝的顶端。花冠白色或淡红色。小坚果倒卵形，疏被自色波状毛。花期 7~9 月。（栽培园地：SCBG）

Teucrium pernyi Franch. **庐山香科科**

多年生草本，具匍匐茎。茎高 60~100cm，密被白色向下弯曲的短柔毛。叶片卵圆状披针形，长 3.5~5.3cm，宽 1.5~2cm，有时长达 8.5cm，宽达 3.5cm，先端短渐尖或渐尖，基部圆形或阔楔形下延，边缘具粗锯齿，两面被微柔毛。轮伞花序常 2 朵花，松散，偶达 6 朵花，于茎及短于叶的腋生短枝上组成穗状花序。花冠白色，有时稍带红晕。小坚果倒卵形，具极明显的网纹。花果期 9~11 月。（栽培园地：LSBG）

Teucrium quadrifarium Buch.-Ham. ex D. Don **铁轴草**

半灌木。茎高 30~110cm，近圆柱形，被浓密向上的金黄色、锈棕色或艳紫色长柔毛或糙毛。叶片卵圆形或长圆状卵圆形，先端钝或急尖，有时钝圆，基部近心形、截平或圆形，边缘为有重齿的细锯齿或圆齿。假穗状花序由密集或有时较疏松的、具2朵花的轮伞花序所组成，苞片极发达，菱状三角形或卵圆形。花冠淡红色。小坚果倒卵状近圆形。（栽培园地：SCBG）

Teucrium ussuriense Kom. **乌苏里香科科**

多年生草本。具匍匐茎；茎直立，高25~45cm。叶片坚纸质，卵圆状长圆形，先端钝或急尖，基部截平或阔楔形，边缘为不规则的细锯齿，上面绿色，被平贴的短柔毛，下面密被白色绵毛，因而呈灰白色。网脉在上面凹陷因而多少具皱。轮伞花序具2或3~4朵花，在分枝叶腋内腋生，远隔，或在叶腋内组成一长约2cm的短穗状花序。花冠紫红色。（栽培园地：IBCAS）

Teucrium viscidum Bl. **血见愁**

多年生草本。具匍匐茎；茎直立，高30~70cm。叶片卵圆形至卵圆状长圆形，先端急尖或短渐尖，基部圆形、阔楔形至楔形，下延，边缘为带重齿的圆齿，有时数齿间具深刻的齿弯。假穗状花序生于茎及短枝上部，在茎上者由于下部有短的花枝因而俨如圆锥花序。花冠白色、淡红色或淡紫色。小坚果扁球形，黄棕色。（栽培园地：SCBG, WHIOB, XTBG, LSBG, GXIB）

Teucrium viscidum 血见愁

Thymus 百里香属

该属共计6种，在3个园中有种植

Thymus glabrescens Willd. **无毛百里香**

矮小蔓生垫状常绿灌木。茎木质。叶对生，叶片线状椭圆形，边缘全缘。花冠淡紫色、粉紫色、洋紫色或淡白色，簇生。（栽培园地：IBCAS）

Thymus longicaulis C. Presl **长叶百里香**

矮小蔓生垫状常绿灌木。具长的不育蔓茎，极少具顶生花序。茎木质。叶对生，叶片线状椭圆形，边缘全缘。花冠淡紫色、粉紫色、紫色或淡白色，簇生。（栽培园地：IBCAS）

Thymus mastichina L. **乳香百里香**

半灌木。茎斜上升或近水平伸展。叶片长圆状椭圆形或长圆状披针形，顶端急尖，基部楔形，下延成叶柄。全缘。花序头状或稍伸长成长圆状的头状花序，花冠紫红色。（栽培园地：IBCAS）

Thymus mongolicus Ronn. **百里香**

半灌木。茎多数，匍匐或上升；不育枝从茎的末端或基部生出，匍匐或上升，被短柔毛；花枝高(1.5)2~10cm。叶片卵圆形，长4~10mm，宽2~4.5mm，先端钝或稍锐尖，基部楔形或渐狭，全缘或稀有1~2对小锯齿。花序头状，多花或少花。花冠紫红色、紫色或淡紫色、粉红色。小坚果近圆形或卵圆形，压扁状，光滑。（栽培园地：IBCAS, KIB）

Thymus mongolicus 百里香

Thymus pulegioides L. **宽叶百里香**

灌木。茎斜上升或近水平伸展；不育枝从茎基部或直接从根茎长出。叶片宽椭圆形或卵状披针形，长6~12mm，宽5~8mm，先端钝，基部渐狭成短柄，全缘，边外卷。穗状花序，花冠紫红色。（栽培园地：IBCAS）

Thymus quinquecostatus Čelak. **地椒**

半灌木。茎斜上升或近水平伸展；不育枝从茎基部或直接从根茎长出，通常比花枝少。叶片长圆状椭圆形或长圆状披针形，稀有卵圆形或卵状披针形，长7~13mm，宽1.5~3(4.5)mm，稀有长达2cm，宽8mm，先端钝或锐尖，基部渐狭成短柄，全缘，边外卷。花序头状或稍伸长成长圆状的头状花序，花冠紫红色。（栽培园地：SCBG）

Lardizabalaceae 木通科

该科共计20种，在9个园中有种植

木质藤本，很少为直立灌木。茎缠绕或攀援，木质部有宽大的髓射线；冬芽大，有2至多枚覆瓦状排列的外鳞片。叶互生，掌状或三出复叶，很少为羽状复叶（猫儿屎属），无托叶；叶柄和小柄两端膨大为节状。花辐射对称，单性，雌雄同株或异株，很少杂性，通常组成总状花序或伞房状的总状花序，少为圆锥花序，萼片花瓣状，6片，排成2轮，覆瓦状或外轮的镊合状排列，很少仅有3片；花瓣6枚，蜜腺状，远较萼片小，有时无花瓣；雄蕊6枚，花丝离生或多少合生成管，花药外向，2室，纵裂，药隔常突出于药室顶端而成角状或凸头状的附属体；退化心皮3枚；在雌花中有6枚退化雄蕊；心皮3枚，很少6~9枚，轮生在扁平花托上或心皮多数，螺旋状排列在膨大的花托上。果为肉质的蓇葖果或浆果，不开裂或沿向轴的腹缝开裂；种子多数，或仅1枚，卵形或肾形，种皮脆壳质。

Akebia 木通属

该属共计3种，在9个园中有种植

Akebia quinata (Houtt.) Decne. **木通**

落叶木质藤本。掌状复叶互生或簇生，通常具5枚小叶，小叶片倒卵形或倒卵状椭圆形，下面青白色。伞房花序式的总状花序腋生。雄花萼片兜状阔卵形。雌花阔椭圆形至近圆形。果孪生或单生，长圆形或椭圆形；种子多数，卵状长圆形。（栽培园地：SCBG, WHIOB, XTBG, LSBG, CNBG）

Akebia quinata 木通

Akebia trifoliata 三叶木通

Akebia trifoliata (Planch.) Koidz. **三叶木通**

落叶木质藤本。掌状复叶互生或簇生；小叶3枚，小叶片纸质或薄革质，卵形至阔卵形，边缘具齿或浅裂。总状花序从簇生叶中抽出。雄花萼片淡紫色，阔椭圆形或椭圆形。雌花萼片紫褐色，近圆形。果长圆形；种子多数，扁卵形。（栽培园地：SCBG, IBCAS, WHIOB, KIB, LSBG, CNBG, SZBG, GXIB）

Akebia trifoliata (Planch.) Koidz. ssp. **australis** (Diels) T. Shimizu **白木通**

落叶木质藤本。掌状复叶互生或簇生；小叶片卵状长圆形或卵形，全缘。总状花序腋生或生于短枝上。雌、雄花的萼片均为紫色。果长圆形，成熟时黄褐色；种子卵形，黑褐色。（栽培园地：SCBG, WHIOB, KIB）

Akebia trifoliata ssp. **australis** 白木通

Clematis 铁线莲属

该属共计 1 种，在 1 个园中有种植

Clematis subumbellata Kurz **细木通**

藤本。一至二回羽状复叶，小叶 5~21 枚，小叶片卵形至披针形，下面被毛，全缘。圆锥状聚伞花序腋生或顶生；萼片白色，近长圆形或狭倒卵形。瘦果纺锤形至狭卵形，被毛。（栽培园地：XTBG）

Decaisnea 猫儿屎属

该属共计 1 种，在 4 个园中有种植

Decaisnea insignis (Griff.) Hook. f. et Thoms. **猫儿屎**

直立灌木，高 5m。羽状复叶，小叶 13~25 枚；卵形至卵状长圆形，下面青白色。总状花序腋生，或数个再复合为圆锥花序，萼片卵状披针形至狭披针形。果下垂，蓝色，圆柱形；种子倒卵形，黑色。（栽培园地：SCBG, WHIOB, KIB, CNBG）

Decaisnea insignis 猫儿屎

Holboellia 八月瓜属

该属共计 4 种，在 4 个园中有种植

Holboellia angustifolia Wall. **五月瓜藤**

常绿木质藤本，长 3~6m。掌状复叶；小叶通常 5~7 枚，狭长椭圆形至倒卵状披针形，下面灰白色。花单性，雌雄同株；萼片近肉质，长匙形；雄花绿白色，雌花紫色。果矩圆形，成熟后紫色。（栽培园地：WHIOB, KIB）

Holboellia angustifolia 五月瓜藤

Holboellia coriacea Diels **鹰爪枫**

常绿木质藤本。掌状复叶，小叶 3 枚，小叶片椭圆形或卵状椭圆形。花雌雄同株，白绿色或紫色，总状花序。雄花萼片长圆形。雌花萼片紫色，稍大于雄花。果长圆状柱形，成熟时紫色；种子椭圆形。（栽培园地：WHIOB）

Holboellia grandiflora Reaub. **牛姆爪**

常绿木质大藤本。掌状复叶，小叶 3~7 枚，小叶片通常倒卵状长圆形或长圆形，下面苍白色。花淡绿白色或淡紫色，雌雄同株，总状花序。雄花的外轮、内

Holboellia grandiflora 牛姆瓜

轮萼片分别为长倒卵形和线状长圆形。雌花外轮、内轮萼片分别为阔卵形和卵状披针形。果长圆形；种子多数，黑色。（栽培园地：SCBG, WHIOB）

Holboellia latifolia Wall. **八月瓜**

常绿木质藤本。掌状复叶，小叶 3~9 枚，小叶片卵形、卵状长圆形、狭披针形或线状披针形。花序总状；雄花绿白色，外轮、内轮萼片分别为长圆形和长圆状披针形。雌花紫色，外轮萼片卵状长圆形。果长圆形或椭圆形，成熟时红紫色；种子多数，倒卵形。（栽培园地：XTBG）

Sargentodoxa 大血藤属

该属共计 1 种，在 3 个园中有种植

Sargentodoxa cuneata (Oliv.) Rehd. et Wils. **大血藤**

落叶木质藤本，长达 10m。常为三出复叶，顶生小叶近菱状倒卵圆形，全缘，侧生小叶斜卵形。总状花序，雄花与雌花同序或异序，雄花苞片长卵形，萼片长圆形。浆果近球形，成熟时黑蓝色。种子卵球形。（栽培园地：SCBG, WHIOB, LSBG）

Sargentodoxa cuneata 大血藤

Sinofranchetia 串果藤属

该属共计 1 种，在 2 个园中有种植

Sinofranchetia chinensis (Franch.) Hemsl. **串果藤**

落叶木质藤本，全株无毛。叶具羽状 3 小叶；小叶纸质，顶生小叶菱状倒卵形。总状花序，雄花萼片绿白色，倒卵形。雌花萼片与雄花的相似。浆果状，椭圆形，紫蓝色，种子多数，卵圆形。（栽培园地：SCBG, KIB）

Sinofranchetia chinensis 串果藤

Stauntonia 野木瓜属

该属共计 9 种，在 6 个园中有种植

Stauntonia brachyanthera Hand.-Mazz. **黄蜡果**

木质藤本，全体无毛。掌状复叶，小叶 5~9 片；小叶片匙形。雌雄同株，总状花序，上部为雄花，下面为雌花；苞片锥状披针形；雄花外轮的萼片卵状披针形，内轮的狭线形。雌花萼片比雄花厚，形态相似。果椭圆状，果皮成熟时黄色。（栽培园地：GXIB）

Stauntonia brachyanthera 黄蜡果

Stauntonia brunoniana Wall. ex Hemsl. **三叶野木瓜**

木质藤本，全株无毛。复叶有羽状 3 小叶，小叶片长圆状椭圆形或长圆状披针形。总状花序簇生于叶腋；苞片或小苞片阔卵形；雌雄异株，雄花萼片外轮的卵形，内轮的披针形。雌花外轮、内轮的萼片分别为卵状披针形和线状披针形。果倒卵状长圆形。（栽培园地：XTBG）

Stauntonia brunoniana 三叶野木瓜

Stauntonia cavalerieana Gagnep. **西南野木瓜**

木质藤本，全体无毛。掌状复叶，小叶 7~9 片；小叶片披针状线形或披针形。花序圆锥状；小苞片线形；花雌雄异株；雄花外轮萼片披针形，内轮萼片线形。未见雌花和果。（栽培园地：WHIOB）

Stauntonia chinensis DC. **野木瓜**

木质藤本。掌状复叶，小叶 5~7 片；小叶片革质，长圆形、椭圆形或长圆状披针形。花雌雄同株，花序总状；苞片和小苞片线状披针形。雄花萼片外轮为披针形，内轮的线状披针形。雌花萼片与雄花相似，稍大。果长圆形。（栽培园地：SCBG, WHIOB, XTBG, LSBG）

Stauntonia chinensis 野木瓜

Stauntonia duclouxii Gagn. **羊瓜藤**

木质藤本，全体无毛。掌状复叶，小叶 5~7 片；小叶片通常倒卵形。苞片椭圆形，花黄绿色或乳白色。雄花萼片外轮卵状披针形，内轮线状披针形。雌花萼片与雄花相似，稍大。果长圆形。（栽培园地：WHIOB）

Stauntonia hexaphylla (Thunb. ex Murray) Decne. **日本野木瓜**

常绿藤本。掌状复叶互生；小叶 3~7 片，小叶片长圆形至长卵圆形，全缘。由 3~7 朵花组成总状或伞形花序，雌雄同株；花白色、淡红色或有青莲色晕；雄花外轮萼片阔披针形，内轮萼片线形；雌花内轮萼片披针形。浆果卵圆形，红色。（栽培园地：SCBG, KIB）

Stauntonia obovata Hemsl. **倒卵叶野木瓜**

木质藤本，全体无毛。掌状复叶，小叶 3~5 片，小叶片形状和大小变化大，通常倒卵形，有时为长圆形、阔椭圆形或倒披针形。总状花序簇生；花雌雄同株，白色带淡黄色。雄花外轮萼片卵状披针形，内轮萼片线状披针形。雌花萼片和雄花的相似。果椭圆形或卵形。（栽培园地：SCBG, WHIOB）

Stauntonia obovatifoliola Hayata ssp. **intermedia** (Y. C. Wu) T. Chen **五指那藤**

木质藤本。掌状复叶，小叶5~7片；小叶片近匙形。总状花序簇生；花雌雄同株，白色带淡黄色。雄花外轮萼片卵状披针形，内轮的线状披针形。雌花萼片外轮的线状披针形，内轮的近线形。果长圆形，成熟时黄色。（栽培园地：SCBG, GXIB）

Stauntonia obovatifoliola Hayata ssp. **urophylla** (Hand.-Mazz.) H. N. Qin **石月**

木质藤本。掌状复叶，小叶5~7片；小叶片倒卵形或阔匙形。总状花序簇生，花淡黄绿色。雄花外轮萼片卵状披针形，内轮萼片披针形；雌花未见。果长圆形或椭圆形。（栽培园地：WHIOB）

Stauntonia obovatifoliola ssp. **intermedia** 五指那藤

Lauraceae 樟科

该科共计265种，在10个园中有种植

常绿或落叶的乔木或灌木。树皮通常芳香；叶互生、对生、近对生或轮生，具柄，叶片通常革质，有时为膜质或坚纸质，全缘。花序有限，稀如无根藤属者为无限；或为圆锥状、总状或小头状，开花前全然由大苞片所包裹或近于裸露，最末端分枝为3花或多花的聚伞花序；或为假伞形花序，其下承有宿存的交互对生的苞片或不规则苞片。花通常小，白色或绿白色，有时黄色，有时淡红色而花后转红色，通常芳香，花被片开花时平展或常近闭合。花两性或由于败育而成单性，雌雄同株或异株，辐射对称，通常3基数，亦有2基数。花被筒辐状，漏斗形或坛形，花被裂片6或4枚呈二轮排列，或为9枚而呈三轮排列。果为浆果或核果。

Actinodaphne 黄肉楠属

该属共计11种，在5个园中有种植

Actinodaphne cupularis (Hemsl.) Gamble **红果黄肉楠**

灌木或小乔木。叶常簇生于枝端成轮生状，叶片长圆形至长圆状披针形，上面绿色，下面粉绿色；中脉在叶上面下陷，在下面突起。伞形花序，每雄花序有雄花6~7朵，雌花序常具雌花5朵。果多为卵形，成熟时红色，着生于杯状果托上；果托外面有皱褶。（栽培园地：WHIOB, KIB, GXIB）

Actinodaphne cupularis 红果黄肉楠

Actinodaphne forrestii (Allen) Kosterm **毛尖树**

乔木。树皮灰白色，基部有宿存较大、排列疏散的芽鳞片。叶常6~7枚簇生枝端成轮生状，叶片椭圆状披针形，上面绿色，下面灰绿色；叶柄较长。伞形花序数个簇生于枝侧，雄花退化雌蕊无毛，雌花柱头盾状。果长圆形，果托杯状。（栽培园地：KIB）

Actinodaphne henryi Gamble **思茅黄肉楠**

乔木。小枝、叶下面及花序均被锈色绒毛。叶片披针形，上面深绿色，下面粉绿色至苍白色；中脉粗壮，在两边均突起；叶柄粗壮，密被灰黄色绒毛。伞形花序多个生于腋生总梗上，花被裂片卵圆形；雄花能育雄蕊9枚；雌花柱头大，头状。果近球形，果托浅杯状。（栽培园地：WHIOB, KIB, XTBG）

Actinodaphne forrestii 毛尖树

Actinodaphne koshepangii Chun ex H. T. Chang **广东黄肉楠**

小乔木。树皮灰色，小枝基部有时宿存有较大的、排列疏散的芽鳞片。叶片长圆状卵形，羽状脉，中脉在上面下陷，侧脉7~9条；叶柄短。伞形花序1~4个，在下面突起腋生或生于无叶的当年生枝侧无总梗；每花序有雄花5朵，花梗短；花被筒短，花被裂片6~8枚，黄绿色；能育雄蕊9枚；花柱条形，柱头2裂。（栽培园地：WHIOB）

Actinodaphne koshepangii 广东黄肉楠

Actinodaphne henryi 思茅黄肉楠

Actinodaphne kweichowensis Yang et P. H. Huang **黔桂黄肉楠**

乔木。小枝基部宿存较大排列疏散的芽鳞片。叶片椭圆形，下面被黄色绒毛，基部宽楔形，侧脉每边6~13条；叶柄粗壮，密被灰黄色绒毛。伞形花序无总梗，花被裂片6枚；雌花花柱短，柱头盾状。果近球形；果梗长，稍粗壮。（栽培园地：GXIB）

Actinodaphne kweichowensis 黔桂黄肉楠

Actinodaphne lecomtei Allen **柳叶黄肉楠**

乔木。小枝基部无宿存芽鳞片。叶近轮生或互生，叶片披针形，羽状脉，侧脉多而密，通常每边 30~40 条或以上，纤细，不甚明显，两面网脉细，呈蜂窝状小穴。花序伞形，无总梗，花被裂片 6 枚。雄花第 3 轮基部的腺体盾状，有柄；雌花花柱细长，柱头头状，均无毛。果倒卵形，果托杯状。（栽培园地：SCBG）

Actinodaphne lecomtei 柳叶黄肉楠

Actinodaphne obovata (Nees) Blume **倒卵叶黄肉楠**

乔木。小枝密被锈色短柔毛。叶 3~5 片簇生于枝端成轮生状，叶片倒卵形，幼时两面有锈色短柔毛，离基三出脉，侧脉每边 6~7 条。伞形花序多个排列于总梗上构成总状；雄花第 3 轮基部两侧的腺体扁圆形，无柄；雌花略较雄花小，子房有长柔毛。果长圆形，顶端具尖头，生于扁平盘状果托上（栽培园地：XTBG）

Actinodaphne obovata 倒卵叶黄肉楠

Actinodaphne omeiensis (Liou) Allen **峨眉黄肉楠**

灌木或小乔木。叶片披针形至椭圆形，下面灰绿色或苍白色，两面均无毛，羽状脉。伞形花序单生，无总梗；花被裂片 6 枚，淡黄色至黄绿色。果近球形；果托浅盘状，常残留有花被片。（栽培园地：SCBG, WHIOB）

Actinodaphne omeiensis 峨眉黄肉楠

Actinodaphne pilosa (Lour.) Merr. **毛黄肉楠**

乔木或灌木。小枝基部无宿存芽鳞片。叶片倒卵形，下面有锈色绒毛，羽状脉，侧脉较少。圆锥花序由伞形花序组成，腋生，被锈色绒毛。雄花第 3 轮基部两侧的腺体无柄或有短柄，雌花雌蕊被长柔毛。果球形，果托扁平盘状。（栽培园地：SCBG, WHIOB, XTBG, GXIB）

Actinodaphne pilosa 毛黄肉楠（图 1）

Actinodaphne pilosa 毛黄肉楠（图 2）

Actinodaphne trichocarpa Allen **毛果黄肉楠**

小乔木或灌木。小枝基部通常有宿存芽鳞片，较小且排列紧密。叶片倒披针形，革质，羽状脉，侧脉通常每边 6~10 条，在叶下面明显突起。雄花第 3 轮中下部两侧的腺体肾形，有柄；雌花子房密被黄褐色短绒毛。果球形，密被贴伏黄褐色短绒毛；果托扁平浅碟状，常宿存有花被片。（栽培园地：WHIOB）

Actinodaphne trichocarpa 毛果黄肉楠

Actinodaphne tsaii Hu **马关黄肉楠**

乔木。小枝基部无宿存芽鳞片，幼枝有毛。叶 4~6 片簇生于小枝顶端成轮生状，叶片质薄，叶脉羽状，侧脉每边 8~10 条，两面明显突起。伞形花序，花被裂片 6 枚。果托浅杯状，全缘。（栽培园地：WHIOB）

Alseodaphne 油丹属

该属共计 3 种，在 4 个园中有种植

Alseodaphne andersonii (King ex Hook. f.) Kosterm. **毛叶油丹**

乔木。叶片椭圆形，较大，两面有明显的蜂巢状小窝穴，下面被锈色微柔毛。圆锥花序多分枝，花梗较短，纤细，果时增粗；各级序轴及花梗均密被锈色微柔毛。花被裂片卵圆形，密被锈色微柔毛。果长圆形，成熟时紫黑色；果梗鲜时肉质，紫红色，上端膨大。（栽培园地：XTBG）

Alseodaphne andersonii 毛叶油丹

Alseodaphne hainanensis Merr. **油丹**

乔木。小枝干时明显灰白色。叶片多数集生枝顶，长椭圆形，先端圆形，上面有蜂巢状浅窝穴，中脉在

Alseodaphne hainanensis 油丹

上面下陷，下面明显凸起，边缘反卷。圆锥花序较长，无毛。花被裂片稍肉质，能育雄蕊花药椭圆状四方形，柱头不明显。果球形或卵形，干时黑色；果梗有皱纹。（栽培园地：SCBG, KIB, XTBG, GXIB）

Alseodaphne petiolaris (Meissn.) Hook. f. **长柄油丹**

乔木。叶片宽大，倒卵状长圆形，基部楔形或近圆形，两侧常不相等，厚革质，两面褐色，幼叶背面绿白色，下面无毛。圆锥花序多花，近顶生，多数聚生于枝梢；花小，花被裂片 6 枚，圆状卵圆形。果长圆状卵球形，果梗粗壮，顶端膨大。（栽培园地：SCBG, XTBG, GXIB）

Alseodaphne petiolaris 长柄油丹

Beilschmiedia 琼楠属

该属共计 19 种，在 5 个园中有种植

Beilschmiedia appendiculata (Allen) S. Lee et Y. T. Wei **山潺**

乔木。顶芽密被灰褐色短绒毛。叶对生或互生，叶片椭圆形，两面无毛，干时上面绿褐色至灰褐色，中脉基部常微凹，侧脉每边 7~10 条，两面凸起，网脉纤细，疏网状。圆锥花序腋生，花黄色；花被裂片 6 枚或 8 枚。果椭圆形或卵状椭圆形，常具小瘤。（栽培园地：SCBG）

Beilschmiedia brachythyrsa H. W. Li **勐仑琼楠**

乔木。顶芽被毛。叶互生，叶片椭圆形至长椭圆形，近革质，中脉上面微凸或平坦，小脉网状，两面明显，上面或有时下面密被腺状小凸点。花序聚伞状，短小；总梗与序轴和花梗、花被被黄褐色微柔毛。花被裂片近等大，长圆形。果椭圆形，黑色，密布明显的瘤状小凸点。（栽培园地：XTBG）

Beilschmiedia brachythyrsa 勐仑琼楠

Beilschmiedia delicata S. Lee et Y. T. Wei **美脉琼楠**

灌木或乔木。顶芽小，密被灰黄色短柔毛。叶互生，叶片革质，偏斜，中脉在两面明显凸起。聚伞状圆锥花序腋生，长 3~6cm；花黄色带绿色，花被裂片卵形至长圆形。果椭圆形或倒卵状椭圆形，成熟后黑色，密被明显的瘤状小凸点。（栽培园地：WHIOB）

Beilschmiedia delicata 美脉琼楠

Beilschmiedia fordii Dunn **广东琼楠**

乔木。顶芽较大，无毛。叶常对生，叶片革质，披针形，光滑，上面脉常不明显或略明显，侧脉纤细，干后深褐色。聚伞状圆锥花序，花黄绿色，密集；花被裂片卵形至长圆形。果椭圆形，通常具瘤状小凸点。（栽培园地：WHIOB）

Beilschmiedia furfuracea Chun ex H. T. Chang **糠秕琼楠**

乔木。顶芽较大，无毛。叶对生，叶片薄革质，长圆形，下面被糠秕或微毛，侧脉及网脉在两面微凸。圆锥花序数个聚生于枝顶，花梗纤细；花白色带紫色，花被裂片卵形。果近倒卵状椭圆形，暗褐色，密被糠秕状鳞片。（栽培园地：SCBG, WHIOB）

Beilschmiedia glauca S. Lee et L. F. Lau var. **glaucoides** H. W. Li **顶序琼楠**

本变种与原变种的主要区别为：圆锥花序于幼枝上全然顶生，长达10cm，庞大而疏松，多分枝，多花，序轴上疏被短柔毛。（栽培园地：WHIOB）

Beilschmiedia intermedia Allen **琼楠**

乔木。树皮灰色至灰褐色，全株无毛。叶对生或近对生，叶片革质，椭圆形或披针状椭圆形，基部楔形或近圆形，微沿叶柄下延，干后上面灰绿色，下面紫褐色。圆锥花序顶生或腋生，花白色；花被裂片椭圆形。果长圆形或近橄榄形，成熟时黑色或黑褐色，有细微小瘤。（栽培园地：SCBG, XTBG, XMBG）

Beilschmiedia intermedia 琼楠

Beilschmiedia linocieroides H. W. Li **李榄琼楠**

乔木。顶芽卵形，较大，无毛。叶近对生，叶片革质，椭圆形至长圆形，干后上面绿褐色或黄褐色，边缘背卷，中脉在上面凹陷，小脉网状，上面明显凸起。果序序轴粗壮，具皱纹。果椭圆形，两端渐狭，平滑，无毛，果梗粗壮。（栽培园地：XTBG）

Beilschmiedia longipetiolata Chun et S. Lee **长柄琼楠**

乔木，树皮绿褐色，全株无毛。叶片椭圆形、长椭圆形，稀倒卵形，边缘略背卷，先端圆形，基部楔形或阔楔形，微沿叶柄下延，中脉在叶面平坦或微凸，侧脉及网脉在两面均凸起；叶柄长1~2.5cm。圆锥花序顶生，花白色带黄色，花被裂片椭圆形，有明显腺状斑点。果椭圆形或近球形，常有褐色斑。（栽培园地：SCBG）

Beilschmiedia macropoda Allam **肉柄琼楠**

大乔木。顶芽较大，卵圆形。叶对生，叶片革质，披针形或长椭圆形，干后绿褐色，下面紫黑色，侧脉两面凸起。圆锥花序腋生，花少，花梗花后增粗。果

Beilschmiedia longipetiolata 长柄琼楠

Beilschmiedia macropoda 肉柄琼楠（图 1）

Beilschmiedia macropoda 肉柄琼楠（图 2）

序粗壮，基部膨大，果椭圆形，黑色，有褐色秕鳞和细密皱褶，外观有锈色斑点；果梗一端或两端膨大。（栽培园地：SCBG）

Beilschmiedia pauciflora H. W. Li **少花琼楠**

乔木。枝条具疣状突起，顶芽被短柔毛。叶对生，叶片长椭圆形至倒卵形，薄革质，下面有极细腺状小凸点，侧脉两面较明显。花序聚伞状，总梗被黄褐色短柔毛；花白色；花被裂片椭圆状披针形，被短柔毛，具透明腺点。（栽培园地：XTBG）

Beilschmiedia percoriacea C. K. Allen **厚叶琼楠**

乔木。全株无毛，小枝有条纹。顶芽卵圆形，革质，较大。叶对生，叶片厚革质，长椭圆形，微偏斜，基部下沿，中脉在上面凹下，叶缘波状，略背卷；叶柄粗壮。花序圆锥状，粗壮；花被裂片卵形。果长椭圆形，暗红色或黑褐色，平滑。（栽培园地：SCBG, XTBG）

Beilschmiedia percoriacea 厚叶琼楠（图 1）

Beilschmiedia percoriacea 厚叶琼楠（图 2）

Beilschmiedia purpurascens H. W. Li **紫叶琼楠**

乔木。顶芽卵形，被锈褐色糠秕状微毛；幼枝略压扁。叶对生，叶片坚纸质，长圆形，干时上面紫褐色，下面淡紫褐色，中脉上面下陷，侧脉两面明显。果序圆锥状，总梗常增粗，与各级序轴被锈色糠秕状微柔毛；果椭圆形，幼时被锈色糠秕状微柔毛，果梗肥大。（栽培园地：XTBG）

Beilschmiedia robusta C. K. Allen **粗壮琼楠**

乔木。全株无毛，小枝红褐色。叶对生，叶片革质，

Beilschmiedia robusta 粗壮琼楠

披针形，微偏斜，下面常密被腺状微小凸点，网脉通常下面较上面密，两面均凸起。圆锥花序腋生，少花；花被裂片卵圆形，具腺状斑点。果倒卵形或近陀螺状，成熟时紫黑色，果梗粗壮。（栽培园地：XTBG）

Beilschmiedia sichourensis H. W. Li **西畴琼楠**

乔木。顶芽大，卵形，无毛；当年生枝条压扁，具棱角，下部红褐色，上部淡褐色。叶片厚革质，对生，卵圆形至长圆形，干时上面黄褐色，下面变褐色或紫褐色，中脉上面下陷，下面十分凸起。果序腋生，序轴粗壮，红褐色，无毛；果椭圆形。（栽培园地：KIB）

Beilschmiedia tsangii Merr. **网脉琼楠**

乔木。顶芽常小，与幼枝密被黄褐色绒毛或短柔毛。叶互生，叶片革质，椭圆形至长椭圆形，先端短尖，两面具光泽，叶两面小脉密网状、明显，干后略成蜂巢状小窝穴。圆锥花序腋生，微被短柔毛；花白色或黄绿色。果椭圆形，有瘤状小凸点。（栽培园地：SCBG, WHIOB）

Beilschmiedia tungfangensis S. Lee et L. Lau **东方琼楠**

乔木。树皮红褐色或灰褐色，小枝有圆形裂的皮孔，顶芽细小，被灰黄色微柔毛。叶互生，叶片革质，椭圆形至长椭圆形，基部楔形，干后带褐色，上面呈极细小的蜂巢状小窝穴。总状花序腋生，疏被灰黄色短柔毛；花少，常数朵，黄色；花梗基部有苞片1枚。果椭圆形，平滑。（栽培园地：SCBG）

Beilschmiedia tsangii 网脉琼楠（图1）

Beilschmiedia tungfangensis 东方琼楠（图1）

Beilschmiedia tsangii 网脉琼楠（图2）

Beilschmiedia tungfangensis 东方琼楠（图2）

Beilschmiedia wangii Allen 海南琼楠

乔木。芽被锈色短柔毛。叶对生，叶片近革质，椭圆形，两侧常不对称，下面有细密腺状小凸点；叶柄常有瘤状小凸点。圆锥花序近顶生，被锈色短柔毛；花白色，花被裂片被黄棕色短柔毛，并有腺状斑点。果长椭圆形，紫黑色。（栽培园地：SCBG）

Beilschmiedia yunnanensis Hu 滇琼楠

乔木。小枝常有棱、纵纹和明显皮孔；顶芽常小，密被锈褐色绒毛。叶互生，叶片阔椭圆形，常偏斜，基部微沿叶柄下延，小脉密网状，干后两面构成蜂巢状小窝穴。圆锥花序顶生或腋生，少花，各级序轴粗壮，密被锈褐色绒毛。果阔椭圆形，黑色。（栽培园地：XTBG）

Beilschmiedia yunnanensis 滇琼楠

Caryodaphnopsis 檬果樟属

该属共计 1 种，在 2 个园中有种植

Caryodaphnopsis tonkinensis Airy Shaw 檬果樟

乔木。小枝圆柱形，淡褐色，无毛，具纵向细条纹。

Caryodaphnopsis tonkinensis 檬果樟（图 1）

Caryodaphnopsis tonkinensis 檬果樟（图 2）

叶对生，叶片卵圆状长圆形，坚纸质，下面苍白色，两面无毛，边缘增厚，离基三出脉。圆锥花序，狭长而纤细，多被黄褐色短绒毛；花被裂片 6 枚。果长椭圆状球形，顶端圆，基部楔形，骤然收缩成短柄。（栽培园地：SCBG, XTBG）

Cassytha 无根藤属

该属共计 1 种，在 2 个园中有种植

Cassytha filiformis L. 无根藤

寄生缠绕草本，借盘状吸根攀附于寄主植物上。茎线形，稍木质，幼嫩部分被锈色短柔毛。叶退化为微小的鳞片。穗状花序；苞片和小苞片微小，褐色，被缘毛；花小，白色。果小，卵球形，包藏于花后增大的肉质果托内，顶端有宿存的花被片。（栽培园地：SCBG, XTBG）

Chuniophoenix 琼棕属

该属共计 1 种，在 1 个园中有种植

Chuniophoenix hainanensis Burret 琼棕

常绿丛生灌木至小乔木状，高 3~8m。茎直立、粗壮，直径 4~8cm。叶掌状深裂，裂片 14~16 片，线形，不分裂或 2 浅裂，中脉上面凹陷，背面凸起。花序腋生，多分枝，呈圆锥花序；每个佛焰苞内有分枝 3~5 个，分枝长 10~20cm，其上密被褐红色有条纹脉的漏斗状小佛焰苞；花两性，紫红色，花瓣 2~3 片，紫红色，卵状长圆形。果近球形，直径约 1.5cm，外果皮薄。种子为不整齐的球形，直径约 1cm，灰白色。（栽培园地：XTBG）

Cinnamomum 樟属

该属共计 36 种，在 10 个园中有种植

Cinnamomum appelianum Schewe **毛桂**

小乔木。分枝多，小枝、芽、幼叶和叶背密被污黄色硬毛状绒毛。叶互生，叶片椭圆形，先端骤然短渐尖。圆锥花序，短于叶很多，花白色。果椭圆形，果托增大，漏斗状，顶端具齿裂。（栽培园地：SCBG, WHIOB）

Cinnamomum appelianum 毛桂

Cinnamomum austrosinense H. T. Chang **华南桂**

乔木。一年生枝具纵向细条纹。顶芽小，卵形。叶近对生，叶片椭圆形，新叶与老叶下面均密被贴伏而短的灰褐色微柔毛，三出脉。圆锥花序，三次分枝。花黄绿色。果椭圆形，果托浅杯状，边缘具浅齿，齿先端截平。（栽培园地：SCBG）

Cinnamomum austroyunnanense H. W. Li **滇南桂**

乔木，树皮灰白色。老枝具纵向条纹，幼枝多少呈四棱状压扁。芽小，长卵形。叶互生，叶片长圆形至披针状长圆形，薄革质，三出脉，中脉直贯叶端。圆锥花序，自基部多分枝。花淡黄褐色。果卵球形，黑褐色，顶端浑圆，具小突尖头；果托黑褐色，帽状，顶端截平或微波状。（栽培园地：XTBG）

Cinnamomum bejolghota (Buch.-Ham.) Sweet **钝叶桂**

乔木。树皮有香气，芽小，卵形。叶近对生，叶片

Cinnamomum austroyunnanense 滇南桂

Cinnamomum bejolghota 钝叶桂

椭圆状长圆形，两面近无毛，三出脉或离基三出脉，先端钝、急尖或渐尖。圆锥花序，多花密集，多分枝，花黄色。果椭圆形，绿色；果托黄色带紫红色，倒圆锥形，顶端宽，具齿裂；果梗紫色，略增粗。（栽培园地：SCBG, XTBG）

Cinnamomum bodinieri Lévl. **猴樟**

乔木。芽小，芽鳞疏被绢毛。叶互生，叶片卵圆形，坚纸质，上面光亮，侧脉脉腋在下面有明显的腺窝。

Cinnamomum bodinieri 猴樟（图 1）

圆锥花序，分枝多且具棱角，花绿白色，花被裂片 6 枚。果球形，绿色，无毛；果托浅杯状。（栽培园地：SCBG, WHIOB, KIB, CNBG, GXIB）

Cinnamomum burmanni (Nees et T. Nees) Blume **阴香**

乔木，内皮红色，味似肉桂。叶互生，叶片卵圆形、长圆形至披针形，革质，离基三出脉，中脉及侧脉在上面明显，下面十分凸起。圆锥花序腋生，比叶短，少花，疏散；花绿白色。果卵球形，果托长，顶端宽且齿

Cinnamomum burmanni 阴香（图 1）

Cinnamomum bodinieri 猴樟（图 2）

Cinnamomum burmanni 阴香（图 2）

裂。（栽培园地：SCBG, WHIOB, KIB, XTBG, CNBG, SZBG）

Cinnamomum burmanni (Nees et T. Nees) Blume f. **heyneanum** (Nees) H. W. Li. **狭叶阴香**

叶片线形至线状披针形或披针形，总梗常十分纤细；花梗有时长达 10(12)mm。（栽培园地：XTBG）

Cinnamomum burmanni f. heyneanum 狭叶阴香

Cinnamomum camphora (L.) Presl **樟树**

乔木。枝、叶及木材均有樟脑气味。顶芽广卵形，外面略被绢状毛。叶互生，叶片卵状椭圆形，边缘全缘，有时呈微波状，软骨质，离基三出脉。圆锥花序腋生，花绿白色或带黄色。果卵球形，紫黑色；果托杯状，

Cinnamomum camphora 樟树（图 1）

Cinnamomum camphora 樟树（图 2）

顶端截平，具纵向沟纹。（栽培园地：SCBG, IBCAS, WHIOB, KIB, XTBG, CNBG, SZBG, XMBG）

Cinnamomum cassia Presl **肉桂**

乔木。枝条有纵向细条纹，顶芽小，密被灰黄色短绒毛。叶互生，叶片长椭圆形，革质，边缘内卷。圆锥花序腋生，三级分枝；花白色，花梗被黄褐色短绒毛。果椭圆形，黑紫色，无毛；果托浅杯状，顶端宽。（栽培园地：SCBG, WHIOB, KIB, XTBG, GXIB, XMBG）

Cinnamomum cassia 肉桂（图 1）

Cinnamomum cassia 肉桂（图 2）

Cinnamomum cassia 肉桂（图 3）

Cinnamomum caudiferum Kosterm. **尾叶樟**

小乔木。枝条带紫色；芽小，倒锥形，芽鳞被柔毛。叶互生，叶片卵圆形，近革质，先端长尾状渐尖，尖头狭长，长达 2.5cm，幼时上面沿中脉下面全面密被柔毛。圆锥花序，花小，花被裂片 6 枚。果卵球形，绿色，无毛，果皮薄，呈软骨质，果托长，具沟，有栓质斑点，顶端增大。（栽培园地：WHIOB）

Cinnamomum chartophyllum H. W. Li **坚叶樟**

乔木，树皮具香气。叶互生，两侧常不相等，叶片干时上面绿带红褐色，坚纸质，羽状脉，中脉直贯叶端。圆锥花序腋生，花黄色，小，花梗无毛。果近球形，顶端具小尖头；果托增大，干时具纵槽。（栽培园地：XTBG）

Cinnamomum chartophyllum 坚叶樟

Cinnamomum glanduliferum (Wall.) Nees **云南樟**

乔木，树皮小片脱落，具有樟脑气味。芽卵形，大。

Cinnamomum glanduliferum 云南樟（图 1）

Cinnamomum glanduliferum 云南樟（图 2）

叶互生，叶形变化很大，叶片革质，羽状脉。圆锥花序腋生，均比叶短，花小，淡黄色。花被片外面疏被白色微柔。果球形，黑色；果托狭长倒锥形，边缘波状，红色，有纵长条纹。（栽培园地：KIB, XTBG）

Cinnamomum ilicioides A. Chev. **八角樟**

乔木。树冠球形，树皮具深纵裂纹。叶互生，叶片卵形或卵状长椭圆形，近革质，羽状脉，中脉两面凸起。果序圆锥状，腋生，具梗，总梗粗壮，与序轴被黄褐色柔毛。果倒卵形，成熟时紫黑色；果托钟形，绿色，口部宽度和管的长度几相等。（栽培园地：SCBG, XMBG）

Cinnamomum ilicioides 八角樟（图 1）

Cinnamomum ilicioides 八角樟（图 2）

Cinnamomum iners Reinw. ex Bl. **大叶桂**

乔木。芽小，卵形，鳞片密被绢状毛。叶近对生，叶片卵圆形或椭圆形，先端钝或微凹，基部宽楔形至近圆形，硬革质，三出脉或离基三出脉，侧脉自叶基处生出且直贯叶端；叶柄粗壮，红褐色。圆锥花序腋生，花淡绿色。果卵球形，绿色；果托倒圆锥形，顶端有宿存花被片，果梗略增粗。（栽培园地：KIB, XTBG）

Cinnamomum iners 大叶桂

Cinnamomum japonicum Sieb. **天竺桂**

常绿乔木。枝条细弱，红色或红褐色，具香气。叶近对生，叶片卵圆状长圆形至长圆状披针形，革质，离基三出脉，细脉在上面密集而呈明显的网结状。圆锥花序腋生，花被裂片 6 枚，卵圆形。果长圆形，无毛；果托浅杯状，顶部极开张，较宽。（栽培园地：SCBG, WHIOB, KIB, XTBG, CNBG, SZBG）

Cinnamomum jensenianum Hand.-Mazz. **野黄桂**

小乔木，有桂皮香味。枝条曲折，密布皮孔，无毛。芽纺锤形，外面被极短的绢状毛。叶常近对生，叶片披针形，厚革质，边缘增厚，叶背苍白色。花序伞房状，花黄色或白色，花被裂片 6 枚，倒卵圆形，近等

Cinnamomum japonicum 天竺桂（图 1）

Cinnamomum japonicum 天竺桂（图 2）

Cinnamomum japonicum 天竺桂（图 3）

Cinnamomum jensenianum 野黄桂

大，花被片外面极无毛，内面被丝毛。果卵球形，无毛；果托倒卵形，具齿裂，齿顶端截平。（栽培园地：WHIOB, KIB, LSBG）

Cinnamomum kotoense Kanehira et Sasaki **兰屿肉桂**

常绿乔木。叶、枝及树皮干时几不具芳香气。叶对生，叶片卵圆形，革质，光亮，具离基三出脉，侧脉自叶基约 1cm 处生出，近叶片 3/4 处渐消失或不明显网结。

Cinnamomum kotoense 兰屿肉桂（图 1）

Cinnamomum kotoense 兰屿肉桂（图 2）

果卵球形，果托杯状，边缘有短圆齿，果梗无毛。（栽培园地：SCBG, IBCAS, KIB）

Cinnamomum liangii Allen **软皮桂**

乔木。枝条具条纹，有香气。叶片椭圆状披针形，坚纸质，离基三出脉，中脉及侧脉两面隆起。圆锥花序近总状，总梗短，花淡黄色，有香气。果椭圆形，先端具细尖头，无毛；果托有不规则的钝齿。（栽培园地：SCBG, WHIOB）

Cinnamomum liangii 软皮桂（图 1）

Cinnamomum liangii 软皮桂（图 2）

Cinnamomum mairei Lévl. **银叶桂**

乔木。枝条紫褐色，芽卵圆形，有白色绢毛。叶互生，叶片披针形，革质，上面绿色，光亮，无毛，下面苍白色，幼时密被银色绢状毛，老时被贴生绢质短绒毛，三出脉或离基三出脉，中脉直贯叶端。圆锥花序，总梗纤细，近丝状；花白色。果卵球形，无毛；果托半球形，顶端全缘，果梗纤细，几不增粗。（栽培园地：GXIB）

Cinnamomum micranthum (Hay.) Hay. **沉水樟**

乔木。树皮外有不规则纵向裂缝，顶芽大，外被褐色绢状短柔毛。叶互生，叶片长圆形，坚纸质，羽状脉。圆锥花序；花白色或紫红色，具香气。果椭圆形，具斑点，光亮；果托壶形，自长宽约 2mm 的圆柱体基部向上骤然喇叭状增大。（栽培园地：SCBG, SZBG, GXIB）

Cinnamomum mairei 银叶桂

Cinnamomum micranthum 沉水樟（图 1）

Cinnamomum micranthum 沉水樟（图 2）

Cinnamomum mollifolium H. W. Li **毛叶樟**

乔木。树皮具纵向细条裂，芽大，密被黄褐色短柔毛。叶互生，叶片卵圆形或长圆状卵圆形，革质，侧脉在叶缘之内消失。圆锥花序腋生，纤细，花小，淡黄色。

Cinnamomum mollifolium 毛叶樟

果近球形，稍扁而歪，花被片脱落；果托外面具槽，先端骤然成盘状，边缘截平。（栽培园地：XTBG）

cinnamomum osmophloeum Kanehira **土肉桂**

乔木，树皮芳香。叶互生，叶片卵圆形，薄革质，下面灰白色，被短柔毛，近离基三出脉，靠近叶缘。花序为聚伞状圆锥花序，少花，外被短柔毛，内面被长柔毛；花梗纤细，略被硬毛。果卵球形，顶端有宿存的部分花被片。（栽培园地：WHIOB, SZBG）

cinnamomum osmophloeum 土肉桂

Cinnamomum parthenoxylon (Jack) Meisn. **黄樟**

常绿乔木。树皮深纵裂，小片剥落，具樟脑气味。芽卵形，被绢状毛。叶互生，叶片常为椭圆状卵形，革质，羽状脉。圆锥花序，花小，绿色带黄色。果球形，成熟时黑色；果托狭长倒锥形，红色，有纵长的条纹。（栽培园地：SCBG, WHIOB, KIB, XTBG, SZBG）

Cinnamomum pauciflorum Nees **少花桂**

乔木。树皮黄褐色，具白色皮孔，有香气。芽卵形。叶互生，叶片卵圆形或卵圆状披针形，边缘内卷，

Cinnamomum parthenoxylon 黄樟（图 1）

Cinnamomum parthenoxylon 黄樟（图 2）

厚革质，三出脉或离基三出脉，中脉及侧脉两面凸起，侧脉对生。圆锥花序腋生，花黄白色，被灰白色微柔毛。果椭圆形，成熟时紫黑色，具栓质斑点；果托浅杯状，果梗先端略增宽。（栽培园地：SCBG, WHIOB, XTBG, CNBG, GXIB）

Cinnamomum pingbienense H. W. Li **屏边桂**

乔木。枝条常有成片的栓质皮孔，芽小，卵球形。

Cinnamomum pauciflorum 少花桂（图 1）

Cinnamomum pauciflorum 少花桂（图 2）

Cinnamomum pauciflorum 少花桂（图 3）

叶近对生，叶片长圆形，薄革质，侧脉在近叶端处消失。圆锥花序，花淡绿色，花梗纤细，被灰白绢状微柔毛。花被外面疏被内面密被绢状微柔毛，短小，花被裂片长圆形。（栽培园地：XTBG）

Cinnamomum platyphyllum (Diels) Allen **阔叶樟**

乔木。小枝具纵棱。芽卵形或卵圆形，外面密被灰褐绒毛。叶互生，叶片卵圆形或阔卵圆形，基部楔形至圆形或有时呈浅心形，坚纸质，羽状脉，侧脉脉腋通常在上面略有泡状隆起。果序圆锥状，果阔倒卵形，被灰褐色柔毛；果托浅碟状，全缘，果梗长向上逐渐增粗。（栽培园地：WHIOB）

Cinnamomum platyphyllum 阔叶樟

Cinnamomum rigidissimum H. T. Chang **卵叶桂**

乔木。枝条有松脂的香气。叶对生，叶片卵圆形、阔卵形或椭圆形，革质，先端钝或急尖，基部宽楔形、钝至近圆形，革质或硬革质，上面绿色，光亮，下面淡绿色，离基三出脉。花序近伞形，有花 3~7(11) 朵。成熟时果卵球形，乳黄色；果托浅杯状，淡绿色至绿蓝色，下部为近柱状长果梗。（栽培园地：SCBG）

Cinnamomum rigidissimum 卵叶桂（图 1）

Cinnamomum rigidissimum 卵叶桂（图 2）

Cinnamomum septentrionale 银木（图 2）

Cinnamomum saxatile H. W. Li **石山樟**

乔木。枝条略具棱角，具纵向细条纹。芽卵形，芽鳞极密被黄褐色绒毛。叶互生，叶片长圆形，两侧常不对称，近革质，羽状脉，中脉直贯叶端。圆锥花序近顶生，花绿色，密被淡褐色微柔毛。果卵球形，果托浅杯状，全缘。（栽培园地：WHIOB, XTBG, GXIB）

Cinnamomum septentrionale Hand.-Mazz. **银木**

乔木。枝条具棱，被白色绢毛；芽卵形，被白色绢毛。叶互生，叶片椭圆形或椭圆状倒披针形，上面被短柔毛，下面尤其是在脉上明显被白色绢毛，羽状脉，

Cinnamomum septentrionale 银木（图 1）

Cinnamomum septentrionale 银木（图 3）

侧脉每边约 4 条，弧曲上升。圆锥花序腋生，花密集，花被具腺点。果球形，无毛，果托先端增大成盘状。（栽培园地：SCBG, WHIOB, KIB）

Cinnamomum subavenium Miq. **香桂**

乔木。小枝纤细，密被黄色平伏绢状短柔毛。叶近对生，叶片椭圆形、卵状椭圆形至披针形，下面密被黄色平伏绢状短柔毛，三出脉或近离基三出脉，侧脉自直贯叶端。花淡黄色，花梗密被黄色平伏绢状短柔毛。果椭圆形，成熟时蓝黑色，果托杯状，顶端全缘。（栽培园地：SCBG, WHIOB, KIB, XTBG, CNBG）

Cinnamomum subavenium 香桂

Cinnamomum tamala (Buch.-Ham.) T. Nees et Eberm. **柴桂**

乔木。树皮有芳香气。叶互生，叶片卵圆形、长圆形或披针形，薄革质，两面无毛，离基三出脉，中脉直贯叶端。圆锥花序腋生或顶生，花多，白绿色，花梗纤细，花被外面疏被、内面密被灰白短柔毛，花被裂片倒卵状长圆形。（栽培园地：WHIOB, XTBG）

Cinnamomum tenuipilum Kosterm. **细毛樟**

乔木。枝纤细，有纵向细条纹。叶互生，近聚生于枝梢，叶片倒卵形或近椭圆形，长 7.5~13.5cm，宽 4.5~7cm，先端圆形或钝形或短渐尖，基部宽楔形或近圆形，坚纸质，侧脉弧曲上升，在叶缘之内消失。圆锥花序腋生或近顶生，纤细，具短小分枝；花小，淡黄色，花被两面密被绢状微柔毛。果近球形，成熟时红紫色；果托伸长，顶端增大成浅杯状。（栽培园地：KIB, XTBG）

Cinnamomum tonkinense (Lec.) A. Chev. **假桂皮树**

乔木。叶互生，叶片卵状长圆形或卵状披针形至长圆形，革质，上面绿色，干时变褐色，光亮，无毛，下面白绿色，离基三出脉，中脉直贯叶端。圆锥花序

Cinnamomum tenuipilum 细毛樟（图 1）

Cinnamomum tenuipilum 细毛樟（图 2）

Cinnamomum tonkinense 假桂皮树（图 1）

Cinnamomum tonkinense 假桂皮树（图 2）

Cinnamomum tonkinense 假桂皮树（图 3）

短小，腋生或近顶生，花白色，被灰白丝状短柔毛。果卵球形，果托浅杯状，顶端截平而全缘。（栽培园地：SCBG, WHIOB）

Cinnamomum ufotomentosum K. M. Lan **绒毛樟**

乔木。叶互生，叶片革质，椭圆形或倒卵状椭圆形。圆锥花序顶生或腋生，各级花序轴均被红褐色绒毛，花小，花被内外密生毛。花柱顶端截平。（栽培园地：SCBG）

Cinnamomum verum Presl **锡兰肉桂**

常绿小乔木。树皮黑褐色，内皮有强烈的桂醛芳香气。芽被绢状微柔毛。叶通常对生，叶片卵圆形或卵状披针形，上面绿色，光亮，下面淡绿白色，两面无毛，革质，具离基三出脉。圆锥花序，总梗及各级序轴被绢状微柔毛，花黄色。果卵球形，成熟时黑色；果托杯状，增大，具齿裂，齿先端截形或锐尖。（栽培园地：XTBG, XMBG）

Cinnamomum wilsonii Gamble **川桂**

乔木。枝条干时紫褐色。叶互生，叶片卵圆形或卵圆状长圆形，长 8.5~18cm，宽 3.2~5.3cm，基部渐狭下

Cinnamomum verum 锡兰肉桂

Cinnamomum wilsonii 川桂

延至叶柄，离基三出脉。圆锥花序腋生，花少，花白色，花梗丝状，被细微柔毛；花被内外两面被丝状微柔毛，花被裂片卵圆形，近等大。果托顶端截平，边缘具极短裂片。（栽培园地：SCBG, WHIOB, XTBG, CNBG）

Cryptocarya 厚壳桂属

该属共计 12 种，在 3 个园中有种植

Cryptocarya acutifolia H. W. Li **尖叶厚壳桂**

乔木。老枝粗壮，有纵向条纹。叶互生，叶片长椭

圆形，常为急尖，革质，羽状脉。圆锥花序，呈塔形分枝，花淡黄色，被锈色短柔毛。果椭圆形，顶端钝，基部骤然收缩成短柄，成熟时黑紫色，近无毛或顶端略被短柔毛，有不明显的纵棱 12 条。（栽培园地：XTBG）

Cryptocarya brachythyrsa H. W. Li **短序厚壳桂**

乔木。枝条粗壮，有纵向细条纹，红褐色，密布皮孔。叶片长圆形或长圆状椭圆形，基部楔形至宽楔形，两侧常不相等，薄革质，上面黄绿色，光亮，下面紫绿色带白色。圆锥花序腋生，分支少，花少，花淡绿色，密被黄褐色微柔毛。果卵球形，光亮，无毛，纵棱不明显。（栽培园地：SCBG, XTBG）

Cryptocarya brachythyrsa 短序厚壳桂（图 1）

Cryptocarya calcicola H. W. Li **岩生厚壳桂**

乔木。幼枝具纵向细条纹，密被黄褐色短柔毛。叶互生，叶片长圆形，两侧多少不相等，薄革质。圆锥花序腋生及顶生，分支多，花序各部分均密被黄褐色短柔毛；花淡绿色，密被黄褐色短柔毛。果近球形，成熟时紫黑色，具光泽，干时多少具皱，有不明显的纵棱 12 条。（栽培园地：XTBG）

Cryptocarya brachythyrsa 短序厚壳桂（图 2）

Cryptocarya chinensis (Hance) Hemsl. **厚壳桂**

乔木。老枝疏布皮孔。叶互生，叶片长椭圆形，基

Cryptocarya chinensis 厚壳桂（图 1）

Cryptocarya chinensis 厚壳桂（图 2）

部阔楔形，革质，具离基三出脉，中脉在上面凹陷，下面凸起，细脉网状，两面均明显。圆锥花序，被黄色小绒毛。花淡黄色，被黄色小绒毛。果球形，成熟时紫黑色，有纵棱 12~15 条。（栽培园地：SCBG, XTBG）

Cryptocarya chingii Cheng **硬壳桂**

小乔木。老枝灰褐色，有稀疏长圆形的皮孔，具纵向条纹。叶互生，叶片长圆形、椭圆状长圆形，先端骤然渐尖，侧脉稍弯曲，在叶缘之内消失，细脉网状。圆锥花序腋生，稍松散，花序各部密被灰黄色丝状短柔毛。果幼时椭圆球形，成熟时红色，有纵棱 12 条。（栽培园地：SCBG）

Cryptocarya chingii 硬壳桂

Cryptocarya concinna Hance **黄果厚壳桂**

乔木。幼枝有棱角及纵向细条纹，被黄褐色短绒毛。叶互生，叶片椭圆状长圆形，两侧常不相等，坚纸质。圆锥花序，被短柔毛，向上多分枝；苞片十分细小，三角形。花长，被短柔毛。果长椭圆形，幼时深绿色，有纵棱 12 条，成熟时黑色。（栽培园地：SCBG, WHIOB, XTBG）

Cryptocarya concinna 黄果厚壳桂

Cryptocarya densiflora Blume **丛花厚壳桂**

乔木。叶互生，叶片先端急短渐尖，革质，具离基三出脉。圆锥花序，花多而密集；花白色。果扁球形，顶端具明显的小尖突，光滑，有不明显的纵棱，初时褐黄色，成熟时乌黑色，有白粉。（栽培园地：XTBG）

Cryptocarya depauperata H. W. Li **贫花厚壳桂**

乔木。幼枝有纵向细条纹，密被黄褐色微柔毛。叶互生，叶片长圆形或卵圆状长圆形，先端长渐尖或有时钝而急尖，基部宽楔形，两侧常不相等，薄革质。圆锥花序短小，花少，分枝少；花绿黄色，花被裂片卵圆形。果扁球形，成熟时黑色，光亮，有不明显的纵棱。（栽培园地：XTBG）

Cryptocarya depauperata 贫花厚壳桂

Cryptocarya elliptifolia Merr. **菲律宾厚壳桂**

常绿乔木，幼枝光滑。单叶互生，叶片卵状椭圆形，前端具短尖形，叶长 9~11cm，表面光亮，革质，网状侧脉 5~6 对非常明显；圆形花序腋生，花被片倒卵形，密生茸毛，果圆球形，为增大的花被包覆。（栽培园地：SCBG）

Cryptocarya hainanensis Merr. **海南厚壳桂**

乔木。老枝有纵向细条纹及皮孔。叶互生，叶片披针形至长圆状披针形，薄革质，羽状脉，侧脉弧曲向上，下面具明显的蜂巢状小窝穴。穗状圆锥花序，花少，分枝纤细。果卵球形，顶端稍突尖，基部渐狭成短柄，成熟时黑色，有光泽，具皱和疣突。（栽培园地：XTBG）

Cryptocarya hainanensis 海南厚壳桂

Cryptocarya metcalfiana Allen **长序厚壳桂**

乔木。老枝粗壮，具棱角，有灰褐色皮孔。叶互生，叶片披针形、披针状长椭圆形、披针状卵圆形至卵圆形，基部两侧常不对称，革质，细脉网状。圆锥花序近总状，花多，最末的花枝短，带苍白色，有花2~3朵；花淡绿黄。果长椭圆形，成熟时黑色，果梗增粗。（栽培园地：SCBG, XTBG）

Cryptocarya metcalfiana 长序厚壳桂

Cryptocarya yunnanensis H. W. Li **云南厚壳桂**

乔木。老枝具细条纹，干时黄褐色。叶互生，叶片长圆形，薄革质，两面晦暗，羽状脉。圆锥花序，短于叶很多，有时多花密集；总梗与各级序轴常带红色；花淡绿白色。果卵球形，先端近圆形，基部狭，成熟时黑紫色，有不明显的纵棱12条。（栽培园地：XTBG）

Cryptocarya yunnanensis 云南厚壳桂

Cyclobalanopsis 青冈属

该属共计1种，在1个园中有种植

Cyclobalanopsis litseoides (Dunn) Schott. **木姜叶青冈**

常绿乔木。叶片倒卵状披针形或窄椭圆形，顶端圆钝，基部楔形，全缘，侧脉每边6~9条，叶面深绿色，叶背浅绿色，无毛；叶柄不显著。雄花序长3~5cm，花序轴及花被被棕色绒毛；雌花序长约1cm，顶端着生花2朵。壳斗碗形，包着坚果约1/3，直径约1cm，高5~6mm；小苞片合生成5~7条同心环带，环带边缘有细齿或全缘，被灰褐色薄绒毛。坚果椭圆形。（栽培园地：SCBG）

Laurus 月桂属

该属共计1种，在6个园中有种植

Laurus nobilis L. **月桂**

常绿灌木。树皮黑褐色。叶互生，叶片长圆形或长圆状披针形，基部楔形，边缘细波状，革质，羽状脉，细脉网结，呈蜂窠状；叶柄紫红色。雌雄异株；伞形花序腋生；雄花花小，黄绿色；雌花花丝顶端有成对无柄的腺体。果卵形，成熟时暗紫色。（栽培园地：SCBG, IBCAS, WHIOB, KIB, CNBG, XMBG）

Laurus nobilis 月桂

Lindera 山胡椒属

该属共计 31 种，在 9 个园中有种植

Lindera aggregata (Sims) Kosterm **乌药**

常绿灌木或小乔木。根有纺锤状或结节状膨胀，外面棕黄色至棕黑色。顶芽长椭圆形。叶互生，叶片卵形、椭圆形至近圆形，先端长渐尖或尾尖，基部圆形，革质，上面绿色，有光泽，下面苍白色。伞形花序腋生，无总梗；花被片 6 枚，近等长，黄色或黄绿色。果卵形或近圆形。（栽培园地：SCBG, WHIOB, KIB, XTBG, LSBG, CNBG, GXIB）

Lindera aggregata 乌药（图 1）

Lindera aggregata 乌药（图 2）

Lindera aggregata (Sims.) Kosterm var. **playfairii** (Hemsl.) H. P. Tsui **小叶钓樟**

本变种与原变种的主要区别为：幼枝、叶及花等被毛较稀疏，且多为灰白色毛或近无毛；叶小，叶片狭卵形至披针形，通常具尾尖，长 4~6cm，宽 1.3~2cm，花较小。（栽培园地：SCBG）

Lindera angustifolia Cheng **狭叶山胡椒**

落叶灌木或小乔木。幼枝条黄绿色，无毛；冬芽卵

Lindera angustifolia 狭叶山胡椒（图 1）

Lindera angustifolia 狭叶山胡椒（图 2）

形，紫褐色，芽鳞具脊。叶互生，叶片椭圆状披针形，上面绿色无毛，下面苍白色，近革质，羽状脉。伞形花序，雄花序有花 3~4 朵，雌花序有花 2~7 朵。果球形，成熟时黑色。（栽培园地：KIB, XTBG, LSBG, CNBG, GXIB）

Lindera caudata (Nees) Hook. f. **香面叶**

灌木或小乔木。枝条有长圆形皮孔，顶芽卵形。叶互生，叶片长卵形或椭圆状披针形，先端尾状渐尖，基部宽楔形至圆形，薄革质，上面干时褐色或绿褐色，下面近苍白色，离基三出脉。伞形花序退化成每花序只有 1 朵花，无总梗。雄蕊具梗；雌花极小，具梗，密被黄褐色柔毛。果近球形，成熟时黑紫色，着生于具 6 枚裂片的花被管上。（栽培园地：SCBG, WHIOB, XTBG）

Lindera caudata 香面叶

Lindera chienii Cheng **江浙山胡椒**

落叶灌木或小乔木。顶芽长卵形。叶互生，叶片倒披针形或倒卵形，先端短渐尖，基部楔形，纸质，脉上被白柔毛，羽状脉。伞形花序通常着生于腋芽两侧各一；总苞片 4 枚，内有花 6~12 朵；花梗密被白色柔毛；果大，近圆球形，成熟时红色，果托扩大。（栽培园地：CNBG）

Lindera chunii Merr. **鼎湖钩樟**

灌木或小乔木。叶互生，叶片椭圆形至长椭圆形，长 5~10cm，宽 1.5~4cm；先端尾状渐尖，基部楔形或急尖，纸质，幼时两面被白色或金黄色贴伏绢毛，三出脉。伞形花序数个生于叶腋短枝上，开花时由于短枝伸展，因而花后期的伞形花序位于当年枝基部。果椭圆形，无毛。（栽培园地：SCBG, WHIOB）

Lindera chunii 鼎湖钩樟

Lindera communis Hemsl **香叶树**

常绿灌木或小乔木。当年生枝具纵条纹，顶芽卵形。叶片披针形、卵形或椭圆形，基部宽楔形或近圆

Lindera communis 香叶树（图 1）

Lindera communis 香叶树（图 2）

形，薄革质至厚革质，羽状脉，侧脉弧曲，下面突起。伞形花序具 5~8 朵花，总苞片 4 枚，早落；雄花黄色，雌花黄色。果卵形，无毛，成熟时红色，被黄褐色微柔毛。（栽培园地：SCBG, WHIOB, KIB, XTBG, CNBG, GXIB）

Lindera erythrocarpa Makino **红果山胡椒**

落叶灌木或小乔木。多皮孔，皮甚粗糙，冬芽角锥形。叶互生，叶片倒披针形，基部狭楔形，常下延，羽状脉。伞形花序；雄花花被片 6 枚，黄绿色；雌花较小，花被片 6 枚。果球形，成熟时红色；果梗向先端渐增粗至果托，但果托并不明显扩大。（栽培园地：WHIOB, LSBG, CNBG, GXIB）

Lindera erythrocarpa 红果山胡椒

Lindera floribunda (Allen) H. P. Tsui **绒毛钓樟**

常绿乔木。幼枝条密被灰褐色茸毛，有纵裂及皮孔。芽卵形，芽鳞密被灰白色毛。叶互生，叶片倒卵形或椭圆形，坚纸质，上面绿色，无光泽，三出脉。伞形花序，雄花花被片 6 枚，雌花小。果椭圆形，果梗短，果托盘状膨大。（栽培园地：CNBG）

Lindera fragrans Oliv. **香叶子**

常绿小乔木。树皮黄褐色，有纵裂及皮孔。叶互生，叶片披针形至长狭卵形，三出脉，第 1 对侧脉紧沿叶缘上伸。伞形花序腋生；总苞片 4 枚，内有花 2~4 朵；雄花黄色，有香味。果长卵形，成熟时紫黑色，果梗有疏柔毛，果托膨大。（栽培园地：WHIOB, CNBG）

Lindera glauca (Sieb. et Zucc.) Bl **山胡椒**

落叶灌木或小乔木。冬芽（混合芽）长角锥形，芽鳞裸露部分红色。叶互生，叶片椭圆形或倒卵形，纸质，羽状脉；叶枯后不落，翌年新叶发出时落下。伞形花序腋生，雌花花被片黄色，椭圆形或倒卵形。果成熟时黑褐色。（栽培园地：IBCAS, WHIOB, KIB, LSBG, CNBG）

Lindera glauca 山胡椒

Lindera kwangtungensis (Liou) Allen **广东山胡椒**

常绿乔木。树皮有粗纵裂纹。叶互生，叶片椭圆状披针形，纸质，偶稍革质，羽状脉。伞形花序 2~3 生于腋生短枝枝端，先叶开放。花被片长圆形，近等长，两面被棕黄色毛，有明显小圆腺点。果球形。（栽培园地：SCBG, WHIOB）

Lindera limprichtii H. Winkl. **卵叶钓樟**

常绿乔木。小枝条皮外有一层白色胶状物。叶互生，叶片宽椭圆形或宽卵形，近革质。伞形花序 6~8 着生于叶腋短枝上，每花序约有花 6 朵；雌雄花被白色柔毛。果椭圆形，果梗通常较长，先端膨大，初被柔毛，后毛被脱落。（栽培园地：WHIOB）

Lindera limprichtii 卵叶钓樟

Lindera megaphylla Hemsl. **黑壳楠**

常绿乔木。枝条散布有木栓质凸起的近圆形纵裂皮孔，顶芽大。叶互生，叶片倒披针形至倒卵状长圆形，革质，羽状脉。伞形花序多花，雄花 16 朵，雌花 12 朵，黄绿色。果椭圆形至卵形，成熟时紫黑色，果梗散布有明显栓皮质皮孔，宿存果托杯状。（栽培园地：WHIOB, KIB, XTBG, CNBG, GXIB）

Lindera megaphylla 黑壳楠

Lindera menghaiensis H. W. Li **勐海山胡椒**

乔木。叶互生，通常为卵状长圆形，先端急尖或短渐尖，基部楔形，两侧常不相等；薄革质，边缘稍背卷，干时上面带褐色，光亮；下面灰褐色，幼时上疏被锈色绒毛，而下面毛被较密。伞形花序1~5生于密被锈色柔毛的腋生小短枝上，具花约13朵；总梗长0.6~1cm，密被锈色微柔毛。雌花长4.5~5mm；花被片6枚，长圆形，近等大，长3~4mm，先端锐尖，外面略被柔毛，内面无毛；花柱具棱，柱头三裂、盘状。（栽培园地：XTBG）

Lindera metcalfiana Allen **滇粤山胡椒**

灌木或小乔木。顶芽细小，密被黄褐色绢状微柔毛。叶互生，叶片椭圆形，常呈镰刀状，革质，羽状脉。雄伞形花序1~2(3)生于叶腋被黄褐色微柔毛的短枝上；雌雄花黄色，花被片6枚；雄花两面被黄褐色柔毛，具腺点。果球形，紫黑色；果梗粗壮。（栽培园地：SCBG, WHIOB）

Lindera metcalfiana Allen var. **dictyophylla** (Allen) H. P. Tsui **网脉山胡椒**

本变种与原变种的主要区别为：叶片薄革质至革质，常为披针形，侧脉5~8对，干时上面紫褐色。（栽培园地：KIB, XTBG）

Lindera nacusua (D. Don) Merr. **绒毛山胡椒**

常绿灌木或小乔木。树皮有纵向裂纹，嫩枝密被锈色长柔毛。叶互生，叶片椭圆形、长圆形或卵形，两侧常不相等，革质，光亮，下面密被锈色柔毛。伞形花序单生，雌雄花黄色，花被片6枚。果近球形，

Lindera nacusua 绒毛山胡椒（图1）

Lindera nacusua 绒毛山胡椒（图2）

成熟时红色，果梗粗壮，向上渐增粗。（栽培园地：SCBG, WHIOB, XTBG）

Lindera nacusua (D. Don) Merr. var. **menglungensis** H. B. Cui **勐仑山胡椒**

本变种与原变种的主要区别为：叶片椭圆状披针形或披针形，毛被略少。（栽培园地：XTBG）

Lindera neesiana (Wall. ex Nees) Kurz **绿叶甘橿**

落叶灌木或小乔木。冬芽卵形，基部着生 2 个花序。叶互生，叶片卵形至宽卵形，纸质，三出脉或离基三出脉。伞形花序具总梗，总苞片具缘毛，内面基部被柔毛。未开放时雄花花被片绿色，雌蕊“凸”字形；雌花花被片黄色。果近球形。（栽培园地：SCBG, WHIOB, LSBG, CNBG, SZBG）

Lindera neesiana 绿叶甘橿（图 1）

Lindera neesiana 绿叶甘橿（图 2）

Lindera obtusiloba Bl. **三桠乌药**

落叶乔木或灌木。小枝黄绿色，老枝渐多木栓质皮孔、褐斑及纵裂；芽卵形，无毛。叶互生，叶片近圆形至扁圆形，全缘或 3 裂，偶 5 裂，基部近圆形或心形，三出脉。雌雄花花被片 6 枚，长椭圆形。果广椭圆形，成熟时红色，后变紫黑色，干时黑褐色。（栽培园地：SCBG, WHIOB, KIB, LSBG）

Lindera praecox (Sieb. et Zucc.) Bl. **大果山胡椒**

落叶灌木。幼枝多皮孔。叶互生，叶片卵形或椭圆形，羽状脉，冬天枯黄不落，翌年发叶时落下。伞形花序生于叶芽两侧各一，雌雄花花被片广椭圆形，雌花柱头稍盘状膨大，红褐色，花梗密被白色柔毛。果球形，黄褐色，果梗有皮孔，向上渐增粗。（栽培园地：WHIOB, CNBG）

Lindera pulcherrima (Wall.) Benth. **西藏钓樟**

常绿乔木。叶互生，叶片长卵形、长圆形到长圆状披针形；三出脉，中、侧脉黄色，在叶上面略凸出，下面明显凸出；叶柄长 8~12mm，被白色柔毛。伞形花序无总梗或具极短总梗，3~5 生于叶腋长 1~3mm 的短枝先端，短枝偶有发育成正常枝。雄花（总苞中）花梗被白色柔毛，花被片 6 枚，近等长，椭圆形，外面背脊部被白色疏柔毛，内面无毛；能育雄蕊 9 枚，花丝被白色柔毛，第 3 轮花丝基部以上着生 2 个具柄肾形腺体；退化雌蕊子房及花柱密被白色柔毛。雌花未见。果椭圆形。（栽培园地：WHIOB）

Lindera pulcherrima (Wall.) Benth. var. **attenuata** Allen **香粉叶**

本变种与原变种的主要区别为：芽大，椭圆形，长 7~8mm，芽鳞密被白色贴伏柔毛；叶片卵形到披针形，叶缘稍下卷，网脉通常成小窝状或细网状，先端渐尖或有时尾状渐尖，而不为长尾尖；子房无毛。（栽培园地：WHIOB）

Lindera pulcherrima (Wall.) Benth. var. **hemsleyana** (Diels) H. B. Cui **川钓樟**

本变种与原变种的主要区别为：雄花不育子房无毛；叶片通常椭圆形、倒卵形、狭椭圆形、长圆形，少有椭圆状披针形，不为卵形或披针形，偶具长尾尖。（栽培园地：WHIOB, KIB, XTBG）

Lindera reflexa Hemsl. **山橿**

落叶灌木或小乔木。叶互生，叶片常卵形或倒卵状椭圆形，先端渐尖，基部圆或宽楔形，有时稍心形，纸质，下面带绿苍白色，羽状脉。伞形花序着生于叶芽两侧各一，具总梗，红色，密被红褐色微柔毛；雌雄花黄色。果球形，成熟时红色；果梗无皮孔，被疏柔毛。（栽培园地：SCBG, WHIOB, KIB, LSBG, CNBG）

Lindera rubronervia Gamble **红脉钓樟**

落叶灌木或小乔木。树皮黑灰色，有皮孔。叶互生，叶片长椭圆形至狭卵形，先端渐尖，纸质，离基三出脉，脉和叶柄秋后变为红色。伞形花序腋生，通常 2 个花序着生于叶芽两侧；雄花花被筒被柔毛，花被片 6 枚，黄绿色；雌花中、下部着生 2 个长圆形腺体。果近球

Lindera pulcherrima var. **hemsleyana** 川钓樟

Lindera rubronervia 红脉钓樟

形，成熟后弯曲。（栽培园地：LSBG, CNBG）

Lindera setchuenensis Gamble **四川山胡椒**

常绿灌木。小枝多皮孔，芽锥形。叶互生，常集生于枝端，叶片条形，羽状脉。伞形花序生于叶芽两侧各一，总苞片 4 枚，雄花花被片倒披针形，雌花花被片条形。果椭圆形，果托仅包被果基部略上。（栽培园地：SCBG, WHIOB）

Lindera reflexa 山橿（图 1）

Lindera setchuenensis 四川山胡椒

Lindera reflexa 山橿（图 2）

Lindera thomsonii Allen **三股筋香**

常绿乔木。叶互生，叶片卵形或长卵形，先端具长尾尖，基部急尖或近圆形，坚纸质，上面绿色，下面苍白色，幼时两面密被贴伏白色、黄色绢质柔毛，三出脉或离基三出脉。伞形花序腋生；雄花黄色，花丝被疏柔毛；雌花白色、黄色或黄绿色，子房和花柱均被灰色微柔毛。果椭圆形，成熟时由红色变黑色。（栽培园地：KIB）

Lindera tonkinensis Lec. **假桂钓樟**

常绿乔木。叶互生，叶片卵形或卵状长圆形，先端渐尖，薄纸质；上面绿色，干时呈绿褐色；下面淡绿色，

Lindera thomsonii 三股筋香

Lindera tonkinensis 假桂钓樟

干时黄绿色，三出脉，第1对侧脉直达叶端与第2对侧脉相联处向内折曲。雄花黄绿色，具梗；雌花淡黄色。果椭圆形，先端具细尖，果梗密被锈色柔毛。（栽培园地：XTBG）

Lindera tonkinensis Lec. var. **subsessilis** H. W. Li **无梗钓樟**

本变种与原变种的主要区别为：幼枝、叶及叶柄均近无毛，雌、雄伞形花序近无梗。（栽培园地：XTBG）

Litsea 木姜子属

该属共计54种，在9个园中有种植

Litsea acutivena Hay. **尖脉木姜子**

常绿乔木。叶互生或聚生枝顶，叶片披针形、倒披针形或长圆状披针形，先端急尖或短渐尖，基部楔形，革质，羽状脉，中脉、侧脉在叶上面均下陷。伞形花序，簇生。果椭圆形，成熟时黑色，果托杯状。（栽培园地：SCBG）

Litsea akoensis Hay. **屏东木姜子**

常绿小乔木。嫩枝密被褐色柔毛，小枝有明显纵条纹。叶互生，叶片长圆状倒卵形，下面沿叶脉有毛，革质，羽状脉。伞形花序生于枝顶叶腋，单生或2~3个簇生；每花序有花4~5朵。果长圆形，果托杯状，果梗短。（栽培园地：WHIOB）

Litsea akoensis 屏东木姜子（图1）

Litsea akoensis 屏东木姜子（图2）

Litsea atrata S. Lee **黑木姜子**

常绿乔木。顶芽裸露，被柔毛。叶互生，叶片长椭圆形，薄革质，羽状脉，中脉及侧脉在叶上面明显下陷，叶片中部以上的侧脉先端拱形连结。伞形花序2~6个簇生于叶腋，花被裂片6枚，卵形。果长圆形，果托与果梗相连成倒圆锥状。（栽培园地：WHIOB, XTBG）

Litsea auriculata Chien et Cheng **天目木姜子**

落叶乔木。叶互生，叶片椭圆形、圆状椭圆形、近心形或倒卵形，基部耳形，纸质，羽状脉。伞形花序无总梗，先叶开花或同时开放。果卵形，成熟时黑色，果托杯状。（栽培园地：WHIOB, KIB, LSBG, CNBG）

Litsea auriculata 天目木姜子（图1）

Litsea auriculata 天目木姜子（图2）

Litsea balansae Lec. **假辣子**

常绿灌木或小乔木。顶芽细小，裸露，外面密被黄褐色短柔毛。叶互生，叶片披针形或长圆形，薄革质，羽状脉，侧脉弧曲，中脉、侧脉在叶上面下陷。伞形花序，每一雄花序有花3朵，花小；雌花的子房卵形。果长椭圆形，顶端具尖头；果梗先端增粗。（栽培园地：XTBG）

Litsea baviensis Lec. **大萼木姜子**

常绿乔木。顶芽裸露，卵圆形，外被黄褐色短柔毛。叶互生，叶片椭圆形或长椭圆形，革质，羽状脉。

Litsea baviensis 大萼木姜子

伞形花序被柔毛，花被裂片6枚。果椭圆形，顶端平，中间有1小尖，成熟时紫黑色；果托杯状，厚木革质，状如壳斗，外面有疣状突起。（栽培园地：XTBG）

Litsea chinpingensis Yang et P. H. Huang **金平木姜子**

常绿乔木。小枝有棱条，黑褐色；顶芽裸露，圆锥形，外被黄褐色短柔毛。叶互生，叶片披针形或窄椭圆形，上面深绿色，有光泽，下面淡绿色，两面均无毛，薄革质，羽状脉。伞形花序3~4个簇生，每一花序有花4~5朵；花被裂片6枚，卵形。果椭圆形，果托盘状，

Litsea chinpingensis 金平木姜子

果梗粗壮，先端渐增粗。（栽培园地：WHIOB, KIB, XTBG）

Litsea chunii Cheng **高山木姜子**

落叶灌木。顶芽卵圆形。叶互生，叶片椭圆形、椭圆状披针形或椭圆状倒卵形，长 2~5cm，宽 1~2cm，膜质，羽状脉，中脉、侧脉在叶上面突起。伞形花序单生，有淡黄色柔毛；花被裂片 6 枚，黄色，无柄。果卵圆形，果梗顶端增粗，被柔毛。（栽培园地：WHIOB）

Litsea coreana Lévl. **朝鲜木姜子**

常绿乔木。叶互生，叶片倒卵状椭圆形或倒卵状披针形，先端钝渐尖，上面深绿色，幼时沿中脉有柔毛，下面粉绿色，无毛，羽状脉。伞形花序腋生；苞片 4 枚，交互对生；花被裂片 6 枚，卵形。果近球形，果托扁平，宿存有 6 裂花被裂片，果梗颇粗壮。（栽培园地：XMBG）

Litsea coreana Lévl. var. **lanuginosa** (Migo) Yang et P. H. Huang **毛豹皮樟**

本变种与原变种的主要区别为：嫩枝密被灰黄色长柔毛，嫩叶两面均有灰黄色长柔毛，下面尤密，老叶下面仍有稀疏毛，叶柄长 1~2.2cm，全面有灰黄色长柔毛。（栽培园地：SCBG, WHIOB, KIB, XTBG, LSBG）

Litsea coreana var. **lanuginosa** 毛豹皮樟（图 1）

Litsea coreana var. **lanuginosa** 毛豹皮樟（图 2）

Litsea coreana Lévl. var. **sinensis** (Allen) Yang et P. H. Huang. **扬子黄肉楠**

本变种与原变种的主要区别为：叶片长圆形或披针形，先端多急尖，上面较光亮，幼时基部沿中脉有柔毛，叶柄上面有柔毛，下面无毛。（栽培园地：WHIOB, CNBG）

Litsea coreana var. **sinensis** 扬子黄肉楠（图 1）

Litsea coreana var. **sinensis** 扬子黄肉楠（图 2）

Litsea cubeba (Lour.) Pers. **山鸡椒**

落叶灌木。枝、叶具芳香味；顶芽圆锥形，外面具柔毛。叶互生，叶片披针形或长圆形，上面深绿色，下面粉绿色，两面均无毛，纸质；羽状脉，中脉、侧脉在两面均突起毛。伞形花序单生，总梗细长；每一花序有花4~6朵，先叶开放，花被裂片6枚。果近球形，黑色，果梗先端稍增粗。（栽培园地：SCBG, WHIOB, KIB, XTBG, LSBG, SZBG, GXIB）

Litsea cubeba 山鸡椒（图1）

Litsea cubeba 山鸡椒（图2）

Litsea cubeba 山鸡椒（图3）

Litsea cubeba (Lour.) Pers. var. **formosana** (Nakai) Yang et P. H. Huang **毛山鸡椒**

本变种与原变种的主要区别为：小枝、芽、叶片下面和花序具丝状短柔毛。（栽培园地：WHIOB）

Litsea dilleniifolia P. Y. Pai et P. H. Huang **五桠果叶木姜子**

常绿乔木。小枝具明显棱角，中空，皮孔显著。叶互生，叶片长圆形或倒卵状长圆形，长21~50cm，宽11~15cm，先端短渐尖或近圆，基部楔形或两侧不对称，革质，上面绿色，羽状脉。伞形花序密被锈色柔毛，花被裂片8枚。果扁球形，紫红色；果托杯状，紧包于果外，较厚；果梗粗，与果托外面均有皱褶。（栽培园地：XTBG, GXIB）

Litsea dilleniifolia 五桠果叶木姜子

Litsea elongata (Wall. ex Neas) Beatn. et Hook. f. var. **faberi** (Hemsl.) Yang et P. H. Huang **石木姜子**

本变种与原变种的主要区别为：叶片长圆状披针形或窄披针形，较狭窄，长5~16cm，宽1.2~3.6cm，先端尾尖或长尾尖，中脉及侧脉在叶上面下陷；花序总梗较细长，长5~10mm。（栽培园地：WHIOB, KIB）

Litsea elongata var. **faberi** 石木姜子（图 1）

Litsea elongata var. **faberi** 石木姜子（图 2）

Litsea elongata (Wall. ex Neas) Beatn. et Hook. f. var. **subverticillata** (Yang) Yang et P. H. Huang **近轮叶木姜子**

本变种与原变种的主要区别为：叶近轮生，叶片薄革质或膜质，较薄，干时黑绿色；叶柄较短，长2~5mm，伞形花序无总梗或近于无梗；果托质薄。（栽培园地：WHIOB, KIB）

Litsea elongata var. **subverticillata** 近轮叶木姜子

Litsea elongata (Wall. ex Neas) Beatn. et Hook. f. **黄丹木姜子**

常绿小乔木。小枝密被褐色绒毛，顶芽卵圆形。叶互生，叶片长圆形、长圆状披针形至倒披针形，革质，羽状脉。伞形花序单生，总梗通常较粗短，密被褐色绒毛；每一花序有花 4~5 朵，花被裂片 6 枚。果长圆形，黑紫色，果托杯状。（栽培园地：SCBG, WHIOB, KIB, XTBG, LSBG, CNBG, GXIB）

Litsea elongata 黄丹木姜子

Litsea glutinosa (Lour.) C. B. Rob. **潺槁木姜子**

常绿小乔木。树内皮有黏质，顶芽卵圆形。叶互生，

Litsea glutinosa 潺槁木姜子（图 1）

Litsea glutinosa 潺槁木姜子（图 2）

Litsea glutinosa 潺槁木姜子（图 3）

叶片倒卵形，革质，羽状脉。伞形花序，被灰黄色绒毛；苞片 4 枚，花被不完全或缺，花丝长。果球形，果梗先端略增大。（栽培园地：SCBG, WHIOB, XTBG, CNBG, GXIB, XMBG）

Litsea greenmaniana Allen **华南木姜子**

常绿小乔木。小枝红褐色，顶芽圆锥形，鳞片外面被丝状短柔毛。叶互生，叶片椭圆形或近倒披针形，先端渐尖或镰刀状尖，薄革质，上羽状脉。伞形花序，雄花 3~4 朵；花被裂片 6 枚，黄色。果椭圆形，果托杯状。（栽培园地：SCBG, XTBG）

Litsea greenmaniana Allen var. **angustifolia** Yang et P. H. Huang **狭叶华南木姜**

本变种与原变种的主要区别为：叶片披针形，较狭小，长 5~9cm，宽 0.7~2cm；叶柄通常较短，长 0.5~1cm。（栽培园地：WHIOB）

Litsea honghoensis Liou **红河木姜子**

常绿乔木。顶芽卵圆形，鳞片外面被丝状短柔毛。

Litsea greenmaniana var. **angustifolia** 狭叶华南木姜

叶互生或集生于枝顶，叶片长椭圆形至倒卵状披针形，革质，羽状脉。伞形花序；有雄花 3~5 朵，花被裂片 6 枚，圆形。果球形，果梗先端稍粗壮，具宿存花被裂片。（栽培园地：SCBG, WHIOB, KIB, XTBG）

Litsea hupehana Hemsl. **湖北木姜子**

常绿乔木。树皮呈小鳞片状剥落，顶芽卵圆形，鳞片外面被丝状短柔毛。叶互生，叶片狭披针形，薄革质，

Litsea hupehana 湖北木姜子（图 1）

Litsea hupehana 湖北木姜子（图 2）

羽状脉。伞形花序多单生，有雄花 4~5 朵；花被裂片 6 枚，卵形。果近球形，果托扁平，宿存有花被裂片 6 枚，直立，整齐；果梗颇粗壮。（栽培园地：WHIOB）

Litsea ichangensis Gamble **宜昌木姜子**

落叶灌木。顶芽单生或 3 个集生。叶互生，叶片倒卵形或近圆形，纸质，羽状脉，中脉、侧脉在叶两面微突起。伞形花序单生或 2 个簇生，总梗稍粗，每一花序常有花 9 朵；花被裂片 6 枚，黄色化。果近球形，成熟时黑色；果梗先端稍增粗。（栽培园地：WHIOB）

Litsea kwangtungensis Yang et P. H. Huang **红楠刨**

常绿乔木。叶互生，叶片披针形或长圆状披针形，薄革质，两面均无毛，羽状脉。伞形花序，苞片 4 枚，每一花序有花 5 朵；花梗被灰黄色长柔毛，花被裂片 6 枚。果椭圆形，果托杯状，边缘平截，果梗被灰黄色短柔毛。（栽培园地：SCBG）

Litsea lancifolia var. **pedicellata** Hook. f. **有梗木姜子**

本变种与原变种的主要区别为：幼枝、叶片下面、叶柄均被贴伏灰黄色短柔毛；叶片长圆形或披针形，基部楔形；叶柄长 5~10mm，总花梗长 5~7mm，纤细。（栽培园地：XTBG）

Litsea lancifolia (Roxb. ex Nees) Benth. et Hook. f. ex Fern.-Vill. **剑叶木姜子**

常绿灌木。顶芽外面被锈色绒毛。叶对生，叶片椭圆形、长圆形或椭圆状披针形，薄革质，中脉、侧脉在上面微陷。伞形花序单生，总梗极短，苞片 4 枚，每一雄花序常有花 3 朵，花细小；花被裂片 6 枚，披针形。果球形，果托浅碟状，果梗短。（栽培园地：XTBG）

Litsea lancifolia 剑叶木姜子

Litsea lancifolia (Roxb. ex Nees) Benth. et Hook. f. ex var. **ellipsoidea** Yang et P. H. Huang **椭圆叶木姜子**

本变种与原变种的主要区别为：叶片披针形或长圆状披针形；果椭圆形，长 15mm，直径 7mm。（栽培园地：XTBG）

Litsea lancilimba Merr. **大果木姜子**

常绿乔木。小枝具明显棱条。叶互生，叶片披针形，先端急尖或渐尖，基部楔形，革质，上面深绿色，有光泽，下面粉绿色，两面均无毛，羽状脉，中脉、侧脉在两面均突起。伞形花序腋生，每一花序有花 5 朵；花被裂片 6 枚，披针形。果长圆形，果托盘状，边缘常有不规则的浅裂或不裂；果梗粗壮。（栽培园地：SCBG, XTBG）

Litsea lancilimba 大果木姜子

Litsea liyuyingi Lion **圆锥木姜子**

常绿乔木。小枝干时有纵条痕。叶互生，叶片椭圆形或披针形，革质，羽状脉，中脉在两面均突起。雄花序由伞形花序组成的圆锥花序，每一小伞形花序有

Litsea liyuyingi 圆锥木姜子

Litsea magnoliifolia 玉兰叶木姜子

花 3 朵；花被裂片 8 枚，卵形。（栽培园地：XTBG）

Litsea longistaminata (Liou) Kosterm. **长蕊木姜子**

常绿乔木。顶芽卵圆形，外被黄褐色绒毛。叶互生，叶片倒卵形至倒卵状长圆形，先端圆，具突尖头或渐尖，薄革质，羽状脉，近叶缘处呈弧形弯曲连结。伞形花序；雄花序短枝较长，雌花序较短，均被锈色绒毛。果长圆形，先端有小尖头；果托盘状，果梗较粗，有柔毛。（栽培园地：WHIOB, XTBG）

Litsea machiloides Yang et P. H. Huang **润楠叶木姜子**

常绿乔木。顶芽卵圆形。叶聚生枝顶呈轮生状，叶片长披针形或倒卵状长披针形，先端渐尖或长渐尖，略弯曲，基部渐狭，革质，羽状脉。伞形花序无总梗，苞片 4 枚，每一花序有雄花 4 朵；花被裂片 6 枚。果椭圆形，先端有 1 尖头；果托盘状，边缘有 5~6 枚粗齿，果梗粗短，被短柔毛。（栽培园地：SCBG）

Litsea magnoliifolia Yang et P. H. Huang **玉兰叶木姜子**

常绿乔木。小枝粗壮，有棱条；顶芽裸露，三角状卵形。叶互生，叶片椭圆形、倒卵状椭圆形至倒卵形，先端圆钝或短尖，基部楔形或近圆，革质，羽状脉。伞形花序，每一伞形花序有雄花 6 朵；花被裂片 8 枚，披针形。果扁球形，顶端有尖头，成熟时黑色，果托盘状。（栽培园地：XTBG）

Litsea martabanica (Kurz) J. D. Hooker **滇南木姜子**

常绿乔木。小枝幼时有淡黄色柔毛，顶芽卵圆形，外被黄褐色短柔毛。叶互生，叶片长椭圆形，革质，羽状脉。伞形花序，苞片 4 枚，每一伞形花序有雄花 5 朵；花被裂片 6 枚，黄色。果长圆形，先端有尖头，成熟时黑色；果托杯状，果梗稍增粗。（栽培园地：XTBG）

Litsea mollis Hemsl. **毛叶木姜子**

落叶灌木或小乔木。树皮有黑色斑，撕破有松节油气味。叶互生或聚生枝顶，叶片长圆形或椭圆形，纸质，下面带绿苍白色，密被白色柔毛，羽状脉。伞形花序腋生，每一花序有花 4~6 朵，先叶开放或与叶同时开放；花被裂片 6 枚，黄色。果球形，蓝黑色；果梗有稀疏短柔毛。（栽培园地：WHIOB, KIB, XTBG, GXIB）

Litsea monopetala (Roxb.) Pers. **假柿木姜子**

常绿乔木。顶芽圆锥形，外面密被锈色短柔毛。叶

Litsea martabanica 滇南木姜子

Litsea mollis 毛叶木姜子

互生，叶片宽卵形、倒卵形至卵状长圆形，先端钝或圆，偶有急尖，薄革质，羽状脉，中脉、侧脉在叶上面均下陷。伞形花序簇生叶腋，总梗极短；雄花花被片 5~6 枚，披针形，黄白色。果长卵形，果托浅碟状。（栽培园地：SCBG, WHIOB, XTBG）

Litsea moupinensis Lec. **宝兴木姜子**

落叶乔木。幼枝密被黄褐色绒毛，顶芽圆锥形，密被黄褐色绒毛。叶互生，叶片卵形、菱状卵形或长圆形，羽状脉。伞形花序，先叶开放；每一花序有花 8~10 朵；花被裂片 6 枚，黄色，近圆形。果球形，成熟时黑色，果梗有短柔毛。（栽培园地：KIB）

Litsea monopetala 假柿木姜子（图 1）

Litsea monopetala 假柿木姜子（图 2）

Litsea panamonja (Nees) Hook. **香花木姜子**

常绿乔木。顶芽裸露，外面密被褐色短柔毛。叶互生，叶片长圆形或披针形，先端渐尖或短尖，革质，羽状脉，中脉在叶两面均突起。伞形花序生于短枝上，有花 5 朵，花细小，黄色，略有香味。果扁球形，果托杯状，果梗顶端增粗。（栽培园地：SCBG, WHIOB, XTBG, GXIB）

Litsea pierrei Lec. **思茅木姜子**

常绿乔木。顶芽裸露，外被灰黄色短柔毛。叶互生，叶片椭圆形或长圆状椭圆形，外面有短柔毛，内面无毛；能育雄蕊 9 枚，花丝长，外露，有黄褐色短柔毛，腺体圆形，有短柄；退化雌蕊被黄褐色短柔毛；雌花中退化雄蕊有柔毛；子房卵圆形，有黄褐色短柔毛，花柱外露，柱头盾状。果近圆形或扁球形，直径约 1.5cm；果托杯状，深约 1.2cm，直径约 2cm，先端平截，质

Litsea panamonja 香花木姜子（图 1）

Litsea panamonja 香花木姜子（图 2）

薄；果梗长约 1cm，粗 2~3mm，无毛。（栽培园地：XTBG）

Litsea pierrei Lec. var. **szemois** H. Liu **思茅木姜子**

常绿乔木。顶芽裸露，外被灰黄色短柔毛。叶互生，叶片椭圆形或长圆状椭圆形，革质，羽状脉。伞形花序有微柔毛；花被裂片 6 枚，披针形；雌花花柱外露。果近圆形，果托杯状，先端平截，质薄；果梗粗，无毛。（栽培园地：XTBG）

Litsea pittosporifolia Yang et P. H. Huang **海桐叶木姜子**

常绿灌木。叶芽圆锥形，小枝黄褐色，先端具棱角。叶互生，叶片椭圆形，先端圆钝，基部楔形或近圆钝，革质，羽状脉。伞形花序近于无总梗；每一花序有花 3 朵，花细小，淡黄色。每一果序有果 3 枚；果椭圆形，果托杯状，先端平截；果梗被柔毛。（栽培园地：SCBG）

Litsea populifolia (Hemsl.) Gamble **杨叶木姜子**

落叶小乔木。小枝搓之有樟脑味，叶互生，叶片圆形至宽倒卵形，纸质，嫩叶紫红绿色，羽状脉。伞形花序常生于枝梢，与叶同时开放，每一花序有雄花 9~11 朵；花被裂片 6 枚，黄色。果球形，果梗先端略增粗。（栽培园地：SCBG, WHIOB, KIB）

Litsea populifolia 杨叶木姜子

Litsea pseudoelongata Liou **竹叶木姜子**

常绿小乔木。顶芽卵圆形，被丝状短柔毛。叶互生，叶片宽条形，基部急尖略下延，薄革质，羽状脉。伞形花序，每一雄花序有花 4 朵；花被裂片 6 枚，有香味。果长卵形，果托浅杯状，边缘有圆齿，外面有短柔毛；果梗短，有灰色柔毛。（栽培园地：SCBG）

Litsea pungens Hemsl. **木姜子**

落叶小乔木。幼枝被柔毛，顶芽圆锥形，鳞片无毛。叶互生，叶片披针形或倒卵状披针形，膜质，羽状脉。

Litsea pseudoelongata 竹叶木姜子

Litsea pungens 木姜子

伞形花序腋生，花被裂片 6 枚，黄色，倒卵形，第 3 轮基部有黄色腺体。果球形，成熟时蓝黑色；果梗先端略增粗。（栽培园地：SCBG, WHIOB, KIB）

Litsea rotundifolia Hemsl. **圆叶豺皮樟**

常绿灌木。树皮常有褐色斑块，顶芽卵圆形，外被丝状黄色短柔毛。叶散生，叶片宽卵圆形，小，薄革质，羽状脉。伞形花序几无总梗；花小，花被裂片 6 枚，腺体小，圆形。果球形，几无果梗，成熟时灰蓝黑色。（栽培园地：SCBG）

Litsea rotundifolia Hemsl. var. **oblongifolia** (Nees) Allen **豹皮樟**

本变种与原变种的主要区别为：叶片卵状长圆形，长 2.5~5.5cm，宽 1~2.2cm，先端钝或短渐尖，基部楔形或钝。（栽培园地：SCBG, CNBG, SZBG）

Litsea rotundifolia var. **oblongifolia** 豹皮樟

Litsea rubescens Lecomte var. **yunnanensis** Lec. **滇木姜子**

本变种与原变种的主要区别为：叶片圆状椭圆形；每一伞形花序有花 15~18 朵。（栽培园地：KIB）

Litsea rubescens var. **yunnanensis** 滇木姜子

Litsea subcoriacea Yang et P. H. Huang **桂北木姜子**

常绿乔木。顶芽卵圆形，鳞片外面被丝状短柔毛。叶互生，叶片披针形或椭圆状披针形，先端渐尖或呈微镰刀状弯曲，薄革质，羽状脉。伞形花序，花序梗短，苞片 4 枚；每一花序有花 5 朵；花被裂片 6 枚，卵形。果椭圆形，果托杯状，边缘平截或常不规则粗裂；果梗较粗壮。（栽培园地：WHIOB）

Litsea suberosa Yang et P. H. Huang **栓皮木姜子**

常绿小乔木。老枝皮孔显著，顶芽卵圆形，鳞片外

Litsea subcoriacea 桂北木姜子（图 1）

Litsea subcoriacea 桂北木姜子（图 2）

被丝状短柔毛。叶互生，叶片倒披针形或狭长椭圆形，先端突尖，革质或薄革质，羽状脉。伞形花序腋生，每一雄花序有花 5 朵；花被裂片 6 枚，卵圆形。果椭圆形，果托杯状。（栽培园地：WHIOB）

Litsea umbellata (Lour.) Merr. **伞花木姜子**

常绿灌木或小乔木。小枝与芽鳞片外面被锈色绒毛。叶互生，叶片椭圆形或长圆状卵形，薄革质，羽状脉。伞形花序腋生，被锈色绒毛；花被裂片 6 枚，细小并大小不等。果球形，先端具小尖；果托边缘常宿存有花被裂片，果梗先端增粗，被锈色绒毛。（栽培园地：WHIOB, XTBG）

Litsea variabilis Hemsl. **黄椿木姜子**

常绿灌木或乔木。顶芽圆锥形，外面被灰色贴伏短柔毛。叶多对生，叶片形状多变化，一般为椭圆形或倒卵形，革质，干时常带红色，羽状脉。伞形花序具短总梗，苞片小，花被裂片 6 枚，匙形。果球形，成熟时黑色；果托碟状，果梗极粗短，与果托相连无明显界线。（栽培园地：SCBG）

Litsea variabilis Hemsl. f. **chinensis** (Allen) Yang et P. H. Huang **雄鸡树**

本变型与原变型的主要区别为：叶片披针形至长椭

Litsea umbellata 伞花木姜子

Litsea variabilis 黄椿木姜子（图 1）

Litsea variabilis 黄椿木姜子（图 2）

Litsea variabilis f. chinensis 雄鸡树（图 1）

圆状披针形，长 13~22.5cm，宽 2.2~3.5cm，侧脉每边 15~17 条，叶下面网脉不明显。（栽培园地：SCBG）

Litsea variabilis Hemsl. var. **oblonga** Lec. **毛黄椿木姜子**

本变种与原变种的主要区别为：小枝、叶下面和叶柄均密被灰黄色贴伏柔毛，叶片椭圆形或长圆形，长 7~14cm，宽 2.5~4cm，叶下面粉绿色，网脉不明显。（栽培园地：WHIOB）

Litsea verticillata Hance **轮叶木姜子**

常绿灌木或小乔木。小枝密被黄色长硬毛，顶芽卵圆形。叶 4~6 片轮生，叶片披针形或倒披针状长椭圆

Litsea verticillata 轮叶木姜子（图 1）

Litsea variabilis f. chinensis 雄鸡树（图 2）

Litsea verticillata 轮叶木姜子（图 2）

形，薄革质，羽状脉。伞形花序，花淡黄色，近于无梗；花被裂片外面中肋有长柔毛。果卵形，顶端有小尖头；果托碟状，边缘常残留有花被片。（栽培园地：SCBG, WHIOB, GXIB）

Litsea yunnanensis Yang et P. H. Huang **云南木姜子**

常绿乔木。顶芽裸露，圆锥形。叶互生，叶片长圆形、椭圆形或卵状椭圆形，薄革质，有光泽，羽状脉。伞形花序，密被黄褐色短柔毛；花被裂片 6 枚，卵形。幼果时花被筒几乎全包于果外；果椭圆形，果梗端渐增粗，与杯状果托相连，状似漏斗形。（栽培园地：XTBG, GXIB）

Litsea yunnanensis 云南木姜子

Machilus 润楠属

该属共计 40 种，在 8 个园中有种植

Machilus attenuata F. N. Wei et S. C. Tang **狭基润楠**

灌木。叶较小，叶片薄革质，先端尾状渐尖或长渐尖，

Machilus attenuata 狭基润楠（图 1）

Machilus attenuata 狭基润楠（图 2）

基部渐狭并略下延，幼叶上面无毛，下面疏被短柔毛。圆锥花序腋生，疏松而具长总梗；花两性，小或较大；花被筒短。果肉质，球形。（栽培园地：GXIB）

Machilus breviflora (Benth.) Hemsl **短序润楠**

乔木。芽卵形，芽鳞有绒毛。叶略聚生于小枝先端，叶片倒卵形至倒卵状披针形，革质。圆锥花序 3~5 个，

Machilus breviflora 短序润楠

顶生；花绿白色，外轮花被裂片较小，结果时花被裂片宿存。果球形。（栽培园地：SCBG, SZBG）

Machilus calcicola S. Lee et. C. T. Qi **灰岩润楠**

小乔木。叶片卵状长圆形或椭圆状披针形，两面光亮，有很密的蜂窝状小穴；果序近总状，果被白粉，结果时花被裂片完全脱落。（栽培园地：GXIB）

Machilus chienkweiensis S. Lee **黔桂润楠**

乔木。节上有紧密的多轮芽鳞疤痕，顶芽扁球形。叶片椭圆形或长椭圆形，薄革质，两面无毛，中脉上面凹陷，小脉密网状。果序短小，总梗带红色；果球形，薄被白粉，果梗带红色。（栽培园地：WHIOB, CNBG, GXIB）

Machilus chienkweiensis 黔桂润楠

Machilus chinensis (Champ. ex Benth.) Hemsl. **华润楠**

乔木。叶片倒卵状长椭圆形至长椭圆状倒披针形，长 5~10cm，宽 2~3cm，先端钝或短渐尖，基部狭革质，网状小脉在两面上形成蜂巢状浅窝穴。圆锥花序顶生，2~4 个聚集，常较叶为短；花白色，花被裂片长椭圆状披针形。果球形。（栽培园地：SCBG, WHIOB）

Machilus chrysotricha H. W. Li **黄毛润楠**

乔木。叶片长圆形至倒卵状长圆形，先端短渐尖，侧脉两面略明显。花序多数，狭窄，分枝；花绿黄色

Machilus chinensis 华润楠

Machilus chrysotricha 黄毛润楠

至白色，花被两面密被金黄色小柔毛；雄蕊基部被长柔毛；子房卵珠形。（栽培园地：SZBG, XMBG）

Machilus decursinervis Chun **基脉润楠**

乔木。叶片阔椭圆形或椭圆形，基部通常不对称，革质，小脉不明显。圆锥花序，无毛；花被裂片近等大，腺体小形，近球状。果序近伞形；果球形，宿存花被裂片近相等。（栽培园地：SCBG, GXIB）

Machilus decursinervis 基脉润楠

Machilus fasciculata H. W. Li **簇序润楠**

灌木至小乔木。叶疏离，叶形变化多，卵圆形、椭圆形至长圆形或近披针形，下面带粉绿色，被黄褐色贴伏微小柔毛，近革质。圆锥花序簇生于顶生极短枝上，短小，序轴和花梗被黄褐色绢状微柔毛；苞片自基部向上渐增大，花淡绿色或黄色，花被裂片近等大。（栽培园地：WHIOB）

Machilus gamblei King ex Hook. f. **黄心树**

乔木。枝条具细纵条纹。叶互生，叶片倒卵形或倒披针形至长圆形，细脉网状。聚伞状圆锥花序，多数密集；花绿白色或黄色，花被裂片等大，长圆形。果球形，先端具小尖头，成熟时紫黑色；宿存花被片略增大，外翻；果梗稍增粗。（栽培园地：XTBG）

Machilus gongshanensis H. W. Li **贡山润楠**

乔木。小枝有纵条纹，顶芽大，卵球形。叶聚生枝梢，叶片长圆形至倒卵状椭圆形，革质，侧脉两面明显。聚伞状圆锥花序多数，花黄绿色，花被筒十分短小，倒圆锥形；花柱弯曲，柱头头状，略增大。果球形，果梗略增粗。（栽培园地：KIB）

Machilus gongshanensis 贡山润楠

Machilus grijsii Hance **黄绒润楠**

乔木。芽、小枝、叶柄、叶下面有黄褐色短绒毛。叶片倒卵状长圆形，革质，中脉和侧脉在上面凹下，在下面隆起。花序短，密被黄褐色短绒毛；花被裂片薄，长椭圆形，近相等。果球形。（栽培园地：SCBG, WHIOB, CNBG）

Machilus grijsii 黄绒润楠

Machilus ichangensis Rehd. et Wils. **宜昌润楠**

乔木。叶常集生当年生枝上，叶片长圆状披针形至长圆状倒披针形，坚纸质，下面带粉白色，小脉两面均稍突起。圆锥花序，总梗纤细，带紫红色；花白色。果近球形，黑色，有小尖头；果梗不增大。（栽培园地：SCBG, WHIOB, SZBG, GXIB）

Machilus kwangtungensis Yang **广东润楠**

乔木。枝干后有黄褐色纵裂唇形皮孔。叶片长椭圆形或倒披针形，革质，侧脉纤细，横脉及小脉都很纤细。圆锥花序，总梗扁；花被裂片近等长，长圆形；子房

Machilus ichangensis 宜昌润楠

Machilus leptophylla 薄叶润楠（图 1）

Machilus leptophylla 薄叶润楠（图 2）

Machilus kwangtungensis 广东润楠

Machilus leptophylla 薄叶润楠（图 3）

无毛。果近球形，略扁，成熟时黑色；果梗有小柔毛。（栽培园地：SCBG, XTBG）

Machilus leptophylla Hand.-Mazz. **薄叶润楠**

高大乔木。枝粗壮。叶互生，叶片倒卵状长圆形，坚纸质，中脉在上面凹下，在下面显著凸起，侧脉略带红色，小脉连结成网状。圆锥花序，柔弱，多花；总梗、分枝和花梗略具微细灰色微柔毛；花白色。果球形。（栽培园地：WHIOB, CNBG）

Machilus lichuanensis Cheng ex S. Lee **利川润楠**

高大乔木。枝紫褐色，有少数纵裂唇形小皮孔，嫩枝、叶柄、叶下面、花序密被淡棕色柔毛。叶片椭圆形或狭倒卵形，革质，中脉和侧脉的两侧仍密被柔毛。

Machilus lichuanensis 利川润楠

聚伞状圆锥花序，有灰黄色小柔毛；花被裂片等长。果扁球形。（栽培园地：SCBG, WHIOB, SZBG）

Machilus litseifolia S. Lee **木姜润楠**

乔木。顶芽近球形，近无毛。叶常集生枝稍，叶片倒披针形或倒卵状披针形，革质，下面粉绿色，中脉上面凹陷，侧脉很纤弱，在近叶缘网结。聚伞状圆锥花序，疏花；总梗红色稍粗壮；花被裂片近等长，长圆形。果球形，幼果粉绿色；花被裂片下部多少变厚，呈薄革质。（栽培园地：WHIOB）

Machilus litseifolia 木姜润楠（图 1）

Machilus litseifolia 木姜润楠（图 2）

Machilus litseifolia 木姜润楠（图 3）

Machilus melanophylla H. W. Li **暗叶润楠**

乔木。枝条常染有黑色斑，皮层纵裂。叶片椭圆形，革质，疏被黄色微柔毛，横脉及小脉纤细，稠密网状。圆锥花序近顶生，总梗与各级序轴及果梗密被黄褐色微柔毛。果卵球形，宿存花被片长圆形，两面密被黄褐色微柔毛；果梗增粗。（栽培园地：XTBG）

Machilus microcarpa Hemsl. **小果润楠**

乔木。顶芽卵形，密被绢毛。叶片倒卵形、倒披针形至椭圆形或长椭圆形，先端尾状渐尖，基部楔形，革质。圆锥花序，较叶为短；花被裂片近等长，卵状长圆形；子房近球形；花柱略蜿蜒弯曲，柱头盘状。果球形。（栽培园地：WHIOB）

Machilus nanchuanensis N. Chao ex S. Lee **南川润楠**

乔木。芽近球形，密被棕色绒毛。叶常集生在枝梢，叶片倒卵形，革质，侧脉很纤弱。圆锥花序纤细，开花时花序基部的苞片尚未完全脱落，花序和花梗带艳红色，少花；花白色。幼果绿色，近球形。（栽培园地：WHIOB）

Machilus nanmu (Oliv.) Hemsl. **润楠**

乔木。叶片薄革质，倒卵状阔披针形或长圆状倒披针形，先端渐尖或短尖，基部楔形，不下延，中脉粗壮，侧脉弧形。圆锥花序，被黄色或白色柔毛；花小，花梗与花近等长，被毛。果卵形，果梗略增粗，宿存花被片变硬，革质，多少松散，两面被毛。（栽培园地：WHIOB, KIB, XTBG）

Machilus oculodracontis Chun **龙眼润楠**

乔木。小枝有显著的浅色皮孔。叶片椭圆状倒披针形或椭圆状披针形，基部沿叶柄下延，薄革质，果时略加厚。花序 3~7 个，伞房式，全体有粉质微柔毛；花黄绿色；花被裂片长圆状椭圆形，不等大，有透明油腺。果球形，蓝黑色；果梗略粗。（栽培园地：SCBG, XTBG）

Machilus nanmu 润楠

Machilus oculodracontis 龙眼润楠（图 2）

Machilus oculodracontis 龙眼润楠（图 1）

Machilus oreophila Hance **建润楠**

灌木或小乔木。嫩枝、顶芽、嫩叶下面和上面的中脉上被黄棕色绒毛。叶片长披针形，薄革质，小脉成很细密的网状，两面明显。圆锥花序，总轴、分枝、花梗和花被裂片两面有黄棕色小柔毛。果球形，成熟时紫黑色。（栽培园地：WHIOB, KIB, GXIB）

Machilus oreophila 建润楠（图 1）

Machilus oreophila 建润楠（图 2）

Machilus parabreviflora Hung T. Chang **赛短花润楠**

灌木或小乔木。顶芽卵形，外面密被黄棕色小伏柔毛。叶片线状倒披针形，基部窄楔形下延，革质。圆锥花序；花被裂片两面有微柔毛，第 3 轮花丝基部有毛且具 2 个无柄球形腺体，退化雄蕊箭头形，有短柄；子房无毛，花柱纤细。果球形。（栽培园地：XTBG）

Machilus parabreviflora 赛短花润楠

Machilus pauhoi Kanehira **刨花润楠**

乔木。树皮有浅裂，顶芽球形，密被棕色或黄棕色小柔毛。叶片椭圆形、狭椭圆形或倒披针形，革质，侧脉纤细，小脉结成密网状。聚伞状圆锥花序，疏花；花被裂片卵状披针形。果球形，成熟时黑色。（栽培园地：SCBG, WHIOB, CNBG, GXIB, XMBG）

Machilus pauhoi 刨花润楠（图 1）

Machilus pauhoi 刨花润楠（图 2）

Machilus phoenicis Dunn **凤凰润楠**

乔木。枝干时有纵向皱纹。叶二、三年不脱落，叶片椭圆形、长椭圆形至狭长椭圆形，厚革质，中脉下面粗壮，带红褐色。花序多数，总梗与分枝带红褐色；花被裂片近等长，绿色。果球形；宿存花被裂片革质；花梗增粗。（栽培园地：SCBG, WHIOB, GXIB）

Machilus phoenicis 凤凰润楠（图 1）

Machilus phoenicis 凤凰润楠（图 2）

Machilus platycarpa Chun **扁果润楠**

大乔木。树皮有密接的纵裂纹，小枝有散疏的皮孔。叶片长圆状倒卵形或长圆状倒披针形，边缘稍反曲，革质，小脉近蜿蜒平行，在下面特别显著；花序总状；花梗粗壮；花被裂片厚革质。果大，扁球状，深红色，干时略有网纹。（栽培园地：SCBG）

Machilus pomifera (Kosterm.) S. Lee **梨桢楠**

乔木。枝条有散生皮孔。叶片椭圆形、近倒卵状椭圆形或倒披针形，革质，两面无毛，下面带粉白色。圆锥花序近顶生，生于新芽之下，少花；花被裂片卵形，内外轮大小相等。果球形，大；果梗略增粗；宿存花被开展或反曲。（栽培园地：SCBG, WHIOB, XTBG）

Machilus platycarpa 扁果润楠（图 1）

Machilus platycarpa 扁果润楠（图 2）

Machilus platycarpa 扁果润楠（图 3）

Machilus pomifera 梨桢楠（图 1）

Machilus pomifera 梨桢楠（图 2）

Machilus pyramidalis 塔序润楠

Machilus pyramidalis H. W. Li **塔序润楠**

灌木或小乔木。顶芽小，外面密被金黄色微柔毛。枝条干时有长圆形纵裂的皮孔。叶互生，叶片椭圆形至长圆形，硬革质，横脉和小脉在两面形成蜂巢状小窝穴。圆锥花序，整体呈尖塔形，无总梗；花被裂片长圆形。幼果球形，绿色；果梗增粗，先端粗达 2.5mm。（栽培园地：XTBG）

Machilus rehderi Allen **狭叶润楠**

小乔木。枝紫黑色，有皱纹。叶片披针形至倒披针形，长 7~14.5cm，宽 1.5~3cm，先端长渐尖，革质，侧脉成 45° 分出。圆锥花序，生于新枝基部；总梗纤弱；花被分裂几至基部；腺体 2 个，肾形，有柄。果球形，有小凸尖，基部有反曲的花被片。（栽培园地：WHIOB, KIB）

Machilus robusta W. W. Sm. **粗壮润楠**

乔木。枝条具纵细沟纹，芽密被微柔毛。叶片狭椭圆状卵形至倒卵状椭圆形或近长圆形，厚革质，中脉

Machilus robusta 粗壮润楠（图 1）

Machilus robusta 粗壮润楠（图 2）

下面变红色，侧脉弧曲上升。花序多数聚集，多花；总梗粗壮且带红色；花大，灰绿色、黄绿色或黄色。果球形，蓝黑色；宿存花被片不增大；果梗增粗，粗达 3mm，深红色。（栽培园地：SCBG, XTBG）

Machilus rufipes H. W. Li **红梗润楠**

乔木。枝粗壮纵裂。芽小，外面密被黄褐色小柔毛。叶片长圆形，近革质，下面被极密的金黄色长柔毛。圆锥花序，花序总梗与各级序轴及花梗呈红紫色；花大，腺体三角形。果球形，成熟时紫黑色；宿存花被片变短，开展或反折；果梗略增粗。（栽培园地：WHIOB, XTBG）

Machilus rufipes 红梗润楠

Machilus salicina Hance **柳叶润楠**

灌木。叶片线状披针形，革质，中脉和侧脉两面不明显。聚伞状圆锥花序，总梗和各级序轴、花梗被或疏或密的绢状微毛；花黄色。果序疏松，少果；果球形，成熟时紫黑色；果梗红色。（栽培园地：SCBG, WHIOB, XTBG, CNBG, SZBG, GXIB, XMBG）

Machilus salicina 柳叶润楠（图 1）

Machilus salicina 柳叶润楠（图 2）

Machilus salicina 柳叶润楠（图 3）

Machilus tenuipilis H. W. Li **细毛润楠**

乔木。枝条有纵向长圆形皮孔和大的叶痕。叶片椭圆形至长圆形，坚纸质，先端短渐尖、间有钝形或微凹，基部楔形，边缘背卷。花序多数，总梗和各级序轴及花梗被淡黄色微柔毛，且变红色；花绿白色。果球形，蓝黑色；宿存花被片膜质，黄褐色；果梗粗约 2mm。（栽培园地：XTBG）

Machilus tenuipilis 细毛润楠

Machilus thunbergii Sieb. et Zucc. **红楠**

常绿乔木。嫩枝紫红色。叶片倒卵形至倒卵状披针形，革质，侧脉稍直；中脉和叶柄带红色。花序顶生，总梗带紫红色；花被裂片长圆形。果扁球形，成熟时黑紫色，果梗鲜红色。（栽培园地：SCBG, KIB, CNBG, SZBG, XMBG）

Machilus thunbergii 红楠（图 1）

Machilus thunbergii 红楠（图 2）

Machilus velutina Champ. ex Benth. **绒毛润楠**

乔木。枝、芽、叶下面和花序均密被锈色绒毛。叶片狭倒卵形、椭圆形或狭卵形，革质，上面有光泽。花序单独顶生，近无总梗，分枝多而短；花黄绿色，有香味，被锈色绒毛；子房淡红色。果球形，成熟时紫红色。（栽培园地：SCBG, WHIOB, XTBG, GXIB）

Machilus velutina 绒毛润楠（图 1）

Machilus velutina 绒毛润楠（图 2）

Machilus versicolora S. K. Lee et F. N. Wei **黄枝润楠**

乔木。叶片椭圆形，坚纸质，干时上面红褐色。圆锥花序，总梗与各级序轴及花梗略被极细的淡黄色微柔毛；花白色；柱头小，不明显。果球形，宿存花被片不增大，反折，果梗具皱。（栽培园地：GXIB）

Machilus wangchiana Chun **信宜润楠**

乔木。叶片长圆状倒披针形或长圆状椭圆形，先端短突尖，基部楔形下延，革质，两面绿褐色，下面带粉白，中脉上面有阔槽。花序近总状，总梗粗壮，鲜时近似肉质；花被裂片稍木质化，开花时紧贴。果球状，黑色；果梗红色。（栽培园地：SCBG）

Machilus versicolora 黄枝润楠（图 1）

Machilus versicolora 黄枝润楠（图 2）

Machilus wenshanensis H. W. Li **文山润楠**

乔木。芽小，芽鳞密被污黄色或锈色绒毛。叶片长圆形或椭圆形至倒披针状椭圆形，长 12.5cm，宽 3~4cm，先端骤然短渐尖，初时两面极密被污黄色柔毛。花序近伞房状排列，总梗与各级序轴和花梗密被污黄色小柔毛；花淡黄绿色，子房卵珠形，花柱纤细。（栽培园地：KIB）

Machilus yunnanensis Lec. **滇润楠**

乔木。叶互生，疏离，叶片倒卵形，革质，边缘软

Machilus wangchiana 信宜润楠

Machilus wenshanensis 文山润楠

Machilus yunnanensis 滇润楠（图 1）

Machilus yunnanensis 滇润楠（图 2）

骨质而背卷。花序由 1~3 朵花的聚伞花序组成，花淡绿色，子房卵珠形。果椭圆形，成熟时黑蓝色，具白粉；宿存花被裂片不增大，反折；果梗不增粗。（栽培园地：SCBG, WHIOB, KIB, XTBG, SZBG, GXIB）

Machilus zuihoensis Hayata **香润楠**

大乔木。枝黑褐色。叶片披针形至倒披针形，先端钝或突短尾尖，革质，侧脉纤弱，小脉结成密网状，在两面都不太明显。花序生于新枝基部，有小柔毛，在上端分枝；花梗纤细。果球形，果梗深红色。（栽培园地：KIB）

Neocinnamomum 新樟属

该属共计 2 种，在 5 个园中有种植

Neocinnamomum caudatum (Nees) Merr. **滇新樟**

乔木。叶互生，叶片卵圆形或卵圆状长圆形，坚纸质，三出脉。团伞花序，花黄绿色，花被裂片 6 枚。果长椭圆形，红色；果托高脚杯状，花被片宿存，凋萎状；果梗向上略增粗。（栽培园地：SCBG, KIB, XTBG）

Neocinnamomum delavayi (Lec.) Liou **新樟**

灌木或小乔木。芽小，枝条具条纹。叶互生，叶片椭圆状披针形至卵圆形或宽卵圆形，先端渐尖，基部

Neocinnamomum caudatum 滇新樟

Neocinnamomum delavayi 新樟

锐尖至楔形，两侧常不相等，近革质，三出脉。团伞花序腋生，密被锈色绢质短柔毛，花黄绿色；花被裂片 6 枚。果卵球形，成熟时红色；果托高脚杯状，花被片宿存，略增大；果梗纤细，向上渐增大。（栽培园地：SCBG, WHIOB, KIB, XTBG, GXIB）

Neolitsea 新木姜子属

该属共计 23 种，在 7 个园中有种植

Neolitsea aurata (Hay.) Koidz **新木姜子**

乔木。叶互生或聚生枝顶呈轮生状，叶片长圆形、椭圆形至长圆状披针形或长圆状倒卵形，先端镰刀状渐尖或渐尖，革质，下面密被金黄色绢毛，离基三出脉。伞形花序，总梗短，每一花序有花 5 朵；花被裂片 4 枚。果椭圆形；果托浅盘状，先端略增粗，有稀疏柔毛。（栽培园地：SCBG, WHIOB）

Neolitsea aurata (Hay.) Koidz var. **chekiangensis** (Nakai) Yang **浙江新木姜子**

本变种与原变种的主要区别为：叶片披针形或倒披针形，较狭窄，宽 0.9~2.4cm，下面薄被棕黄色丝状毛，

Neolitsea aurata 新木姜子（图 1）

Neolitsea aurata 新木姜子（图 2）

毛易脱落，近于无毛，具白粉。（栽培园地：LSBG, CNBG）

Neolitsea aurata (Hay.) Koidz var. **glauca** Yang **粉叶新木姜子**

本变种与原变种的主要区别为：幼枝具少量黄褐色短柔毛；叶片多为长圆状倒卵形，下面被白粉，有密生贴伏的白色绢状毛，老后毛脱落仅存稀疏毛。（栽培园地：WHIOB）

Neolitsea aurata var. **glauca** 粉叶新木姜子

Neolitsea aurata (Hay.) Koidz var. **paraciculata** (Nakai) Yang et P. H. Huang **云和新木姜子**

本变种与原变种的主要区别为：幼枝、叶柄均无毛，叶片通常略较窄，下面疏生黄色丝状毛，易脱落，近于无毛，具白粉。（栽培园地：SCBG, WHIOB, GXIB）

Neolitsea aurata var. **paraciculata** 云和新木姜子

Neolitsea cambodiana Allen var. **glabra** C. K. Allen **香港新木姜子**

本变种与原变种的主要区别为：幼枝有贴伏黄褐色短柔毛；叶片长圆状披针形、倒卵形或椭圆形，先端渐尖或突尖，基部狭窄或楔形，两面无毛，下面具白粉；叶柄有贴伏黄褐色短柔毛。（栽培园地：SCBG）

Neolitsea cambodiana var. **glabra** 香港新木姜子（图 1）

Neolitsea cambodiana var. **glabra** 香港新木姜子（图 2）

Neolitsea cambodiana Lec. 锈叶新木姜

乔木。小枝轮生或近轮生，幼时密被锈色绒毛。叶3~5片近轮生，叶片长圆状披针形、长圆状椭圆形或披针形，先端近尾状渐尖或突尖，革质，幼叶两面密被锈色绒毛，革质，有光泽，羽状脉。伞形花序，无总梗；雄花花被片卵形，雌花花被片条形。果球形，果托扁平盘状，果梗有柔毛。（栽培园地：SCBG, WHIOB, GXIB）

Neolitsea cambodiana 锈叶新木姜（图 1）

Neolitsea cambodiana 锈叶新木姜（图 2）

Neolitsea chuii Merr. 鸭公树

乔木。叶互生或聚生枝顶呈轮生状，叶片椭圆形至长圆状椭圆形或卵状椭圆形，先端渐尖，革质，上面有光泽，离基三出脉，侧脉近叶缘处弧曲。伞形花序腋生，多个密集，总梗极短或无；花被裂片4枚，卵形。果椭圆形，果梗略增粗。（栽培园地：SCBG, WHIOB, KIB, GXIB）

Neolitsea chuii 鸭公树（图 1）

Neolitsea chuii 鸭公树（图 2）

Neolitsea confertifolia (Hemsl.) Merr. **簇叶新木姜子**

小乔木。叶密集呈轮生状，叶片长圆形、披针形至狭披针形，薄革质，边缘微呈波状，有光泽，羽状脉。伞形花序，几无总梗，每一花序有花4朵，花被裂片黄色。果卵形，灰蓝黑色，果托扁平盘状，果梗顶瑞略增粗。（栽培园地：SCBG, WHIOB, KIB, GXIB）

Neolitsea confertifolia 簇叶新木姜子（图 1）

Neolitsea confertifolia 簇叶新木姜子（图 2）

Neolitsea ellipsoidea Allen **香果新木姜子**

乔木。叶互生或在枝顶聚生呈轮生状，叶片椭圆形或宽椭圆形，革质，干时叶缘稍内卷，离基三出脉。伞形花序，总梗短，苞片 4 枚，外被黄色丝状短柔毛；花被片 4 枚，椭圆形。果椭圆形，黑褐色；果托扁平盘状，果梗粗拙，有皱褶。（栽培园地：XTBG）

Neolitsea hainanensis Yang et P. H. Huang **海南新木姜子**

乔木。叶近轮生或互生，叶片椭圆形或圆状椭圆形，先端突尖，革质，两面无毛，离基三出脉。伞形花序，无总梗；花被裂片 4 枚，卵形。果球形，果托近于扁平盘状，常宿存有花被片；果梗较纤细，先端略增粗，有柔毛。（栽培园地：WHIOB, GXIB）

Neolitsea ellipsoidea 香果新木姜子

Neolitsea hainanensis 海南新木姜子

Neolitsea homilantha Allen **团花新木姜子**

灌木或小乔木。叶片椭圆形，先端近尾状渐尖，下面粉绿色，具白粉，坚纸质，离基三出脉。伞形花序 3~7 个簇生，无总梗；苞片 4 枚，卵圆形；花被裂片 4 枚，淡黄色，卵形。果卵形，果梗先端稍增粗。（栽培园地：WHIOB）

Neolitsea hsiangkweiensis Yang et P. H. Huang **湘桂新木姜子**

乔木。小枝与顶芽密被黄色绒毛。叶 6~8 片聚生于枝梢呈近轮生状，叶片长圆形或倒卵状长圆形，革质，

Neolitsea homilantha 团花新木姜子

离基三出脉。伞形花序，无总梗，苞片外面被金黄色柔毛；花被裂片 4 枚，卵形。每一果序有果 4~6 枚，果球形；果梗略粗壮，果托细小，无宿存花被片。（栽培园地：WHIOB, KIB）

Neolitsea kwangsiensis Liou **广西新木姜子**

灌木或小乔木。叶互生或聚生枝顶呈轮生状，叶片宽卵形、卵形或卵状长圆形，革质，两面均无毛，离基三出脉。伞形花序，苞片 4 枚；花被裂片 4 枚，卵形。果球形，果梗被短柔毛。（栽培园地：SCBG, WHIOB）

Neolitsea levinei Merr. **大叶新木姜子**

乔木。叶 4~5 片轮生，叶片长圆状披针形至长圆状倒披针形或椭圆形，革质，离基三出脉。伞形花序，具总梗；每一花序有花 5 朵；花被裂片 4 枚，卵形，黄白色。果椭圆形，黑色；果梗密被柔毛，顶部略增粗。（栽培园地：SCBG, WHIOB, GXIB）

Neolitsea levinei 大叶新木姜子（图 1）

Neolitsea lunglingensis H. W. Li **龙陵新木姜子**

小乔木。顶芽卵圆形，鳞片外密被金黄色微柔毛。叶互生，或聚生于枝梢，叶片椭圆形或椭圆状长圆形，革质，离基三出脉，中脉、侧脉两面突起。伞形花序

Neolitsea levinei 大叶新木姜子（图 2）

Neolitsea levinei 大叶新木姜子（图 3）

1~3 个簇生叶腋，无总梗；苞片 4 枚，卵圆形。果卵圆形，无毛；果梗，先端增粗，被微柔毛。（栽培园地：KIB）

Neolitsea menglaensis Yen C. Yang et P. H. Huang **勐腊新木姜子**

乔木。小枝干时有明显棱条。叶互生，叶片椭圆形或倒卵状椭圆形，薄革质，三出脉，第 1 对侧脉自叶基部发出。伞形花序，总梗粗短；苞片 4 枚，雌花黄色；子房椭圆形，花柱细长，常弯曲，柱头大，2 裂。（栽培园地：XTBG）

Neolitsea pallens (D. Don) Momiyama et Hara **灰白新木姜子**

小乔木。叶互生，或 3~5 片聚生枝端，叶片椭圆形或椭圆状披针形，先端渐尖至尾状渐尖，基部楔形、宽楔形至近圆形，薄革质，边缘干时常呈波状，上面绿色，下面明显灰白色，离基三出脉。果球形，无毛，先端具小尖头；果托扁平碟状，果梗纤细，先端略增大，被淡黄褐色短柔毛。（栽培园地：SCBG）

Neolitsea pallens 灰白新木姜子（图 1）

Neolitsea pallens 灰白新木姜子（图 2）

Neolitsea phanerophlebia Merr. **显脉新木姜子**

小乔木。小枝与顶芽密被锈色短柔毛。叶片长圆形至长圆状椭圆形或长圆状披针形至卵形，纸质至薄革质，离基三出脉，中脉、侧脉在两面均突起。伞形花序，无总梗；苞片 4 枚，花梗密被锈色柔毛；花被裂片 4 枚。果近球形，成熟时紫黑色，果梗有贴伏柔毛。（栽培园地：SCBG, WHIOB, GXIB）

Neolitsea polycarpa Liou **多果新木姜子**

乔木。顶芽卵圆形，密被黄色丝状微柔毛。叶互生，

Neolitsea phanerophlebia 显脉新木姜子（图 1）

Neolitsea phanerophlebia 显脉新木姜子（图 2）

Neolitsea phanerophlebia 显脉新木姜子（图 3）

叶片椭圆形或长圆状椭圆形，革质，离基三出脉，中脉、侧脉于两面突起。伞形花序，总梗短；每一花序有花5朵，花小，黄色；花被裂片4枚，椭圆形。果卵形，果托扁平浅碟状，果梗先端略增粗。（栽培园地：KIB）

Neolitsea sericea (Bl.) Koidz. **舟山新木姜子**

乔木。嫩枝与顶芽密被金黄色丝状柔毛。叶互生，叶片椭圆形至披针状椭圆形，革质，离基三出脉，中脉和侧脉在叶两面均突起。伞形花序簇生，无总梗；花被裂片4枚，椭圆形。果球形，果托浅盘状，果梗粗壮，有柔毛。（栽培园地：SCBG, WHIOB, KIB, CNBG）

Neolitsea sericea 舟山新木姜子（图 1）

Neolitsea sericea 舟山新木姜子（图 2）

Neolitsea sutchuanensis Yang **四川新木姜子**

小乔木。顶芽卵圆形，鳞片外被丝状短柔毛。叶片椭圆形或卵状椭圆形，革质，离基三出脉，中脉在两面均突起。果序伞形，无毛；每一果序有果5~6枚；果椭圆形，无毛；果梗顶端增粗；果托碟状，边缘不整齐。（栽培园地：KIB）

Neolitsea velutina W. T. Wang **毛叶新木姜子**

小乔木。叶常2~3片生于当年生枝顶，叶片椭圆形至宽倒卵形，中脉和侧脉在叶片上面显著下陷；伞形花序数个簇生；总梗短；苞片宽卵形，长约3mm，外面中间有短柔毛或近无毛；花梗长2~3mm，密被黄色绒毛；花被裂片4枚，卵状椭圆形，外面中肋有短柔毛；雄花能育雄蕊6枚，花丝长4~5mm，无毛，第3轮基部腺体卵圆形，具长柄；退化雌蕊无；雌花子房卵形，花柱细长，无毛，退化雄蕊无毛。（栽培园地：SCBG）

Neolitsea wushanica (Chun) Merr. var. **pubens** Yang et P. H. Huang **紫云山新木姜子**

本变种与原变种的主要区别为：幼枝、叶柄被短柔毛；叶柄较短，长8~10mm，果椭圆形，长8~9mm，直径5~6mm。（栽培园地：WHIOB, GXIB）

Parasassafras 拟檫木属

该属共计1种，在1个园中有种植

Parasassafras confertiflorum (Meisner) D. G. Long **拟檫木**

灌木或小乔木。叶互生，叶片圆卵形或圆状长圆形，两面均无毛，离基三出脉，侧脉每边3~5条。伞形花序单生或2~5个簇生于叶腋，雌雄异株；每雄花序常具4朵花，花被裂片6~8枚；雌花子房近球形，花柱粗壮，均无毛。未成熟果卵形。（栽培园地：KIB）

Persea 鳄梨属

该属共计1种，在7个园中有种植

Persea americana Mill. **鳄梨**

常绿乔木。叶互生，叶片长椭圆形、椭圆形、卵形

Persea americana 鳄梨（图1）

Persea americana 鳄梨（图2）

Persea americana 鳄梨（图3）

或倒卵形，革质，羽状脉，侧脉在上面微隆起，下面却十分凸出。聚伞状圆锥花序，总梗与各级序轴被黄褐色短柔毛。花淡绿色带黄色，花被裂片6枚。果大，通常梨形，黄绿色，外果皮木栓质，中果皮肉质，可食。（栽培园地：SCBG, IBCAS, KIB, XTBG, CNBG, GXIB, XMBG）

Phoebe 楠属

该属共计22种，在9个园中有种植

Phoebe bournei (Hemsl.) Yang **闽楠**

乔木。叶片革质，披针形或倒披针形，长7~

Phoebe bournei 闽楠（图1）

Phoebe bournei 闽楠（图 2）

13(15)cm，宽 2~3(4)cm，先端渐尖或长渐尖，基部渐狭或楔形，横脉及小脉多而密。圆锥花序，花被片卵形，两面被短柔毛；子房近球形，柱头帽状。果椭圆形，宿存花被片被毛。（栽培园地：SCBG, WHIOB）

Phoebe calcarea S. Lee et F. N. Wei **石山楠**

乔木。叶片革质，长椭圆形，长 11~22cm，中脉两面隆起。圆锥花序顶生，多分枝；花被裂片卵形，外轮 3 裂片两面无毛，内轮 3 裂片外面毛，内面密生灰白色长柔毛。果卵形。（栽培园地：WHIOB, GXIB）

Phoebe chekiangensis C. B. Shang **浙江楠**

乔木。小枝有棱，密被黄褐色或灰黑色柔毛或绒

Phoebe chekiangensis 浙江楠（图 1）

Phoebe chekiangensis 浙江楠（图 2）

Phoebe chekiangensis 浙江楠（图 3）

毛。叶片革质，倒卵状椭圆形或倒卵状披针形，先端突渐尖或长渐尖，基部楔形或近圆形，中、侧脉上面下陷。圆锥花序，密被黄褐色绒毛；花被片卵形，两面被毛。果椭圆状卵形，成熟时外被白粉；宿存花被片革质，紧贴。（栽培园地：SCBG, IBCAS, WHIOB, KIB, LSBG, CNBG, GXIB）

Phoebe faberi (Hemsl.) Chun **竹叶楠**

乔木。叶片厚革质或革质，长圆状披针形或椭圆形，

Phoebe faberi 竹叶楠（图 1）

Phoebe faberi 竹叶楠（图 2）

Phoebe faberi 竹叶楠（图 3）

基部通常歪斜，叶缘外反。花序多个，每伞形花序有花 3~5 朵；花黄绿色，花被片卵圆形。果球形，果柄微增粗。（栽培园地：WHIOB, XTBG, CNBG）

Phoebe formosana (Matsum. et Hay.) Hay. **台楠**

乔木。小枝干时有棱，被灰褐色短柔毛。叶片薄革质，通常为倒卵形或倒卵状阔披针形，基部渐狭，中脉粗壮，横脉与小脉结成方格状。花序腋生，纤细；花小，花被片卵形；子房球形，柱头帽状。果卵形，宿存花被片卵形，松散。（栽培园地：XMBG）

Phoebe formosana 台楠

Phoebe glaucophylla H. W. Li **粉叶楠**

乔木。小枝近圆柱形，无毛，有大而明显的叶痕及皮孔。叶片革质，倒卵状阔披针形或近长圆形，先端圆钝或微具短尖头，中脉上面下陷，侧脉近叶缘消失。聚伞状圆锥花序，粗壮；花淡黄绿色，花被片近等大，卵形。果长卵形，宿存花被片硬，紧贴并被毛。（栽培园地：KIB）

Phoebe hui Cheng ex Yang **细叶楠**

乔木。新枝有棱。叶片革质，椭圆形、椭圆状倒披

Phoebe hui 细叶楠

针形或椭圆状披针形，先端渐尖或尾状渐尖，尖头作镰状，中脉细，上面下陷，侧脉极纤细。圆锥花序生新枝上部，纤弱；花小，花梗约与花等长；花被裂片卵形，两面密被灰白色长柔毛。果椭圆形，果梗不增粗，宿存花被片紧贴。（栽培园地：WHIOB）

Phoebe hunanensis Hand.-Mazz. **湘楠**

灌木或小乔木。小枝干时有棱。叶片革质或近革质，倒阔披针形，幼叶上面有时带红紫色，中脉、侧脉和横脉在下面极明显突起。花序很细弱，花被片有缘毛，柱头帽状。果卵形，果梗略增粗；宿存花被片卵形，纵脉明显，松散。（栽培园地：SCBG, WHIOB, KIB, CNBG）

Phoebe hungmaoensis S. Lee **红毛山楠**

乔木。小枝、嫩叶、叶柄及芽均被红褐色或锈色长柔毛。叶片革质，倒披针形、倒卵状披针形或椭圆状倒披针形，中脉、侧脉和横脉在下面明显。圆锥花序，

Phoebe hunanensis 湘楠（图 1）

Phoebe hungmaoensis 红毛山楠（图 1）

Phoebe hunanensis 湘楠（图 2）

Phoebe hungmaoensis 红毛山楠（图 2）

花被片两面密被黄灰色短柔毛。果椭圆形，宿存花被片硬革质。（栽培园地：SCBG）

Phoebe kwangsiensis Liou. **桂楠**

小乔木。叶片革质，倒披针形或椭圆状倒披针形，狭而长，中脉、侧脉、横脉上面下陷成沟，侧脉在边缘网结。聚伞状圆锥花序极纤细，每分枝的基部有宿存叶状苞片；花小，花被片卵状三角形。（栽培园地：GXIB）

Phoebe kwangsiensis 桂楠

Phoebe lanceolata (Wall. ex Nees) Nees **披针叶楠**

乔木。芽外露，密被黄灰色绒毛。叶片披针形或椭圆状披针形，先端渐尖或尾状渐尖，尖头常作镰状，基部渐狭下延，薄革质。圆锥花序数个，各级花序轴及花梗无毛；花淡绿色或黄绿色。果卵形，先端常有短喙；果梗略增粗，宿存花被片革质。（栽培园地：KIB, XTBG）

Phoebe legendrei Lec. **雅砻江楠**

乔木。叶片革质，披针形或倒披针形，中脉两面突起。花序疏散，少数，被柔毛；花被片近相等，卵状长圆形，两面密被灰白色长柔毛。果卵形，宿存花被片松散，先端外倾，果梗明显增粗或略增粗，疏被短柔毛。（栽培园地：SCBG, WHIOB）

Phoebe lanceolata 披针叶楠

Phoebe legendrei 雅砻江楠（图 1）

Phoebe legendrei 雅砻江楠（图 2）

Phoebe macrocarpa C. Y. Wu **大果楠**

大乔木。小枝粗壮，密被黄褐色绒毛。叶片近革质，椭圆状倒披针形或倒披针形，先端渐尖或短渐尖，上面沿中脉有毛，下面疏被黄褐色短柔毛，基部渐狭下延。圆锥花序，总梗与各级序轴密被黄褐色糙伏毛，花黄绿色。果序近于木质，果椭圆形；宿存花被片革质，卵形，两面被毛。（栽培园地：SCBG, KIB, XTBG, GXIB）

Phoebe macrocarpa 大果楠（图 1）

Phoebe macrocarpa 大果楠（图 2）

Phoebe minutiflora H. W. Li **小花楠**

乔木。叶片革质，长圆形或长圆状披针形，长 6~15cm，宽 2~5cm，先端渐尖，基部楔形或近于圆形，两侧常不相等，侧脉弧状，纤细，两面略明显。聚伞状圆锥花序近顶生，花多而细小，淡黄绿色。果球形，果梗不增粗，宿存花被片略增厚，松散，先端平展或略外倾。（栽培园地：WHIOB, XTBG）

Phoebe minutiflora 小花楠

Phoebe neurantha (Hemsl.) Gamble **白楠**

灌木或乔木。叶片革质，狭披针形、披针形或倒披针形，先端尾状渐尖或渐尖，基部渐狭下延。圆锥花序，花梗被毛；花被片卵状长圆形，各轮花丝被长柔毛，腺体无柄。果卵形，果梗不增粗或略增粗，宿存花被片革质，松散，具明显纵脉。（栽培园地：WHIOB, KIB, LSBG, CNBG）

Phoebe neuranthoides S. Lee et F. N. Wei **光枝楠**

灌木至小乔木。顶芽有黄褐色贴伏柔毛。叶片薄革质，倒披针形或披针形，基部有时下延。花序纤细，总梗与各级序轴无毛；花少数，花被片卵形，花药长方形。果卵形，果梗微增粗；宿存花被片卵形，革质，松散。（栽培园地：WHIOB）

Phoebe puwenensis Cheng **普文楠**

乔木。小枝粗状，密被黄褐色长绒毛。叶片薄革质，倒卵状椭圆形或倒卵状阔披针形，侧脉在边缘网结；叶柄粗壮，密被黄褐色或灰黑色长绒毛。圆锥花序生新枝中、下部，花淡黄色。果卵形，果梗不增粗，宿存花被片革质。（栽培园地：SCBG, XTBG）

Phoebe rufescens H. W. Li **红梗楠**

乔木。小枝近圆柱形，红褐色。叶片革质，长圆形或披针状长圆形，横脉及小脉两面明显。果序粗壮，

Phoebe puwenensis 普文楠

Phoebe sheareri 紫楠（图 1）

Phoebe sheareri 紫楠（图 2）

Phoebe rufescens 红梗楠

Phoebe sheareri 紫楠（图 3）

在顶端分枝，被黄褐色微柔毛。果长卵形，成熟时紫黑色；果梗紫红色，增粗；宿存花被片长圆状卵形。（栽培园地：KIB, XTBG）

Phoebe sheareri (Hemsl.) Gamble **紫楠**

大灌木至乔木。小枝、叶柄及花序密被黄褐色柔毛。叶片革质，倒卵形、椭圆状倒卵形或阔倒披针形，先端突渐尖或突尾状渐尖，横脉及小脉结成明显网格状。圆锥花序，花被片卵形。果卵形，果梗略增粗，被毛；宿存花被片卵形，两面被毛。（栽培园地：WHIOB, KIB, XTBG, CNBG, GXIB）

Phoebe tavoyana (Meissn.) Hook. f. **乌心楠**

乔木。当年生枝密被黄灰色长柔毛。叶片薄革质，披针形或椭圆状披针形，先端尾状渐尖，基部渐狭，通常下延；叶柄被短柔毛。圆锥花序多个，总梗及各

Phoebe tavoyana 乌心楠

级序轴均密被黄灰色柔毛，花被片卵形。果椭圆状倒卵形，果梗短，增粗，宿存花被片紧贴。（栽培园地：SCBG）

Phoebe yaiensis S. Lee **崖楠**

乔木。较老枝条有明显叶痕及皮孔。叶片革质，椭圆形，先端渐尖或尾状渐尖，中、侧脉较细，横脉及小脉极细。果序近顶生，果椭圆形；果梗略增粗，宿存花被片卵形，革质。（栽培园地：WHIOB）

Phoebe zhennan S. Lee et F. N. Wei **楠木**

大乔木，小枝和芽鳞被灰黄色长毛。叶片革质，椭圆形，小脉不与横脉构成网格状。聚伞状圆锥花序，被毛，纤细，每伞形花序有花 3~6 朵；花中等大。果椭圆形；果梗微增粗；宿存花被片卵形，革质、紧贴，两面被短柔毛或外面被微柔毛。（栽培园地：SCBG, WHIOB, KIB, CNBG）

Phoebe zhennan 楠木

Photinia 石楠属

该属共计 1 种，在 1 个园中有种植

Photinia benthamiana Hance **闽粤石楠**

灌木或小乔木。叶片纸质，倒卵状矩圆形或矩圆状披针形，边缘有疏锯齿，幼时两面有白色长柔毛，渐脱落无毛或仅下面沿脉有柔毛。复伞房花序顶生，总花梗和花梗均轮生。花白色，花瓣 5 枚，萼筒杯状。梨果卵形或近圆形。果卵形或近球形。（栽培园地：XTBG）

Sarcococca 野扇花属

该属共计 1 种，在 1 个园中有种植

Sarcococca vagans Stapf **海南野扇花**

灌木。叶片坚纸质，椭圆状披针形、卵状披针形或椭圆状长圆形，长 5~16(20)cm，宽 4~6cm，最下一对大侧脉从距叶基 5~7mm 或 1.5~2cm 处发出上升。雄花萼片长 2mm；果实单生或两个同生一短轴上，球形，直径 8~10mm，宿存萼片阔卵形，急尖头，长 1.5~2(3)mm，花柱 2 枚，先端向外反卷。（栽培园地：XTBG）

Sassafras 檫木属

该属共计 1 种，在 6 个园中有种植

Sassafras tsumu (Hemsl.) Hemsl. **檫木**

落叶乔木。树皮呈不规则纵裂，顶芽大，外面密被黄色绢毛。叶互生，叶片卵形或倒卵形，全缘或 2~3 浅裂，坚纸质，羽状脉。花序顶生，先叶开放，花多，花黄

Sassafras tsumu 檫木

色，花被裂片 6 枚。果近球形，成熟时蓝黑色而带有白蜡粉，果托浅杯状，果梗上端渐增粗，与果托呈红色。（栽培园地：WHIOB, KIB, XTBG, LSBG, CNBG, GXIB）

Sinopora 油果樟属

该属共计 1 种，在 1 个园中有种植

Sinopora hongkongensis (N. H. Xia et al.) J. Li et al. **孔药楠**

乔木。叶对生或互生，叶片卵形或椭圆形。枝红褐色，花被片 6 枚，能育雄蕊 6 枚，无腺体，而明显区别于近缘种油果樟 S. chinensis Allen。（栽培园地：SCBG）

Styrax 安息香属

该属共计 1 种，在 1 个园中有种植

Styrax chinensis Hu et S. Y. Liang **中华安息香**

乔木。叶互生，叶片革质，长圆状椭圆形或倒卵状椭圆形；叶下面除密被星状绒外，叶脉上兼被星状柔毛。圆锥花序或总状花序，顶生或腋生；花白色，具芳香，花萼钟状，萼齿卵状三角形，长达 2mm；种子球形，褐色，稍具皱纹，无毛。（栽培园地：SCBG）

Lecythidaceae 玉蕊科

该科共计 10 种，在 5 个园中有种植

常绿乔木或灌木。叶螺旋状排列，常丛生枝顶，偶有对生，具羽状脉。花单生、簇生，或组成总状花序、穗状花序或圆锥花序，顶生、腋生，或在老茎、老枝上侧生，两性，辐射对称或左右对称；花上位或周位，萼筒与子房贴生，高出或不高出子房，裂片 2~6(8)，或在芽时合生且不显裂缝，至花开放时撕裂为 2~4 枚裂片，或在近基部环裂而整块脱落，裂片镊合状或浅覆瓦状排列；花瓣通常 4~6 枚，稀无花瓣，分离或基部合生，覆瓦状排列，基部通常与雄蕊管连生；雄蕊极多数，数轮，最内轮常小而无花药，外轮常不发育或有时呈副花冠状。果为浆果状、核果状或蒴果状，通常大，常有棱角或翅，顶端常冠以宿萼；果皮通常厚，纤维质、海绵质或近木质；种子 1 至多数，有翅或无翅。

Barringtonia 玉蕊属

该属共计 7 种，在 5 个园中有种植

Barringtonia acutangula (L.) Gaertn. **锐棱玉蕊**

常绿乔木。树干深灰色，小枝纤细。叶常聚生于枝顶，叶片椭圆形，近革质，全缘或具微齿。穗状花序顶生，下垂。花红色，花瓣 4 片。果卵圆形，具 4 钝棱。（栽培园地：SCBG, XTBG）

Barringtonia asiatica (L.) Kurz **滨玉蕊**

常绿乔木。小枝粗壮，具叶痕。叶丛生枝顶，叶片近革质，倒卵形或倒卵状矩圆形，较大，全缘。总状花序直立，顶生，花白色，花瓣 4 片，椭圆形或椭圆状倒披针形，花丝白色。果卵形或圆锥形，常具 4 棱。（栽培园地：XTBG）

Barringtonia fusicarpa Hu **梭果玉蕊**

常绿乔木。小枝粗壮，圆柱形，具条纹。叶丛生于枝顶，叶片坚纸质，倒卵状椭圆形，基部楔形，全缘或有不明显小齿，淡绿色。穗状花序顶生或在老枝上

Barringtonia acutangula 锐棱玉蕊（图 1）

Barringtonia acutangula 锐棱玉蕊（图 2）

Barringtonia fusicarpa 梭果玉蕊（图 1）

Barringtonia asiatica 滨玉蕊

Barringtonia fusicarpa 梭果玉蕊（图 2）

侧生，下垂；花白色或淡粉色，花瓣4片，花丝粉红色。果梭形，成熟时褐色，无棱角。（栽培园地：SCBG）

Barringtonia macrocarpa Hassk. **大果玉蕊**

常绿乔木。叶聚生于枝顶，叶片倒卵状椭圆形，叶柄紫红色。总状花序下垂，花淡粉色，花瓣4片，质厚；花丝密集，长而突出，白色或淡粉色。果圆锥形，较大，具钝棱角。（栽培园地：SCBG）

Barringtonia macrocarpa 大果玉蕊（图 1）

Barringtonia macrocarpa 大果玉蕊（图 2）

Barringtonia macrostachya (Jack) Kurz **大穗玉蕊**

常绿乔木。树干灰褐色。叶丛生于枝顶，叶片倒卵状椭圆形或椭圆形，基部楔形。穗状花序顶生或在老枝上侧生，下垂；花白色或淡粉色，花瓣4片，花丝粉红色。果倒卵圆形，具4棱。（栽培园地：SCBG，XTBG）

Barringtonia macrostachya 大穗玉蕊（图 1）

Barringtonia macrostachya 大穗玉蕊（图 2）

Barringtonia pendula Kurz 云南玉蕊

常绿乔木。树干红棕色，具斑驳纵裂。叶聚生于枝顶，叶片卵状椭圆形或长椭圆形，叶缘全缘或具细微齿。穗状花序生于老枝侧面，下垂。花白色或淡粉色。果绿色略泛红色，具4棱。（栽培园地：SCBG, XTBG, CNBG, SZBG）

Barringtonia pendula 云南玉蕊

Barringtonia racemosa (L.) Spreng. 玉蕊

常绿乔木。小枝稍粗壮，灰褐色。叶常丛生枝顶，叶片纸质，倒卵状椭圆形，基部钝形，边缘具圆齿。总状花序顶生，稀在老枝上侧生，下垂。花白色，花瓣4片。果卵圆形，微具4钝棱。（栽培园地：SCBG, XTBG, SZBG, XMBG）

Barringtonia racemosa 玉蕊

Couroupita 炮弹树属

该属共计1种，在2个园中有种植

Couroupita guianensis Aubl. 炮弹树

落叶乔木。叶片卵形或长圆形，边缘平滑或具细齿。花簇生于茎干，花艳丽，花瓣浅碟状，外侧黄色或红色，内侧深红色或淡紫色。果球形，直径达20cm，外壳坚硬，木质，形似生锈的炮弹，果肉厚，含多数种子。（栽培园地：SCBG, XTBG）

Couroupita guianensis 炮弹树

Gustavia 烈臭玉蕊属

该属共计2种，在1个园中有种植

Gustavia angusta J. F. Gmel.

常绿灌木或小乔木。叶互生，叶片倒卵状长椭圆形，常聚生于小枝上端。花艳丽，花萼钟状，4~6枚，厚；花瓣4~6片，外面粉色，内面白色至粉色；雄蕊多数，呈螺环状，上部紫红色，向内弯曲。子房下位或半下位，盘状，2~6室。浆果，花萼宿存。（栽培园地：XTBG）

Gustavia gracillima Miers 纤细莲玉蕊

乔木。叶片披针状倒卵形，先端长渐尖，基部狭长，叶脉明显，侧脉稍凹。花直接生于茎上，花艳丽，内侧浅粉色近白色，外侧桃红色，花丝上部桃红色，下部淡黄色。花具甜腐臭味。（栽培园地：XTBG）

Gustavia gracillima 纤细莲玉蕊

Leguminosae 豆科

该科共计 564 种，在 12 个园中有种植

乔木、灌木、亚灌木或草本，直立或攀援，常有能固氮的根瘤。叶常绿或落叶，通常互生，稀对生，常为一至二回羽状复叶，少数为掌状复叶或 3 小叶、单小叶，或单叶，罕可变为叶状柄，叶具叶柄或无；托叶有或无，有时叶状或变为棘刺。花两性，稀单性，辐射对称或两侧对称，通常排成总状花序、聚伞花序、穗状花序、头状花序或圆锥花序；花被 2 轮；萼片 (3~)5(~6)，分离或连合成管，有时二唇形，稀退化或消失；花瓣 (0~)5(~6)，常与萼片的数目相等，稀较少或无，分离或连合成具花冠裂片的管，大小有时可不等，或有时构成蝶形花冠，近轴的 1 片称旗瓣，侧生的 2 片称翼瓣，远轴的 2 片常合生，称龙骨瓣，遮盖住雄蕊和雌蕊；雄蕊通常 10 枚，有时 5 枚或多数（含羞草亚科），分离或连合成管，单体或二体雄蕊。果为荚果，形状多种，成熟后沿缝线开裂或不裂，或断裂成含单粒种子的荚节；种子通常具革质或有时膜质的种皮。

Abrus 相思子属

该属共计 3 种，在 2 个园中有种植

Abrus cantoniensis Hance **广州相思子**

攀援灌木，高可达 2m。枝平滑细直，羽状复叶互生；小叶 6~11 对，膜质，长圆形或倒卵状长圆形，先端截形或稍凹缺，上面被疏毛，下面被糙伏毛。总状花序腋生；花聚生于花序总轴的短枝上；花冠紫红色或淡紫色。荚果扁平长圆形，成熟时浅褐色，种子黑褐色。（栽培园地：SCBG）

Abrus mollis Hance **毛相思子**

藤本。茎疏被黄色长柔毛。羽状复叶；叶柄和叶轴被黄色长柔毛；托叶钻形；小叶 10~16 对，膜质，长圆形，最上部两枚常为倒卵形，长 1~2.5cm，宽 0.5~1cm，先端截形，具细尖，基部圆或截形，上面被疏柔毛，下面密被白色长柔毛。总状花序腋生；总花梗长 2~4cm，被黄色长柔毛，花长 3~9mm，4~6 朵聚生于花序轴的节上；花萼钟状，密被灰色长柔毛；花冠粉红色或淡紫色，荚果长圆形，扁平。（栽培园地：SCBG）

Abrus precatorius 相思子（图 1）

Abrus precatorius L. **相思子**

藤本。茎细弱，多分枝，被锈疏白色糙伏毛。羽状复叶；小叶 8~13 对，膜质，对生，近长圆形，长 1~2cm，宽 0.4~0.8cm，先端截形，具小尖头，基部近圆形，上面无毛，下面被稀疏白色糙伏毛；小叶柄短。总状花序腋生，长 3~8cm；花序轴粗短；花小，密集成头状；花萼钟状，萼齿 4 浅裂，被白色糙毛；花冠紫色，旗瓣柄三角形，翼瓣与龙骨瓣较窄狭；雄蕊 9 枚；子房被毛。荚果长圆形，果瓣革质，成熟时开裂，有种子 2~6 粒；种子椭圆形，平滑具光泽，上部约三分之二为鲜红色，下部三分之一为黑色。（栽培园地：SCBG, XMBG）

Abrus precatorius 相思子（图 2）

Abrus precatorius 相思子（图 3）

Acacia auriculiformis 大叶相思（图 2）

Acacia 金合欢属

该属共计 12 种，在 9 个园中有种植

Acacia auriculiformis A. Cunn. ex Benth. **大叶相思**

常绿乔木。枝条下垂，树皮平滑，灰白色；小枝无毛，皮孔显著。叶状柄镰状长圆形，长 10~20cm，宽

Acacia auriculiformis 大叶相思（图 1）

Acacia auriculiformis 大叶相思（图 3）

1.5~4(6)cm，两端渐狭，比较显著的主脉有 3~7 条。穗状花序长 3.5~8cm，1 至数枝簇生于叶腋或枝顶；花橙黄色；花萼长 0.5~1mm，顶端浅齿裂；花瓣长圆形，长 1.5~2mm；花丝长 2.5~4mm。荚果成熟时旋卷，长 5~8cm，宽 8~12mm，果瓣木质，每一果内有种子约 12 颗；种子黑色，围以折叠的珠柄。（栽培园地：SCBG, XTBG, SZBG）

Acacia catechu (L. f.) Willd. **儿茶**

落叶小乔木。高 6~10m。树皮棕色，常呈条状薄片开裂，但不脱落；小枝被短柔毛。托叶下面常有一对扁平、棕色的钩状刺或无。二回羽状复叶，总叶柄近基部及叶轴顶部数对羽片间有腺体；叶轴被长柔毛；羽片 10~30 对；小叶 20~50 对，线形，长 2~6mm，宽 1~1.5mm，被缘毛。穗状花序长 2.5~10cm，1~4 个生于叶腋；花淡黄色或白色；花萼长 1.2~1.5cm，钟状，齿三角形，被毛；花瓣披针形或倒披针形，长 2.5cm，被疏柔毛。荚果带状，长 5~12cm。（栽培园地：SCBG, XTBG）

Acacia catechu 儿茶

Acacia confusa 台湾相思（图 2）

Acacia confusa Merr. **台湾相思**

常绿乔木，高 6~15m，无毛。枝灰色或褐色，无刺，小枝纤细。苗期第一片真叶为羽状复叶，长大后小叶退化，叶柄变为叶状柄，叶状柄革质，披针形，长 6~10cm，宽 5~13mm，直或微呈弯镰状，两端渐狭，先端略钝，两面无毛，有明显的纵脉 3~5(8) 条。头状花序球形，单生或 2~3 个簇生于叶腋，直径约 1cm；总花梗纤弱，长 8~10mm；花金黄色，有微香；花萼长约为花冠之半；花瓣淡绿色，长约 2mm；雄蕊多数，

Acacia confusa 台湾相思（图 1）

Acacia confusa 台湾相思（图 3）

明显超出花冠之外；子房被黄褐色柔毛，花柱长约 4mm。荚果扁平，长 4~9(12)cm，宽 7~10mm，干时深褐色。（栽培园地：SCBG, KIB, XTBG, CNBG, SZBG, GXIB, XMBG）

Acacia dealbata Link **银荆**

无刺灌木或小乔木，高 15m。嫩枝及叶轴被灰色短绒毛，被白霜。二回羽状复叶，银灰色至淡绿色，有时在叶尚未展开时，稍呈金黄色；腺体位于叶轴上着生羽片的地方；羽片 10~20(25) 对；小叶 26~46 对，密集，间距不超过小叶本身的宽度，线形，长 2.6~3.5mm，宽 0.4~0.5mm，下面或两面被灰白色短柔毛。头状花序直径 6~7mm，总花梗长约 3mm，复排成腋生的总状花序或顶生的圆锥花序；花淡黄色或橙黄色。荚果长圆形。（栽培园地：KIB, XTBG）

Acacia farnesiana (L.) Willd. **金合欢**

灌木或小乔木，高 2~4m。树皮粗糙，褐色，多分枝，小枝常呈“之”字形弯曲，有小皮孔。托叶针刺状，刺长 1~2cm，生于小枝上的较短。二回羽状复叶长 2~7cm，叶轴槽状，被灰白色柔毛，有腺体；羽片

Acacia dealbata 银荆（图 1）

Acacia farnesiana 金合欢（图 2）

Acacia dealbata 银荆（图 2）

Acacia farnesiana 金合欢（图 3）

Acacia farnesiana 金合欢（图 1）

4~8 对，长 1.5~3.5cm；小叶通常 10~20 对，线状长圆形，长 2~6mm，宽 1~1.5mm，无毛。头状花序 1 或 2~3 个簇生于叶腋；花黄色，有香味；花萼长 1.5mm，5 齿裂；花瓣连合呈管状，长约 2.5mm，5 齿裂；雄蕊长约为花冠的 2 倍。荚果膨胀，近圆柱状。（栽培园地：SCBG, IBCAS, WHIOB, XTBG, SZBG, GXIB）

Acacia megaladena Desv. **钝叶金合欢**

木质藤本。嫩枝被短柔毛及腺毛，后变无毛。托叶线形，长2~3cm。二回羽状复叶；总叶柄长2.5~6.5cm，中部或中部以上具椭圆形、凸起的腺体，稀扁平；羽片8~20对，羽片轴长2~12cm；小叶19~21对，长圆形，长(2)3.5~7.5mm，宽0.8~1.5mm，顶端钝圆，基部截平，不对称，除边缘具缘毛外，两面均无毛；中脉通常从靠近上边缘的基部出发斜向顶端的中央，侧脉显著或不明显。花组成圆球形头状花序，再排成顶生或腋生的圆锥花序；小花无柄或近无柄；花萼具5齿；荚果长圆形。（栽培园地：XTBG）

Acacia megaladena 钝叶金合欢（图1）

Acacia megaladena 钝叶金合欢（图2）

Acacia nilotica (L.) Delile **阿拉伯金合欢**

小乔木或乔木，形态变异很大。树皮灰色或棕色，具裂纹；嫩枝几无毛或被绒毛。托叶针状，长可达8cm。羽片2~11对，总叶柄及叶轴上（有时只是顶端1对羽片间）有腺体；小叶7~25对，长圆形，长1.5~7mm，宽0.5~1.5mm，无毛或被短柔毛。头状花序2~6个腋生，直径6~15mm；总苞片位于总花梗的近基部或中部；花萼长1~2mm，被短柔毛或近无毛；花冠长2.5~3.5mm，无毛或外面多少被短柔毛。荚果变异很大，

Acacia nilotica 阿拉伯金合欢

带状，长4~22cm，宽1.3~2.2cm，直或弯曲，常于种子间缢缩呈念珠状。（栽培园地：XTBG）

Acacia pennata (L.) Willd. **羽叶金合欢**

攀援、多刺藤本。小枝和叶轴均被锈色短柔毛。总叶柄基部及叶轴上部羽片着生处稍下均有凸起的腺体1枚；羽片8~22对；小叶30~54对，线形，长

Acacia pennata 羽叶金合欢（图1）

Acacia pennata 羽叶金合欢（图 2）

Acacia podalyriifolia 珍珠金合欢（图 1）

5~10mm，宽 0.5~1.5mm，彼此紧靠，先端稍钝，基部截平，具缘毛，中脉靠近上边缘。头状花序圆球形，直径约 1cm，具 1~2cm 长的总花梗，单生或 2~3 个聚生，排成腋生或顶生的圆锥花序，被暗褐色柔毛；花萼近钟状，长约 1.5mm，5 齿裂；花冠长约 2mm；子房被微柔毛。果带状，长 9~20cm，宽 2~3.5cm，无毛或幼时有极细柔毛，边缘稍隆起，呈浅波状。（栽培园地：SCBG, WHIOB, XTBG, CNBG, GXIB）

Acacia podalyriifolia G. Don **珍珠金合欢**

常绿灌木或小乔木，树高一般为 2~5m，胸径 1.5~3cm，生长较好的树高可达 6m，胸径达 4cm 左右。树干分枝低，主干不甚明显，近地处有几根主枝并存而发，干形圆满，树皮灰绿色，薄而平滑。叶状柄表面被白粉，呈灰绿色至银白色，通常为宽卵形或椭圆形；长 2~3cm，宽 1.5cm 左右，先端具尾状钩，基部圆形；花为总状花序，果为荚果，长 6~10cm，宽 2cm，扁平。（栽培园地：SCBG, XMBG）

Acacia podalyriifolia 珍珠金合欢（图 2）

Acacia pruinescens Kurz **粉被金合欢**

大型木质藤本或攀援灌木。枝具倒刺，幼时被白粉及短柔毛。托叶心状戟形，被短柔毛；二回羽状复叶；羽片 9~11 对，长 3.3~9cm，羽片轴稍被短柔毛及少量的倒刺，叶柄基部以上具 1 枚长圆形腺体；小叶多对，

Acacia pruinescens 粉被金合欢（图 1）

Acacia pruinescens 粉被金合欢（图 2）

Acacia pruinescens 粉被金合欢（图 3）

线形，长 7~11mm，宽 1.8~2.5mm，顶端钝，基部截平，无毛或被缘毛，主脉靠近上边缘，无柄。花小，黄色，无柄，组成球形头状花序，具长 1.5~2.2cm 的总花梗，再排成顶生或腋生、长达 25cm 的圆锥花序。荚果长圆形。（栽培园地：XTBG）

Acacia senegal (L.) Willd. **阿拉伯胶树**

小乔木，高 3~6m。树皮呈片状剥落；幼枝被短柔毛，老枝变无毛。托叶刺状，3 个，两侧的近直立或稍向上弯，当中的下弯，长约 5mm；二回羽状复叶，常 3 片簇生，叶轴长 2.5~5cm，常有小刺，最上 1 对羽片着生处及总叶柄上各有腺体 1 个；羽片 3~5 对，对生或互生，长 1.2~3cm；小叶 8~15 对，线形，长 2~5mm，宽 1~1.5mm，具疏缘毛。穗状花序长 5~10cm；总花梗长 8~18mm；花白色，芳香；花萼阔钟形，长 1.5~2.5mm，无毛；花冠长约 4mm；雄蕊多数，花丝长 6~7mm。荚果带状，长 5~8cm。（栽培园地：XTBG）

Acacia sinuata (Lour.) Merr. **藤金合欢**

攀援藤本。小枝、叶轴被灰色短茸毛，有散生、多

Acacia senegal 阿拉伯胶树（图 1）

Acacia senegal 阿拉伯胶树（图 2）

而小的倒刺。托叶卵状心形，早落。二回羽状复叶，长 10~20cm；羽片 6~10 对，长 8~12cm；总叶柄近基部及最顶 1~2 对羽片之间有 1 个腺体；小叶 15~25 对，线状长圆形，长 8~12mm，宽 2~3mm，上面淡绿色，下面粉白色，两面被粗毛或变无毛，具缘毛；中脉偏于上缘。头状花序球形，直径 9~12mm，再排成圆锥花序，

Acacia sinuata 藤金合欢

花序分枝被茸毛；花白色或淡黄色，芳香；花萼漏斗状，长 2mm；花冠稍突出。荚果带形，长 8~15cm。（栽培园地：XTBG）

Acrocarpus 顶果树属

该属共计 1 种，在 6 个园中有种植

Acrocarpus fraxinifolius Wight ex Arn. **顶果树**

高大无刺乔木，枝下高可达 30m 以上。二回羽状复叶长 30~40cm，下部的叶具羽片 3~8 对，顶部的为一回羽状复叶；叶轴和羽轴被黄褐色微柔毛，变秃净；小叶 4~8 对，对生，近革质，卵形或卵状长圆形，长 7~13cm，宽 4~7cm，先端渐尖或急尖，基部稍偏斜，阔楔形或圆钝，边全缘；侧脉 8~12 对。总状花序腋生，长 20~25cm，具密集的花；总轴先端被柔毛；花大，猩红色，初时直立，后下垂；花梗长 6~8mm，被柔毛；花托钟形；萼片 5 枚；花瓣 5 片，披针形，比萼片长 1 倍并与其互生。花药“丁”字形着生。荚果具长柄，扁平，长舌形。（栽培园地：SCBG, KIB, XTBG, CNBG, GXIB, XMBG）

Acrocarpus fraxinifolius 顶果树（图 1）

Acrocarpus fraxinifolius 顶果树（图 2）

Adenanthera 海红豆属

该属共计 1 种，在 7 个园中有种植

Adenanthera microsperma Teijsmann. et Binnendijk Natuurk **海红豆**

落叶乔木，高 5~20m。嫩枝被微柔毛。二回羽状复叶；叶柄和叶轴被微柔毛，无腺体；羽片 3~5 对，小叶 4~7 对，互生，长圆形或卵形，长 2.5~3.5cm，宽 1.5~2.5cm，两端圆钝，两面均被微柔毛，具短柄。总状花序单生于叶腋或在枝顶排成圆锥花序，被短柔毛；花小，白色或黄色，有香味，具短梗；花萼长不足 1mm，与花梗同被金黄色柔毛；花瓣披针形，长 2.5~3mm，无毛，基部稍合生；雄蕊 10 枚，与花冠等长或稍长；子房被柔毛，几无柄，花柱丝状，柱头小。荚果狭长圆形，盘旋。（栽培园地：SCBG, KIB, XTBG, CNBG, SZBG, GXIB, XMBG）

Adenanthera microsperma 海红豆（图 1）

Adenanthera microsperma 海红豆（图 2）

Adenanthera microsperma 海红豆（图 3）

Aeschynomene 合萌属

该属共计 1 种，在 3 个园中有种植

Aeschynomene indica L. **合萌**

一年生草本或亚灌木状，茎直立，高 0.3~1m。多分枝，圆柱形，无毛，具小凸点而稍粗糙，小枝绿色。叶具 20~30 对小叶或更多；托叶膜质，卵形至披针形，长约 1cm，基部下延成耳状，通常有缺刻或啮蚀状；叶柄长约 3mm；小叶近无柄，薄纸质，线状长圆形，长 5~10(15)mm，宽 2~2.5(3.5)mm，上面密布腺点，下面稍带白粉，先端钝圆或微凹，具细刺尖头，基部歪斜，全缘；小托叶极小。总状花序比叶短，腋生。荚果线状长圆形，长 3~4cm，直或弯曲。（栽培园地：SCBG, WHIOB, XTBG）

Aeschynomene indica 合萌（图 1）

Aeschynomene indica 合萌（图 2）

Afgekia 猪腰豆属

该属共计 1 种，在 3 个园中有种植

Afgekia filipes (Dunn) R. Geesink **猪腰豆**

大型攀援藤本植物，长可达 20m。羽状复叶长为 25~35cm；小叶 (6)8~9 对，近对生，纸质，长圆形，全缘；小托叶无毛或有时被丝状毛，早落。总状花序生于老茎或当年侧枝上，先花后叶。大型荚果，纺锤状长圆形，密被银灰色绒毛，长约 17cm；种子猪肾状，长约 8cm，成熟后暗褐色。（栽培园地：SCBG, KIB, XTBG）

Afgekia filipes 猪腰豆

Afzelia 缅茄属

该属共计 1 种，在 5 个园中有种植

Afzelia xylocarpa (Kurz) Craib **缅茄**

乔木，高 15~25m，有时可达 40m，胸径达 90cm。树皮褐色。小叶 3~5 对，对生，卵形、阔椭圆形至近圆形，长 4~40cm，宽 3.5~6cm，纸质，先端圆钝或微凹，基部圆而略偏斜；小叶柄短，长不及 5mm。花序各部密被灰黄绿色或灰白色短柔毛；苞片和小苞片卵形或三角状卵形，大小相若，长约 6mm，宿存；花萼管长 1~1.3cm，裂片椭圆形，长 1~1.5cm，先端圆钝；花瓣淡紫色，倒卵形至近圆形，其柄被白色细长柔毛；能育雄蕊 7 枚，花柱长而突出。荚果扁长圆形，长 11~17cm。（栽培园地：SCBG, KIB, XTBG, SZBG, XMBG）

Afzelia xylocarpa 缅茄

Aganope 双束鱼藤属

该属共计 2 种，在 2 个园中有种植

Aganope thyrsiflora (Benth.) Polhill **密锥花鱼藤**

攀援状灌木或披散灌木。羽状复叶长 30~45cm，小叶 2~4 对，近革质，长椭圆形或长椭圆状披针形。圆锥花序紧密，花萼钟状，花冠白色或紫红色。荚果薄，长椭圆形，长 5~10cm；种子长椭圆状肾形。（栽培园地：SCBG, XTBG）

Aganope tinghuensis (P. Y. Chen) T. C. Chen et Pedley **鼎湖鱼藤**

藤状灌木。羽状复叶长 35~50cm；小叶 4 对，对生或近对生，厚纸质，长圆形或长圆状阔卵形。圆锥花序腋生，长约 20cm，仅下部有少数分枝，花序轴及其分枝均密被黄褐色柔毛；花梗长 3~5mm，密被黄褐色柔毛；花萼阔钟状，外面密被黄褐色柔毛，长约 6mm，宽约 8mm，萼齿浅波状；花冠白色，长 15~17mm，旗瓣圆形，翼瓣和龙骨瓣均有耳；雄蕊二体，约与花瓣等长。荚果舌状长圆形，长 10~15cm。（栽培园地：SCBG）

Albizia 合欢属

该属共计 12 种，在 10 个园中有种植

Albizia bracteata Dunn **蒙自合欢**

乔木，高 8~15m。幼嫩部分疏被短柔毛。二回羽状复叶，长 20~36cm；羽片 1~3 对；总叶柄近基部及顶端一对羽片间有 1 枚腺体；小叶 3~6 对，斜倒卵形或椭圆形，长 (1.5)4.5~6.5cm，宽 1.5~3.5cm，先端钝或渐尖，有时有硬细尖头，两面均被微柔毛，下面苍白色。花白色，排成腋生或顶生的圆锥花序，被短柔毛；花梗长 2cm 至近无梗；花萼钟状，长 2~3mm，和花冠同被短柔毛；花冠漏斗状，长 7mm，裂片披针形，长约 4mm。荚果带状，长 10~30cm。（栽培园地：XTBG）

Albizia garrettii L. C. Nielsen **光腺合欢**

乔木，高 15m。小枝近无毛；皮孔小，圆形。二回羽状复叶，羽片 (2)4~9 对；叶柄及叶轴无毛，叶柄基部具一长圆形腺体；小叶 13~20 对，长圆形，长 1.5~3cm，宽 8~14(18)mm，顶端钝而具小尖头，基部偏斜，两面无毛或下面疏被长柔毛，中脉稍偏上边缘，无小叶柄或具极短的小叶柄。花约 20 朵排成头状花序；总花梗长达 15cm，单个或成簇顶生或腋生。荚果扁平，带状，（栽培园地：GXIB）

Albizia bracteata 蒙自合欢

Albizia garrettii 光腺合欢

Albizia chinensis (Osbeck) Merr. **楹树**

落叶乔木，高达 30m。小枝被黄色柔毛。托叶大，膜质，心形，先端有小尖头，早落。二回羽状复叶，羽片 6~12 对；总叶柄基部和叶轴上有腺体；小叶 20~35(40) 对，无柄，长椭圆形，长 6~10mm，宽 2~3mm，先端渐尖，基部近截平，具缘毛，下面被长柔毛；中脉紧靠上边缘。头状花序有花 10~20 朵，生于长短不同、密被柔毛的总花梗上，再排成顶生的圆锥花序；花绿白色或淡黄色，密被黄褐色茸毛；花萼漏斗状，有 5 短齿；花冠长约为花萼的 2 倍；子房被黄褐色柔毛。荚果扁平，长 10~15cm。（栽培园地：SCBG, XTBG, GXIB）

Albizia chinensis 楹树（图 1）

Albizia chinensis 楹树（图 2）

Albizia corniculata (Lour.) Druce **天香藤**

攀援灌木或藤本，长约 20m。幼枝稍被柔毛，在叶柄下常有 1 枚下弯的粗短刺。托叶小，脱落。二回羽状复叶，羽片 2~6 对；总叶柄近基部有压扁的腺体 1 枚；小叶 4~10 对，长圆形或倒卵形，长 12~25mm，宽 7~15mm，顶端极钝或有时微缺，或具硬细尖，基部偏斜，上面无毛，下面疏被微柔毛；中脉居中。头状花序有花 6~12 朵，再排成顶生或腋生的圆锥花序；总花梗长 5~10mm；花无梗；花萼长不及 1mm，与花冠同

Albizia corniculata 天香藤（图 1）

Albizia corniculata 天香藤（图 2）

Albizia corniculata 天香藤（图 3）

Albizia crassiramea 白花合欢

被微柔毛；花冠白色。荚果带状，长 10~20cm。（栽培园地：SCBG, XMBG）

Albizia crassiramea Lace **白花合欢**

乔木，高 8~10m。小枝被锈色短柔毛，皮孔显著。二回羽状复叶；总叶柄近基部及羽片轴近顶部有 1 枚椭圆形腺体；叶轴被短柔毛；羽片 2~4 对；小叶 4~6 对，椭圆形、卵形或倒卵形，长 2~7cm，宽 1.5~4cm，先端圆钝，基部斜截平，上面无毛，下面被短柔毛；中脉居中，两侧稍不对称；小叶柄长 2mm。花白色，无梗，7~10 朵聚成头状，再排成圆锥花序；总花梗长 2.5~3.5cm，密被短柔毛；花萼杯状，长 1mm，顶具 5 短齿；花冠与花萼同密被淡黄色或白色茸毛，花冠管长 3.5mm；雄蕊约 25 枚。荚果带状，长 15~22cm。（栽培园地：XTBG）

Albizia julibrissin Durazz. **合欢**

落叶乔木，高可达 16m。树冠开展；小枝有棱角，嫩枝、花序和叶轴被绒毛或短柔毛。托叶线状披针形，较小叶小，早落。二回羽状复叶，总叶柄近基部及最顶一对羽片着生处各有 1 枚腺体；羽片 4~12 对，栽培的有时达 20 对；小叶 10~30 对，线形至长圆形，长 6~12mm，宽 1~4mm，向上偏斜，先端有小尖头，有缘毛，有时在下面或仅中脉上有短柔毛；中脉紧靠上边缘。头状花序于枝顶排成圆锥花序；花粉红色；花萼管状，长 3mm；花冠长 8mm，裂片三角形，长 1.5mm，花萼、花冠外均被短柔毛；花丝长 2.5cm。荚果带状。（栽培园地：SCBG, WHIOB, XJB, LSBG, CNBG, XMBG）

Albizia julibrissin 合欢

Albizia kalkora (Roxb.) Prain **山槐**

落叶小乔木或灌木，通常高 3~8m。枝条暗褐色，

Albizia kalkora 山槐（图 1）

Albizia kalkora 山槐（图 2）

Albizia kalkora 山槐（图 3）

被短柔毛，有显著皮孔。二回羽状复叶；羽片 2~4 对；小叶 5~14 对，长圆形或长圆状卵形，长 1.8~4.5cm，宽 7~20mm，先端圆钝而有细尖头，基部不等侧，两面均被短柔毛，中脉稍偏于上侧。头状花序 2~7 枚生于叶腋，或于枝顶排成圆锥花序；花初白色，后变黄色，具明显的小花梗；花萼管状，长 2~3mm，5 齿裂；花冠长 6~8mm，中部以下连合呈管状，裂片披针形，花萼、花冠均密被长柔毛；雄蕊长 2.5~3.5cm，基部连合呈管状。荚果带状。（栽培园地：SCBG, IBCAS, WHIOB, KIB, XTBG, LSBG, CNBG）

Albizia lebbeck (L.) Benth. **阔荚合欢**

落叶乔木，高 8~12m。树皮粗糙；嫩枝密被短柔毛，老枝无毛。二回羽状复叶；总叶柄近基部及叶轴上羽片着生处均有腺体；叶轴被短柔毛或无毛；羽片 2~4 对，长 6~15cm；小叶 4~8 对，长椭圆形或略斜的长椭圆形，长 2~4.5cm，宽 (0.9)1.3~2cm，先端圆钝或微凹，两面无毛或下面疏被微柔毛，中脉略偏于上缘。头状花序花时直径 3~4cm；总花梗通常长 7~9cm，1 至

Albizia lebbeck 阔荚合欢（图 1）

Albizia lebbeck 阔荚合欢（图 2）

Albizia lucidior 光叶合欢（图 1）

Albizia lebbeck 阔荚合欢（图 3）

Albizia lucidior 光叶合欢（图 2）

数个聚生于叶腋；小花梗长 3~5mm；花芳香，花萼管状，长约 4mm，被微柔毛；花冠黄绿色，长 7~8mm，裂片三角状卵形；雄蕊白色或淡黄绿色。荚果带状。（栽培园地：SCBG, XTBG）

Albizia lucidior (Steud.) I. C. Nielsen ex H. Hara **光叶合欢**

乔木，高可达 20m。树皮灰白色，粗糙。小枝有棱，无毛。二回羽状复叶；羽片 1 对，少有 2 对，长 5cm 或过之；总叶柄上及顶部一对小叶着生处各有腺

Albizia lucidior 光叶合欢（图 3）

本1枚；小叶1~2(3)对，膜质，椭圆形或长圆形，长~11cm，宽2~6cm，顶部一对较大，无毛，先端急尖，基部渐狭至近圆形，上面光亮，中脉居中，基部对称；小叶柄长3mm。头状花序排成腋生的伞形圆锥花序，长7~11cm；花无梗或具短梗；花萼钟状，长1.5~2mm，与花冠同被长柔毛，齿短；花冠长约6mm，裂片披针形；雄蕊多数，管长3~4mm；子房无毛，无柄。荚果带状。（栽培园地：SCBG, XTBG, GXIB）

Albizia mollis (Wall.) Boiv. **毛叶合欢**

乔木，高3~18(30)m。小枝被柔毛，有棱角。二回羽状复叶；总叶柄近基部及顶部一对羽片着生处各有腺体1枚，叶轴凹入呈槽状，被长茸毛。羽片3~7对，长6~9cm；小叶8~15对，镰状长圆形，长12~17mm，宽4~7mm，先端具小尖头，基部截平，两面均密被长茸毛或老时叶面变无毛；中脉偏于上边缘。头状花序排成腋生的圆锥花序；花白色，小花梗极短；花萼钟状，长2mm，与花冠同被茸毛；花冠长约7mm，裂片三角形，长2mm；花丝长2.5cm。荚果带状，长10~16cm，宽2.5~3cm，扁平，棕色。（栽培园地：KIB）

Albizia mollis 毛叶合欢（图1）

Albizia mollis 毛叶合欢（图2）

Albizia odoratissima (L. f.) Benth. **香合欢**

常绿大乔木，高5~15m，无刺。小枝初被柔毛。二回羽状复叶；总叶柄近基部和叶轴的顶部1~2对羽片间各有腺体1枚；羽片2~4(6)对；小叶6~14对，纸质，长圆形，长2~3cm，宽7~14mm，先端钝，有时有小尖头，基部斜截形，两面稍被贴生、稀疏的短柔毛，中脉偏于上缘，无柄。头状花序排成顶生、疏散的圆锥花序，被锈色短柔毛；花无梗，淡黄色，有香味；花萼杯状，长不及1mm，与花冠同被锈色短柔毛；花冠

Albizia odoratissima 香合欢（图1）

Albizia odoratissima 香合欢（图2）

Albizia odoratissima 香合欢（图 3）

Albizia odoratissima 香合欢（图 4）

长约 5mm，裂片披针形；子房被锈色茸毛。荚果长[illegible]形。（栽培园地：SCBG, XTBG, GXIB）

Albizia procera (Roxb.) Benth. **黄豆树**

落叶乔木，高 10~25m，无刺。小枝略被短柔毛[illegible]近无毛。二回羽状复叶；总叶柄近基部有 1 枚长圆[illegible]大腺体；羽片 3~5 对，长 15~20cm；小叶 6~12 对，[illegible]革质，先端圆钝或微凹，基部偏斜，两面疏被伏贴[illegible]柔毛，中脉偏于下缘；叶柄长约 2mm。头状花序在[illegible]顶或叶腋排成圆锥花序；花无梗；花萼长 2~3mm，[illegible]毛；花冠黄白色，长约 6mm，裂片披针形，长约 2.5mm[illegible]顶部被柔毛；子房近无柄。荚果带形。（栽培园地：SCBG, XTBG）

Albizia procera 黄豆树（图 1）

Albizia procera 黄豆树（图 2）

Alhagi 骆驼刺属

该属共计 1 种，在 2 个园中有种植

Alhagi sparsifolia Shap. **骆驼刺**

半灌木，高 25~40cm。茎直立，具细条纹，无毛或幼茎具短柔毛，从基部开始分枝，枝条平行上升。叶互生，叶片卵形、倒卵形或倒圆卵形。总状花序，腋生，花序轴变成坚硬的锐刺，刺长为叶的2~3倍，无毛。花冠深紫红色，旗瓣倒长卵形，长8~9mm，先端钝圆或截平，基部楔形，具短瓣柄，翼瓣长圆形，长为旗瓣的四分之三，龙骨瓣与旗瓣约等长；子房线形，无毛。荚果线形，常弯曲，几无毛。（栽培园地：SCBG，XJB）

Alysicarpus 链荚豆属

该属共计2种，在3个园中有种植

Alysicarpus rugosus (Willd.) DC. **皱缩链荚豆**

多年生草本。茎直立，高达1.5m，无毛或疏生柔毛。叶具单小叶；托叶长披针形，长5~20mm，宽1.5~3.0mm，宿存，无毛，具纵条纹；叶柄长3~9mm，无毛或散生柔毛；小叶长圆形，少有圆形或线状披针形，先端急尖，基部圆形，上面无毛，下面散生短柔，沿脉上有长柔毛，全缘，具缘毛，侧脉6~14条，中脉在叶下面明显隆起；小托叶披针形，长0.5~1.5mm，宽0.5mm，有柔毛。总状花序顶生或侧生，长2~5cm，顶生花序较长，侧生者较短。荚果膨胀，念珠状。（栽培园地：XTBG）

Alysicarpus vaginalis (L.) DC. **链荚豆**

多年生草本，簇生或基部多分枝。小叶形状及大小变化很大，茎上部小叶通常为卵状长圆形、长圆状披针形至线状披针形，长3~6.5cm，宽1~2cm，下部小叶为心形、近圆形或卵形，长1~3cm，宽约1cm，上面无毛，下面稍被短柔毛，全缘，侧脉4~5(9)条，稍清晰。总状花序腋生或顶生；花冠紫蓝色，略伸出于萼外，旗瓣宽，倒卵形；子房被短柔毛，有胚珠4~7枚。荚果扁圆柱形，被短柔毛，有不明显皱纹。（栽培园地：SCBG，XTBG，GXIB）

Alysicarpus vaginalis 链荚豆（图1）

Alysicarpus vaginalis 链荚豆（图2）

Amherstia 璎珞木属

该属共计1种，在2个园中有种植

Amherstia nobilis Wall. **华贵璎珞木**

小乔木，高9~12m。一回羽状复叶。大型花序顶生，花两性，两侧对称；小苞片萼片状或花瓣状，镊合状排列，完全包覆着花蕾，常宿存；花托极短或管状；萼片0~5(7)枚；花瓣0~5枚；能育雄蕊3~10枚或多数；花药背着，药室纵裂；子房柄通常与花托壁贴生。荚果肿胀，长近10cm。（栽培园地：XTBG，XMBG）

Amherstia nobilis 华贵璎珞木

Ammodendron 银砂槐属

该属共计1种，在1个园中有种植

Ammodendron bifolium (Pall.) Yakovlev **银砂槐**

灌木，高30~150cm。枝和叶被银白色短柔毛。复叶，仅有2枚小叶，顶生小叶退化成锐刺；托叶变成刺，宿存，长1~2mm；叶柄与小叶等长，极少较长

Ammodendron bifolium 银砂槐（图 1）

Ammodendron bifolium 银砂槐（图 2）

Ammodendron bifolium 银砂槐（图 3）

或较短；小叶对生，倒卵状长圆形或倒卵状披针形。总状花序顶生，花冠深紫色，长 5~7mm，旗瓣近圆形，较翼瓣和龙骨瓣稍短，翼瓣长圆状倒卵形，龙骨瓣先端钝圆；雄蕊 10 枚，分离，宿存；荚果扁平，长圆状披针形，长 18~20mm，宽 5~6mm，无毛或在近果梗处疏被柔毛，沿缝线具 2 条狭翅，不开裂。（栽培园地：XJB）

Ammopiptanthus 沙冬青属

该属共计 2 种，在 1 个园中有种植

Ammopiptanthus mongolicus (Kom.) S. H. Cheng **沙冬青**

常绿灌木，高 1.5~2m，粗壮。树皮黄绿色，木材褐色。茎多叉状分枝，圆柱形，具沟棱，幼被灰白色短柔毛，后渐稀疏。3 小叶，偶为单叶；叶柄长 5~15mm，密被灰白色短柔毛；托叶小，三角形或三角状披针形，贴生叶柄，被银白色绒毛；小叶菱状椭圆形或阔披针形，长 2~3.5cm，宽 6~20mm，两面密被银白色绒

Ammopiptanthus mongolicus 沙冬青（图 1）

Ammopiptanthus mongolicus 沙冬青（图 2）

Ammopiptanthus mongolicus 沙冬青（图 3）

毛，全缘，侧脉几不明显，总状花序顶生枝端，花互生，8~12 朵密集；荚果扁平，线形。（栽培园地：XJB）

Ammopiptanthus nanus (Popov) S. H. Cheng **新疆沙冬青**

常绿灌木。树冠近圆形，分枝多；树皮黄色，幼时密被灰色绒毛，茎叶稠密。单叶，偶具 3 小叶；托叶甚细小，锥形；叶柄粗壮，长 4~7mm；小叶全缘，阔椭圆形至卵形，长 1.5~4cm，宽 1~2.4cm，先端钝，或具短尖头，基部阔楔形或圆钝，两面密被银白色短柔毛，

Ammopiptanthus nanus 新疆沙冬青（图 1）

Ammopiptanthus nanus 新疆沙冬青（图 2）

Ammopiptanthus nanus 新疆沙冬青（图 3）

如为三出叶时，则明显较窄，具离基三出脉。总状花序短，顶生枝端，花 4~15 朵集生；花梗略长于萼，几无毛；苞片早落，小苞片 2 枚生于花梗中部；萼钟形，萼齿 5 枚，三角形，几无毛。荚果线形。（栽培园地：XJB）

Amorpha 紫穗槐属

该属共计 2 种，在 5 个园中有种植

Amorpha canescens Pursh **灰毛紫穗槐**

落叶灌木，高 30~90cm。叶互生，奇数羽状复叶，

叶面覆盖白色柔毛，小叶多数，小，全缘，对生或近对生；托叶针形，早落；小托叶线形至刚毛状，脱落或宿存。花小，组成顶生、密集的穗状花序，长5~15cm。花紫色。（栽培园地：IBCAS）

Amorpha fruticosa L. **紫穗槐**

落叶灌木，丛生，高1~4m。小枝灰褐色，被疏毛，后变无毛，嫩枝密被短柔毛。叶互生，奇数羽状复叶，长10~15cm，有小叶11~25片，基部有线形托叶；叶柄长1~2cm；小叶卵形或椭圆形，长1~4cm，宽0.6~2.0cm，先端圆形，锐尖或微凹，有一短而弯曲的尖刺，基部宽楔形或圆形，上面无毛或被疏毛，下面有白色短柔毛，具黑色腺点。穗状花序常1至数个顶生和枝端腋生，长7~15cm，密被短柔毛；花有短梗；苞片长3~4mm；花萼长2~3mm，被疏毛或几无毛，萼齿三角形，较萼筒短；旗瓣心形，紫色，无翼瓣和龙骨瓣。荚果下垂，长6~10mm。（栽培园地：SCBG, IBCAS, KIB, XJB, GXIB）

Amorpha fruticosa 紫穗槐（图1）

Amorpha fruticosa 紫穗槐（图2）

Amorpha fruticosa 紫穗槐（图3）

Amphicarpaea 两型豆属

该属共计1种，在1个园中有种植

Amphicarpaea bracteata (L.) Fernald ssp. **edgeworthii** (Benth.) H. Ohashi **两型豆**

一年生缠绕草本。茎纤细，长0.3~1.3m，被淡褐色柔毛。叶具羽状3小叶；叶柄长2~5.5cm；小叶薄纸质或近膜质，顶生小叶菱状卵形或扁卵形，长2.5~5.5cm，宽2~5cm，上面绿色，下面淡绿色，两面常被贴伏的柔毛；小托叶极小，常早落，侧生小叶稍小，常偏斜。花二型：生在茎上部的为正常花，排成腋生的短总状花序，花淡紫色或白色，荚果二型；生于茎上部的完全

Amphicarpaea bracteata ssp. **edgeworthii** 两型豆（图1）

Amphicarpaea bracteata ssp. **edgeworthii** 两型豆（图2）

花，结的荚果为长圆形或倒卵状长圆形。闭锁花伸入地下的荚果呈椭圆形或近球形。（栽培园地：LSBG）

Antheroporum 肿荚豆属

该属共计 1 种，在 1 个园中有种植

Antheroporum glaucum Z. Wei **粉叶肿荚豆**

乔木，除花序外全株无毛。枝榄绿色，光滑，后变灰白色，皮孔小，稀少。羽状复叶长 30~35cm；叶柄长 6~7cm；无托叶；小叶 3 对，革质，阔椭圆形或卵状，长 12~22cm，宽 4~7cm，先端渐尖或尾尖，基部阔楔形，下延至小叶柄，上面光亮，下面粉白色，侧脉 8~10 对。总状花序长 7~10cm，通常集生枝梢，或 2~5 枝簇生上部叶腋；花冠白色；雄蕊单体；花期 3~8 月。（栽培园地：XTBG）

Aphyllodium 两节豆属

该属共计 1 种，在 1 个园中有种植

Aphyllodium biarticulatum (L.) Gagnepain. **两节豆**

亚灌木，高 40~70cm。茎直立或平卧。叶为指状复叶，小叶 3 枚；托叶长椭圆形，联合抱茎，长 7~10mm，先端 3 深裂；叶柄长 5~7mm，具沟槽，被贴伏柔毛；小叶近革质，狭倒卵形至卵形或狭椭圆形，长 10~18mm，宽 3~8mm，先端钝，具细尖，基部楔形至圆形，上面无毛，下面被贴伏柔毛，网脉细密，在下面稍突起。总状花序顶生或腋生，长 5~15cm，被贴伏柔毛；苞片小，披针状线形，长约 4mm，具条纹，有缘毛；小苞片长 2mm，生于花萼的基部；花 2~5 朵簇生于每一节上。通常有 2 个荚节，荚节近圆形。（栽培园地：SCBG）

Aphyllodium biarticulatum 两节豆（图 1）

Aphyllodium biarticulatum 两节豆（图 2）

Aphyllodium biarticulatum 两节豆（图 3）

Apios 土圞儿属

该属共计 1 种，在 2 个园中有种植

Apios fortunei Maxim. **土圞儿**

缠绕草本。有球状或卵状块根；茎细长，被白色稀疏短硬毛。奇数羽状复叶；小叶 3~7 枚，卵形或菱状卵形，长 3~7.5cm，宽 1.5~4cm，先端急尖，有短尖头，基部宽楔形或圆形，上面被极稀疏的短柔毛，下面近于无毛，脉上有疏毛。总状花序腋生，长 6~26cm；苞片和小苞片线形，被短毛；花带黄绿色或淡绿色，长约 11mm，花萼稍呈二唇形；旗瓣圆形，较短，长约 10mm，翼瓣长圆形，长约 7mm，龙骨瓣最长，卷成半圆形；子房有疏短毛，花柱卷曲。荚果长约 8cm，宽约 6mm。（栽培园地：WHIOB, LSBG）

Arachis 落花生属

该属共计 2 种，在 6 个园中有种植

Arachis duranensis Krapov. et W. C. Greg. **蔓花生**

多年生宿根草本。复叶互生，小叶两对呈倒卵形。

Arachis duranensis 蔓花生（图 2）

茎为蔓性，株高 10~15cm，匍匐生长。花为腋生，蝶形，金黄色，花期长。荚果长桃形，果壳薄。（栽培园地：SCBG, XTBG, GXIB）

Arachis hypogaea L. **落花生**

一年生草本。根部有丰富的根瘤；茎直立或匍匐。叶通常具小叶 2 对；小叶纸质，卵状长圆形至倒卵形，先端钝圆形，有时微凹，具小刺尖头，基部近圆形，全缘，两面被毛，边缘具睫毛；侧脉每边约 10 条；叶

Arachis duranensis 蔓花生（图 1）

Arachis hypogaea 落花生（图 1）

Arachis hypogaea 落花生（图 2）

Archidendron alternifoliolatum 光叶棋子豆（图 1）

脉边缘互相联结成网状；小叶柄长 2~5mm，被黄棕色长毛；花长约 8mm；苞片 2 枚，披针形；小苞片披针形，长约 5mm，具纵脉纹，被柔毛；萼管细，长 4~6cm；花冠黄色或金黄色，旗瓣直径 1.7cm，开展，先端凹入；翼瓣与龙骨瓣分离，翼瓣长圆形或斜卵形，细长；龙骨瓣长卵圆形，内弯，先端渐狭成喙状，较翼瓣短；荚果长 2~5cm，膨胀，荚厚。（栽培园地：SCBG, XJB, LSBG, SZBG）

Archidendron 猴耳环属

该属共计 7 种，在 5 个园中有种植

Archidendron alternifoliolatum 光叶棋子豆（图 2）

Archidendron alternifoliolatum (T. L. Wu) I. C. Nielsen
光叶棋子豆

乔木，高 2.3m；小枝灰色，无毛。二回羽状复叶，羽片 2 对；总叶轴（连柄）长 8~15cm；羽片轴长 4~12cm；总叶轴及羽片轴均被微柔毛；总叶柄上、羽片及顶端 2 对小叶着生处的轴上均有圆形、略凸起的腺体；小叶 2~4 对，椭圆形或长圆形，长 5~14cm，宽 2~4.5cm，顶端渐尖或尾尖，基部楔形，不等侧，两面无毛，比较显著的侧脉 3~4 对；小叶柄长约 5mm。花未见。荚果肿胀，近圆柱形，长 13~18cm，宽约 3cm，直或微弯，成熟时沿背腹两缝线开裂。（栽培园地：

Archidendron alternifoliolatum 光叶棋子豆（图 3）

SCBG, XTBG）

Archidendron clypearia (Jack) I. C. Nielsen 猴耳环

乔木，高可达 10m。小枝无刺，有明显的棱角，密被黄褐色绒毛。托叶早落；二回羽状复叶；羽片 3~8 对，通常 4~5 对；总叶柄具 4 棱，密被黄褐色柔毛，叶轴上及叶柄近基部处有腺体；花有梗；羽片 3~8 对；小叶 3~12(16) 对。花数朵聚成小头状花序，再排成顶生和腋生的圆锥花序；花冠白色或淡黄色，荚果旋卷，宽 1~1.5cm，边缘在种子间缢缩。（栽培园地：SCBG, WHIOB, XTBG, SZBG, GXIB）

Archidendron clypearia 猴耳环（图 1）

Archidendron clypearia 猴耳环（图 2）

Archidendron dalatense (Kosterm.) I. C. Nielsen 显脉棋子豆

乔木。小枝淡棕色，无毛。二回羽状复叶，总叶柄长 3~4.5cm，近顶部及叶轴上顶端一对小叶着生处各有腺体 1 枚；羽片 1 对，羽片轴长 5~12cm；小叶 3 对，对生，坚纸质，近披针形或倒披针形，长 6~10cm，宽 2~3cm，顶端一对最大，往下渐小，顶端具短凸尖，基部渐狭；中脉两侧稍不等大，侧脉 5~9 对；小叶柄长约 3mm。花无梗，20 余朵组成球形头状花序，花时直径约 2cm（连花丝），总花梗长 1.5~2cm，1~2 个腋生或于枝顶排成圆锥花序；花萼钟状，长 2~3mm，具短齿；雄蕊多数。（栽培园地：XTBG）

Archidendron kerrii (Gagnep.) I. C. Nielsen 碟腺棋子豆

小乔木，高不超过 6m。小枝圆柱形，褐色，无毛。二回羽状复叶，羽片 1 对；小叶 1~3 对，对生或近对生。10~15 朵花组成头状花序，具总花梗，花序长 30cm，顶生或腋生。荚果劲直，圆柱形，长约 10cm，宽约 2cm，薄革质，棕色；种子 6~7 枚，填满果腔，两端的陀螺形种皮黑色，薄壳质。（栽培园地：WHIOB, XTBG）

Archidendron kerrii 碟腺棋子豆

Archidendron lucidum (Benth.) I. C. Nielsen 亮叶猴耳环

乔木，高 2~10m。小枝无刺，嫩枝、叶柄和花序均被褐色短茸毛。羽片 1~2 对；总叶柄近基部、每对羽片下和小叶片下的叶轴上均有圆形而凹陷的腺体，下部羽片通常具 2~3 对小叶，上部羽片具 4~5 对小叶；小叶斜卵形或长圆形，长 5~9(11)cm，宽 2~4.5cm，顶生的一对最大，对生，其余互生且较小，先端渐尖而具钝小尖头，基部略偏斜，上面光亮，深绿色。头状花序球形，有花 10~20 朵，总花梗长不超过 1.5cm，排成腋生或顶生的圆锥花序；花萼长不及 2mm，与花冠同被褐色短茸毛；花瓣白色。荚果旋卷成环状，宽 2~3cm，边缘在种子间缢缩。（栽培园地：SCBG）

Archidendron lucidum 亮叶猴耳环（图 1）

Archidendron lucidum 亮叶猴耳环（图 2）

Archidendron lucyi F. Muell. **澳洲猴耳环**

多年生小乔木。叶片大型，二至三回羽状复叶，小叶对生，卵形、椭圆形或倒卵形，长 7.5~23cm，宽 3.5~11.5cm。花簇生，白色，雄蕊多数，花丝可长达 5cm。果主要生在茎干与较大的分枝上，但主要在茎干上。豆荚的形状奇特，扭曲成耳环状。成熟的豆荚颜色鲜红。果成熟时会裂开，种子黑色，豆荚内侧为橙色。（栽培园地：XTBG）

Archidendron lucyi 澳洲猴耳环

Archidendron turgidum (Merr.) I. C. Nielsen **大叶合欢**

小乔木，高 4~9m。嫩枝、叶轴密被锈色绒毛。二回羽状复叶，羽片 1 对；总叶柄近顶部及叶轴上每对小叶着生处均有 1 枚腺体；小叶 2~3 对，纸质，长圆形、椭圆形或斜披针形至斜椭圆形，长 7~20cm，宽 3.5~7cm，先端具长或短的尖头，基部急尖或浑圆，上面无毛，

Archidendron turgidum 大叶合欢

下面有极稀少的伏贴短柔毛，在脉上多些；中脉居中，侧脉 6~11 对；小叶柄长 2~6mm。头状花序直径约 1.5cm，有花约 20 朵，排成腋生或顶生的圆锥花序；花白色，无梗；花萼杯状，长 2mm，顶端 5 齿裂；花冠长约 6mm，裂片长圆形，与萼同被白色绒毛。荚果膨胀，带状，长 7~20cm。（栽培园地：SCBG, XTBG）

Astragalus 黄耆属

该属共计 11 种，在 6 个园中有种植

Astragalus arbuscula Pall. **木黄耆**

灌木，高 50~120cm。老枝直立，直径达 1.5cm，树皮黄褐色，纵裂；当年生枝粗壮，被黄灰色伏贴毛。羽状复叶有 5~13 片小叶，长 3~5cm，有短柄；叶轴被白色伏贴毛；托叶下部与叶柄贴生，上部三角状卵圆形或卵状披针形，被黑白混生毛；小叶线形，稀线状披针形，近无柄，长 8~20mm，宽 1.5~3(5)mm，两面被伏贴毛，黄绿色。总状花序因花序轴短缩，呈头状，生 8~20 朵花，排列紧密，花色淡红紫色。荚果平展或下垂，线状，劲直。（栽培园地：XJB）

Astragalus bhotanensis Baker **地八角**

多年生草本。茎直立，匍匐或斜上，长 30~100cm，疏被白色毛或无毛。羽状复叶有 19~29 小叶，长 8~26cm；叶轴疏被白色毛；叶柄短；托叶卵状披针形，离生，基部与叶柄贴生，长 4~5mm；小叶对生，倒卵形或倒卵状椭圆形，长 6~23mm，宽 4~11mm，先端钝，有小尖头，基部楔形，上面无毛，下面被白色伏贴毛。总状花序头状，生多数花；花梗粗壮，花冠红紫色、紫色、灰蓝色、白色或淡黄色。荚果近圆筒形。（栽培园地：KIB）

Astragalus bhotanensis 地八角（图 1）

Astragalus bhotanensis 地八角（图 2）

Astragalus cognatus Schrenk **沙丘黄耆**

半灌木，高 35~50cm。枝干低矮，常被沙埋；老枝扁平，通常脱落；当年生枝条多数，平展，长 20~40cm，密被灰白色伏贴短茸毛。羽状复叶有 7~9 片小叶，长 4~10cm；叶柄稍粗壮，密被灰白色伏贴短茸毛；托叶长 2~3mm，多少与叶柄连合；小叶近无柄，卵圆形或狭椭圆形，先端圆钝，具短渐尖头，长 5~20mm，宽 3~13mm，两面被白色伏贴毛。总状花序具稀疏排列的花，花冠淡紫红色；总花梗较叶短，被灰白色短茸毛。荚果宽椭圆形。（栽培园地：XJB）

Astragalus dahuricus (Pall.) DC. **达乌里黄耆**

一年生或二年生草本，被开展、白色柔毛。茎直立，高达 80cm，分枝，有细棱。羽状复叶有 11~19(23) 片小叶，长 4~8cm；叶柄长不及 1cm；托叶分离，狭披针形或钻形，长 4~8mm；小叶长圆形、倒卵状长圆形或长圆状椭圆形，长 5~20mm，宽 2~6mm，先端圆或略尖，基部钝或近楔形，小叶柄长不及 1mm。总状花序较密，生 10~20 朵花，长 3.5~10cm；花冠紫色；总花梗长 2~5cm。荚果线形。（栽培园地：XJB）

Astragalus ernestii H. F. Comber **梭果黄耆**

多年生草本。根粗壮，直伸，表皮暗褐色，直径 1~2cm。茎直立，高 30~100cm，具条棱，无毛。羽状复叶长 7~12cm，有 9~17 片小叶；叶柄长 0.5~1.5cm；托叶近膜质，离生，卵形或长圆状卵形，长 10~15mm，宽 3~8mm，先端尖，两面无毛，仅边缘散生柔毛，基部常有暗色、膨大的腺体；小叶长圆形，稀为倒卵形，长 10~24mm，宽 4~8mm，先端钝圆，有细尖头，基部宽楔形或近圆形，两面无毛，具短柄。密总状花序有多数花，花冠黄色；总花梗较叶长。荚果梭形，膨胀。（栽培园地：SCBG）

Astragalus laxmannii Jacq. **斜茎黄耆**

多年生草本，高 20~50cm。根较粗壮，暗褐色，有

寸主根长而弯曲。茎数个至多数丛生，上升或斜上，
肖有毛或近无毛。奇数羽状复叶，具4~11对小叶；
乇叶三角状，渐尖，基部彼此稍连合或有时分离，
<3~7mm，小叶长圆形、近椭圆形或狭长圆形，长
0~25(35)mm，宽2~8mm，基部圆形或近圆形，先端
屯或圆，有时稍尖，表面疏生短伏毛，背面毛较密。
总状花序于茎上部腋生，总花梗比叶长或近相等，花
予长圆状，少为近头状，花多数，密集，有时稍稀疏，
蓝紫色、近蓝色或红紫色。荚果长圆状，具3棱，稍侧扁。
（栽培园地：CNBG，IBCAS）

Astragalus lehmannianus Bunge **茧荚黄耆**

多年生草本。茎直立，高35~60cm，有细槽，中
空，被白色薄柔毛。羽状复叶有15~23片小叶，长
5~25cm；托叶三角状披针形，长10~12mm，基部与
叶柄贴生，具缘毛；叶柄长达2cm，连叶轴被短柔毛；
小叶对生，圆形或近圆形，长15~30mm，先端圆，稍
微凹，基部近截形，上面绿色近无毛，下面被短柔毛，
有疏缘毛；小叶柄很短。总状花序生多数花，花冠黄色，
紧密呈圆形。荚果长圆状圆形。（栽培园地：XJB）

Astragalus lehmannianus 茧荚黄耆（图1）

Astragalus lehmannianus 茧荚黄耆（图2）

Astragalus lehmannianus 茧荚黄耆（图3）

Astragalus longiscapus C. C. Ni et P. C. Li **长序黄耆**

多年生草本，几无茎。羽状复叶有9~11片小叶，长4~9cm；叶柄细长，长3~7cm，无毛；托叶草质，长圆形，有数条脉，幼时疏被白色短柔毛，后变无毛，与叶柄贴生达中部以上；小叶长圆形或狭长圆形，长5~8mm，上面无毛，下面密被白色贴伏短柔毛；小叶柄很短。总状花序密而短，生8~10花；总花梗生于基部叶腋，长约10cm，较叶长，花葶状，疏被白色伏贴短柔毛；花梗极短；花萼钟状，萼齿钻状，长不及筒部的1/2；花冠青紫色。荚果长4~5mm，宽2.5~3mm。种子2枚。（栽培园地：XJB）

Astragalus penduliflorus Lam. subsp. **mongholicus** (Bunge) X. Y. Zhu var. **dahuricus** (Fisch. ex. DC) X. Y. Zhu **黄耆**

多年生草本，高50~100cm。主根肥厚，木质，常分枝，灰白色。茎直立，上部多分枝，有细棱，被白色柔毛。羽状复叶有13~27片小叶，长5~10cm；叶柄长0.5~1cm；托叶离生，卵形、披针形或线状披针形，长4~10mm，下面被白色柔毛或近无毛；小叶椭圆形或长圆状卵形，长7~30mm，宽3~12mm，先端钝圆或微凹，具小尖头或不明显，基部圆形，上面绿色，近无毛，下面被伏贴白色柔毛。总状花序稍密，有10~20朵花；花冠黄色或淡黄色。总花梗与叶近等长或较长，至果期显著伸长。荚果薄膜状，半椭圆形，长20~30mm。（栽培园地：IBCAS, XJB, LSBG）

Astragalus scaberrimus Bunge **糙叶黄耆**

多年生草本，密被白色伏贴毛。根状茎短缩，多分枝，木质化；地上茎不明显或极短，有时伸长而匍匐。羽状复叶有7~15片小叶，长5~17cm；叶柄与叶轴等

长或稍长；托叶下部与叶柄贴生，长4~7mm，上部呈三角形至披针形；小叶椭圆形或近圆形，有时披针形，长7~20mm，宽3~8mm，先端锐尖、渐尖，有时稍钝，基部宽楔形或近圆形，两面密被伏贴毛。总状花序生3~5朵花，排列紧密或稍稀疏；总花梗极短或长达数厘米，腋生；花梗极短；苞片披针形，较花梗长。荚果披针状长圆形，微弯。（栽培园地：XJB）

Astragalus sinicus L. **紫云英**

二年生草本，多分枝，匍匐状，高10~30cm，被白色疏柔毛。奇数羽状复叶，具7~13片小叶，长5~15cm；叶柄较叶轴短；托叶离生，卵形，长3~6mm，先端尖，基部互相多少合生，具缘毛；小叶倒卵形或椭圆形，长10~15mm，宽4~10mm，先端钝圆或微凹，基部宽楔形，上面近无毛，下面散生白色柔毛，具短柄。总状花序生5~10花，呈伞形；总花梗腋生，较叶长；苞片三角状卵形，长约0.5mm；花梗短；花萼钟状，长约4mm，被白色柔毛，萼齿披针形，长约为萼筒的1/2；花冠紫红色或橙黄色，旗瓣倒卵形。荚果线状长圆形，稍弯曲。（栽培园地：SCBG, LSBG）

Astragalus sinicus 紫云英

Baptisia 赝靛属

该属共计1种，在1个园中有种植

Baptisia australis (L.) R. Br. **蓝花赝靛**

多年生宿根草本，高80~150cm。三出羽状复叶；花序顶生，长可达40cm。花蝶形，蓝色。荚果长3~4cm，宽1~1.5cm，肿胀。（栽培园地：SCBG）

Baptisia australis 蓝花赝靛（图1）

Baptisia australis 蓝花赝靛（图2）

Bauhinia 羊蹄甲属

该属共计32种，在10个园中有种植

Bauhinia acuminata L. **白花羊蹄甲**

小乔木或灌木。小枝"之"字形曲折，无毛。叶片近革质，卵圆形，有时近圆形，长9~12cm，宽8~12.5cm，基部通常心形，先端2裂达叶长的1/3~2/5，裂片先端急尖或稍渐尖，很少呈圆形，上面无毛，下面被灰色短柔毛；基出脉9~11条，与支脉及网脉在叶下面均极明显凸起；叶柄长2.5~4cm，具沟，被短柔毛。总状花序腋生，呈伞房花序式，密集，少花（3~15朵）；总花梗短，与花序轴均略被短柔毛；苞片与小苞片线形，具线纹，被柔毛；花蕾纺锤形；花瓣白色，倒卵状长圆形，长3.5~5cm；荚果线状倒披针形，扁平。（栽培园地：SCBG, KIB, XTBG, XMBG）

Bauhinia apertilobata Merr. et F. P. Metcalf **阔裂叶羊蹄甲**

藤本，具卷须。嫩枝、叶柄及花序各部分均被短柔毛。叶片纸质，卵形、阔椭圆形或近圆形，基部阔圆形，截形或心形，先端通常浅裂为2片短而阔的裂片，罅口极阔甚或成弯缺状，嫩叶先端常不分裂而呈

Bauhinia acuminata 白花羊蹄甲（图 1）

Bauhinia acuminata 白花羊蹄甲（图 2）

Bauhinia apertilobata 阔裂叶羊蹄甲（图 1）

Bauhinia apertilobata 阔裂叶羊蹄甲（图 2）

截形，老叶分裂可达叶长的 1/3 或更深，裂片顶圆，上面近无毛或疏被短柔毛，下面被锈色柔毛，有时渐变秃净；基出脉 7~9 条。伞房式总状花序腋生或 1~2 个顶生；苞片丝状；小苞片锥尖，着生于花梗中部；花梗长 18~22mm；花蕾椭圆形，略具凸头；花托短漏斗状；花瓣白色或淡绿白色，具瓣柄，近匙形。荚果倒披针形或长圆形，扁平，长 7~10cm。（栽培园地：SCBG）

Bauhinia aurea H. Lévl. **火索藤**

粗壮木质藤本。枝密被褐色茸毛；嫩枝具棱；卷须初时被毛，渐变秃净。叶片厚纸质，近圆形，长 12~18(23)cm，宽 10~16(20)cm，基部深或浅心形，先端分裂达叶长的 1/3~1/2，裂片顶端圆钝，很少为急尖，上面除脉上有毛外，其余无毛或近无毛，下面被黄褐色茸毛，脉上毛更密；基出脉 9~13 条；叶柄长 4~7cm，密被毛。伞房花序顶生或侧生，有花十余朵，花开放前花蕾密集于花序总轴先端，使花序呈头状，全部密被褐色丝质茸毛；苞片披针形，与锥尖的小苞片均早落；花梗长 2~5cm；花托短；萼片披针形，开花时向下反折。花瓣白色，匙形，具瓣柄。荚果带状，长 16~30cm。（栽培园地：SCBG, WHIOB, XTBG, GXIB）

Bauhinia aurea 火索藤（图 1）

Bauhinia aurea 火索藤（图 2）

Bauhinia blakeana 红花羊蹄甲（图 1）

Bauhinia aurea 火索藤（图 3）

Bauhinia blakeana 红花羊蹄甲（图 2）

Bauhinia blakeana Dunn **红花羊蹄甲**

乔木。分枝多，小枝细长，被毛。叶片革质，近圆形或阔心形，长 8.5~13cm，宽 9~14cm，基部心形，有时近截平，先端 2 裂为叶全长的 1/4~1/3，裂片顶钝或狭圆，上面无毛，下面疏被短柔毛；基出脉 11~13 条；叶柄长 3.5~4cm，被褐色短柔毛。总状花序顶生或腋生，有时复合成圆锥花序，被短柔毛；苞片和小苞片三角形，长约 3mm；花大，美丽；花蕾纺锤形；萼佛焰状，长约 2.5cm，有淡红色和绿色线条；花瓣红紫色，具短柄，倒披针形，连柄长 5~8cm，宽 2.5~3cm，近轴的 1 片中间至基部呈深紫红色。通常不结果。（栽培园地：SCBG, IBCAS, WHIOB, KIB, XTBG, LSBG, SZBG, GXIB, XMBG）

Bauhinia brachycarpa Wallich ex Bentham. **鞍叶羊蹄甲**

直立或攀援小灌木。叶片纸质或膜质，近圆形，通常宽度大于长度，长 3~6cm，宽 4~7cm，基部近截形、阔圆形或有时浅心形，先端 2 裂达中部，罅口狭，裂片先端圆钝，上面无毛，下面略被稀疏的微柔毛，多少具松脂质“丁”字毛；基出脉 7~9(11) 条；托叶丝状早落；叶柄纤细，长 6~16mm，具沟，略被微柔毛。伞房式总状花序侧生，连总花梗长 1.5~3cm，有密集的花十余朵；总花梗短，与花梗同被短柔毛；苞片线形，锥尖，早落；花蕾椭圆形，多少被柔毛；花托陀螺形；萼佛焰状，裂片 2 枚；花瓣白色，倒披针形。荚果长圆形，扁平。（栽培园地：SCBG, KIB, XTBG）

Bauhinia brachycarpa Wallich ex Bentham. var. **cavaleriei** (Lévl.) T. Chen **刀果鞍叶羊蹄甲**

小乔木。叶片硬纸质，卵状圆形，通常长度大于宽度，

Bauhinia brachycarpa 鞍叶羊蹄甲（图 1）

Bauhinia brachycarpa 鞍叶羊蹄甲（图 2）

Bauhinia brachycarpa 鞍叶羊蹄甲（图 3）

Bauhinia brachycarpa var. **cavaleriei** 刀果鞍叶羊蹄甲（图 1）

Bauhinia brachycarpa var. **cavaleriei** 刀果鞍叶羊蹄甲（图 2）

Bauhinia brachycarpa var. **cavaleriei** 刀果鞍叶羊蹄甲（图 3）

长 4~11cm，宽 3~10cm，基部截形或心形，先端 2 裂达叶长的 1/4~1/3，裂片急尖，钝头，上面无毛，下面仅在脉上被毛；基出脉 11~13(15) 条。伞房式总状花序短缩，长 2~6cm，宽约 3cm，具极密集的花可达 40 余朵。荚果常密集着生于果序上，大刀状，初时密被锈色茸毛，成熟时毛渐疏，长 6~8cm，宽 10~12mm，顶端斜截平，一侧具短喙，近顶部最阔，以下长楔形。（栽培园地：SCBG, GXIB）

Bauhinia brachycarpa Wallich ex Bentham. var. **microphylla** (Craib) K. Larsen et S. S. Larsen **小鞍叶羊蹄甲**

叶远较原变种的小，长 (5)10~23mm，先端深裂达中部以下；基出脉 7(9) 条；花较小；花瓣长 5mm；荚果倒披针形，长 3~4cm，宽 9~13mm，先端具长喙，果瓣黑褐色，成熟时平滑，近无毛，有光泽。（栽培园地：WHIOB）

Bauhinia chalcophylla L. Chen **多花羊蹄甲**

木质藤本。幼枝具棱，与花序同被深褐色或黄褐色茸毛；卷须单生或成对，被柔毛。叶片近革质，阔卵形或近圆形，叶有基出脉 9~11 条；叶裂片先端急尖或圆钝，有时渐尖。总状花序呈伞房花序式，通常 3 个顶生，多花；花瓣白色或黄色；小苞片狭线形，着生于花梗中部；萼片卵形，开花时反折。荚果长圆形。（栽培园地：KIB）

Bauhinia chalcophylla 多花羊蹄甲（图 1）

Bauhinia chalcophylla 多花羊蹄甲（图 2）

Bauhinia championii (Benth.) Benth. **龙须藤**

藤本，有卷须。嫩枝和花序薄被紧贴的小柔毛。叶片纸质，卵形或心形，长 3~10cm，宽 2.5~6.5(9)cm，先端锐渐尖、圆钝、微凹或 2 裂，裂片长度不一，基部截形、微凹或心形，上面无毛，下面被紧贴的短柔毛，渐变无毛或近无毛，干时粉白褐色；基出脉 5~7 条；叶柄长 1~2.5cm，纤细，略被毛。总状花序狭长，腋生，

Bauhinia championii 龙须藤（图 1）

Bauhinia championii 龙须藤（图 2）

有时与叶对生或数个聚生于枝顶而成复总状花序；花瓣白色，具瓣柄，瓣片匙形。荚果倒卵状长圆形或带状，扁平，长 7~12cm。（栽培园地：SCBG, WHIOB, XTBG, GXIB, XMBG）

Bauhinia corymbosa Roxb. ex DC. **首冠藤**

木质藤本。嫩枝、花序和卷须的一面被红棕色小粗毛；枝纤细，无毛；卷须单生或成对。叶片纸质，近圆形，自先端深裂达叶长的 3/4，裂片先端圆，基部近截平或浅心形，两面无毛或下面基部和脉上被红棕色小粗毛；基出脉 7 条；叶柄纤细，长 1~2cm。伞房花序式的总状花序顶生于侧枝上，长约 5cm，多花，具短的总花梗；苞片和小苞片锥尖，长约 3mm；花芳香；花蕾卵形，急尖，与纤细的花梗同被红棕色小粗毛；花托纤细，长 18~25mm；萼片长约 6mm，外面被毛，开花时反折；花瓣白色，有粉红色脉。荚果带状长圆形，扁平，直或弯曲。（栽培园地：SCBG, XMBG）

Bauhinia corymbosa 首冠藤（图 1）

Bauhinia corymbosa 首冠藤（图 3）

Bauhinia corymbosa 首冠藤（图 2）

Bauhinia damiaoshanensis T. Chen **大苗山羊蹄甲**

木质藤本。花序和卷须的一面被红棕色小粗毛；枝纤细，无毛；卷须单生。叶片纸质，扁圆形，长 2~5cm，宽 2.5~6cm，先端分裂达叶长的 1/4~1/3，基部心形，裂片先端圆钝，除下面基部和脉上略被稀疏的小粗毛外其余无毛；基出脉 7 条；托叶小，披针形，脱落；叶柄纤细，长 1~3cm。伞房花序式的总状花序多花，顶生于侧枝上；花瓣白色，具长柄，形状不一。荚果具短果颈，先端有一长 6mm 的尖喙，带状长圆形，扁平。（栽培园地：WHIOB）

Bauhinia didyma L. Chen **孪叶羊蹄甲**

藤本。除花梗基部和腋芽略被红色短柔毛外全株无毛；枝纤细，稍呈“之”字形曲折；卷须单生，纤细。叶片膜质，分裂至近基部，裂片斜倒卵形，长 12~24mm，宽 9~16mm，先端圆钝，基部截平，除下面基部脉腋间有红色短髯毛外两面无毛；基出脉每裂片 3 条，网脉密集，在两面明显凸起；叶柄纤细，长 1~2cm。伞房花序式的总状花序顶生于侧枝上，多花；花瓣白色，阔倒卵形，具短柄。荚果带状长圆形，扁平而薄。（栽培园地：SCBG）

Bauhinia erythropoda Hayata **锈荚藤**

木质藤本。嫩枝密被褐色茸毛，枝无毛；卷须初时被长柔毛，渐变秃净。叶片纸质，心形或近圆形，

Bauhinia didyma 孪叶羊蹄甲（图 1）

Bauhinia didyma 孪叶羊蹄甲（图 2）

Bauhinia didyma 孪叶羊蹄甲（图 3）

Bauhinia erythropoda 锈荚藤（图 1）

Bauhinia erythropoda 锈荚藤（图 2）

Bauhinia erythropoda 锈荚藤（图 3）

长 5~10cm，宽 4~9cm，先端通常深裂达中部或中部以下，裂片顶端急尖，有时渐尖，基部深心形，上面无毛，有光泽，下面沿脉上被锈色柔毛或有时近无毛；基出脉 9~11 条，侧脉和网脉在叶两面均略凸起；叶柄长 3~8cm，密被赤褐色或灰褐色茸毛。总状花序伞房式，顶生，全部密被锈红色茸毛；苞片线形；小苞片丝状；花芳香，稍大；萼片长圆状披针形，先端渐尖；花瓣白色，阔倒卵形。荚果倒披针状带形，扁平。（栽培园地：SCBG, XTBG）

Bauhinia galpinii N. E. Br. **嘉氏羊蹄甲**

常绿藤状灌木，树形低矮，株高 50~150cm。枝条细软，枝极平整，向四周匍匐伸展，冠幅常大于高度。叶片革质互生，双肾型，全缘，扁圆形或阔心形，基部心形，长 2~5cm，宽 4~8cm，先端分裂成 2 个圆形裂片，状如羊蹄之甲，背面颜色较浅。花大量，花形近似凤凰木之花朵，花期甚长，花姿花色美妍悦目。伞房或短总状花序顶生或腋生于枝梢末端，花瓣 5 片，花冠直径 5~6cm，浅红色至砖红色。荚果扁平，长 6~11cm，初为绿色，成熟时为褐色，且木质化，常宿存。（栽培园地：SCBG, XMBG）

Bauhinia glauca (Wall. ex Benth.) Benth. **粉叶羊蹄甲**

木质藤本，除花序稍被锈色短柔毛外其余无毛；

Bauhinia galpinii 嘉氏羊蹄甲（图 1）

Bauhinia galpinii 嘉氏羊蹄甲（图 2）

Bauhinia galpinii 嘉氏羊蹄甲（图 3）

Bauhinia glauca 粉叶羊蹄甲（图 1）

Bauhinia glauca 粉叶羊蹄甲（图 2）

Bauhinia glauca 粉叶羊蹄甲（图 3）

卷须略扁，旋卷。叶片纸质，近圆形，长 5~7(9)cm，2 裂达中部或更深裂，罅口狭窄，裂片卵形，内侧近平行，先端圆钝，基部阔，心形至截平，上面无毛，下面疏被柔毛，脉上较密；基出脉 9~11 条；叶柄纤细，长 2~4cm。伞房花序式的总状花序顶生或与叶对生，具密集的花；总花梗长 2.5~6cm，被疏柔毛，渐变无毛；苞片与小苞片线形，锥尖，长 4~5mm；花序下部的花梗长可达 2cm；花蕾卵形，被锈色短毛；花瓣白色，倒卵形。荚果带状，薄，无毛，不开裂长 15~20cm。（栽培园地：XTBG, GXIB, XMBG）

Bauhinia glauca (Wall. ex Benth.) Benth. subsp. **caterviflora** (L. Chen) T. Chen **密花羊蹄甲**

木质藤本，除花序稍被锈色短柔毛外其余无毛；卷须略扁，旋卷。叶片纸质，近圆形，分裂仅及叶长的1/6，两面被疏柔毛，下面脉上毛较密；花序密被不脱落的锈色柔毛；花瓣白色，倒卵形，各瓣近相等，具长柄，边缘皱波状；荚果带状，薄，无毛，不开裂。（栽培园地：XTBG）

Bauhinia glauca (Wall. ex Benth.) Benth. subsp. **hupehana** (Craib) T. Chen **鄂羊蹄甲**

木质藤本，除花序稍被锈色短柔毛外其余无毛；卷须略扁，旋卷。叶片纸质，近圆形，长5~7(9)cm，叶片分裂仅及叶长的1/4~1/3，裂片阔圆，罅口阔；花瓣玫瑰红色。荚果带状，薄，无毛，不开裂。（栽培园地：WHIOB）

Bauhinia glauca (Wall. ex Benth.) Benth. ssp. **tenuiflora** (Watt ex C. B. Clarke) K. et S. S. Larsen **薄叶羊蹄甲**

木质藤本，除花序稍被锈色短柔毛外其余无毛；卷须略扁，旋卷。叶片较薄，近膜质，分裂仅及叶长的1/6~1/5；花托长25~30mm，为萼裂片长的4~5倍；花瓣白色。荚果带状，薄，无毛，不开裂。（栽培园地：XTBG）

Bauhinia glauca ssp. **hupehana** 鄂羊蹄甲（图 1）

Bauhinia glauca ssp. **tenuiflora** 薄叶羊蹄甲

Bauhinia glauca ssp. **hupehana** 鄂羊蹄甲（图 2）

Bauhinia glauca ssp. **hupehana** 鄂羊蹄甲（图 3）

Bauhinia hypochrysa T. Chen **绸缎藤**

木质藤本，除成长的叶上面和花瓣内面无毛外，全株密被金黄色或亮棕色丝质长柔毛及茸毛；卷须成对。叶片革质，圆形；总状花序连总花梗；苞片和小苞片线形锥尖；花蕾椭圆形；花梗粗壮，顶端具2枚小苞片；花托杯状；萼片披针形；花瓣黄色，形状大小略不等，具长柄，倒卵形和椭圆形；能育雄蕊3枚，花丝长25mm；子房具短柄，密被锈色丝质长柔毛，花柱

Bauhinia hypochrysa 绸缎藤（图 1）

Bauhinia hypochrysa 绸缎藤（图 2）

Bauhinia hypochrysa 绸缎藤（图 3）

纤细，无毛，柱头小。荚果长圆形至带状长圆形，扁平，果瓣木质；种子 2~3 颗，阔椭圆形，扁平。（栽培园地：GXIB）

Bauhinia monandra Kurz **单蕊羊蹄甲**

乔木。托叶常早落；单叶，全缘，先端凹缺或分裂为 2 裂片；基出脉 3 至多条。花两性，很少为单性，组成总状花序；最初花瓣白色，并且中央花瓣的中部有 1 个大红色斑点，之后其中央花瓣自动卷曲；花瓣 5 片，略不等，常具瓣柄；能育雄蕊 1 枚。荚果长圆形，

Bauhinia monandra 单蕊羊蹄甲（图 1）

Bauhinia monandra 单蕊羊蹄甲（图 2）

Bauhinia monandra 单蕊羊蹄甲（图 3）

带状。（栽培园地：SCBG, KIB, XTBG, XMBG）

Bauhinia nervosa (Wall. ex Benth.) Baker **棒花羊蹄甲**

直立灌木。分枝圆柱形，褐色，被短柔毛。叶片近革质，广卵形。总状花序顶生，被灰褐色短柔毛，花少而大，苞片早落；花蕾棒状，长达 4.5cm，花梗长 5.5cm，粗壮，被锈色短柔毛；花托圆筒形，长 3cm，被短柔毛；花萼裂片披针形，长 2.5~3cm，宽 0.3cm，厚，外面被绒毛，先端长渐尖；花瓣 5 片，白色，至基部红色。荚果扁平带状。（栽培园地：XTBG）

Bauhinia ovatifolia T. Chen **卵叶羊蹄甲**

木质藤本。嫩枝、芽、叶柄和花序初时被红褐色短柔毛，毛渐脱落。叶片纸质，卵形，稀阔卵形，不分裂；主脉 7 条；叶柄长 8~17mm。伞房花序式的总状花序顶生于侧枝上，长 5~7cm；总花梗短，长 5~6mm；苞片线形，渐尖，长 4~6mm，略被毛；小苞片锥尖，与苞片等长，互生于花梗中部；花梗纤细，长 15~20mm；花蕾卵形，长约 6mm，先端急尖；花托细

Bauhinia ovatifolia 卵叶羊蹄甲（图 1）

Bauhinia ovatifolia 卵叶羊蹄甲（图 2）

长，长约 15mm，具线纹，萼片披针形，长 6~7mm，中部以下合生。花瓣白色，具长柄，瓣片近菱形、阔倒卵形及椭圆形，长 11~13mm。荚果未见。（栽培园地：GXIB）

Bauhinia purpurea L. **羊蹄甲**

乔木或直立灌木，高 7~10m。树皮厚，近光滑，灰

Bauhinia purpurea 羊蹄甲（图 1）

Bauhinia purpurea 羊蹄甲（图 2）

Bauhinia purpurea 羊蹄甲（图 3）

Bauhinia racemosa 总状花羊蹄甲（图 1）

Bauhinia racemosa 总状花羊蹄甲（图 2）

色至暗褐色；枝初时略被毛，毛渐脱落，叶片硬纸质，近圆形。总状花序侧生或顶生，少花，长 6~12cm，有时 2~4 个生于枝顶而成复总状花序，被褐色绢毛；花蕾多少纺锤形，具 4~5 棱或狭翅，顶钝；花梗长 7~12mm；萼佛焰状，一侧开裂达基部成外翻的 2 裂片，裂片长 2~2.5cm，先端微裂，其中一片具 2 齿，另一片具 3 齿；花瓣桃红色，倒披针形，长 4~5cm，具脉纹和长的瓣柄；能育雄蕊 3 枚，花丝与花瓣等长；退化雄蕊 5~6 枚，长 6~10mm；荚果带状扁平，长 12~25cm，略呈弯镰状。（栽培园地：SCBG, IBCAS, XTBG, SZBG, XMBG）

Bauhinia racemosa Lam. **总状花羊蹄甲**

落叶小乔木。树皮粗糙，近黑色；小枝纤细，曲折，无毛，藤状或下垂；幼枝被柔毛。叶片革质，扁圆形，先端分裂达叶长的 1/3，裂片阔圆，基部稍呈心形，下面被灰色柔毛或无毛。总状花序顶生或侧生，有花 20 余朵，具短总花梗；花序轴被灰色短柔毛；花蕾斜倒卵形，先端具凸头，被毛；花梗长 2~4mm；萼佛焰状，一侧开裂；花托陀螺形，长 1.5~2mm，疏被短柔毛；花瓣淡黄色，倒披针形，与萼等长。荚果不规则的直或弯镰状，长 15~20cm，果瓣木质。（栽培园地：SCBG）

Bauhinia racemosa 总状花羊蹄甲（图 3）

Bauhinia rufescens Lam. **小叶羊蹄甲**

乔木或直立灌木，高 7~10m。树皮厚，近光滑，灰色至暗褐色。叶片扁圆形，两深裂。花两性，组成总状花序。花瓣 5 片，白色或略带粉红色，瓣片略不等，常具瓣柄；荚果长圆形，不规则带状，膨胀，种子间缢缩。种子圆形或卵形，扁平。（栽培园地：XTBG）

Bauhinia tomentosa L. **黄花羊蹄甲**

直立灌木，高 1~4cm。幼嫩部分被锈色柔毛。叶片纸质，近圆形，通常宽度略大于长度，直径 3~7cm，基部圆，截平或浅心形，先端 2 裂达叶长的 2/5，上面

Bauhinia rufescens 小叶羊蹄甲

Bauhinia tomentosa 黄花羊蹄甲（图 1）

Bauhinia tomentosa 黄花羊蹄甲（图 2）

Bauhinia tomentosa 黄花羊蹄甲（图 3）

无毛，下面被稀疏的短柔毛；基出脉 7~9 条；叶柄纤细，长 1.5~3cm；托叶锥尖，长约 1cm，被毛。花通常 2 朵、有时 1~3 朵组成侧生的花序；总花梗长 1.2~3cm；苞片和小苞片锥尖，长 4~7mm，被毛；花梗长 8~10m；花瓣淡黄色，宽 3~4cm，开花时各瓣相互覆叠为一钟形的花冠。荚果带形，扁平，长 7~15cm。（栽培园地：SCBG, XTBG, SZBG）

Bauhinia touranensis Gagnep. **囊托羊蹄甲**

木质藤本。枝与小枝初时被伏贴短柔毛，后变无毛；卷须纤细，略扁，一面被丝质柔毛。叶片纸质，近圆形，基部心形，先端分裂达叶长的 1/6~1/5，裂片先端圆钝，上面无毛，下面初时略被极稀疏柔毛，以后除脉上和脉腋间有锈色柔毛外其余无毛；基出脉 7~9 条；叶柄长 1~2cm，无毛。伞房式总状花序单生于侧枝顶；花托与花梗相接处常屈曲成 90°，一侧直，另一侧基部膨凸呈浅囊状；花瓣白色带淡绿色。荚果带状，扁平。（栽培园地：WHIOB, XTBG, XMBG）

Bauhinia touranensis 囊托羊蹄甲

Bauhinia variegata L. **洋紫荆**

落叶乔木。树皮暗褐色，近光滑；幼嫩部分常被灰色短柔毛；枝广展，硬而稍呈“之”字形曲折，无毛。叶片近革质，广卵形至近圆形，宽度常超过长度，长 5~9cm，宽 7~11cm，基部浅至深心形，有时近截形，先端 2 裂达叶长的 1/3，裂片阔，钝头或圆，两面无毛或下面略被灰色短柔毛；基出脉 (9~)13 条；叶柄长 2.5~3.5cm，被毛或近无毛。总状花序有花数朵；花序轴极短缩；花瓣长 4~5cm，花紫红色或淡红色，杂以黄绿色及暗紫色斑纹。荚果带状，扁平。（栽培园地：SCBG, WHIOB, KIB, LSBG, SZBG, GXIB, XMBG）

Bauhinia variegata L. var. **candida** (Roxb.) Voigt **白花洋紫荆**

小乔木或灌木。叶裂片先端急尖或稍渐尖；叶柄略

Bauhinia variegata 洋紫荆（图 1）

Bauhinia variegata var. **candida** 白花洋紫荆（图 2）

Bauhinia variegata 洋紫荆（图 2）

Bauhinia variegata var. **candida** 白花洋紫荆（图 3）

Bauhinia variegata var. **candida** 白花洋紫荆（图 1）

被短柔毛；叶下面通常被短柔毛。花瓣白色，近轴的一片或有时全部花瓣均杂以淡黄色的斑块；花无退化雄蕊。（栽培园地：SCBG, XTBG, CNBG, SZBG）

Bauhinia viridescens Desv. **绿花羊蹄甲**

直立灌木。幼嫩部分被微柔毛；枝纤细，无毛。叶片纸质，近圆形，长 5~8(9)cm，宽 6~8(10)cm，2 裂达叶长的 1/3~1/2，罅口阔，裂片先端通常圆钝，基部截平，有时浅心形，上面无毛，下面初时疏被灰色短柔毛，后仅在脉上略被毛；基出脉 7~9 条；叶柄纤细，长 2~3.5cm；托叶基部狭三角形，中部以上锥尖，长约 2mm。总状花序狭窄，疏花，通常与叶对生；花瓣白

Bauhinia viridescens 绿花羊蹄甲

色带绿色，倒卵形至披针形。荚果线形，扁平，开裂。（栽培园地：XTBG, XMBG）

Bauhinia viridescens Desv. var. **laui** (Merr.) T. Chen **白枝羊蹄甲**

本变种与原变种的主要区别为：叶分裂达中部以下，裂片较狭长；花梗较长，长约5mm；花瓣黄色；荚果较大，长7~10cm，宽10~12mm。（栽培园地：SCBG）

Bauhinia viridescens var. **laui** 白枝羊蹄甲（图1）

Bauhinia viridescens var. **laui** 白枝羊蹄甲（图2）

Bauhinia viridescens var. **laui** 白枝羊蹄甲（图3）

Bauhinia yunnanensis Franch. **云南羊蹄甲**

藤本，无毛。枝略具棱或圆柱形；卷须成对，近无毛。叶片膜质或纸质，阔椭圆形，全裂至基部，弯缺处有一刚毛状尖头，基部深或浅心形，裂片斜卵形，两端圆钝，上面灰绿色，下面粉绿色，具3~4脉。总状花序顶生或与叶对生，长8~18cm，有10~20朵花；小苞片2枚，对生于花梗中部，与苞片均早落；檐部二唇形，裂片椭圆形和卵圆形，顶端具小齿；花瓣淡红色，匙形，长约17mm，顶部两面有黄色柔毛，上面3片各有3条玫瑰红色纵纹，下面2片中心各有1条纵纹。荚果带状长圆形，扁平。（栽培园地：KIB, XTBG）

Bauhinia yunnanensis 云南羊蹄甲

Bowringia callicarpa 藤槐（图 2）

Bowringia 藤槐属

该属共计 1 种，在 1 个园中有种植

Bowringia callicarpa Champ. ex Benth **藤槐**

攀援灌木。单叶，叶片近革质，长圆形或卵状长圆形，长 6~13cm，宽 2~6cm，先端渐尖或短渐尖，基部圆形，两面几无毛，叶脉两面明显隆起，侧脉 5~6 对，于叶缘前汇合，细脉明显；叶柄两端稍膨大，长 1~3cm；托叶小，卵状三角形，具脉纹。总状花序或排列成伞房状；花萼杯状，长 2~3mm，宽 3~4mm，萼齿极小，锐尖，先端近截平；花冠白色；旗瓣近圆形或长圆形，长 6~8mm，先端微凹或呈倒心形。荚果卵形或卵球形。（栽培园地：SCBG）

Bowringia callicarpa 藤槐（图 1）

Bowringia callicarpa 藤槐（图 3）

Brownea 宝冠木属

该属共计 1 种，在 1 个园中有种植

Brownea ariza Benth. **宝冠木**

乔木。一回羽状复叶，小叶长 8~30cm，长椭圆形或长椭圆状披针形。圆锥状伞房花序着生于老枝干上，小苞片呈黄色或绯红色，显著；无花瓣，花萼长筒形，4 裂片，如花瓣状。荚果扁平，长椭圆形。（栽培园地：XTBG）

Brownea ariza 宝冠木

Butea 紫矿属

该属共计 1 种，在 2 个园中有种植

Butea monosperma (Lam.) Taub. **紫矿**

乔木，高 10~20m。胸径达 30cm，树皮灰黑色。叶具长约 10cm 的粗柄；小叶厚革质，不同形，顶生的宽倒卵形或近圆形，长 14~17cm，宽 12~15cm，先端圆，基部阔楔形，侧生的长卵形或长圆形，长 11.5~16cm，宽 8.5~10cm，两侧不对称，先端钝，基部圆形，两面粗糙，上面无毛，下面沿脉上被短柔毛，侧脉 6~7 对，与主脉在下面隆起，网脉在下面裸露，网眼明显；小叶柄粗壮，长约 8mm；小托叶钻状，长约 1.5mm。总状或圆锥花序腋生或生于无叶枝的节上，花序轴和花梗密被褐色或黑褐色绒毛。花冠橘红色，后渐变黄色，比花萼长约 3 倍，未成熟荚果扁长圆形，长 12~15cm。（栽培园地：SCBG，XTBG）

Butea monosperma 紫矿（图 1）

Butea monosperma 紫矿（图 2）

Butea monosperma 紫矿（图 3）

Caesalpinia bonduc 刺果苏木（图 2）

Caesalpinia 云实属

该属共计 11 种，在 10 个园中有种植

Caesalpinia bonduc (L.) Roxb. **刺果苏木**

有刺藤本，各部均被黄色柔毛；刺直或弯曲。叶长 30~45cm；叶轴有钩刺；羽片 6~9 对，对生；羽片柄极短，基部有刺 1 枚；托叶大，叶状，常分裂，脱落；

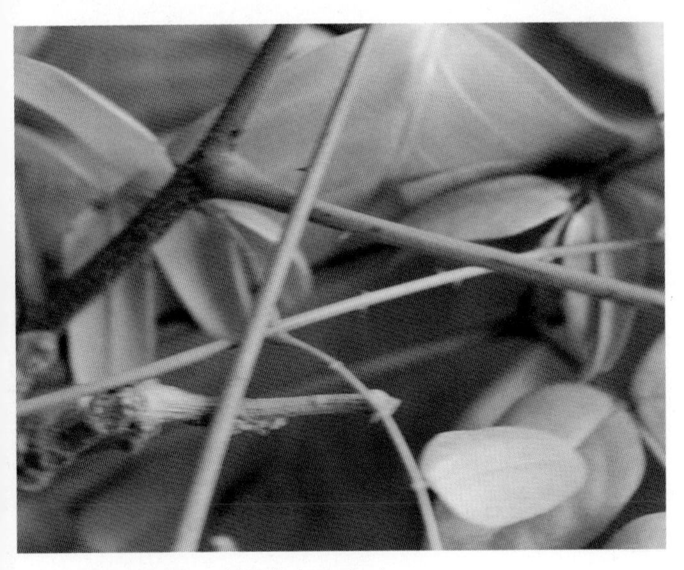

Caesalpinia bonduc 刺果苏木（图 1）

Caesalpinia bonduc 刺果苏木（图 3）

在小叶着生处常有托叶状小钩刺 1 对；小叶 6~12 对，膜质，长圆形，长 1.5~4cm，宽 1.2~2cm，先端圆钝而有小凸尖，基部斜，两面均被黄色柔毛。总状花序腋生，具长梗，上部稠密，下部稀疏；花梗长 3~5mm；苞片锥状，长 6~8mm，被毛，外折，开花时渐脱落；花托凹陷；萼片 5 枚，长约 8mm，内外均被锈色毛；花瓣黄色，最上面一片有红色斑点，倒披针形，有柄。荚果革质，长圆形，长 5~7cm，宽 4~5cm，顶端有喙，膨胀，外面具细长针刺（栽培园地：SCBG, IBCAS, WHIOB, SZBG）

Caesalpinia cucullata Roxb. **见血飞**

藤本，长 3~5m。茎上的倒生钩刺木栓化，形成扁圆形的木栓凸起；枝和叶轴上具黑褐色的倒生钩刺。二回羽状复叶；叶轴长 20~40cm；羽片 2~5 对，具柄；小叶大，革质，卵圆形或长圆形，长 4~12cm，宽 2.5~5cm，先端渐尖，基部阔楔形或圆钝，上面深绿色，有光泽，下面灰白色。圆锥花序顶生或总状花序侧生，与叶近等长；花两侧对称；花梗长 6~12mm，无毛，具关节；萼片 5 枚，不等，最外面一片盔形，其余的三角状长圆形，开花后脱落；花瓣 5 片，黄色，上面一片宽而短，先端 2 裂成鱼尾状，基部具短柄。荚果扁平，椭圆状长圆形，长 8~12cm，宽 2.5~3.5cm，红褐色。（栽培园地：XTBG）

Caesalpinia cucullata 见血飞

Caesalpinia decapetala (Roth) Alston **云实**

藤本。树皮暗红色；枝、叶轴和花序均被柔毛和钩刺。二回羽状复叶长 20~30cm；羽片 3~10 对，对生，具柄，基部有刺 1 对；小叶 8~12 对，膜质，长圆形，长 10~25mm，宽 6~12mm，两端近圆钝，两面均被短柔毛，老时渐无毛；托叶小，斜卵形，先端渐尖，早落。总状花序顶生，直立，长 15~30cm，具多花；总花梗多刺；花梗长 3~4cm，被毛，在花萼下具关节，故花易脱落；萼片 5 枚，长圆形，被短柔毛；花瓣黄色，圆形或倒卵形，长 10~12mm，盛开时反卷，基部具短柄；荚果长圆状舌形，长 6~12cm，宽 2.5~3cm，脆革质，栗褐色，无毛，有光泽。（栽培园地：SCBG, WHIOB, XTBG, LSBG, CNBG, GXIB, XMBG）

Caesalpinia decapetala 云实

Caesalpinia enneaphylla Roxb. **九羽见血飞**

大型藤本。枝具散生、黑褐色、下弯的钩刺。二回羽状复叶互生；叶轴长 25~30cm；羽片 8~10 对，具柄，对生，长 6~8cm，基部有黑褐色、成对的钩刺；小叶 8~12 对，对生，膜质，长圆形，长 (10)15~25mm，宽 5~8mm，两端圆钝；小叶柄短。圆锥花序顶生或总状花序腋生，长 10~20cm，被柔毛；花大型，似蝶形，芳香，具 10~25mm 长的花梗；花托盘状，开花后宿存；萼片 5 枚，无毛，不等，下面一片兜状；花瓣黄色，上面一片近圆形，两裂成鱼尾状。荚果无刺，近无柄，扁平，阔披针形或椭圆状长圆形，长 10~14cm。（栽培园地：XTBG）

Caesalpinia enneaphylla 九羽见血飞

Caesalpinia millettii Hook. et Arn. **小叶云实**

有刺藤本，各部被锈色短柔毛。叶长 19~20cm；叶轴具成对的钩刺；羽片 7~12 对；小叶 15~20 对，互生，长圆形，长 7~13mm，宽 4~5mm，先端圆钝，基部斜截形，两面被锈色毛，下面较密。圆锥花序腋生，长达 30cm；花多数，上部稠密，下部稀疏；花梗长 15mm，被稀疏短柔毛；花托凹陷；萼片 5 枚，最下面一片长达 8mm，其余的长约 5mm；花瓣黄色，近圆形，宽约 8mm，最上面一片较小，只有 4mm 宽，基部有柄。荚果倒卵形，背缝线直，具狭翅，被短柔毛，革质，无刺。（栽培园地：SCBG, XTBG, CNBG）

Caesalpinia mimosoides Lam. **含羞云实**

木质藤本。小枝密被锈色腺毛和倒钩刺。二回羽状复叶长 22~36cm；羽片对生，13~23 对，长约 3.5cm；小叶对生，7~14 对，长约 9mm，宽约 4mm，边缘和下面有刚毛。总状花序顶生；花大，排列疏松，多达 50 朵以上；花梗不等长，上部的长 1.5~2cm，下部的长 3~3.5cm；花托凹；萼片 5 枚，长约 10mm，宽约 8mm；花瓣 5 片，鲜黄色，近圆形，其中 4 片较大，长约 17mm，宽约 13mm，上面一片较小，宽约 8mm。荚果倒卵形，呈镰刀状弯曲，长约 4.5cm，宽约 2.5cm，表面有刚毛，开裂。（栽培园地：XTBG）

Caesalpinia minax 喙荚云实（图 2）

Caesalpinia minax Hance **喙荚云实**

有刺藤本，各部被短柔毛。二回羽状复叶长可达 45cm；托叶锥状而硬；羽片 5~8 对；小叶 6~12 对，椭圆形或长圆形，长 2~4cm，宽 1.1~1.7cm，先端圆钝或急尖，基部圆形，微偏斜，两面沿中脉被短柔毛。总状花序或圆锥花序顶生；苞片卵状披针形，先端短渐尖；萼片 5 枚，长约 13mm，密生黄色绒毛；花瓣 5

Caesalpinia minax 喙荚云实（图 1）

Caesalpinia minax 喙荚云实（图 3）

片，白色，有紫色斑点，倒卵形，长约18mm，宽约12mm，先端圆钝，基部靠合，外面和边缘有毛。荚果长圆形，长7.5~13cm，宽4~4.5cm，先端圆钝而有喙。（栽培园地：SCBG, XTBG, GXIB, XMBG）

Caesalpinia pulcherrima (L.) Sweet **金凤花**

大灌木或小乔木；枝光滑，绿色或粉绿色，散生疏刺。二回羽状复叶长12~26cm；羽片4~8对，对生，长6~12cm；小叶7~11对，长圆形或倒卵形，长1~2cm，宽4~8mm，顶端凹缺，有时具短尖头，基部偏斜；小叶柄短。总状花序近伞房状，顶生或腋生，疏松，长达25cm；花梗长短不一，长4.5~7cm；萼片5枚，无毛，最下一片长约14mm，其余的长约10mm；花瓣橙红色或黄色，圆形，长1~2.5cm，边缘皱波状，柄与瓣片几乎等长；花丝红色，远伸出于花瓣外，长5~6cm。荚果狭而薄，倒披针状长圆形，长6~10cm，宽1.5~2cm，无翅，先端有长喙。（栽培园地：SCBG, XTBG, CNBG, SZBG, XMBG）

Caesalpinia pulcherrima 金凤花（图1）

Caesalpinia pulcherrima 金凤花（图2）

Caesalpinia sappan L. **苏木**

小乔木，高达6m。具疏刺，除老枝、叶下面和荚果外，

Caesalpinia sappan 苏木（图1）

Caesalpinia sappan 苏木（图2）

Caesalpinia sappan 苏木（图 3）

多少被细柔毛；枝上的皮孔密而显著。二回羽状复叶，对生，小叶 10~17 对，紧靠，无柄，小叶片纸质，长圆形至长圆状菱形，先端微缺，基部歪斜，以斜角着生于羽轴上；侧脉纤细，在两面明显，至边缘附近连结。圆锥花序顶生或腋生，长约与叶相等；花梗长 15mm，被细柔毛；萼片 5 枚，稍不等，下面一片比其他的大，呈兜状；花瓣黄色，阔倒卵形，长约 9mm，最上面一片基部带粉红色，具柄。荚果木质，稍压扁，近长圆形至长圆状倒卵形，长约 7cm，宽 3.5~4cm。（栽培园地：SCBG, KIB, XTBG, CNBG, SZBG, GXIB）

Caesalpinia sinensis (Hemsl.) J. E. Vidal **鸡嘴簕**

藤本。主干和小枝具分散、粗大的倒钩刺；嫩枝上或多或少具锈色柔毛，老时无毛或近无毛。二回羽状复叶；叶轴上有刺；羽片 2~3 对，长 30cm；小叶 2 对，革质，长圆形至卵形，长 6~9cm，宽 2.5~3.5cm；侧脉约 20 对，明显；小叶柄短。圆锥花序腋生或顶生；花梗长约 5mm；萼片 5 枚，长约 4mm，宽约 3mm；花瓣 5 片，黄色，长约 7mm，瓣柄长约 3mm。荚果革质，压扁，近圆形或半圆形，长约 4.5cm，宽约 3.5cm。（栽培园地：WHIOB, XTBG）

Caesalpinia vernalis Champ ex Benth. **春云实**

有刺藤本，各部被锈色绒毛。二回羽状复叶；叶轴长 25~35cm，有刺，被柔毛；羽片 8~16 对，长 5~8cm；小叶 6~10 对，对生，革质，卵状披针形、卵形或椭圆形，长 12~25mm，宽 6~12mm，先端急尖，基部圆形，上面无毛，深绿色，有光泽，下面粉绿色，疏被锈色绒毛。圆锥花序生于上部叶腋或顶生，多花；花梗长 7~9mm；萼片倒卵状长圆形；花瓣黄色，上面一片较小，外卷，有红色斑纹。荚果斜长圆形，长 4~6cm，宽 2.5~3.5cm，木质，黑紫色，无网脉，有皱纹。（栽培园地：SCBG）

Caesalpinia vernalis 春云实（图 1）

Caesalpinia vernalis 春云实（图 2）

Cajanus 木豆属

该属共计 6 种，在 4 个园中有种植

Cajanus cajan (L.) Millsp. **木豆**

直立灌木，高 1~3m。多分枝，小枝有明显纵棱，被灰色短柔毛。叶具羽状 3 小叶；托叶小，卵状披针形，长 2~3mm；叶柄长 1.5~5cm，上面具浅沟，下面具细纵棱，略被短柔毛；小叶纸质，披针形至椭圆形，长 5~10cm，宽 1.5~3cm，先端渐尖或急尖，常有细凸尖，上面被极短的灰白色短柔毛。下面较密，呈灰白色，有不明显的黄色腺点；小叶柄长 1~2mm，被毛。总状花序长 3~7cm；总花梗长 2~4cm；花数朵生于花序顶部或近顶部；苞片卵状椭圆形；花萼钟状。花冠黄色，长约为花萼的 3 倍。荚果线状长圆形，长 4~7cm，宽 6~11mm。（栽培园地：SCBG, XTBG, SZBG）

Cajanus crassus (Prain ex King) Vaniot der Maesen **虫豆**

攀援或缠绕藤本。茎粗壮，略具纵棱；枝被带褐色柔毛。叶具羽状三小叶；托叶微小，卵形，长 2~3mm，早落；叶柄长 2.5~4cm；小叶革质，两面被短绒毛；顶生小叶菱状至菱状卵形，长 2.5~8cm，宽 2~7.5cm，先端钝至短尖，基部圆形，亦常呈浅心形，侧生小叶稍小，斜卵形，基出脉 3 条；小叶柄极短。总状花序腋生，粗壮，长 3.5~6cm，有时更长，密被灰褐色绒毛，每节有花 1~2 朵。花冠黄色，长约 1.5cm；荚果长圆形，膨胀，长 3~5cm，宽 8~10mm。（栽培园地：XTBG）

Cajanus goensis Dalzell **硬毛虫豆**

木质缠绕藤本，全株各部除花冠外密被黄褐色长柔毛，毛的基部，除在小叶上的以外，常呈泡状。茎长 1 至数米，略具纵条纹，幼时密被毛，后逐渐脱落，变黑褐色。叶具羽状 3 小叶；托叶卵状披针形，长 7~12mm，具纵条纹，宿存；顶生小叶卵形至卵状椭圆形，长 5~10cm，宽 3~3.5cm，先端具硬尖头；花序各部密被黄褐色长柔毛；花冠黄色；荚果长椭圆形，长 4~6cm，宽约 1cm，直，密被扩展的黄褐色长毛。（栽培园地：XTBG）

Cajanus grandiflorus (Benth. et Baker) Maesen **大花虫豆**

木质缠绕藤本。茎圆柱状，略具条纹，被短柔毛。叶具羽状 3 小叶；托叶早落；叶柄长 3~8cm，被灰色短柔毛；小叶纸质，下面具腺点，顶生小叶卵状菱形、菱形，侧生小叶斜卵形，长 6~10cm，宽 4~7cm，先端骤渐尖或骤短尖，基部圆形、宽楔形至微心形，两面被灰色短柔毛，尤以下面脉上较密，干后上面黑色，下面灰色。总状花序腋生，粗壮，花较大，长约 2.5cm，花萼被毛基部呈泡状；花序长达 20cm；花大，黄色，长约 2.5cm；荚果长圆形，密被黄褐色长硬毛。（栽培园地：XTBG）

Cajanus mollis (Benth.) Maesen **长叶虫豆**

攀援木质藤本，各部密被灰褐色短绒毛。茎略具纵棱。叶具羽状三小叶；托叶披针形，长 2~3mm，早落；叶柄长 1~2.5(5)cm；小叶纸质至厚纸质，两面被短绒毛，下面脉上尤密，并具松脂状腺点，顶生小叶长大于宽，先端渐尖，下面密被灰色毛；花冠黄色，宿存，长约 1.5cm；荚果长圆形，长 4~7cm，宽 8~10mm，种子 8~10 颗。（栽培园地：WHIOB）

Cajanus scarabaeoides (L.) Thouars **蔓草虫豆**

蔓生或缠绕状草质藤本。茎纤弱，长可达 2m，具细纵棱，多少被红褐色或灰褐色短绒毛。叶具羽状 3 小叶；托叶小，卵形，被毛，常早落；叶柄长 1~3cm；小叶纸质或近革质，下面有腺状斑点，顶生小叶椭圆形至倒卵状椭圆形，长 1.5~4cm，宽 0.8~1.5(3)cm，先端钝或圆，侧生小叶稍小，斜椭圆形至斜倒卵形，两面薄被褐色短柔毛，但下面较密；基出脉 3 条，在下面脉明显凸起；小托叶缺；小叶柄极短。总状花序腋生，通常长不及 2cm，有花 1~5 朵。花冠黄色，长约 1cm；荚果长圆形，长 1.5~2.5cm。（栽培园地：SCBG, XTBG）

Calliandra 朱缨花属

该属共计 3 种，在 8 个园中有种植

Calliandra haematocephala Hassk. **朱缨花**

落叶灌木或小乔木，高 1~3m。枝条扩展，小枝圆

Calliandra haematocephala 朱缨花（图 1）

Calliandra haematocephala 朱缨花（图 2）

Calliandra haematocephala 朱缨花（图 3）

柱形，褐色，粗糙。托叶卵状披针形，宿存。二回羽状复叶，总叶柄长 1~2.5cm；羽片 1 对，长 8~13cm；小叶 7~9 对，斜披针形，长 2~4cm，宽 7~15mm，中上部的小叶较大，下部的较小，先端钝而具小尖头，基部偏斜，边缘被疏柔毛；中脉略偏上缘；小叶柄长仅 1mm。头状花序腋生，直径约 3cm（连花丝），有花 25~40 朵，总花梗长 1~3.5cm；花萼钟状，长约 2mm，绿色；花冠管长 3.5~5mm，淡紫红色，顶端具 5 裂片，裂片反折。荚果线状倒披针形，长 6~11cm，宽 5~13mm。（栽培园地：SCBG, IBCAS, WHIOB, XTBG, CNBG, GXIB, XMBG）

Calliandra surinamensis Benth. **苏里南朱缨花**

常绿灌木，丛生，高约 2m 或更高。二回羽状复叶，羽片 1 至数对，叶互生，小叶对生，小叶为披针形或歪长卵形。花大红色、粉红色或白色，着生在半圆形的头状花序或总状花序上，花序直径 5~6cm，花

Calliandra surinamensis 苏里南朱缨花（图 1）

Calliandra surinamensis 苏里南朱缨花（图 2）

Calliandra surinamensis 苏里南朱缨花（图 3）

冠呈圆球形，伞形花序，丝状花序为雄蕊，花丝艳红色，聚成红色可爱的小红绒球。花期春夏季。荚果阔线形，长 6~8cm。（栽培园地：SCBG, XTBG, SZBG, XMBG）

Calliandra tergemina (L.) Benth. var. **emarginata** (Willd.) Barneby **红粉扑花**

落叶灌木或小乔木。分枝披散柔弱。二回羽状复叶，

Calliandra tergemina var. **emarginata** 红粉扑花（图 1）

Calliandra tergemina var. **emarginata** 红粉扑花（图 2）

Calliandra tergemina var. **emarginata** 红粉扑花（图 3）

羽片 1 对，小叶 8~12 对，长矩圆形，长 1~2cm，先端圆，具短尖头，下侧 1 脉微明显，叶柄及叶片轴被柔毛，托叶 1 对，长三角形。头状花序腋生，含花多数，花冠黄绿色，雄蕊多数，花丝上部伸出，下部白色，上部粉色。荚果带状扁平。（栽培园地：SCBG, XTBG, SZBG, XMBG）

Calopogonium 毛蔓豆属

该属共计 1 种，在 1 个园中有种植

Calopogonium mucunoides Desv. **毛蔓豆**

缠绕或平卧草本，全株被黄褐色长硬毛。羽状复叶具 3 小叶；托叶三角状披针形，长 4~5mm；叶柄长 4~12cm；侧生小叶卵形，中央小叶卵状菱形，长 4~10cm，宽 2~5cm，先端急尖或钝，基部宽楔形至圆形，侧生小叶偏斜；小托叶锥状。花序长短不一，顶端有花 5~6 朵；苞片和小苞片线状披针形，长 5mm；花簇生于花序轴的节上；萼管近无毛，裂片长于管，线状披针形，先端长渐尖，密被长硬毛；花冠淡紫色，翼瓣倒卵状长椭圆形，龙骨瓣劲直，耳较短。荚果线状长椭圆形，长 2~4cm，宽约 4mm。（栽培园地：XTBG）

Campylotropis 杭子梢属

该属共计 11 种，在 6 个园中有种植

Campylotropis brevifolia Ricker **短序杭子梢**

直立灌木，高 0.8~2m。小枝有细纵棱，密生灰色绒毛，老枝毛少或几乎无毛。羽状复叶具 3 小叶：托

叶宽卵状三角形，稍渐尖，或近三角形，长1.5~2.5mm；叶柄长6~11(15)mm，密生短绒毛；小叶倒卵形、宽倒卵形、倒心形或有时近椭圆形，长8~17mm，宽7~12mm，先端通常微凹，基部渐狭，呈宽楔形或有时近圆形，上面稍密生极短的绒毛。总状花序单一腋生并顶生，具少数花，花序极短，不及1(~3)cm。花冠紫红色，长9~11mm，旗瓣通常明显地向外翻。（栽培园地：WHIOB）

Campylotropis cytisoides Miq. f. **parviflora** (Kutz) Iokawa et H. Ohashi **小花杭子梢**

灌木，高1~2m。枝有棱，贴生短柔毛，羽状复叶具3小叶；小叶椭圆状卵形或椭圆形，长1.5~5cm，宽0.9~2cm，向顶端（有时向两端）常渐狭窄，先端圆形或钝，具小凸尖，基部通常圆形，上面无毛，暗绿色，下面贴生短柔毛，带苍白色。总状花序单一或有时2个腋生并顶生，花序连总花梗长5~15cm，总花梗长1.8~5cm，花轴及总花梗密生开展或稍贴伏短柔毛，于顶部通常形成圆锥花序；花冠淡红紫色或淡蓝紫色，长8~9mm，旗瓣柄长为瓣片的1/4~1/3。荚果斜卵形或宽椭圆形，长6.5~8mm，宽3.8~4.5mm。（栽培园地：XTBG）

Campylotropis delavayi (Franch.) Schindl. **西南杭子梢**

灌木，高1~3m。全珠除小叶上面及花冠外均密被灰白色绢毛；小枝有细棱，因密被毛而呈灰白色，老枝毛少，呈灰褐色或褐色。羽状复叶具3小叶；托叶披针状钻形，长4~8mm；叶柄长1~4cm；小叶宽倒卵形、宽椭圆形或倒心形，长2.5~6cm，宽2~4cm。总状花序通常单一腋生并顶生，长达10cm，总花梗长1.5~3(4)cm，花萼长6.3~7.5mm，深裂达全萼的3/4(2/3)。花冠深堇色或红紫色，长10~11(12)mm，荚果压扁而两面凸，长6~7mm，宽4~5mm。（栽培园地：WHIOB, KIB, XTBG）

Campylotropis delavayi 西南杭子梢（图1）

Campylotropis delavayi 西南杭子梢（图2）

Campylotropis harmsii Schindl. **思茅杭子梢**

灌木，高1~2m。当年生小枝灰褐色，密被短柔毛，老枝渐变暗紫褐色，毛渐少以至近无毛。羽状复叶具3小叶；托叶线状钻形，长3~4(5)mm；叶柄长达2cm；小叶椭圆形、宽椭圆形或宽倒卵形，长1.8~3.5cm，宽1.2~2.3cm。总状花序单一腋生并顶生，长达5cm，总花梗短，长不及1cm；苞片卵状披针形，长1~1.5mm，宿存；花梗长10(8)~15mm，稍贴生或斜生短柔毛；小苞片早落。荚果长(11)13~15mm，宽5.5~6mm。花冠紫红色，长约13mm，荚果略呈斜长圆形，长13(11)~15mm，宽5.5~6mm。（栽培园地：XTBG）

Campylotropis hirtella (Franch.) Schindl. **毛杭子梢**

灌木，高0.7~1m，枝有细纵棱。羽状复叶具3小叶；托叶线装披针形，长3~6mm；叶柄极短（长6mm以内）或近无柄；全株（枝、叶、花序、苞片、花梗、花萼、果）被黄褐色长硬毛与短硬毛。总状花序每1~2个腋生并顶生，长超过10cm；花冠红紫色或紫红色，长12~14(15)mm。荚果宽椭圆形，长4.5~6mm，宽3~4mm。（栽培园地：KIB, XTBG）

Campylotropis latifolia (Dunn) Schindl. **阔叶杭子梢**

灌木，高 (1)2~3m。枝有棱，被短绒毛。羽状复叶具 3 小叶；托叶三角形或狭三角形，长 4~7mm，密被丝状柔毛或绒毛；叶柄长 (1)2~5cm，被短绒毛；小叶椭圆形或近卵形，有时为宽椭圆形或近圆形，长 4~10cm，宽 2~6(8)cm，先端圆形或微凹，基部圆形或少为微心形。总状花序顶生及近顶部腋生，长 6~12cm，总花梗很短，花序轴及总花梗被短绒毛，于顶部形成圆锥花序；花梗长 1~3mm；花冠紫红色，长 9.5~11mm，花瓣近等长；荚果长约 11mm，宽约 3.5mm。（栽培园地：KIB）

Campylotropis latifolia 阔叶杭子梢（图 1）

Campylotropis latifolia 阔叶杭子梢（图 2）

Campylotropis macrocarpa (Bunge) Rehder **杭子梢**

灌木，高 1~2(3)m。小枝贴生或近贴生短或长的柔毛，嫩枝毛密，少有绒毛，老枝常无毛。羽状复叶具 3 小叶；托叶狭三角形、披针形或披针状钻形。荚果通常为长圆形或近长圆形，少为椭圆形，长 10~14(16)mm。顶端骤尖或短渐尖，表面无毛而仅边缘有毛（变种果面有毛）；果柄长 1~1.4mm，稀有超过长 1.5~1.8mm 的；小叶长 3~7cm。花冠紫红色或近粉红色，长 10~12(13)mm；荚果长圆形、近长圆形或椭圆形，长 (9)10~14(16)mm。（栽培园地：WHIOB, XTBG, XJB, CNBG）

Campylotropis macrocarpa (Bunge) Rehder var. **hupehensis** (Pamp.) Iokawa et H. Ohashi **太白山杭子梢**

灌木。子房及果被短柔毛或长柔毛，边缘密生纤毛，其他特征同杭子梢原变型。（栽培园地：WHIOB）

Campylotropis polyantha (Franch.) Schindl. **小雀花**

灌木，多分枝。羽状复叶具 3 小叶；托叶狭三角形至披针形，稍渐尖至长渐尖，长 2~4(6)mm；叶柄长 6~25(35)mm，通常被短柔毛或长柔毛；小叶椭圆形至长圆形、椭圆状倒卵形至长圆状倒卵形或楔状倒卵形，长 8~30(40)mm，宽 4~15(20)mm。花冠粉红色、淡红紫色或近白色，长 9~12mm；荚果椭圆形或斜卵形，长 6~9(11)mm。（栽培园地：KIB, XTBG, XMBG）

Campylotropis sulcata Schindl. **槽茎杭子梢**

灌木，高 0.9~1.5m。枝有棱，密被短绒毛。羽状复叶具 3 小叶；叶柄长 1~3.8cm，密生稍贴伏的短绢毛或短绒毛。总状花序于枝上部单一腋生并顶生，长达 10cm；花冠紫色，长 (7)8~10mm，龙骨瓣与旗瓣近等长或有时超出旗瓣。荚果宽椭圆形或椭圆形，长 4.5~6(7)mm，宽 3.5~4mm，顶端具短喙尖。（栽培园地：XTBG）

Campylotropis trigonoclada (Franch.) Schindl. **三棱枝杭子梢**

半灌木或灌木，高 1~3m。枝稍呈“之”字形屈曲，具 3 棱，并有狭翅，通常无毛。羽状复叶具 3 小叶；托叶斜披针形，长 1~2cm，近膜质，宿存；叶柄长 1~6(7)cm，三棱形，通常具较宽的翅；小叶形状多变化，先端钝、圆形或微凹，具小凸尖，基部圆形或宽楔形，上面无毛，下面无毛或有时贴生稀疏的短柔毛。总状花序每1~2个腋生并顶生，长超过20cm，总花梗长达7cm；花冠黄色或淡黄色，长9~11(12)mm。荚果椭圆形，长(5.5)6~8mm，宽约4mm。（栽培园地：WHIOB, KIB）

Canavalia 刀豆属

该属共计3种，在3个园中有种植

Canavalia cathartica Thouars **小刀豆**

二年生粗壮草质藤本。茎、枝被稀疏的短柔毛。羽状复叶具3小叶；托叶小，胼胝体状；小托叶微小，极早落。小叶纸质，卵形，长叶片先端急尖或圆，但不微凹；花1~3朵生于花序轴的每一节上；花梗长1~2mm；萼近钟状，长约12mm，被短柔毛，上唇2裂齿阔而圆，远较萼管为短，下唇3裂齿较小；花冠粉红色或近紫色。荚果长圆形，长7~9cm，宽3.5~4.5cm；种子褐黑色，长1.8cm。（栽培园地：SCBG）

Canavalia cathartica 小刀豆（图1）

Canavalia cathartica 小刀豆（图2）

Canavalia cathartica 小刀豆（图3）

Canavalia ensiformis (L.) DC. **直生刀豆**

亚灌木状一年生草本，高0.6~1(2)m。羽状复叶具3小叶。小叶质薄，卵形或椭圆形。总状花序单生于叶腋，长15~25(40)cm，花1~3朵生于花序轴上肉质、隆起的节上。花冠浅紫色或白色带紫色，旗瓣近圆形，直径2.2cm。荚果带状，长20~35cm，宽2.5~4cm，果瓣厚革质。（栽培园地：SCBG, XTBG, LSBG）

Canavalia ensiformis 直生刀豆（图1）

Canavalia ensiformis 直生刀豆（图 2）

Canavalia ensiformis 直生刀豆（图 3）

Canavalia maritima (Aubl.) Thou. **海刀豆**

粗壮草质藤本。茎被稀疏的微柔毛。羽状复叶具 3 小叶；托叶、小托叶小。小叶倒卵形、卵形、椭圆形或近圆形，长 5~8(14)cm，宽 4.5~6.5(10)cm，先端通常圆，截平、微凹或具小凸头，稀渐尖，基部楔形至近圆形，侧生小叶基部常偏斜，两面均被长柔毛，侧脉每边 4~5 条；叶柄长 2.5~7cm；小叶柄长 5~8mm。总状花序腋生，连总花梗长达 30cm；花 1~3 朵聚生于花序轴近顶部的每一节上；花冠紫红色，旗瓣圆形，长约 2.5cm。荚果线状长圆形，长 8~12cm，宽 2~2.5cm，厚约 1cm，顶端具喙尖。（栽培园地：SCBG）

Caragana 锦鸡儿属

该属共计 16 种，在 9 个园中有种植

Caragana acanthophylla Kom. **刺叶锦鸡儿**

灌木，高 0.7~1.5cm，由基部多分枝。羽状复叶有 (2)3~4(5) 对小叶；托叶在长枝者硬化成针刺，长 2~5mm，宿存，短枝者脱落；叶轴在长枝者硬化成针刺，长 1.5~4cm，宿存，粗壮，短枝者纤细，脱落；小叶倒卵形、狭倒卵形或长圆形。花梗单生，长 1~2.5cm，中上部具关节，苞片早落；花萼钟状管形，长 6~10mm，近无毛；花冠黄色，长 26~30mm，旗瓣宽卵形，翼瓣长圆形，瓣柄长为瓣片的 1/3~1/2，耳齿状，龙骨瓣的瓣柄长约为瓣片的 3/4，耳短小，子房近无毛。荚果长 2~3cm，宽约 4mm。（栽培园地：XJB）

Caragana arborescens Lam. **树锦鸡儿**

小乔木或大灌木，高 2~6m。老枝深灰色，平滑，稍有光泽，小枝有棱，幼时被柔毛，绿色或黄褐色。羽状复叶有 4~8 对小叶；托叶针刺状，长 5~10mm，长枝者脱落，极少宿存；叶轴细瘦，长 3~7cm，幼时被柔毛；小叶长圆状倒卵形、狭倒卵形或椭圆形，长 1~2(2.5)cm，宽 5~10(13)mm，先端圆钝，具刺尖，基部宽楔形，幼时被柔毛，或仅下面被柔毛。花梗 2~5 簇生，每梗具 1 朵花，长 2~5cm，关节在上部，苞片小，刚毛状；花萼钟状，长 6~8mm，宽 7~8mm，萼齿短宽；花冠黄色，长 16~20mm，旗瓣菱状宽卵形。荚果圆筒形，长 3.5~6cm，粗 3~6.5mm。（栽培园地：XJB, IAE）

Caragana aurantiaca Koehne **镰叶锦鸡儿**

灌木，高约 1m。树皮绿褐色或深灰色，有光泽；小枝粗壮，伸长，有明显条棱，无毛。假掌状复叶有 4 片小叶；托叶的针刺长 1~2mm，脱落或宿存；叶柄在长枝者长 3~5mm，硬化，宿存，短枝上叶无柄，簇生；小叶线形或披针状线形，长 4~16mm，宽 1~2mm，无毛，常呈镰状弯曲。花梗单生，长 6~9mm，中下部具关节；

花萼钟状，长 6~7mm，宽约 5mm，无毛，萼齿短宽；花冠橘黄色，长 18~20mm，旗瓣近圆形，下部渐尖成短瓣柄，先端稍圆或稍凹。荚果筒状，稍扁，长 2.5~4cm。（栽培园地：IBCAS）

Caragana boisii C. K. Schneid. **扁刺锦鸡儿**

灌木，高 1~2.5m。老枝深褐色，一年生枝紫褐色，有条棱，幼时稍被短柔毛。羽状复叶有 4~10 对小叶；托叶硬化成针刺，长 8~15mm，宿存，宽扁，开展，红褐色，有时无针刺；叶轴常脱落，无毛；小叶椭圆形、长圆形或倒卵状椭圆形，长 5~18mm，宽 4~12mm，先端圆或稍凹，具刺尖。花梗单生或 2 个并生，有时 3 个簇生，长 15~28mm，中部以上或近顶部具关节；花萼钟状，长 6~11mm，宽 5~6mm，无毛或疏被短柔毛，萼齿三角形；花冠黄色，长 20~25mm。荚果扁，长 3~4cm，宽 4~5mm。（栽培园地：IBCAS）

Caragana camilli-schneideri Kom. **北疆锦鸡儿**

灌木，高 0.8~2m。老枝粗壮，皮褐色，有凸起条棱。托叶针刺硬化，长 2~5mm，宿存；叶柄在长枝者长 2~10mm，硬化成针刺，宿存，在短枝者细瘦，脱落；叶假掌状，小叶 4 枚，倒卵形至宽披针形，长 1~2cm，宽 6~7mm，先端钝圆或锐尖，有短刺尖，基部渐狭或短柄，近无毛。花梗单生或 2 个并生，长 1~1.5(2)cm，关节在上部；萼筒长 9~10mm，宽 5~6mm，基部偏斜扩大，萼齿三角形，花冠黄色，长 28~31mm。荚果圆筒形，具斜尖头，被柔毛。（栽培园地：XJB）

Caragana frutex (L.) K. Koch **黄刺条**

灌木，高 0.5~2m。枝条细长，褐色、黄灰色或暗

Caragana frutex 黄刺条（图 1）

Caragana frutex 黄刺条（图 2）

Caragana frutex 黄刺条（图 3）

灰绿色，有条棱，无毛。假掌状复叶有 4 片小叶；托叶三角形，先端钻形，脱落或硬化成针刺，长 1~3mm；叶柄长 2~10mm，短枝者脱落，长枝者硬化成针刺，宿存；小叶倒卵状倒披针形，长 6~10mm，宽 3~5mm，先端圆形或微凹，具刺尖，基部楔形，两面绿色，无毛或稀被毛。花梗单生或并生，长 9~21mm，上部有关节，无毛；花萼管状钟形，长 6~8mm，基部偏斜，萼齿很短，具刺尖；花冠黄色，长 20~22mm，旗瓣近圆形。荚果筒状，长 2~3cm，宽 3~4mm。（栽培园地：WHIOB, IAE）

Caragana hololeuca Bge. ex Kom. **绢毛锦鸡儿**

灌木，高 30~50cm，多分枝。老枝黄褐色或黄色，片状剥落；小枝粗壮，有条棱，幼时密被短柔毛。托叶三角状，先端渐尖成针刺，长 2~5mm，硬化宿存；长枝上叶轴长 7~15mm，粗壮，常向下弯，被短柔毛，短枝上叶轴脱落；小叶 2 对，短枝者密，接近羽状，长枝者羽状，倒卵状长圆形，长 6~11mm，宽 2~4mm，先端圆钝，具刺尖，基部楔形，两面密被伏贴绢毛，灰绿色。花单生，梗极短，关节在基部；花萼管状，长约 8mm，密被白色绒毛，萼齿三角形，长 1.5~2mm，先端渐尖；花冠黄色。荚果披针形，较萼筒长 1 倍。（栽

Caragana hololeuca 绢毛锦鸡儿（图 1）

Caragana hololeuca 绢毛锦鸡儿（图 2）

Caragana hololeuca 绢毛锦鸡儿（图 3）

培园地：XJB）

Caragana davazamcii Sanchi **沙地锦鸡儿**

灌木，高 0.3~1.5m。老枝淡黄色，一年生枝密被短柔毛。羽状复叶有 4~9 对小叶。花梗单生或并生，长 1~2cm，密被柔毛。花冠黄色，旗瓣近圆形或圆卵形，长 20~30mm。荚果线形，长 3.5~5cm，宽 4~5mm，向下呈镰刀状弯曲。（栽培园地：XJB）

Caragana davazamcii 沙地锦鸡儿（图 1）

Caragana davazamcii 沙地锦鸡儿（图 2）

Caragana korshinskii Kom. **柠条锦鸡儿**

灌木，有时小乔木状，高 1~4m。老枝金黄色，有光泽；嫩枝被白色柔毛。羽状复叶有 6~8 对小叶；托叶在长枝者硬化成针刺；花冠黄色或淡黄色，长 20~23mm。荚果扁，披针形，长 2~2.5cm，宽 6~7mm。（栽培园地：IBCAS, XJB）

Caragana microphylla Lam. **小叶锦鸡儿**

灌木，高 1~2(3)m。老枝深灰色或黑绿色，嫩枝被毛，直立或弯曲。羽状复叶有 5~10 对小叶；托叶长 1.5~5cm，脱落；小叶倒卵形或倒卵状长圆形，长

Caragana korshinskii 柠条锦鸡儿（图 1）

Caragana microphylla 小叶锦鸡儿（图 2）

Caragana korshinskii 柠条锦鸡儿（图 2）

Caragana microphylla 小叶锦鸡儿（图 3）

Caragana microphylla 小叶锦鸡儿（图 1）

3~10mm，宽 2~8mm，先端圆或钝，很少凹入，具短刺尖，幼时被短柔毛。花梗长约 1cm，近中部具关节，被柔毛；花萼管状钟形，长 9~12mm，宽 5~7mm，萼齿宽三角形；花冠黄色，长约 25mm，旗瓣宽倒卵形，先端微凹，基部具短瓣柄，翼瓣的瓣柄长为瓣片的 1/2，耳短，齿状。荚果圆筒形，稍扁，长 4~5cm，宽 4~5mm，具锐尖头。（栽培园地：XJB）

Caragana pekinensis Kom. **北京锦鸡儿**

灌木，高 1~2m。老枝皮褐色或黑褐色，幼枝密被短绒毛。羽状复叶有 6~8 对小叶；托叶宿存，硬化成针刺，长达 12mm，灰褐色，基部扁；叶轴长 2~6cm，脱落，密被绒毛；小叶椭圆形或倒卵状椭圆形，长5~12mm，宽5~7mm，先端钝或圆，具刺尖，两面密被灰白色伏贴短柔毛。花梗2个并生或单生，有时3~4个簇生，长6~15mm，密被绒毛，上部具关节；花萼管状钟形，长7~8mm，宽4~5mm，基部无囊状凸起，被柔毛，萼齿宽三角形，长约2mm；花冠黄色，长约25mm。荚果扁，长4~6cm，宽约4mm，后期密被柔毛。（栽培园地：IBCAS）

Caragana roborovskyi Kom. **荒漠锦鸡儿**

灌木，高0.3~1m，直立或外倾，由基部多分枝。老枝黄褐色，被深灰色剥裂皮；嫩枝密被白色柔毛。羽状复叶有3~6对小叶；托叶膜质，被柔毛，先端具刺尖；叶轴宿存，全部硬化成针刺，长1~2.5cm，密被柔毛；小叶宽倒卵形或长圆形，长4~10mm，宽3~5mm，先端圆或锐尖，具刺尖。花梗单生，长约4mm，关节在中部到基部，密被柔毛；花萼管状，长11~12mm，宽4~5mm，密被白色长柔毛，萼齿披针形，长约4mm；花冠黄色，旗瓣有时带紫色，倒卵圆形。

Caragana roborovskyi 荒漠锦鸡儿（图1）

Caragana roborovskyi 荒漠锦鸡儿（图2）

Caragana roborovskyi 荒漠锦鸡儿（图3）

荚果圆筒状，长2.5~3cm，被白色长柔毛，先端具尖头。（栽培园地：XJB）

Caragana rosea Turcz. ex Maxim. **红花锦鸡儿**

灌木，高0.4~1m。树皮绿褐色或灰褐色，小枝细长，具条棱，托叶在长枝者成细针刺；叶柄长5~10mm，脱落或宿存成针刺；叶假掌状；小叶4片。花梗单生，长8~18mm；花冠黄色，常紫红色或全部淡红色，凋落时变为红色，长20~22mm。荚果圆筒形，长3~6cm，具渐尖头。（栽培园地：IBCAS, XJB, IAE）

Caragana rosea 红花锦鸡儿（图1）

Caragana rosea 红花锦鸡儿（图 2）

Caragana rosea 红花锦鸡儿（图 3）

Caragana sinica 锦鸡儿（图 1）

Caragana sinica 锦鸡儿（图 2）

Caragana sinica 锦鸡儿（图 3）

Caragana sinica (Buchoz) Rehd. **锦鸡儿**

灌木，高 1~2m。树皮深褐色；小枝有棱，无毛。托叶三角形，硬化成针刺，长 5~7mm；叶轴脱落或硬化成针刺，针刺长 7~15(25)mm；小叶 2 对，羽状，有时假掌状，上部 1 对常较下部的大，厚革质或硬纸质，倒卵形或长圆状倒卵形，长 1~3.5cm，宽 5~15mm，先端圆形或微缺，具刺尖或无刺尖，基部楔形或宽楔形，上面深绿色，下面淡绿色。花单生，花梗长约 1cm；花冠黄色，常带红色。荚果圆筒状，长 3~3.5cm，宽约 5mm。（栽培园地：SCBG, IBCAS, WHIOB, KIB, LSBG, CNBG, GXIB）

Caragana stenophylla Pojark. **狭叶锦鸡儿**

矮灌木，高 30~80cm。树皮灰绿色、黄褐色或深褐色；小枝细长，具条棱，嫩时被短柔毛。假掌状复叶有 4 片小叶；托叶在长枝者硬化成针刺，刺长 2~3mm；长枝上叶柄硬化成针刺，宿存，长 4~7mm，直伸或向下弯，短枝上叶无柄，簇生；小叶线状披针形或线形，长 4~11mm，宽 1~2mm，两面绿色或灰绿色，常由中脉向上折叠。花梗单生，长 5~10mm；花萼钟状管形；花冠黄色，旗瓣圆形或宽倒卵形。荚果圆筒形，长 2~2.5cm，宽 2~3mm。（栽培园地：XJB）

Caragana ussuriensis (Regel) Pojark. **乌苏里锦鸡儿**

灌木，高 1~2m。树皮黑褐色，光滑；小枝有条棱，褐色，无毛。托叶三角形，先端硬化成针刺，叶轴长 2~15mm，常脱落，稀宿存；小叶 4 片，羽状，下部叶腋短枝上的有时假掌状，长圆状倒卵形或倒披针形，长 10~17mm，宽 4~7mm，先端圆形或稍凹，基部渐狭成楔形。花梗单生，稀 2 个并生，长 12~20mm，无毛，关节在中上部；花萼钟状，偏斜扩大，长 6~8mm，宽 4~5mm，萼齿三角形；花冠黄色，后变红色。荚果稍扁，长 3~3.5cm，具尖头。（栽培园地：IAE）

Cassia 决明属

该属共计 4 种，在 6 个园中有种植

Cassia agnes (de Wit) Brenan **神黄豆**

乔木，通常高超过 10m，有时可达 30m。叶长 25~40cm，有小叶 6~10 对，叶柄长 3~6cm，叶柄和叶

Cassia agnes 神黄豆（图 1）

Cassia agnes 神黄豆（图 2）

Cassia agnes 神黄豆（图 3）

轴上无腺体；小叶对生或近对生，椭圆形或长圆状椭圆形，长 5~8cm，宽 2.5~3.3cm，顶端短渐尖，基部圆形，稍不对称，上面绿色，下面带灰白色，两面均被疏柔毛，全缘；小叶柄长 2~3mm。花序腋生，组成伞房状总状花序，长 10~15cm；花瓣 5 片，淡红色。荚果圆柱形，长 30~50cm，宽约 2mm。（栽培园地：SCBG, XTBG, CNBG）

Cassia fistula L. **腊肠树**

落叶小乔木或中等乔木，高可达 15m。枝细长；树皮幼时光滑，灰色，老时粗糙，暗褐色。叶长 30~40cm，有小叶 3~4 对，在叶轴和叶柄上无翅亦无腺体；小叶对生，薄革质，阔卵形、卵形或长圆形，长 8~13cm，宽 3.5~7cm；叶脉纤细，两面均明显；叶柄短。总状花序长达 30cm 或更长，疏散，下垂；花与叶同时开放，直径约 4cm；花梗柔弱，长 3~5cm，下无苞片；萼片长卵形，薄，长 1~1.5cm，开花时向后反折；花瓣黄色，倒卵形，近等大。荚果圆柱形，长 30~60cm，直径 2~2.5cm。（栽培园地：SCBG, XTBG, CNBG, SZBG, XMBG）

Cassia fistula 腊肠树（图 1）

Cassia fistula 腊肠树（图 2）

Cassia fistula 腊肠树（图 3）

Cassia floribunda Cav. **光叶决明**

直立灌木，高 1~2m，无毛。叶长约 15cm，有小叶 3~4 对，在每对小叶间的叶轴上，均有 1 枚腺体，腺体圆形至线形；小叶卵形至卵状披针形，长 5~8cm，宽 2.5~3.5cm，顶端渐尖，基部楔形或狭楔形，有时偏斜，下面粉白色，有细洼点，上面有乳凸；侧脉纤细，两面稍凸起，边全缘；小叶柄长 2~3mm；托叶线形，早落。总状花序生于枝条上部的叶腋或顶生，多少呈伞房式；总花梗长 4~5cm；萼片不相等，内生的长 8~10mm；花瓣黄色，宽阔，钝头。荚果长 5~7cm，果瓣稍带革质，呈圆柱形。（栽培园地：XTBG, GXIB）

Cassia roxburghii DC. **红花腊肠树**

落叶小乔木或中等乔木，高可达 15m。幼枝树皮光

Cassia floribunda 光叶决明（图 1）

Cassia floribunda 光叶决明（图 2）

Cassia floribunda 光叶决明（图 3）

Cassia roxburghii 红花腊肠树（图 1）

Cassia roxburghii 红花腊肠树（图 2）

Cassia roxburghii 红花腊肠树（图 3）

滑，灰色，老时粗糙，暗褐色。羽状复叶长 30~40cm，有小叶 3~4 对，小叶对生，薄革质，阔卵形、卵形或长圆形，长 8~13cm，宽 3.5~7cm，顶端短渐尖而钝，基部楔形，全缘，幼时两面被微柔毛，老时无毛；叶脉纤细；叶柄短。总状花序长达 30cm 以上，疏散，下垂；花与叶同时开放，花直径约 4cm；花梗柔细，长 3~5cm，下无苞片；萼片长卵形，长 1~1.5cm，开花时外翻；花瓣黄色，倒卵形，近等大，长 2~2.5cm，具明显的脉。（栽培园地：SCBG）

Castanospermum 栗豆树属

该属共计 1 种，在 6 个园中有种植

Castanospermum australe A. Cunn. et C. Fraser **栗豆树**

中等乔木。奇数羽状复叶，叶片互生，小叶披针状

Castanospermum australe 栗豆树（图 1）

Castanospermum australe 栗豆树（图 2）

长椭圆形，具光泽，长 8~12cm，全缘，革质。总状花序生于枝干，花橙红色。荚果长达 20cm，种子为椭圆形。（栽培园地：SCBG, IBCAS, WHIOB, KIB, XTBG, XMBG）

Ceratonia 长角豆属

该属共计 1 种，在 1 个园中有种植

Ceratonia siliqua L. **长角豆**

常绿乔木，高达 15~16m。叶长 8~17cm，有小叶 2~4 对；小叶革质，无毛，光亮，倒卵形或近圆形，长

Ceratonia siliqua 长角豆

3.5~5.5cm，宽 3~3.5cm，顶端圆钝，有微凹或有明显的心形凹陷，基部楔形或阔楔形，边全缘；侧脉明显突起。花组成侧生的总状花序，花序轴密被黄褐色柔毛；花小，红色。荚果弯曲，长 10~25cm，宽 2.5cm。（栽培园地：XTBG）

Cercis 紫荆属

该属共计 8 种，在 9 个园中有种植

Cercis canadensis L. **加拿大紫荆**

小乔木，树高 7~11m，冠幅 7.5~10.5m，主树干短。有几个主要分枝；花期长，先花后叶，花冠扁平，圆形，红紫色或淡紫色，丛生或呈总状花序；叶片蜡质；荚果 7~8 月成熟。长 5cm，中间宽 1.4cm，两端渐尖，荚内有 4~5 粒种子，种子小。（栽培园地：IBCAS, KIB, CNBG）

Cercis canadensis 加拿大紫荆（图 1）

Cercis canadensis 加拿大紫荆（图 1）

Cercis canadensis 加拿大紫荆（图 3）

Cercis chinensis Bunge **紫荆**

丛生或单生灌木，高 2~5m。树皮和小枝灰白色。叶片纸质，近圆形或三角状圆形，长 5~10cm，宽与长相若或略短于长，先端急尖，基部浅至深心形，两面通常无毛，嫩叶绿色，仅叶柄略带紫色，叶缘膜质

Cercis chinensis 紫荆（图 1）

Cercis chinensis 紫荆（图 2）

Cercis chinensis 紫荆（图 3）

Cercis chinensis f. **alba** 白花紫荆（图 3）

透明，新鲜时明显可见。花紫红色或粉红色，2~10 朵成束，簇生于老枝和主干上，尤以主干上花束较多，越到上部幼嫩枝条花越少，通常先于叶开放，但嫩枝或幼株上的花与叶同时开放，花长 1~1.3cm；花梗长 3~9mm；龙骨瓣基部具深紫色斑纹；子房嫩绿色，花蕾时光亮无毛，后期则密被短柔毛，有胚珠 6~7 颗。荚果扁狭长形，绿色。（栽培园地：SCBG, IBCAS, WHIOB, KIB, XJB, LSBG, CNBG, GXIB）

Cercis chinensis Bunge f. **alba** Hsu **白花紫荆**

本变型与紫荆相似，花白色。（栽培园地：SCBG, KIB）

Cercis chingii Chun **黄山紫荆**

丛生灌木，高 2~4m；主干和分枝常呈披散状；小枝初时灰白色，干后呈黑褐色，有多而密的小皮孔，嫩时被棕色短柔毛。叶片近革质，卵圆形或肾形，长 5~11cm，宽 5~12cm，先端急尖而成一长 5~8mm 的尖头，或圆钝而无尖头，基部心形或截平，干后下面常呈棕色，且基部脉腋间或沿主脉上常被短柔毛，主脉 5 条，下面凸起；叶柄长 1.5~3cm，两端微膨大。花常先叶开放，数朵簇生于老枝上，淡紫红色，后渐变白色；

Cercis chinensis f. **alba** 白花紫荆（图 1）

Cercis chingii 黄山紫荆（图 1）

Cercis chinensis f. **alba** 白花紫荆（图 2）

Cercis chingii 黄山紫荆（图 2）

Cercis chingii 黄山紫荆（图 3）

花萼长约 6mm；花瓣长约 1cm。荚果厚革质，坚硬。（栽培园地：SCBG, WHIOB, CNBG, GXIB）

Cercis chuniana F. P. Metcalf **广西紫荆**

乔木，高 6~27m，胸径约 20cm。树皮灰色；当年生小枝红色，干后呈褐红色，有多而密的小皮孔。叶纸质，菱状卵形，长 5~9cm，宽 3~5cm，先端长渐尖，基部钝三角形，两侧不对称，两面常被白粉，尤以上面较多，下面基部脉腋间常有少数短柔毛；叶柄细小，长约 1cm 或过之，两端稍膨大。总状花序长 3~5cm，有花数至十余朵；花梗纤细，长约 1cm。花萼紫色；花淡紫色或粉红色。荚果紫红色，干后呈红褐色，狭长圆形，极压扁。（栽培园地：SCBG）

Cercis chuniana 广西紫荆（图 1）

Cercis chuniana 广西紫荆（图 2）

Cercis glabra Pamp. **湖北紫荆**

乔木，高 6~16m，胸径达 30cm。树皮和小枝灰黑

Cercis glabra 湖北紫荆（图 1）

Cercis glabra 湖北紫荆（图 2）

Cercis glabra 湖北紫荆（图 3）

色。叶较大，叶片厚纸质或近革质，心形或三角状圆形，长 5~12cm，宽 4.5~11.5cm，先端钝或急尖，基部浅心形至深心形，幼叶常呈紫红色，成长后绿色，上面光亮，下面无毛或基部脉腋间常有簇生柔毛；基脉 (5~)7 条；叶柄长 2~4.5cm。总状花序短，总轴长 0.5~1cm，有花数至十余朵；花淡紫红色或粉红色，先于叶或与叶同时开放，稍大，长 1.3~1.5cm，花梗细长，长 1~2.3cm。荚果狭长圆形，紫红色。（栽培园地：SCBG, WHIOB, KIB, CNBG, XMBG）

Cercis racemosa Oliv. **垂丝紫荆**

乔木，高 8~15m。叶片阔卵圆形，长 6~12.5cm，宽 6.5~10.5cm，先端急尖而呈一长约 1cm 的短尖头，基部截形或浅心形，上面无毛，下面被短柔毛，尤以主脉上被毛较多，主脉 5 条，于下面凸起，网脉两面明显；叶柄较粗壮，长 2~3.5cm，无毛。总状花序单生，下垂，长 2~10cm，花先开或与叶同时开放，总花梗和总轴被毛，花多数，长约 1.2cm，具纤细，长约 1cm 的花梗；花萼长约 5mm，花瓣玫瑰红色，旗瓣具深红色斑点；雄蕊内藏，花丝基部被毛。荚果长圆形，稍弯拱。（栽培园地：SCBG, GXIB）

Cercis racemosa 垂丝紫荆（图 1）

Cercis racemosa 垂丝紫荆（图 2）

Cercis siliquastrum L. **南欧紫荆**

落叶乔木。常成灌木状。树冠开展。叶片心形，长 5~8cm，宽 5~7cm。总状花序单生；蝶形花冠，紫红色，仲春先叶开花或与叶同时开放。荚果秋季成熟。（栽培园地：IBCAS, XMBG）

Chesneya 雀儿豆属

该属共计 1 种，在 1 个园中有种植

Chesneya polystichoides (Hand.-Mazz.) Ali **川滇雀儿豆**

垫状草本，植丛高 10~20cm。茎基木质，长而匍匐，粗壮而多分枝，直径可达 2.5cm，枝皮红棕色，分枝上部具密集的宿存叶柄与托叶。羽状复叶长 8~14cm，密集有 19~41 片小叶，托叶线形，长约 1.5cm，中部以下与叶柄基部贴生，疏被白色短柔毛；叶柄与叶轴疏被长柔毛，干后卷曲，宿存，小叶密生；几无小叶柄；叶片长圆形、卵形或几圆形，长 3~11mm，宽 2~6mm，先端圆，较少截平或微凹，基部显著偏斜，上面深绿色，下面灰白色，两面皆无毛。花单生；花梗长 1~2cm（花后略延伸），密被白色、开展的长柔毛，苞片线形。花冠黄色，旗瓣长 20~22mm，荚果长椭圆形，长 2.5~3.5cm，宽约 1cm，革质。（栽培园地：KIB）

Chesneya polystichoides 川滇雀儿豆

Christia 蝙蝠草属

该属共计 2 种，在 6 个园中有种植

Christia obcordata (Poir.) Bakh. f. **铺地蝙蝠草**

多年生平卧草本，长 15~60cm。茎与枝极纤细，被灰色短柔毛。叶通常为三出复叶，稀为单小叶；托叶刺毛状，长约 1mm；叶柄长 8~10mm，丝状，疏被灰色柔毛；小叶膜质，顶生小叶多为肾形、圆三角形或倒卵形，长 5~15mm，宽 10~20mm，先端截平而略凹，基部宽楔形，侧生小叶较小，倒卵形、心形或近圆形，长 6~7mm，宽约 5mm，上面无毛，下面被疏柔毛，侧脉每边 3~5 条；小叶柄长 1mm。总状花序多为顶生，长 3~18cm；花萼半透明，被灰色柔毛。花冠蓝紫色或玫瑰红色，略长于花萼。荚果有荚节 4~5 节，完全藏于萼内，荚节圆形，直径约 2.5mm。（栽培园地：SCBG, XTBG, SZBG）

Christia vespertilionis (L. f.) Bakh. f. **蝙蝠草**

多年生直立草本，高 60~120cm。常由基部开始分枝，枝较纤细，上部略被灰色柔毛。叶通常为单小叶，稀有 3 小叶；托叶刺毛状，长 5~6mm，脱落；叶柄长 2~2.5cm，被稀疏短柔毛；小叶近革质，灰绿色，顶生小叶菱形或长菱形或元宝形，长 0.8~1.5cm，宽 5~9cm，先端宽而截平，近中央处稍凹，基部略呈心形，侧生小叶倒心形或倒三角形，两侧常不对称，长 8~15mm，宽 15~20mm，先端截平，基部楔形或近圆形，上面无毛，下面稍被短柔毛，侧脉每边 3~4 条，平展，网脉在下面不明显；小叶柄长 1mm。总状花序顶生或腋生。花冠黄白色，不伸出萼外。荚果有荚节 4~5 节，椭圆形。（栽培园地：SCBG, KIB, XTBG, SZBG, GXIB, XMBG）

Christia vespertilionis 蝙蝠草（图 1）

Christia vespertilionis 蝙蝠草（图 2）

Christia vespertilionis 蝙蝠草（图 3）

Cladrastis 香槐属

该属共计 2 种，在 5 个园中有种植

Cladrastis platycarpa (Maxim.) Makino **翅荚香槐**

大乔木，高 30m，胸径 80~120cm。树皮暗灰色，多皮孔。一年生枝被褐色柔毛，旋即秃净。奇数羽状复叶；小叶 3~4 对，互生或近对生，长椭圆形或卵状长圆形，基部的最小，顶生的最大，通常长 4~10cm，宽 3~5.5cm，侧生小叶基部稍偏斜；小叶柄长 3~5mm，密

Cladrastis platycarpa 翅荚香槐（图 1）

Cladrastis wilsonii 香槐（图 1）

Cladrastis platycarpa 翅荚香槐（图 2）

被灰褐色柔毛；小托叶钻状，长达 2mm，无毛。圆锥花序长 30cm，直径 15cm；花序轴和花梗被疏短柔毛，花梗细。花冠白色，芳香；荚果扁平，长椭圆形或长圆形，长 4~8cm，宽 1.5~2cm，两侧具翅。（栽培园地：CNBG, GXIB）

Cladrastis wilsonii Takeda **香槐**

落叶乔木，高达 16m。茎周长达 1.3m；树皮灰色或灰褐色，平滑，具皮孔。奇数羽状复叶；小叶 4~5 对，纸质，互生，卵形或长圆状卵形，顶生小叶较大，有时呈倒卵状，长 6~10(13)cm，宽 2~4(6)cm，先端急尖，

Cladrastis wilsonii 香槐（图 2）

基部宽楔形，上面深绿色，无毛，下面苍白色，沿中脉被金黄色疏柔毛，叶脉两面均隆起，中脉稍偏向一侧，侧脉 10~13 对；小叶柄长 4~5mm，叶轴和小叶柄初被白色柔毛，旋即脱净；无小托叶。圆锥花序顶生或腋生。花冠白色；荚果长圆形，扁平。（栽培园地：WHIOB, KIB, LSBG, CNBG）

Clitoria 蝶豆属

该属共计 2 种，在 4 个园中有种植

Clitoria mariana L. **三叶蝶豆**

攀援状亚灌木。茎疏被脱落性淡黄色长毛。羽状复叶具 3 小叶；托叶卵状披针形，长 5~10mm，有纵线纹；叶柄长 4~11.5cm；小叶薄纸质，椭圆形至卵状椭圆形，长 4~11cm，宽 1.5~2.3(5)cm，先端钝或钝急尖，稀为短渐尖，具小凸尖，基部圆形，上面绿色，无毛，下面粉绿色，被疏毛或有时无毛；侧脉每边 7~11 条，在下面明显凸起；小托叶线状披针形，长 3~7mm，具线纹，其中侧生小叶的小托叶常较顶生小叶的稍大；小

Clitoria mariana 三叶蝶豆

叶柄短。花大，通常单朵腋生。花冠浅蓝色或紫红色，长可达 5cm；荚果长圆形，长 2.5~4.5cm，宽约 8mm，先端具喙。（栽培园地：XTBG）

Clitoria ternatea L. 蝶豆

攀援状草质藤本。茎、小枝细弱，被脱落性贴伏短柔毛。羽状复叶长 2.5~5cm；托叶小，线形，长 2~5mm；叶柄长 1.5~3cm；总叶轴上面具细沟纹；小叶

Clitoria ternatea 蝶豆（图 1）

Clitoria ternatea 蝶豆（图 2）

Clitoria ternatea 蝶豆（图 3）

5~7 枚，但通常为 5 枚，薄纸质或近膜质，宽椭圆形或有时近卵形，先端钝，微凹，常具细微的小凸尖，基部钝，两面疏被贴伏的短柔毛或有时无毛，干后带绿色或绿褐色；小托叶小，刚毛状；小叶柄长 1~2mm，和叶轴均被短柔毛。花大，单朵腋生；苞片 2 枚，披针形；小苞片大，膜质，近圆形，绿色。花冠蓝色、粉红色或白色，长可达 5.5cm；荚果长 5~11cm，宽约 1cm，

扁平，具长喙。（栽培园地：SCBG, WHIOB, KIB）

Cochlianthus 旋花豆属

该属共计 1 种，在 1 个园中有种植

Cochlianthus gracilis Benth. **细茎旋花豆**

细弱、缠绕、草质藤本。茎初时被毛，后变无毛。叶互生；叶柄长 6~9cm，腹面具凹槽，基部膨大，被疏硬毛，干后与小叶、小叶柄及花变黑色；小叶膜质，两面被疏伏毛，顶生的 1 片略宽，宽卵状菱形或近扁圆形，长 5.8~7.5cm，宽 5~6cm，两侧对称，先端尾状渐尖，基部宽楔形或钝，两侧的斜卵形，先端具尾尖，基部圆或近截平；托叶和小托叶早落。总状花序腋生，总轴短，柔弱，常弯垂；花萼外面密被短硬毛，上面 1 齿先端钝，最下面 1 齿披针形，长 6~7mm；花冠新鲜时淡紫色。荚果条状。（栽培园地：XTBG）

Cochlianthus gracilis 细茎旋花豆

Codariocalyx 舞草属

该属共计 3 种，在 7 个园中有种植

Codariocalyx gyroides (Roxb. ex Link) X. Y. Zhu **圆叶舞草**

直立灌木，高 1~3m，茎圆柱形。叶为三出复叶；

Codariocalyx gyroides 圆叶舞草（图 1）

Codariocalyx gyroides 圆叶舞草（图 2）

Codariocalyx gyroides 圆叶舞草（图 3）

托叶狭三角形，长 12~15mm，基部宽 2~2.5mm，初时具白色丝状毛，后渐变无毛，边缘有丝状毛；叶柄长 2~2.5cm，疏被柔毛；小叶纸质，顶生小叶倒卵形或椭圆形，长 3.5~5cm，宽 2.5~3cm，侧生小叶较小，长 1.5~2cm，宽 8~10mm，先端圆钝，有时略凹入，基部钝，上面被稀疏柔毛，下面毛被较密，侧脉每边 7~9 条，不达叶缘；小托叶钻形，长 4~6mm，两面无毛；小叶柄长约 2mm。总状花序顶生或腋生，花冠紫色。荚果呈镰刀状弯曲，密被黄色短钩状毛和长柔毛。（栽培园地：SCBG, WHIOB, KIB, XTBG）

Codariocalyx microphyllus (Thunb.) H. Ohashi **小叶三点金**

多年生草本。茎纤细，多分枝，直立或平卧，通常红褐色，近无毛；根粗，木质。叶为羽状三出复叶，或有时仅为单小叶；小叶较大的为倒卵状长椭圆形或长椭圆形，长 1~1.2cm，宽 0.4~0.6cm，较小的为倒卵形或椭圆形，长 0.2~0.6cm，宽 0.15~0.4cm；分枝近无毛。总状花序顶生或腋生，被黄褐色开展柔毛；有花 6~10 朵，花小，长约 5mm；苞片卵形，花冠粉红色，与花萼近等长。荚果长 12mm，宽约 3mm。（栽培园地：WHIOB）

Codariocalyx motorius (Houtt.) Ohashi **舞草**

直立小灌木，高达 1.5m。茎单一或分枝，圆柱形，微具条纹，无毛。叶为三出复叶，侧生小叶很小或缺而仅具单小叶；叶柄长 1.1~2cm，上面具沟槽，疏生开展柔毛；顶生小叶长椭圆形或披针形，长 5.5~10cm，宽 1~2.5cm，先端圆形或急尖，有细尖，基部钝或圆，上面无毛，下面被贴伏短柔毛，侧脉每边 8~14 条，不达叶缘，侧生小叶很小，长椭圆形或线形或有时缺；小托叶钻形，长 3~5mm，两面无毛；小叶柄长约 2mm。圆锥花序或总状，花冠紫红色。荚果镰刀形或直。（栽培园地：SCBG, WHIOB, KIB, XTBG, LSBG, CNBG, GXIB）

Codariocalyx motorius 舞草（图 1）

Codariocalyx motorius 舞草（图 2）

Codariocalyx motorius 舞草（图 3）

Colutea 鱼鳔槐属

该属共计 2 种，在 2 个园中有种植

Colutea arborsescens L. **鱼鳔槐**

落叶灌木，高 1~4m。小枝幼时被细小白色伏毛；羽状复叶有 7~13 片小叶，长 6~15cm，叶轴上面具沟槽；托叶三角形、披针状三角形至披针状镰形，长 2~3mm，被白色柔毛。小叶长圆形至倒卵形，长 1~3cm，宽 6~15mm，先端微凹或圆钝，具小尖头，上面绿色，无毛，下面灰绿色，疏生短伏毛，薄纸质，具清楚而分离的脉序。总状花序长达 5~6cm，生 6~8 朵花；花黄色或橙黄色；荚果肿胀。（栽培园地：IBCAS, XJB）

Colutea × media Willd **杂种鱼鳔槐**

羽状复叶有 9~13 片小叶，长 7~10cm；托叶位于枝下部的较宽短，常三角形，长约 1mm，位于枝上部的披针形，长约 3mm，疏被毛至无毛。小叶对生至近对生，倒卵形，长 1.3~1.9(2.5)cm，宽 0.9~1.2cm，先端截平至微凹，具小尖头，基部圆，上面淡蓝绿色，无毛，下面被伏贴白色柔毛；小叶柄长 0.5~1mm，密被白色柔毛。总状花序长 6~6.5cm，生 3~5 朵花，花色橙黄色。（栽培园地：XJB）

Coronilla 小冠花属

该属共计 1 种，在 3 个园中有种植

Coronilla varia L. **绣球小冠花**

多年生草本，茎直立，粗壮，多分枝，疏展，高 50~100cm。茎、小枝圆柱形，具条棱，髓心白色，幼时稀被白色短柔毛，后变无毛。奇数羽状复叶，具小叶 11~17(25) 片；托叶小，膜质，披针形，长 3mm，分离，无毛；叶柄短，长约 5mm，无毛；小叶薄纸质，椭圆形或长圆形，长 15~25mm，宽 4~8mm，先端具短尖头，基部近圆形，两面无毛；侧脉每边 4~5 条，可见，小脉不明显；小托叶小；小叶柄长约 1mm，无毛；伞形花序腋生，长 5~6cm，比叶短；总花梗长约 5cm，疏生小刺，花密集排列成绣球状。花冠紫色、淡红色或白色，有明显紫色条纹，荚果细长圆柱形，稍扁。（栽培园地：IBCAS, XJB, CNBG）

Craspedolobium 巴豆藤属

该属共计 1 种，在 4 个园中有种植

Craspedolobium schochii Harms **巴豆藤**

攀援灌木，长约 3m。茎具髓，初时被黄色平伏细毛，老枝渐秃净，暗褐色，具纵棱，密生褐色皮孔。羽状三出复叶，长 12~18cm；叶柄长占 4~7cm，叶轴上面具狭沟；托叶三角形，脱落；小叶倒阔卵形至宽椭圆形，长 5~9cm，宽 3~6cm，先端钝圆或短尖，基部阔楔形至钝圆，顶生小叶较大或近等大，具长小叶柄，侧生小叶两侧不等大，歪斜，上面平坦，散生平伏细毛或秃净，下面被平伏细毛，脉上甚密，中脉直伸达

Craspedolobium schochii 巴豆藤（图 1）

Craspedolobium schochii 巴豆藤（图 2）

叶尖成小刺尖，侧脉 5~7 对，达叶缘向上弧曲，细脉网状；小叶柄粗短，长约 4mm，被细毛。总状花序着生枝端叶腋。花冠红色，花瓣近等长。荚果线形，长 6~9cm，宽 1.2cm。（栽培园地：SCBG, WHIOB, KIB, XTBG）

Crotalaria 猪屎豆属

该属共计 18 种，在 7 个园中有种植

Crotalaria acicularis Buch.-Ham. ex Benth. **针状猪屎豆**

草本，高 20~80cm。茎多分枝，铺地散生或直立，

全部被褐色伸展的丝质毛。托叶线形，长2~4mm；单叶，叶片圆形或长圆形，膜质或薄纸质，长1~2(3)cm，宽1~1.5cm，先端圆或渐尖，基部渐狭或略成心形，有时偏斜，两面被稀疏伸展的白色丝质毛；叶柄短。总状花序顶生或腋生，幼时紧缩呈头状，后渐伸长，有花5~30朵；苞片披针形或针形，长2~3mm，小苞片针形，生萼筒基部或花梗上部；花梗长3~5mm；花萼二唇形；花冠黄色。荚果短圆柱形，近无毛。（栽培园地：XTBG）

Crotalaria alata Buch.-Ham. ex D. Don **翅托叶猪屎豆**

直立草本或亚灌木，高50~100cm。茎枝呈"之"字形，除荚果外全部被丝状锈色柔毛。托叶下延至另一茎节而成翅状，单叶，叶片椭圆形或倒卵状椭圆形，长3~8cm，宽1~5cm，先端钝或圆，具细小的短尖头，基部渐尖或略楔形，两面被毛，下面较密；近无柄。总状花序顶生或腋生，有花2~3朵；苞片卵状披针形，长约3mm，小苞片和苞片相似，2枚，生萼筒基部；花梗长3~5mm；花萼二唇形，长6~10mm，萼齿披针形，先端渐尖；花冠黄色。（栽培园地：XTBG）

Crotalaria albida B. Heyne ex Roth **响铃豆**

多年生直立草本，基部常木质，高30~60(80)cm。植株或上部分枝通常细弱，被紧贴的短柔毛。托叶细小，刚毛状，早落；单叶，叶片倒卵形、长圆状椭圆形或倒披针形，长1~2.5cm，宽0.5~1.2cm，先端钝或圆，具细小的短尖头，基部楔形，上面绿色，近无毛，下面暗灰色，略被短柔毛；叶柄近无。总状花序顶生或腋生，有花20~30朵，花序长达20cm，花冠黄色；荚果长圆形，长3~4cm（栽培园地：SCBG, XTBG）

Crotalaria assamica Benth. **大猪屎豆**

直立高大草本，高达1.5m。茎枝粗状，圆柱形，被锈色柔毛。托叶细小，线形，贴伏于叶柄两旁；单叶，叶片质薄，倒披针形或长椭圆形，先端钝圆，具细小短尖，基部楔形，长5~15cm，宽2~4cm，上面无毛，下面被锈色短柔毛；叶柄长2~3mm，总状花序项生或腋生，有花20~30朵；苞片线形，长2~3mm，小苞片与苞片的形状相似，通常稍短；花萼二唇形，长10~15mm，萼齿披针状三角形，约与萼筒等长，被短柔毛；花冠黄色；荚果长圆形，长4~6cm，直径约1.5cm。（栽培园地：SCBG, KIB, XTBG, GXIB）

Crotalaria bracteata Roxb. ex DC. **毛果猪屎豆**

草本或亚灌木，高60~120cm。茎枝圆，被贴伏的短柔毛。叶三出，柄长3~5cm，小叶质薄，长椭圆形，长5~7(9)cm，宽2.5~4cm，两端渐尖，顶生小叶比侧生小叶大，上面无毛，下面被疏离的短柔毛，叶脉在

Crotalaria assamica 大猪屎豆（图1）

Crotalaria assamica 大猪屎豆（图2）

Crotalaria assamica 大猪屎豆（图 3）

Crotalaria chinensis 中国猪屎豆（图 1）

叶两面均清晰，侧脉 8~18 对，小叶柄长 1~1.5mm。总状花序与叶对生，稀顶生，长 10~15cm，有花 10~30 朵；苞片针形，极细小，长约 1mm，小苞片比苞片大，卵状披针形，长约 3mm，生萼筒基部；花梗长短不等，通常长 3~7mm；花萼近钟形。花冠黄色，伸出萼外；荚果长圆形，长约 2cm，直径 0.5~1cm，密被锈色柔毛。（栽培园地：XTBG）

Crotalaria calycina Schrank **长萼猪屎豆**

多年生直立草本，高 30~80cm。茎圆柱形，密被粗糙的褐色长柔毛。托叶丝状，长约 1mm，宿存或早落；单叶，近无柄，长圆状线形或线状披针形，长 3~12cm，宽 0.5~1.5cm，先端急尖，基部渐狭，上面沿中脉有毛，下面密被褐色长柔毛。总状花序顶生，稀腋生，通常缩短或形似头状，有花 3~12 朵；苞片披针形，长 1~2cm，稍弯曲成镰刀状，小苞片和苞片同形，稍短，生花萼基部或花梗中部以上；花梗粗壮，长 2~4mm；花萼二唇形，长 2~3cm，深裂，几达基部，萼齿披针形，外面密被棕褐色长柔毛；花冠黄色，荚果圆形，成熟后黑色，长约 1.5cm。（栽培园地：XTBG）

Crotalaria chinensis L. **中国猪屎豆**

草本，高 15~60cm。茎圆柱形，常呈木质，基部多

Crotalaria chinensis 中国猪屎豆（图 2）

Crotalaria chinensis 中国猪屎豆（图 3）

分枝，除荚果外全部密被棕黄色长柔毛。无托叶；单叶，变异较大，通常为披针形、线状披针形、线形或长圆状线形，有时为长椭圆形或卵圆形，长 2~3.5cm，宽 0.4~1cm，两端渐尖，上面近无毛或略被极稀疏柔毛，下面密被褐色粗糙的长柔毛，尤以叶脉及叶片边缘的毛更稠密，干时叶边缘外卷；叶柄几无。总状花序密集枝顶，有花 1~5 朵，亦有 1~2 朵花生叶腋或单花生枝顶；花梗短，长 2~4mm；花萼二唇形。花冠淡黄色；荚果短圆形，长 8~12mm。（栽培园地：SCBG, WHIOB, XTBG）

Crotalaria dubia Graham ex Benth. **卵苞猪屎豆**

草本，高 100~150cm。茎圆柱形，密被短柔毛。托叶丝状，通常早落；单叶，叶片厚纸质，倒卵形或卵状长圆形，长 3~5cm，宽 1.5~3cm，先端渐尖或钝圆，具短尖头，基部楔形，两面被锈色柔毛，尤以下面毛更密，叶脉在上面微凹，在下面凸起；叶柄短。总状花序密集生枝顶，形似头状，有花多朵；苞片卵状三角形，长 6~7mm，小苞片与苞片同形，生萼筒基部；花梗短，长不及 1mm；花萼二唇形，长 8~10mm，萼齿披针形，约与萼筒近等长；花冠黄色；荚果近于卵球形，无毛，直径 5~7mm。（栽培园地：XTBG）

Crotalaria ferruginea Graham ex Benth. **假地蓝**

草本，基部常木质，高 60~120cm。茎直立或铺地蔓延，具多分枝，被棕黄色伸展的长柔毛。托叶披针形或三角状披针形，长 5~8mm；单叶，叶片椭圆形，长 2~6cm，宽 1~3cm，两面被毛，尤以叶下面叶脉上的毛更密，先端钝或渐尖，基部略楔形，侧脉隐见。总状花序顶生或腋生，有花 2~6 朵；苞片披针形，长 2~4mm，小苞片与苞片同形，生萼筒基部；花梗长 3~5mm；花萼二唇形，长 10~12mm，密被粗糙的长柔毛，深裂，几达基部，萼齿披针形；花冠黄色，荚果长圆形，无毛，长 2~3cm。（栽培园地：SCBG, WHIOB, XTBG）

Crotalaria incana L. **圆叶猪屎豆**

草本或亚灌木，高达 1m；茎枝被棕黄色开展的短柔毛。托叶针形，长 2~3mm，通常早落；叶三出，柄长 3~5cm，小叶质薄，椭圆状倒卵形、倒卵形或近圆形，先端钝圆，具短尖头，基部近圆形或阔楔形，长 2~4cm，宽 1~2cm，上面近无毛，下面被短柔毛或近无毛；叶脉在上面不明显，在下面清晰可见，侧脉 6~10 对，顶生小叶通常比侧生小叶大；小叶柄长 1~3mm。总状花序顶生或腋生，长 10~20cm，有花 5~15 朵；苞片很小，早落。花冠黄色，伸出萼外；荚果长圆形，密被锈色柔毛。（栽培园地：SCBG）

Crotalaria juncea L. **菽麻**

直立草本，高 50~100cm。茎枝圆柱形，具浅小沟纹，密被丝光质短柔毛。托叶细小，线形，长约 2mm，易脱落；单叶，叶片长圆状线形或线状披针形，长 6~12cm，宽 0.5~2cm，两端渐尖，先端具短尖头，两面均被毛，尤以叶下面毛密而长，具短柄。总状花序顶生或腋生，有花 10~20 朵；苞片细小，披针形，长 3~4mm，小苞片线形，比苞片稍短，生萼筒基部，密被短柔毛；花梗长 5~8mm；花萼二唇形，长 1~1.5cm，被锈色长柔毛，深裂几达基部，萼齿披针形，弧形弯曲；花冠黄色。荚果长圆形，长 2~4cm。（栽培园地：SCBG）

Crotalaria linifolia L. f. **线叶猪屎豆**

多年生草本，基部常呈木质，高 50~100cm。茎圆柱形，密被丝质短柔毛。托叶小，通常早落；单叶，倒披针形或长圆形，长 2~5cm，宽 0.5~1.5cm，先端渐尖或钝尖，具细小的短尖头，基部渐狭，但非为楔形，两面被丝质柔毛；叶柄短。总状花序顶生或腋生，有花多朵，花序长 10~20cm；苞片披针形，长 2~3mm，小苞片与苞片相似，生萼筒基部；花萼二唇形，长 6~7mm，深裂，上唇二萼齿阔披针形或阔楔形，合生，下唇三萼齿披针形，密被锈色柔毛；花冠黄色；荚果四角菱形，长 5~6mm。（栽培园地：SCBG）

Crotalaria occulta Graham ex Benth. **紫花猪屎豆**

草本，高 100~150cm。茎圆柱形，被锈色长柔毛。托叶线形或丝状，长 5~8mm，宿存；单叶，叶片线状长圆形或椭圆状倒披针形，长 5~8cm，宽约 2cm，两端渐尖，上面近无毛，下面被稀疏的长柔毛；叶柄近无。总状花序顶生及腋生，有花 1~20 朵，花序长达 15cm；苞片线形，长约 10mm，小苞片与苞片同形，生萼筒基部；花萼二唇形，长 15~18mm，密被锈色长柔毛，上面二萼齿较宽，宽 5~6mm，下面三萼齿较窄小，披针形，宽 2~3mm，花冠紫蓝色，包于萼内。荚果短

圆柱形，长约 15mm。（栽培园地：XTBG）

Crotalaria pallida Aiton **猪屎豆**

多年生草本，或呈灌木状。茎枝圆柱形，具小沟纹，密被紧贴的短柔毛。托叶极细小，刚毛状，通常早落；叶三出，柄长 2~4cm；小叶长圆形或椭圆形，长 3~6cm，宽 1.5~3cm，先端钝圆或微凹，基部阔楔形，上面无毛，下面略被丝光质短柔毛，两面叶脉清晰；小叶柄长 1~2mm。总状花序顶生，长达 25cm，有花 10~40 朵；苞片线形，长约 4mm；花梗长 3~5mm；花萼近钟形，长 4~6mm，5 裂，萼齿三角形，约与萼筒等长，密被短柔毛；花冠黄色，伸出萼外。荚果长圆形，长 3~4cm。（栽培园地：SCBG, XTBG, CNBG, GXIB, XMBG）

Crotalaria pallida 猪屎豆（图 1）

Crotalaria pallida 猪屎豆（图 2）

Crotalaria pallida 猪屎豆（图 3）

Crotalaria peguana Benth. ex Baker **薄叶猪屎豆**

灌木状直立草本，高 80~150cm。茎枝圆柱形，被贴伏的短柔毛。托叶极细小，刚毛状；单叶，叶片长椭圆形，两端渐尖，长 6~11cm，宽 2~3cm，上面近无毛，下面被丝质短柔毛，薄纸质，叶脉在叶上面不明显，在叶下面凸起，清晰可见，具短柄，长 1~2mm。总状花序顶生或腋生，有花多朵，花序长达 20cm；苞片线形，长3~4mm，小苞片与苞片同形，成双生于萼筒基部或花梗中部以上，花梗长3~5mm；花萼二唇形，长8~12mm，深裂，几达基部，萼齿线形或线状披针形，先端渐尖，被短柔毛；花冠黄色；荚果长圆形，无毛，长10~20(25)mm。（栽培园地：XTBG）

Crotalaria retusa L. **吊裙草**

直立草本，高60~120cm。茎枝圆柱形，具浅小沟纹，被短柔毛。托叶钻状，长约1mm；单叶，叶片长圆形或倒披针形，长3~8cm，宽1~3.5cm，先端凹，基部楔形，上面光滑无毛，下面略被短柔毛，叶脉清晰可见；叶柄短。总状花序顶生，有花10~20朵；苞片披针形，长约1mm，小苞片线形，极细小，生花梗中部以上；花梗长3~5mm；花萼二唇形，长10~12mm，萼齿阔披针形，被稀疏的短柔毛；花冠黄色；荚果长圆形，长3~4cm。（栽培园地：SCBG）

Crotalaria retusa 吊裙草（图1）

Crotalaria retusa 吊裙草（图2）

Crotalaria sessiliflora L. **野百合**

直立草本，高30~100cm，基部常木质。单株或茎上分枝，被紧贴粗糙的长柔毛。托叶线形，长2~3mm，宿存或早落；单叶，叶片形状常变异较大，通常为线形或线状披针形，两端渐尖，长3~8cm，宽0.5~1cm，上面近无毛，下面密被丝质短柔毛；叶柄近无。总状花序顶生、腋生或密生枝顶形似头状，亦有叶腋生出单花，花1至多数；苞片线状披针形，长4~6mm，小苞片与苞片同形，成对生萼筒基部；花梗短，长约2mm；花萼二唇形，长10~15mm，密被棕褐色长柔毛，萼齿阔披针形，先端渐尖；花冠蓝色或紫蓝色，包于萼内。荚果短圆柱形，长约10mm。（栽培园地：SCBG, XTBG）

Crotalaria tetragona Roxb. ex Andrews **四棱猪屎豆**

多年生高大草本，高达2m。茎四棱形，被丝质短柔毛。托叶线形或线状披针形，长4~5mm；单叶，叶片长圆状线形或线状披针形，长10~20(25)cm，宽1~2.5cm，先端渐尖，基部钝或圆，两面被毛，尤以下面毛更密，叶柄短。总状花序顶生或腋生，有花6~10朵；苞片披针形，长4~6mm，先端渐尖，小苞片线形，长3~4mm，生花梗中部以上；花梗长1~1.5cm；花萼二唇形，长1.5~2.5cm，二唇深裂近达基部，萼齿披针形，弯曲成半月形，先端渐尖；花冠黄色；荚果长圆形，长4~5cm。（栽培园地：SCBG, XTBG）

Cyamopsis 瓜儿豆属

该属共计1种，在1个园中有种植

Cyamopsis tetragonoloba (L.) Taub. **瓜儿豆**

一年生草本，高0.6~3m。茎直立，有分枝，基部木质化，几无毛，分枝明显具4棱。羽状三出复叶；具长柄；托叶线形，长5~8mm，小叶卵形或近菱形，长3~7cm，宽1.5~4cm，先端渐尖，基部楔形或阔楔形，边缘有锯齿，下面有平贴浅灰色“丁”字毛，上面被疏毛或近无毛。总状花序腋生，长4~6cm，有花6~30朵；总花梗短；花萼长约3mm，萼齿三角形，与萼筒近等长，但下萼齿较萼筒长，外面被毛；花冠黄色，长6~7mm；荚果近线形，长4~7cm。（栽培园地：XJB）

Cytisus 金雀儿属

该属共计 1 种，在 1 个园中有种植

Cytisus scoparius (L.) Link **金雀儿**

灌木，高 80~250cm。枝丛生，直立，分枝细长，无毛，具纵长的细棱。上部常为单叶，下部为掌状三出复叶；具短柄；托叶小，通常不明显或无；小叶倒卵形至椭圆形，全缘，长 5~15mm，宽 3~5mm，茎上部的单叶更小，先端钝圆，基部渐狭至短柄，上面无毛或近无毛，下面稀被贴伏短柔毛。花单生上部叶腋，于枝梢排成总状花序，基部有呈苞片状叶；花梗细，长约 1cm；无小苞片；萼二唇形，无毛，通常粉白色，长约 4mm，萼甚细短，上唇 3 枚短尖，下唇 3 枚短尖；花冠鲜黄色；荚果扁平，阔线形，长 4~5cm，宽 1cm。（栽培园地：GXIB）

Cytisus scoparius 金雀儿

Dalbergia 黄檀属

该属共计 20 种，在 9 个园中有种植

Dalbergia assamica Benth. **秧青**

乔木，高 7~10m，具平展的分枝。羽状复叶长 25~30cm；叶轴长 23~25cm；托叶大，叶状，卵形至卵状披针形。长约 1cm，宽 6mm，脱落；小叶 6~10 对，纸质，长圆形或长圆状椭圆形，长 3~5(6)cm，宽 1.5~2.5(3)cm，先端钝、圆或凹入，基部圆形或楔形，两面疏被伏贴短柔毛，上面渐变无毛；细脉纤细密集，两面略隆起；小叶柄长约 5mm，被短柔毛，毛很快脱落。圆锥花序腋生，稀疏。花冠白色，内面有紫色条纹，花瓣具长柄；荚果阔舌状，长圆形至带状，长 5~9cm。（栽培园地：XTBG）

Dalbergia balansae Prain **南岭黄檀**

乔木，高 6~15m。树皮灰黑色，粗糙，有纵裂纹。羽状复叶长 10~15cm；叶轴和叶柄被短柔毛；托叶披针形；小叶 6~7 对，纸质，长圆形或倒卵状长圆形，长 2~3(4)cm，宽约 2cm，先端圆形，有时近截形，常微缺，基部阔楔形或圆形，初时略被黄褐色短柔毛，后变无毛。圆锥花序腋生，疏散，长 5~10cm，直径约 5cm，中部以上具短分枝；总花梗、分枝和花序轴疏被黄褐色短柔毛或近无毛；花长约 10mm；花梗长 1~2mm，与花萼同被黄褐色短柔毛；花萼钟状，花冠白色，长 6~7mm；荚果舌状或长圆形，长 5~6cm，宽 2~2.5cm。（栽培园地：SCBG, WHIOB, KIB, XTBG）

Dalbergia balansae 南岭黄檀（图 1）

Dalbergia balansae 南岭黄檀（图 2）

Dalbergia burmanica Prain **缅甸黄檀**

乔木，高 7~10m，枝开展，或为藤本。小枝密被锈色丝质短柔毛。羽状复叶长 12~17cm；托叶披针形，极早落；小叶 4~6 对，膜质，幼时卵形，先端急尖，成长后长圆形，长 (2.5)4~6cm，宽 1.5~2cm，先端钝、圆或微缺，基部圆形；小叶柄长 2~3mm。圆锥花序侧

Dalbergia burmanica 缅甸黄檀（图 1）

Dalbergia burmanica 缅甸黄檀（图 2）

Dalbergia burmanica 缅甸黄檀（图 3）

生，长 4~7cm，直径 2.5~4cm，分枝呈伞房花序状；花冠紫色或白色；荚果很薄，舌状长圆形，无毛，长 (5)7~9cm，宽 1.5~2cm。（栽培园地：KIB, XTBG）

Dalbergia candenatensis (Dennst.) Prain **弯枝黄檀**

藤本。枝无毛，干时黑色，先端常扭转为螺旋钩状。羽状复叶长 6~7.5cm；小叶倒卵状长圆形，先端圆或

Dalbergia candenatensis 弯枝黄檀（图 1）

Dalbergia candenatensis 弯枝黄檀（图 2）

Dalbergia candenatensis 弯枝黄檀（图 3）

钝，有时微缺，基部楔形，有时近圆形，上面暗绿色，无毛，下面青白色，被极稀疏、伏贴短柔毛；小叶柄长约 1.5mm，略被短柔毛或近无毛。圆锥花序腋生，长 2.5~5cm；总花梗极短或近无梗；分枝稍被微柔毛；基生小苞片卵状披针形，副萼状小苞片较大，阔卵形，包着花萼的 1/3；花长约 8mm；花萼阔钟状，近无毛，萼齿近等长，阔三角形至卵形，先端钝，上方 2 枚近合生；花冠白色。荚果半月形，具 1 种子时长 2.5cm 以下。（栽培园地：WHIOB）

Dalbergia cultrata Pierre **刀状黑黄檀**

落叶乔木，高达 20m，直径 50~70cm。树皮厚，平滑或条块状剥落，褐灰色至土黄色。奇数羽状复叶，小叶卵形。花瓣白色。荚果舌状披针形，坚纸质或近革质。有种子 1~2 粒，种子扁肾形。（栽培园地：XTBG）

Dalbergia cultrata 刀状黑黄檀

Dalbergia dyeriana Prain ex Harms **大金刚藤**

大藤本。小枝纤细，无毛。羽状复叶长 7~13cm；小叶 (3)4~7 对，薄革质，倒卵状长圆形或长圆形，长 2.5~4(5)cm，宽 1~2(2.5)cm，基部楔形，有时阔楔形，先端圆或钝，有时稍凹缺，上面无毛，有光泽，下面疏被紧贴柔毛，细脉纤细而密，两面明显隆起；

Dalbergia dyeriana 大金刚藤（图 1）

Dalbergia dyeriana 大金刚藤（图 2）

Dalbergia dyeriana 大金刚藤（图 3）

Dalbergia hainanensis 海南黄檀（图 1）

小叶柄长 2~2.5mm。圆锥花序腋生，长 3~5cm，直径约 3cm；总花梗、分枝与花梗均略被短柔毛，花梗长 1.5~3mm；基生小苞片与副萼状小苞片长圆形或披针形，脱落；花萼钟状，花冠黄白色；荚果长圆形或带状，扁平，长 5~6(9)cm，宽 1.2~2cm。（栽培园地：WHIOB）

Dalbergia fusca Pierre **黑黄檀**

高大乔木；木材暗红色。枝纤细，薄被伏贴绒毛，后渐脱落，具皮孔。羽状复叶长 10~15cm；托叶早落；小叶 (3)5~6 对，革质，卵形或椭圆形，长 2~4cm，宽 1.2~2cm，先端圆或凹缺，具凸尖，基部钝或圆，上面无毛，下面被伏贴柔毛。圆锥花序腋生或腋下生，长 4~5cm；分枝长 2~3cm，被毛；小苞片线形，先端急尖，长约 1mm；花梗长约 2mm，被毛；花萼钟状，萼齿 5 枚，上方 2 枚圆锥形，近合生，侧方 2 枚三角形，先端急尖，下方 1 枚较其余的长 1/2；花冠白色，花瓣具长柄。荚果长圆形至带状，长 6~10cm，宽 9~15mm。（栽培园地：XTBG）

Dalbergia hainanensis Merr. et Chun **海南黄檀**

乔木，高 9~16m。树皮暗灰色，有槽纹。嫩枝略被短柔毛。羽状复叶长 15~18cm；叶轴、叶柄被褐色短柔毛；小叶 (3)4~5 对，纸质，卵形或椭圆形，长 3~5.5cm，宽 2~2.5cm，先端短渐尖，常钝头，基部圆或阔楔形，嫩时两面被黄褐色状贴短柔毛。成长时近无毛；小叶柄长 3~4mm，被褐色短柔毛。圆锥花序腋生，连总花梗长 4~9(13)cm，直径 4~10cm，略被褐色短柔毛；花初时近圆形，极小；旗瓣圆形；花冠白色或淡紫色；荚果长圆形，倒披针形或带状。（栽培园地：SCBG, XTBG, GXIB）

Dalbergia hancei Benth. **藤黄檀**

藤本。枝纤细，幼枝略被柔毛，小枝有时变钩状或旋扭。羽状复叶长 5~8cm；托叶膜质，披针形，早

Dalbergia hainanensis 海南黄檀（图 2）

落；小叶 3~6 对，较小狭长圆或倒卵状长圆形，长 10~20mm，宽 5~10mm，先端钝或圆，微缺，基部圆或阔楔形，嫩时两面被伏贴疏柔毛，成长时上面无毛。总状花序远较复叶短，幼时包藏于舟状、覆瓦状排列、早落的苞片内，数个总状花序常再集成腋生短圆锥花序；花冠绿白色，芳香，长约 6mm；荚果扁平，长圆形或带状。（栽培园地：SCBG, WHIOB, CNBG）

Dalbergia hupeana Hance **黄檀**

乔木，高 10~20m。树皮暗灰色，呈薄片状剥落。幼枝淡绿色，无毛。羽状复叶长 15~25cm；小叶 3~5

Dalbergia hupeana 黄檀（图 1）

Dalbergia hupeana 黄檀（图 2）

对，近革质，椭圆形至长圆状椭圆形，长 3.5~6cm，宽 2.5~4cm，先端钝，或稍凹入，基部圆形或阔楔形，两面无毛，细脉隆起，上面有光泽。圆锥花序顶生或生于最上部的叶腋间，连总花梗长 15~20cm，直径 10~20cm，疏被锈色短柔毛；花密集，花冠白色或淡紫色，长倍于花萼；荚果长圆形或阔舌状，长 4~7cm，宽 13~15mm。（栽培园地：SCBG, WHIOB, XTBG, LSBG, CNBG, GXIB）

Dalbergia latifolia Roxb. **广叶黄檀**

落叶乔木，在潮湿地区也常绿，具圆伞形的树冠。树高可达 20~40m，胸径 1.5~2.0m。树皮灰色。叶互生，奇数羽状，每枝 5~7 片，叶片宽而钝，暗绿色。花白色。荚果褐色，成熟时开裂，内含 1~4 粒种子，种子褐色。（栽培园地：SCBG, XTBG）

Dalbergia mimosoides Franch. **象鼻藤**

灌木，高 4~6m，或为藤本，多分枝。幼枝密被褐色短粗毛。羽状复叶长 6~8(10)cm；叶轴、叶柄和小叶柄初时密被柔毛，后渐稀疏；托叶膜质，卵形，早落；小叶 10~17 对，线状长圆形，长 6~12(18)mm，宽 (3)5~6mm，先端截形、钝或凹缺，基部圆或阔楔形，嫩时两面略被褐色柔毛，尤以下面中脉上较密，老时无毛或近无毛，花枝上的幼嫩小叶边缘略呈波状，成长时边缘略加厚，下面细脉干时近黑色。圆锥花序腋生，比复叶短，花冠白色或淡黄色，花瓣具短柄；荚果无毛，长圆形至带状，扁平，长 3~6cm，宽 1~2cm。（栽培园地：WHIOB, XTBG）

Dalbergia obtusifolia (Baker) Prain **钝叶黄檀**

乔木，高 13~17m；分枝扩展。幼枝下垂，无毛。羽状复叶长 20~30cm；托叶早落；小叶 2(~3) 对，近革质，椭圆形或倒卵形，有时复叶基部的小叶近圆形，顶生的最大，长 5~14cm，宽 4.5~8cm，两端圆形或先端有时微缺，基部阔楔形，上面绿色，有光泽，下面色较淡或青白色，两面无毛；小叶柄长约 5mm。圆锥

Dalbergia obtusifolia 钝叶黄檀

花序顶生，花冠淡黄色，花瓣具稍长的柄旗瓣长圆形。荚果长圆形至带状，长 4~8cm，宽 1~1.5cm。（栽培园地：SCBG, XTBG）

Dalbergia odorifera T. Chen **降香黄檀**

乔木，高 10~15m；除幼嫩部分、花序及子房略被短柔毛外，全株无毛。树皮褐色或淡褐色，粗糙，有纵裂槽纹。小枝有小而密集皮孔。羽状复叶长 12~25cm；叶柄长 1.5~3cm；托叶早落；小叶 (3)4~5(6) 对，近革质，卵形或椭圆形，长 (2.5)4~7(9)cm，宽 2~3.5cm，复叶顶端的 1 枚小叶最大，往下渐小，基部 1 对长仅为顶小叶的 1/3，先端渐尖或急尖，钝头，基部圆或阔楔形；小叶柄长 3~5mm。圆锥花序腋生，长 8~10cm，直径 6~7cm，分枝呈伞房花序状，花冠乳白色或淡黄色，各瓣近等长，荚果舌状长圆形，长 4.5~8cm。荚果对种子部分明显凸起，如象棋子状，具网纹。（栽培园地：SCBG, WHIOB, KIB, XTBG, CNBG, SZBG, GXIB, XMBG）

Dalbergia odorifera 降香黄檀（图 1）

Dalbergia odorifera 降香黄檀（图 2）

Dalbergia pinnata (Lour.) Prain **斜叶黄檀**

乔木，高 5~13m，或有时具长而曲折的枝条成为藤状灌木。嫩枝密被褐色短柔毛，渐变无毛。羽状复叶长 12~15cm；叶轴、叶柄和小叶柄均密被褐色短柔毛；托叶披针形，长约 5mm，被毛；小叶 10~20 对，纸质，斜长圆形，长 12~18mm，宽 5~7.5mm，先端圆形，微凹缺，基部偏斜，一侧楔形，另一侧近圆形，两面被褐色短柔毛，上面渐变无毛，下面青白色；小叶柄短。圆锥花序腋生，具伞房状分枝；花瓣白色，具长柄；花序密被褐色短柔毛；荚果薄，膜质，长圆状舌形。

Dalbergia pinnata 斜叶黄檀（图 1）

Dalbergia pinnata 斜叶黄檀（图 2）

Dalbergia pinnata 斜叶黄檀（图 3）

Dalbergia rimosa 多裂黄檀

（栽培园地：SCBG, KIB, XTBG）

Dalbergia rimosa Roxb. **多裂黄檀**

藤本或有时为直立灌木或小乔木状，高 4~6(10)m。羽状复叶长 10~20cm；叶轴、叶柄被短柔毛；小叶 2~4 对，硬纸质，卵形、倒卵形或椭圆形，长 (3)5~8cm，宽 (2)2.5~5cm，先端急尖，钝或凹入，有细小尖头，基部圆形或阔楔形，上面无毛，细脉密集隆起。下面略被稀疏短柔毛；小叶柄被短柔毛。伞房状圆锥花序顶生或有时生于上部叶腋，分枝呈二歧聚伞花序式；花冠白色或淡黄绿色。荚果长圆形或椭圆形，全部有网纹，对种子部分略凸起，网纹更显著。（栽培园地：XTBG）

Dalbergia sissoo Roxb. ex DC. **印度黄檀**

乔木。树皮灰色，粗糙，厚而深裂；分枝多，平展。枝被白色短柔毛。羽状复叶长 12~15cm；托叶披针形，早落；小叶 1~2 对，近革质，近圆形或有时菱状倒卵形，长 3.5~6cm，先端圆，具短尾尖，尖头长 5~10mm，嫩时两面淡绿色，被白色伏贴柔毛，成长时无毛，有光泽。圆锥花序近伞房状，腋生，比复叶短一半；分枝与花序轴被柔毛；基生小苞片披针形。副萼状小苞片阔卵形，均早落；花长 8~10mm，芳香，具极短花梗；花萼裂齿不等长，花冠淡黄色或白色；荚果线状长圆形或

Dalbergia sissoo 印度黄檀（图 1）

Dalbergia sissoo 印度黄檀（图 2）

Dalbergia sissoo 印度黄檀（图 3）

带状，对种子处略具网纹。（栽培园地：SCBG）

Dalbergia stipulacea Roxb. **托叶黄檀**

大藤本，有时呈小乔木状，枝开展；树皮褐色。羽状复叶长 15~20cm；托叶膜质，卵状披针形至披针形，早落；小叶 8~10 对，薄纸质，长圆形至倒卵状长圆形；小叶柄长 1.5~2mm。圆锥花序生于具嫩叶的枝顶叶腋，由鳞片状、早落的苞片丛中抽出；花冠淡蓝色或淡紫红色。荚果较阔，宽 2~3.2(4)cm，先端钝或圆，基部圆或阔楔形。（栽培园地：XTBG）

Dalbergia tonkinensis Prain **越南黄檀**

乔木，高 5~13m。羽状复叶长 9~20cm；叶轴无毛；托叶小，被棕色微柔毛，脱落；小叶 (3)4~5 对，近革质，卵形，长 4~9cm，宽 (1.8)3~5cm，先端短渐尖，基部圆形，嫩时疏被短柔毛，不久变无毛；小叶柄无毛。圆锥花序伞房状，腋生，长约 5cm，直径约 3.8cm；花白色，芳香。荚果卵形或长圆形，长 5~7.5cm，宽约 2cm，顶端近急尖，基部楔形，具明显果颈，对种子部分有网纹；种子肾形，扁平，长约 9mm，宽约 5mm。（栽培园

Dalbergia tonkinensis 越南黄檀（图 1）

Dalbergia tonkinensis 越南黄檀（图 2）

Dalbergia tonkinensis 越南黄檀（图 3）

Dalbergia yunnanensis 滇黔黄檀（图 3）

地：SCBG）

Dalbergia yunnanensis Franch. **滇黔黄檀**

大藤本，有时呈大灌木或小乔木状。茎匍匐状，具多数广展的枝。枝有时为螺旋钩状。羽状复叶长 20~30cm；叶轴被微柔毛；托叶早落；小叶 (6)7~9 对，近革质，长圆形或椭圆状长圆形，长 2.5~5(7.5)cm，宽 1.2~2(3.3)cm，两端圆形，有时先端微缺，两面被伏贴和细柔毛，下面中脉上毛较密；小叶柄长约 5mm，被柔毛。聚伞状圆锥花序生于上部叶腋，长约 15cm，直径约 7.5cm；总花梗与分枝被微柔毛；花稍密集，具短梗；旗瓣倒卵状长圆形，花冠白色。荚果长圆形或椭圆形，长 3.5~6.5cm。（栽培园地：WHIOB）

Dalbergia yunnanensis 滇黔黄檀（图 1）

Dalbergia yunnanensis 滇黔黄檀（图 2）

Delonix 凤凰木属

该属共计 1 种，在 6 个园中有种植

Delonix regia (Bojer ex Hook.) Raf. **凤凰木**

高大落叶乔木，无刺，高达 20m，胸径可达 1m。树皮粗糙，灰褐色；树冠扁圆形，分枝多而开展；小枝常被短柔毛并有明显的皮孔。叶为二回偶数羽状复叶，长 20~60cm，具托叶；下部的托叶明显地羽状分裂，上部的成刚毛状；叶柄长 7~12cm，光滑至被短柔毛，上面具槽，基部膨大呈垫状；羽片对生，15~20 对，长达 5~10cm；小叶 25 对，密集对生，长圆形，长 4~8mm，宽 3~4mm，两面被绢毛，先端钝，基部偏斜，边全缘；中脉明显；小叶柄短。伞房状总状花序顶生或腋生；花大而美丽，直径 7~10cm，鲜红色至橙红色。荚果带状扁平。（栽培园地：SCBG, KIB, XTBG, CNBG, SZBG, XMBG）

Delonix regia 凤凰木（图 1）

Delonix regia 凤凰木（图 2）

Dendrolobium lanceolatum 单节假木豆（图 1）

Delonix regia 凤凰木（图 3）

Dendrolobium lanceolatum 单节假木豆（图 2）

Dendrolobium 假木豆属

该属共计 2 种，在 4 个园中有种植

Dendrolobium lanceolatum (Dunn) Schindl. **单节假木豆**

灌木，高 1~3m。嫩枝微具棱角，被黄褐色长柔毛，老时渐变圆柱状而无毛。叶为三出羽状复叶；托叶披针形，长 5~12mm；叶柄长 0.5~2cm，具沟槽；小叶硬纸质，长圆形或长圆状披针形，长 2~5cm，宽 0.9~1.9cm，侧生小叶较小，两端均钝或急尖，上面无毛，下面被贴伏短柔毛，脉上毛较密，侧脉每边 4~7 条，不达叶缘，在下面隆起；小托叶针形，长 2~3mm；小叶柄长 2~3mm，被柔毛。花序腋生，近伞形，长 10~15mm，约有花 10 朵，结果时因花轴延长呈短的总状果序；花白色或淡黄色，荚果有 1 荚节，宽椭圆形或近圆形。（栽培园地：SCBG）

Dendrolobium triangulare (Retz.) Schindl. **假木豆**

灌木，高1~2m。嫩枝三棱形，密被灰白色丝状毛，老时变无毛。叶为三出羽状复叶；托叶披针形，长8~20mm，外面密被灰白色丝状毛；叶柄长1~2.5cm，具沟槽，被开展或贴伏丝状毛；小叶硬纸质，顶生小叶倒卵状长椭圆形，长7~15cm，宽3~6cm，先端渐尖，基部钝圆或宽楔形，侧生小叶略小，基部略偏斜，上面无毛，下面被长丝状毛，脉上毛尤密，侧脉每边10~17条，直，直达叶缘；小托叶钻形至狭三角形，长3~8mm；小叶柄长0.5~1.5cm，被开展或贴伏丝状毛。花序腋生，伞形花序有花20~30朵。花冠白色或淡黄色；荚果有荚节3~6节。（栽培园地：WHIOB, XTBG, GXIB）

Dendrolobium triangulare 假木豆（图1）

Dendrolobium triangulare 假木豆（图2）

Derris 鱼藤属

该属共计9种，在4个园中有种植

Derris alborubra Hemsl. **白花鱼藤**

常绿木质藤本，长6~7m。羽状复叶；叶柄基部增厚，上面有沟槽，长2.5~3.5cm；小叶2对，有时1对，革质，椭圆形、长圆形或倒卵状长圆形，长5~8(15)cm，宽2~5(7)cm，先端钝，微凹缺，基部阔楔形或圆形，无毛；小叶柄长2~3mm，无毛。圆锥花序顶生或腋生，狭窄，长15~30cm，花序轴和花梗薄被微柔毛；花萼红色，斜钟状，长3~4mm，萼齿5枚，最下1枚齿较长，被黄色或褐色短柔毛；花冠白色。荚果长2~5cm，革质。（栽培园地：SCBG）

Derris caudatilimba How **尾叶鱼藤**

攀援状灌木。枝棕褐色，无毛，散生圆形、灰白色皮孔，羽状复叶长10~15cm；叶柄和叶轴上面有槽；小叶3~4对，长椭圆形，长4~10cm，宽1.4~2.8cm，先端尾尖，基部阔楔形或稍钝，中脉两面均隆起，侧脉6~7对，纤细，稍隆起；小叶柄短，黑褐色，稍膨大，长2~3mm，总状花序腋生，狭窄，长10~25cm，花序轴被稀疏微柔毛；花长9~10mm；花梗丝状，长3~5mm，被稀疏微柔毛；花萼钟状，长宽各约3mm，萼齿三角形；花冠白色，花萼无毛，花长不到10mm。荚果舌状长椭圆形。（栽培园地：WHIOB）

Derris caudatilimba 尾叶鱼藤

Derris ferruginea (Roxb.) Benth **锈毛鱼藤**

攀援状灌木；高达数米。小枝密被锈色柔毛。羽状复叶；小叶2~4对，革质，椭圆形或倒卵状椭圆形，

Derris ferruginea 锈毛鱼藤（图 1）

Derris ferruginea 锈毛鱼藤（图 2）

Derris ferruginea 锈毛鱼藤（图 3）

长 6~13cm，宽 2~5cm，先端渐尖，钝头，基部圆形，上面无毛。有光泽，下面略被锈色微柔毛或无毛。圆锥花序腋生，长 15~30cm，具分枝，密被锈色短柔毛；花梗纤细，长 4~6mm，簇生于短轴上，轴常延伸成一短枝；花萼长约 3mm，萼齿极小；花冠淡红色或白色，长 8~10mm；雄蕊单体；子房被毛。荚果革质，长椭圆形或舌状椭圆形，荚果腹背缝翅近等宽。（栽培园地：SCBG, WHIOB, XTBG）

Derris fordii Oliv. **中南鱼藤**

攀援状灌木。羽状复叶长 15~28cm；小叶 2~3 对，

Derris fordii 中南鱼藤（图 1）

Derris fordii 中南鱼藤（图 2）

厚纸质或薄革质，卵状椭圆形、卵状长椭圆形或椭圆形，长 4~13cm，宽 2~6cm，先端渐尖，略钝，基部圆形，两面无毛，侧脉 6~7 对，纤细两面均隆起；小叶柄长 4~6mm，黑褐色。圆锥花序腋生，稍短于复叶；花序轴和花梗有极稀少的黄褐色短硬毛；花数朵生于短小枝上，花梗通常长 3~5mm；小苞片 2 枚，长约 1mm，生于花萼的基部，外被微柔毛；花萼钟状；花冠白色。荚果长 4~10cm，薄革质。（栽培园地：SCBG, WHIOB）

Derris fordii Oliv. var. **lucida** How **亮叶中南鱼藤**

本变种与原变种的主要区别为：小叶较小，长 3~8cm，宽 1.5~3cm，上面较光亮，细脉不甚明显；花序和梗均密被棕褐色柔毛；荚果较薄，成熟时不很肿胀，背缝翅较明显，宽 1~1.5mm。（栽培园地：WHIOB）

Derris fordii var. **lucida** 亮叶中南鱼藤（图 1）

Derris fordii var. **lucida** 亮叶中南鱼藤（图 2）

Derris marginata (Roxb.) Benth. **边荚鱼藤**

攀援状灌木；除花萼、子房被疏柔毛外全株无毛。羽状复叶长 13~25cm；小叶 2~3 对，近革质，倒卵状椭圆形或倒卵形，长 5~15cm，宽 2.5~6cm，先端短渐尖，钝头，基部圆形，侧脉 6~8(10) 对，两面稍隆

Derris marginata 边荚鱼藤（图 1）

Derris marginata 边荚鱼藤（图 2）

起，下面较明显；小叶长约 5mm。圆锥花序腋生，长 6~20cm，无毛，分枝少数，花单生或 2~3 朵聚生；花长 10~12mm；花梗长 5~12mm；花萼浅杯状，长 2~3mm；花冠白色淡红色，无毛，旗瓣阔卵形；雄蕊单体；子房无柄。荚果薄，舌状长椭圆形。（栽培园地：XTBG）

Derris robusta (Roxb. ex DC.) Benth. **大鱼藤树**

落叶乔木，高 10~15m。枝稍被毛，后变秃净。羽状复叶；小叶 6~10 对，长圆形或倒卵形，长 1.5~4cm，宽 9~15mm，先端钝，有小凸尖，基部楔形，偏斜，上面无毛或两面均被小柔毛，侧脉 7~8 对，极纤细。总状花序腋生，伸长，长 5~15cm；花长约 8mm，花梗纤细，长 4~5mm，2~3 个簇生于极短的花序梗上，顶端有小苞片 2 枚；花萼杯状，外面被毛，萼齿浅波状；花冠白色，花瓣具柄，龙骨瓣圆心形；雄蕊单体；子房被毛，有胚珠 6~11 粒。荚果线状长椭圆形。（栽培园地：XTBG）

Derris scabricaulis (Franch.) Gagnepain **粗茎鱼藤**

攀援状灌木。枝粗糙，有凸起的皮孔，幼时被棕色

柔毛。羽状复叶；小叶3~6对，纸质，倒卵状长椭圆形或长椭圆形，先端短渐尖，钝头，基部圆形或阔楔形，除顶生小叶外，其余基部均稍不对称，无毛，中脉上面下凹，下面隆起，侧脉纤细；小叶柄黑褐色。总状花序腋生或顶生，长约25cm或更长；花2~3朵簇生；花梗被微柔毛；有小苞片2枚；花萼钟状，长2~3mm，外被紧贴、黄色短柔毛，萼齿极短；花冠红色，无毛，长约为花萼的5倍；旗瓣近圆形；雄蕊单体；子房被柔毛。荚果薄，长椭圆形。（栽培园地：WHIOB）

Derris trifoliata Lour. **鱼藤**

攀援状灌木。枝叶均无毛。羽状复叶长7~15cm；小叶通常2对，有时1或3对，厚纸质或薄革质，卵形或卵状长椭圆形，长5~10cm，宽2~4cm，先端渐尖，钝头，基部圆形或微心形；小叶柄短，长2~3mm。总状花序腋生，通常长5~10cm，无毛，有时下部的花束轴延长成一短枝；花梗聚生，长2~4mm；花萼钟状，长约2mm，无毛或近无毛，萼齿钝，极短；花冠白色或粉红色，各瓣长约10mm，旗瓣近圆形，翼瓣和龙骨瓣狭长椭圆形，雄蕊单体。荚果斜卵形、圆形或阔长椭圆形。（栽培园地：SCBG, XMBG）

Derris trifoliata 鱼藤（图1）

Derris trifoliata 鱼藤（图2）

Derris trifoliata 鱼藤（图3）

Desmanthus 合欢草属

该属共计1种，在1个园中有种植

Desmanthus virgatus (L.) Willd. **合欢草**

多年生亚灌木状草本，高0.5~1.3m；分枝纤细，具棱，棱上被短柔毛。托叶刚毛状，长3~6mm。二回羽状复叶，最下一对羽片着生处有长圆形腺体1枚；羽片2~4(6)对，长1.2~2.5cm；小叶6~21对，长圆形，长4~6mm，宽约2mm，先端具小凸尖，基部截平，具缘毛，稍不对称。头状花序直径约5mm，绿白色，有花4~10朵；总花梗长1~4cm；小苞片卵形，具长尖头；花萼钟状，长约2mm，萼齿短；花瓣狭长圆形，长约3mm；雄蕊10枚。荚果线形。（栽培园地：WHIOB）

Desmodium 山蚂蝗属

该属共计13种，在7个园中有种植

Desmodium elegans DC. **圆锥山蚂蝗**

多分枝灌木，高1~2m。小枝被短柔毛至渐变无毛。

叶为羽状三出复叶，小叶3枚；托叶早落，狭卵形，外面疏生柔毛，边缘有睫毛；叶柄长2~4cm，被柔毛至渐变无毛；小叶纸质，形状、大小变化较大，卵状椭圆形、宽卵形、菱形或圆菱形，侧生小叶略小，先端圆或钝，或急尖至渐尖，基部宽楔形，常不对称或斜钝，上面被贴伏短柔毛或几无毛，下面被密或疏的短柔毛至近无毛，全缘或浅波状，侧脉4~6条，直达叶缘。花序顶生或腋生，顶生者多为圆锥花序，腋生者为总状花序；花萼裂片较萼筒短；花冠紫色或紫红色；荚果扁平，线形。（栽培园地：XTBG）

Desmodium gangeticum (L.) DC. **大叶山蚂蝗**

直立或近直立亚灌木，高可达1m。茎柔弱，稍具棱，被稀疏柔毛，分枝多。叶具单小叶；托叶狭三角形或狭卵形，长约1cm，宽1~3mm；叶柄长1~2cm，密被直毛和小钩状毛；小叶纸质，长椭圆状卵形，有时为卵形或披针形，大小变异很大，长3~13cm，宽2~7cm，先端急尖，基部圆形，上面除中脉外，其余无毛，下面薄被灰色长柔毛，侧脉每边6~12条，直达叶缘，全缘；小托叶钻形，长2~9mm；小叶柄长约3mm，毛被与叶柄同。总状花序顶生和腋生，但顶生者有时为圆锥花序，花绿白色。荚果密集，略弯曲，有荚节6~8节。（栽培园地：SCBG, XTBG）

Desmodium heterocarpon (L.) DC. **假地豆**

小灌木或亚灌木。茎直立或平卧，高30~150cm，基部多分枝，多少被糙伏毛，后变无毛。叶为羽状三出复叶，小叶3枚；托叶宿存，狭三角形；小叶纸质，顶生小叶椭圆形、长椭圆形或宽倒卵形，长2.5~6cm，宽1.3~3cm，侧生小叶通常较小，先端圆或钝，微凹，具短尖，基部钝，上面无毛，无光泽，下面被贴伏白色短柔毛，全缘，侧脉每边5~10条，不达叶缘；小托叶丝状，长约5mm；小叶柄长1~2mm，密被糙伏毛。总状花序顶生或腋生，花冠紫红色、紫色或白色。荚果密集，狭长圆形。（栽培园地：SCBG, XTBG, SZBG）

Desmodium heterocarpon 假地豆（图1）

Desmodium heterocarpon 假地豆（图2）

Desmodium laxiflorum DC. **大叶拿身草**

直立或平卧灌木或亚灌木，高30~120cm。茎单一或分枝，具不明显的棱，被贴伏毛和小钩状毛。叶为羽状三出复叶，小叶3枚；顶生小叶较大，长4.5~10(15)cm，宽3~6(8)cm，侧脉每边7~12条；托叶长7~10mm。总状花序腋生或顶生，顶生者具少数分枝呈圆锥状；花萼漏斗形；花冠紫堇色或白色，长4~7mm，旗瓣宽倒卵形或近圆形，翼瓣基部具耳和短瓣柄，龙骨瓣无耳，但具瓣柄。荚果线形，（栽培园地：XTBG）

Desmodium multiflorum DC. **饿蚂蝗**

直立灌木，高1~2m。多分枝，幼枝具棱角，密被淡黄色至白色柔毛，老时渐变无毛。叶为羽状三出复叶，小叶3枚；托叶狭卵形至卵形，长4~11mm，宽1.5~2.5mm；叶柄长1.5~4cm，密被绒毛；小叶近革质，椭圆形或倒卵形，小叶先端具硬细尖，干时叶常呈黑色；无小苞片；花序顶生或腋生，顶生者多为圆锥花序，腋生者为总状花序，长可达18cm；花冠紫色；荚果长15~24mm，有荚节4~7节。（栽培园地：WHIOB, XTBG, GXIB）

Desmodium renifolium (L.) Schindl. **肾叶山蚂蝗**

亚灌木，高30~50cm。茎很细弱，具纵条纹；多分枝，通常无毛。根茎木质。叶具单小叶；托叶线形或狭卵形，脱落，长约4mm。叶柄纤细，长1~2cm；小叶膜质，肾形或扁菱形，通常长小于宽，下面无毛，侧脉每边3~4条。圆锥花序顶生或总状花序腋生，长5~15cm；总花梗纤细；花疏离，通常2~5朵生于花序每节上，节间长1cm，有时花单生于叶腋；花冠白色至淡黄色或紫色，长约5mm；荚果狭长圆形，长2~3cm，宽2.5~4mm，腹缝线直或稍缢缩。（栽培园地：XTBG）

Desmodium renifolium 肾叶山蚂蝗

Desmodium heterocarpon ssp. **angustifolium** 显脉山绿豆（图 2）

Desmodium heterocarpon ssp. **angustifolium** 显脉山绿豆（图 3）

Desmodium heterocarpon (L.) DC. ssp. **angustifolium** (Benth. ex Craib) H. Ohashi **显脉山绿豆**

直立亚灌木，高 30~60cm，无毛或嫩枝被贴伏疏毛。叶为羽状三出复叶，小叶 3 枚，或下部的叶有时只有单小叶；小叶上面有光泽，无毛，基生小叶狭卵形、卵状椭圆形至长椭圆形，侧脉近叶缘处弯曲连结。总状花序顶生，长 10~15cm 或更长，总花梗密被钩状毛；花冠粉红色，后变蓝色，长约 6mm；荚果长圆形，长 10~20mm，宽约 2.5mm。（栽培园地：SCBG, XTBG）

Desmodium sequax Wall. **长波叶山蚂蝗**

直立灌木，高 1~2m，多分枝。幼枝和叶柄被锈色柔毛，有时混有小钩状毛。叶为羽状三出复叶，小叶 3 枚；托叶线形，长 4~5mm，宽约 1mm，外面密被柔毛，有缘毛；叶柄长 2~3.5cm；小叶纸质，卵状椭圆形或圆菱形，托叶线形，小叶边缘中部以上波状。总状花序顶生和腋生，顶生者通常分枝成圆锥花序，花冠紫色，长约 8mm；荚果近念珠状，密被锈色或褐色小钩状毛。（栽培园地：WHIOB, KIB, XTBG, CNBG）

Desmodium heterocarpon ssp. **angustifolium** 显脉山绿豆（图 1）

Desmodium sequax 长波叶山蚂蝗（图 1）

Desmodium sequax 长波叶山蚂蝗（图 2）

Desmodium styracifolium (Osbeck) Merr. **广东金钱草**

直立亚灌木状草本，高 30~100cm。多分枝，幼枝密被白色或淡黄色毛。叶通常具单小叶，有时具 3 枚小叶；小叶厚纸质至近革质，圆形或近圆形，长与宽几相等，下面密被贴伏白色丝状毛，侧脉每边 8~10 条。总状花序短，顶生；花冠紫红色，长约 4mm；荚果长 10~20mm，宽约 2.5mm。（栽培园地：SCBG）

Desmodium triflorum (L.) DC. **三点金**

多年生草本，平卧，高 10~50cm。茎纤细，多分枝，被开展柔毛；根茎木质。叶为羽状三出复叶，小叶 3 枚；托叶披针形，膜质；小叶纸质，顶生小叶倒心形、倒三角形或倒卵形，长和宽为 2.5~10mm，先端宽截平而微凹入，基部楔形，上面无毛，下面被白色柔毛，老时近无毛，叶脉每边 4~5 条，不达叶缘；小托叶狭卵形。花单生或 2~3 朵簇生于叶腋；花冠紫红色，与萼近相等。荚果扁平，狭长圆形，略呈镰刀状，荚节较小。（栽培园地：XTBG）

Desmodium velutinum (Willd.) DC. **绒毛山蚂蝗**

小灌木或亚灌木。茎高达 150cm，被短柔毛或糙伏毛；枝稍呈“之”字形折曲，嫩时密被黄褐色绒毛。叶通常具单小叶，少有 3 枚小叶；托叶三角形，长 5~7mm，先端长渐尖，基部宽，被糙伏毛或近无毛；叶柄长 1.5~1.8cm，密被黄色绒毛；小叶薄纸质至厚纸质，卵状披针形、三角状卵形或宽卵形，先端圆钝或渐尖，基部圆钝或截平，两面被黄色绒毛，下面毛密而长，全缘侧脉每边 8~10 条，直达叶缘；小托叶钻形；小叶柄极短，毛被与叶柄同。总状花序腋生和顶生，花冠紫色或粉红色，长约 3mm；荚果长圆形。（栽培园地：XTBG）

Desmodium yunnanense Franch. **云南山蚂蝗**

灌木，高 1.2~3m。多分枝，幼枝具棱或沟槽，密被白色或灰白色绒毛，老时渐变无毛。叶为 3 枚小叶，或具单小叶；托叶卵形至披针形，幼枝密被白色或灰色绒毛；顶生小叶近圆形、卵形或倒卵形，基部不偏斜，中脉不偏离，下面密被灰色或白色绒毛。圆锥花序，花冠粉红色或紫色，龙骨瓣无毛。荚果扁平。（栽培园地：XTBG）

Desmodium zonatum Miq. **单叶拿身草**

直立小灌木，高 30~80cm。茎单一或分枝，幼时被黄色开展小钩状毛和散生贴伏毛，后渐变无毛。叶具单小叶；托叶三角状披针形，叶全为单小叶，卵形、卵状椭圆形或披针形，长 5~12cm，宽 2~5cm，侧脉每边 7~10 条。总状花序通常顶生，长 10~25cm；花冠白色或粉红色。荚果线形，长 8~12cm，有荚节 6~8 节。（栽培园地：XTBG）

Dumasia 山黑豆属

该属共计 1 种，在 2 个园中有种植

Dumasia cordifolia Benth. ex Baker **心叶山黑豆**

缠绕小藤本。茎纤细，长 1~3m，幼时微被淡黄

Dumasia cordifolia 心叶山黑豆（图 1）

Dumasia cordifolia 心叶山黑豆（图 2）

色短柔毛。叶具羽状3枚小叶；托叶小，披针形，长1~2mm；生于茎上部的叶具短柄或近无柄，生于下部的通常略长，有时长可达5.5cm，极纤细，无毛或被短柔毛；小叶膜质，近心形或肾形，长1~3cm，宽1.2~2.8cm，先端近圆形而微凹，常有细凸尖，基部截形或微心形，两面无毛或下面主脉微被短柔毛，小脉纤细，网状，略可见；小托叶小，刚毛状；小叶柄极短，微被毛。总状花序腋生，纤细，长2~7cm；花冠淡黄色，长1.2~1.5cm；荚果倒披针形至长椭圆形，略弯，长约3cm。（栽培园地：WHIOB, KIB）

Dunbaria 野扁豆属

该属共计3种，在3个园中有种植

Dunbaria fusca (Wall.) Kurz **黄毛野扁豆**

一年生缠绕藤本。茎长达3m，明显具纵棱，密被灰色短柔毛，尤以棱上为密。叶为羽状3枚小叶；叶柄长3~6.5cm，稀更长或更短，具棱和密被灰色短柔毛；小叶纸质近等大，顶生小叶卵形、卵状披针形或披针形，长5~9.5cm，宽2.5~4cm；基出脉3条，侧脉每边3~4条，平或微凸，侧生小叶略小，基部略偏斜。总状花序腋生，长4~15cm，略粗壮，无毛或略被短柔毛。花冠紫红色，长约1.3cm；荚果线状长圆形，长4~6cm，宽4~7mm。（栽培园地：XTBG）

Dunbaria rotundifolia (Lour.) Merr. **圆叶野扁豆**

多年生缠绕藤本。茎纤细，柔弱，微被短柔毛。叶具羽状3枚小叶；托叶小，披针形，常早落；叶柄长0.8~2.5cm；小叶纸质，顶生小叶圆菱形，长1.5~2.7(4)cm，宽常稍大于长，先端钝或圆形，基部圆形，两面微被极短柔毛或近无毛，被黑褐色小腺点，尤以下面较密，侧生小叶稍小，偏斜；基出脉3条，小脉略密，网状，干后灰绿色，叶缘波状，略背卷。花1~2朵腋生；花萼钟状，长2~5mm；花冠黄色；荚果线状长椭圆形，扁平，略弯，长3~5cm，宽约8mm（栽培园地：SCBG）

Dunbaria villosa (Thunb.) Makino **野扁豆**

多年生缠绕草本。茎细弱，微具纵棱，略被短柔毛。叶具羽状3枚小叶；托叶细小，常早落；叶柄纤细，长0.8~2.5cm，被短柔毛；小叶薄纸质，顶生小叶较大，菱形或近三角形，侧生小叶较小，偏斜；基出脉3条；侧脉每边1~2条；小托叶极小；小叶柄长约1mm，密被极短柔毛。总状花序或复总状花序腋生。花冠黄色；荚果线状长圆形，长3~5cm，宽约8mm，扁平稍弯。（栽培园地：LSBG）

Dysolobium 镰瓣豆属

该属共计1种，在1个园中有种植

Dysolobium grande (Benth.) Prain **镰瓣豆**

木质缠绕藤本，茎长可达5m。叶为具3枚小叶的羽状复叶；叶柄长9~12cm；托叶披针形，长约6mm，密被柔毛。小叶近等大，两面上疏生微小柔毛；顶生小叶近圆形至菱状卵形，长12~19.5cm，宽9~16cm，先端急尖，基部圆至钝；侧生小叶两边不等大，偏斜，先端短渐尖，基部近截平，侧脉每边4~6条；小叶柄长约7mm，密被白色柔毛。总状花序腋生，长可达40cm，有短柔毛，上端多花；花单生或2~3朵簇生；小苞片近三角形；花萼钟状。花冠紫蓝色；荚果肥厚，长12~16cm，宽约2cm。（栽培园地：XTBG）

Dysolobium grande 镰瓣豆

Entada 榼藤属

该属共计2种，在4个园中有种植

Entada phaseoloides (L.) Merr. **榼藤**

常绿木质大藤本，茎扭旋，枝无毛。二回羽状复叶，长10~25cm；羽片通常2对，顶生1对羽片变为卷须；

Entada phaseoloides 榼藤

小叶2~4对，对生，革质，长椭圆形或长倒卵形，长3~9cm，宽1.5~4.5cm，先端钝，微凹，基部略偏斜，主脉稍弯曲，主脉两侧的叶面不等大，网脉两面明显；叶柄短。穗状花序长15~25cm，单生或排成圆锥花序式，被疏柔毛；花细小，白色，密集，略有香味；花瓣5片，长圆形，长4mm。荚果长达1m，宽8~12cm，弯曲，扁平，木质。（栽培园地：SCBG, XTBG, CNBG）

Entada rheedei Spreng. **眼镜豆**

木质藤本，无刺。托叶小，刚毛状。二回羽状复叶，顶生的1对羽片常为卷须；穗状花序纤细，单生于上部叶腋或再排成圆锥花序式；花细小，白色，密集，略有香味；苞片被毛；花萼阔钟状，长2mm，具5齿；花瓣5枚，长圆形，长4mm，顶端尖，无毛，基部稍连合；雄蕊稍长于花冠；子房无毛，花柱丝状。荚果大而长，木质或革质，扁平，弯曲，逐节脱落，每节内有1颗种子；种子大，扁圆形。（栽培园地：XMBG）

Entada rheedei 眼镜豆（图1）

Entada rheedei 眼镜豆（图2）

Enterolobium 象耳豆属

该属共计2种，在4个园中有种植

Enterolobium contortisiliquum (Vell.) Morong **青皮象耳豆**

无刺、落叶大乔木。托叶不显著；二回羽状复叶；羽片及小叶多对；叶柄有腺体。花通常两性，5数，无梗，组成球形的头状花序，簇生于叶腋或呈总状花序式排列；花萼钟状，具5短齿；花冠白色，漏斗形，中部以上具5裂片；雄蕊多数，基部连合成管；子房无柄，胚珠多数；花柱线形。荚果卷曲或弯作肾形，厚而硬，不开裂，中果皮海绵质，后变硬。（栽培园地：SCBG, XTBG）

Enterolobium cyclocarpum (Jacq.) Griseb. **象耳豆**

落叶大乔木，高10~20m。枝广展，嫩枝、嫩叶及

Enterolobium contortisiliquum 青皮象耳豆（图 1）

Enterolobium contortisiliquum 青皮象耳豆（图 2）

Enterolobium contortisiliquum 青皮象耳豆（图 3）

Enterolobium cyclocarpum 象耳豆

花序均被白色疏柔毛，小枝绿色，有明显皮孔。托叶小，早落。羽片 (3)4~9 对；总叶柄长约 6cm，通常在总叶柄上及最上二对羽片着生处有腺体 2~3 个；小叶 12~25 对，近无柄，镰状长圆形，先端具小尖头，基部截平，上面深绿色，被疏毛，下面粉绿色，被疏毛；中脉靠近上边缘。头状花序圆球形，直径 1~1.5cm，有花 10 余朵，簇生或呈总状花序式排列；花绿白色；花萼长 3mm，与花冠同被短柔毛；花冠长 6mm。荚果弯曲成耳状。（栽培园地：XTBG, SZBG, XMBG）

Eriosema 鸡头薯属

该属共计 1 种，在 2 个园中有种植

Eriosema chinense Vogel **鸡头薯**

多年生直立草本。茎高 20~50cm，通常不分枝，密被棕色长柔毛并杂以同色的短柔毛；块根纺锤形，肉质。托叶线形至线状披针形，长 4~8mm，有细脉纹，被毛，宿存。叶仅具单小叶，披针形，长 3~7cm，宽 0.5~1.5cm，先端钝或急尖，基部圆形或有时微心形，上面及叶缘散生棕色长柔毛，下面被灰白色短绒毛，沿主脉密被棕色长柔毛；近无柄。总状花序腋生，极短，通常有花 1~2 朵；苞片线形；花萼钟状，长约 3mm，5 裂，裂片披针形，被棕色近丝质柔毛；花冠淡黄色，长约为花萼的 3 倍。荚果菱状椭圆形，长 8~10mm，宽约 6mm，成熟时黑色。（栽培园地：SCBG, XTBG）

Erythrina 刺桐属

该属共计 7 种，在 10 个园中有种植

Erythrina arborescens Roxb. **鹦哥花**

小乔木或乔木。树干和枝条具皮刺。羽状复叶具 3 枚小叶；托叶小；叶柄比小叶长，平滑，不具皮刺或有少数皮刺；顶生小叶近肾形，侧生小叶斜宽心形，长宽 8~20(25)cm，先端急尖，基部截形或近心形，全缘，上面绿色，平滑，下面略带白色，两面无毛。总状花序生于先端叶腋，单生，直立，比叶长；花鲜红色，大，具花梗，下垂；苞片单生，卵形，内有 3 朵花，在每一花梗基部有 1 个小苞片；花萼陀螺形，截平或具不等的 2 裂；花冠红色；荚果弯曲，长 12~19cm，宽约 3cm 或更宽。（栽培园地：WHIOB, KIB, XTBG, LSBG）

Erythrina arborescens 鹦哥花（图 1）

Erythrina arborescens 鹦哥花（图 2）

Erythrina corallodendron L. **龙牙花**

灌木或小乔木，高 3~5m。干和枝条散生皮刺。羽状复叶具 3 枚小叶；小叶菱状卵形，长 4~10cm，宽 2.5~7cm，先端渐尖而钝或尾状，基部宽楔形，两面无毛，有时叶柄上面和下面中脉上有刺。总状花序腋生，长可达 30cm 以上；花深红色，具短梗，与花序轴成直角或稍下弯，长 4~6cm，狭而近闭合；花萼钟状，萼齿不明显，仅下面 1 枚稍突出；荚果长约 10cm。（栽培园地：SCBG, KIB, XTBG, CNBG, GXIB, XMBG）

Erythrina corallodendron 龙牙花（图 1）

Erythrina corallodendron 龙牙花（图 2）

Erythrina crista-galli 鸡冠刺桐（图 1）

Erythrina corallodendron 龙牙花（图 3）

Erythrina crista-galli 鸡冠刺桐（图 2）

Erythrina crista-galli L. 鸡冠刺桐

落叶灌木或小乔木，茎和叶柄稍具皮刺。羽状复叶具 3 枚小叶；小叶长卵形或披针状长椭圆形，长 7~10cm，宽 3~4.5cm，先端钝，基部近圆形。花与叶同出，总状花序顶生，每节有花 1~3 朵；花深红色，长 3~5cm，稍下垂或与花序轴成直角；花萼钟状，先端二浅裂；雄蕊二体；子房有柄，具细绒毛。荚果长约 15cm，褐色，种子间缢缩；种子大，亮褐色。（栽培园地：SCBG, KIB, XTBG, CNBG, SZBG, GXIB, XMBG）

Erythrina crista-galli 鸡冠刺桐（图 3）

Erythrina senegalensis DC. **塞内加尔刺桐**

乔木或灌木。小枝常有皮刺。羽状复叶具3枚小叶，有时被星状毛；托叶小；小托叶呈腺体状。总状花序腋生或顶生；花美丽，红色，成对或成束簇生在花序轴上；苞片和小苞片小或缺；花萼佛焰苞状、钟状或陀螺状而截平或2裂；花瓣极不相等，旗瓣大或伸长，直立或开展，近无柄或具长瓣柄，无附属物，翼瓣短，有时很小或缺，龙骨瓣比旗瓣短小得多。荚果具果颈，多为线状长圆形，镰刀形，在种子间收缩或成波状。（栽培园地：XTBG）

Erythrina senegalensis 塞内加尔刺桐

Erythrina stricta Roxb. **劲直刺桐**

乔木，高7~12m。树干通直，小枝具短圆锥形浅渴色或带白色的皮刺。羽状复叶具3小叶；托叶狭镰刀状；叶柄长12~15cm，很少具皮刺；顶生小叶宽三角形或近菱形，长宽均为7~12cm，先端尖，基部截形或近心形，全缘，两面无毛；侧脉5~6对。总状花序长15cm；花3朵1束，鲜红色，多数，密集；花萼佛焰苞状，不分裂或先端稍2裂；旗瓣椭圆状披针形，直立，长4~4.5cm，几无瓣柄，翼瓣2片，半倒卵状长圆形。（栽培园地：XTBG, CNBG）

Erythrina secundiflora Hassk. **翅果刺桐**

乔木，高12~15m，胸径达60cm，具粗壮的刺。羽状复叶具3枚小叶，小叶膜质，卵状三角形，长10~15cm，宽7~10cm，先端短渐尖，基部圆或宽楔形，两面无毛；侧脉每边7条，在下面明显凸起；叶柄长10~12cm；小叶柄长7mm；托叶卵形，脱落。总状花序长7~10cm，有褐色绒毛；花红色，长4cm；花萼钟状，有绢毛，2裂；花瓣不等长，旗瓣椭圆形，先端钝，具短瓣柄，翼瓣倒卵形，龙骨瓣与翼瓣等长；子房有毛。荚果长15cm，宽2.5cm，中部以下不发育，亦不开裂。（栽培园地：XTBG）

Erythrina variegata L. **刺桐**

大乔木，高可达20m。树皮灰褐色，枝有明显叶痕及短圆锥形的黑色直刺。羽状复叶具3枚小叶，常密集于枝端；托叶披针形，早落；叶柄长10~15cm，通常无刺；小叶膜质，宽卵形或菱状卵形，长宽15~30cm，先端渐尖而钝，基部宽楔形或截形；基脉3条，侧脉5对；小叶柄基部有1对腺体状的托叶。总状花序顶生，长10~16cm，上有密集、成对着生的花；总花梗木质，粗壮，长7~10cm，花梗长约1cm，具短绒毛；花萼

Erythrina variegata 刺桐（图1）

Erythrina variegata 刺桐（图 2）

Erythrophleum fordii 格木（图 1）

Erythrina variegata 刺桐（图 3）

Erythrophleum fordii 格木（图 2）

佛焰苞状，长 2~3cm，口部偏斜，一边开裂；花冠红色。荚果黑色，肥厚，种子间略缢缩，长 15~30cm，宽 2~3cm。（栽培园地：SCBG, IBCAS, XTBG, CNBG, SZBG, GXIB, XMBG）

Erythrophleum 格木属

该属共计 1 种，在 7 个园中有种植

Erythrophleum fordii Oliv. **格木**

乔木，通常高约 10m，有时可达 30m。嫩枝和幼芽被铁锈色短柔毛。叶互生，二回羽状复叶，无毛；羽片通常 3 对，对生或近对生，长 20~30cm，每羽片有小叶 8~12 片；小叶互生，卵形或卵状椭圆形，长 5~8cm，宽 2.5~4cm，先端渐尖，基部圆形，两侧不对称，边全缘；小叶柄长 2.5~3mm。由穗状花序所排成的圆锥花序长 15~20cm；总花梗上被铁锈色柔毛；萼钟状，外面被疏柔毛，裂片长圆形，边缘密被柔毛；花瓣 5 片，淡黄绿色。荚果长圆形，扁平，长 10~18cm，宽 3.5~4cm，厚革质。（栽培园地：SCBG, WHIOB, XTBG, CNBG, SZBG, GXIB, XMBG）

Erythrophleum fordii 格木（图 3）

Euchresta 山豆根属

该属共计 4 种，在 4 个园中有种植

Euchresta horsfieldii (Lesch.) J. Benn. **伏毛山豆根**

灌木，高约 45cm。枝及小枝无毛，有纵细纹。叶具小叶 3~5 枚，叶柄长 8~12cm，小叶厚纸质，上面无毛，下面密生贴伏茸毛；中脉在上面稍凹下，下面略凸起，侧脉 5~6 对，两面均不明显；顶生小叶宽椭圆形或倒卵状椭圆形，长 11~17.5cm，宽 6~8cm，先端突短渐尖，基部楔形，小叶柄长 1.3cm，侧生小叶对生，椭圆形，长 9~15cm，宽 4.5~8cm，先端突短渐尖，基部楔形至近圆形，几无小叶柄。总状花序长达 13~21cm，密生细短贴伏毛，总花梗长 10cm。花冠乳白色，长 1.5cm，下垂；果椭圆形，长 2cm，宽 1.3cm。（栽培园地：XTBG）

Euchresta japonica Hook. f. ex Regel **山豆根**

藤状灌木。几不分枝，茎上常生不定根。叶仅具小叶 3 枚；叶柄长 4~5.5cm，被短柔毛，近轴面有 1 条明显的沟槽；小叶厚纸质，椭圆形，长 8~9.5cm，宽 3~5cm，先端短渐尖至钝圆，基部宽楔形，上面暗绿色，无毛，干后呈现皱纹，下面苍绿色，被短柔毛；侧脉极不明显；顶生小叶柄长 0.5~1.3cm，侧生小叶柄几无。总状花序长 6~10.5cm，总花梗长 3~5.5cm，花梗长 0.5~0.7cm，均被短柔毛；小苞片细小，钻形；花萼杯状，长 3~5mm，宽 4~6mm，内外均被短柔毛，裂片钝三角形；花冠白色。荚果椭圆形，长 1.2~1.7cm，宽 1.1cm。（栽培园地：SCBG, WHIOB, GXIB）

Euchresta japonica 山豆根

Euchresta tubulosa Dunn **管萼山豆根**

灌木。叶具小叶 3~7 枚，叶柄长 6~7cm；小叶纸质，椭圆形或卵状椭圆形，先端短渐尖至钝，基部楔形至圆形，上面无毛，下面被黄褐色短柔毛，顶生小

Euchresta tubulosa 管萼山豆根（图 1）

Euchresta tubulosa 管萼山豆根（图 2）

叶和侧生小叶近等大，长 8~10.5cm，宽 3.5~4.5cm，侧生小叶柄长 2mm，顶生小叶柄长 0.6~1cm，中脉在上面平或稍凹，下面稍凸起，侧脉 5~6 对，不明显。总状花序顶生，长 8cm，总花梗长 4cm，花梗长 4mm，均被黄褐色短柔毛；花长 2~2.2cm；花萼管状，下半部狭，长 9mm，宽 2mm；基部有小囊，上半部扩展成杯状。花冠白色或黄白色；果椭圆形，长 1.5~1.8cm，宽 8mm，黑褐色。（栽培园地：WHIOB）

Euchresta tubulosa Dunn var. **brevituba** C. Chen **短萼山豆根**

本变种与原变种的主要区别：叶片椭圆形，花萼管下部较短，长约 4~5mm；花序较长，约为 14.5cm，花萼管下部亦短。（栽培园地：XTBG）

Falcataria 南洋楹属

该属共计 1 种，在 4 个园中有种植

Falcataria moluccana (Miq.) Barneby et Grimes **南洋楹**

常绿大乔木，树干通直，高可达 45m。嫩枝圆柱状或微有棱，被柔毛。托叶锥形，早落。羽片 6~20 对，

Falcataria moluccana 南洋楹（图 1）

Falcataria moluccana 南洋楹（图 2）

Falcataria moluccana 南洋楹（图 3）

上部的通常对生，下部的有时互生；总叶柄基部及叶轴中部以上羽片着生处有腺体；小叶 6~26 对，无柄，菱状长圆形，长 1~1.5cm，宽 3~6mm，先端急尖，基部圆钝或近截形；中脉偏于上边缘。穗状花序腋生，单生或数个组成圆锥花序；花初白色，后变黄色；花萼钟状，长 2.5mm；花瓣长 5~7mm，密被短柔毛，仅基部连合。荚果带形。（栽培园地：SCBG, WHIOB, XTBG, XMBG）

Flemingia 千斤拔属

该属共计 10 种，在 4 个园中有种植

Flemingia chappar Buch.-Ham. ex Benth. **墨江千斤拔**

直立灌木，高约 1m。小枝纤细，密被棕色绒毛。单叶互生，纸质或近革质，圆心形，长宽 4~4.5cm，先端圆形或钝，基部微心形，上面脉上被贴生棕色短毛，其余无毛或微被短柔毛，下面有棕色小腺点并被棕色绒毛，尤以脉上为密，基出脉 3 条，侧脉每边 3 条；叶柄长约 1.5cm，密被脱落性棕色绒毛。小聚伞花序包藏于膜质、宿存的贝状苞片内，复再排成长数厘米的总状花序；贝状苞片长约 2cm，宽 3.8cm，先端凹缺，无毛，具明显的网脉；花萼 5 裂，裂片披针形；花冠黄

Flemingia chappar 墨江千斤拔

色，旗瓣倒卵形，翼瓣长圆形，龙骨瓣略弯曲。荚果椭圆形。（栽培园地：XTBG, CNBG）

Flemingia fluminalis C. B. Clarke ex Prain **河边千斤拔**

小灌木，高约 50cm。小枝密被灰色短柔毛和绒毛。单叶互生，狭长圆形至披针形，长 5~9cm，宽 1.5~2.5cm，先端钝圆或急尖，基部楔形，两面被短柔毛；侧脉每边 5~8 条；叶柄短，长 1.5~8mm，被毛；托叶披针形，长 1~2cm，具纵脉纹，先端长尖，宿存或脱落。小聚伞花序小，包藏于纸质、贝状的苞片内，复再排成顶生或腋生的总状或复总状花序，长 5~10cm，花序轴略曲折，密被短柔毛；贝状苞片纸质，长 1~1.5cm，宽 1.8~2.2cm，先端明显凹缺，基部微心形，两面被短柔毛；花小，花冠黄色。（栽培园地：XTBG）

Flemingia grahamiana Wight et Arn. **绒毛千斤拔**

直立灌木，常多分枝。小枝具纵纹，幼枝、叶、芽密被棕褐色绒毛。叶具指状 3 枚小叶；托叶披针形或椭圆状披针形。总状或复总状花序腋生或顶生，长 1~3.5cm，花序轴密被灰色绒毛，花长约 1cm，极密集；花梗长 1~2mm；旗瓣长椭圆形，长约 8mm，基部具瓣柄和耳，翼瓣狭长而弯，稍短于旗瓣，基部具细瓣柄和耳，龙骨瓣镰状，先端钝，亦具瓣柄；雄蕊二体。荚果椭圆状，先端偏斜，具小尖喙，微被短柔毛及密被黑色腺点，常具宿存花冠。荚果椭圆状。（栽培园地：XTBG）

Flemingia grahamiana 绒毛千斤拔

Flemingia involucrata Benth. **总苞千斤拔**

直立灌木，高 60~120cm。小枝稍粗壮，近圆柱形，有时微呈“之”字形，通常密被灰褐色绒毛。叶具指状 3 枚小叶；托叶大。花排成头状花序；苞片大，革质，宿存，披针形至卵状披针形，长 1.5cm，宽 0.5cm，具细纵脉纹，先端长渐尖，两面及边缘密被白色长柔毛。花冠紫红色至浅蓝色；荚果椭圆状，黄绿色。（栽培园地：XTBG）

Flemingia latifolia Benth. **宽叶千斤拔**

直立灌木，高 1~2m。幼枝三棱柱形，密被锈色贴伏绒毛。叶具 3 枚小叶；托叶大，披针形；小叶纸质至厚纸质，顶生小叶椭圆形或椭圆状披针形，偶为倒卵形，长 8~14cm，宽 4~6(8.5)cm，稀更长或更宽，先端渐尖或急尖，基部宽楔形或圆形，两面被短柔毛，下面沿脉上较密，密被黑褐色腺点；基出脉 3 条，侧生小叶偏斜，宽披针形；小叶柄长 3~6mm，密被锈色绒毛，总状花序腋生或顶生，苞片椭圆形至椭圆状披针形，长 7~10mm，先端钝。花冠紫红色或粉红色，较花萼长；荚果椭圆形，膨胀。（栽培园地：XTBG）

Flemingia lineata (L.) Roxb. ex W. T. Aiton **细叶千斤拔**

直立小灌木，多分枝。小枝圆柱状，初时被灰色短伏毛，后逐渐脱落变无毛或近无毛。叶具指状 3 枚小叶；托叶披针形，具线纹，长 6~10mm，先端长尖，常宿存；叶柄长 0.7~3cm，上面有沟纹，无翅；小叶近革质，顶生小叶倒卵形至倒卵状长椭圆形，长 2.5~5.5cm，宽 1.3~2cm，先端钝至短尖，基部楔形，幼时两面被灰白色伏贴短柔毛，后渐变无毛；基出脉 3 条，侧脉每边 3~4 条，于叶面明显凹陷，下面明显凸起，被极细小的黑褐色腺点，侧生小叶较小，斜椭圆形，无柄或近无柄。圆锥花序腋生或顶生，花序轴纤细。花小，长 5~7mm；荚果椭圆形，长约 9mm，宽约 6mm。（栽培园地：XTBG）

Flemingia macrophylla (Willd.) Merr. **大叶千斤拔**

直立灌木，高 0.8~2.5m。幼枝有明显纵棱，密被紧贴丝质柔毛。叶具指状 3 枚小叶：托叶大，披针形，长可达 2cm，先端长尖，被短柔毛，具腺纹，常早落；叶柄长 3~6cm，具狭翅，被毛与幼枝同；小叶纸质或薄革质，顶生小叶宽披针形至椭圆形，长 8~15cm，宽 4~7cm，先端渐尖，基部楔形；基出脉 3 条，两面除沿脉上被紧贴的柔毛外，通常无毛，下面被黑褐色小腺点。

Flemingia macrophylla 大叶千斤拔（图 1）

Flemingia macrophylla 大叶千斤拔（图 2）

Flemingia macrophylla 大叶千斤拔（图 3）

侧生小叶稍小，偏斜，基部一侧圆形，另一侧楔形；基出脉 2~3 条；小叶柄长 2~5mm，密被毛。总状花序常数个聚生于叶腋，长 3~8cm，常无总梗；花多而密集；花梗极短。花冠紫红色；荚果椭圆形，长 1~1.6cm，宽 7~9mm，褐色。（栽培园地：SCBG, KIB, XTBG）

Flemingia mengpengensis Y. T. Wei et S. K. Lee **勐板千斤拔**

直立灌木，高约 1m。小枝粗壮，具明显纵棱，密被灰色至灰褐色伏贴柔毛。叶具指状 3 枚小叶；托叶披针形，长约 2cm，先端长尖，密被灰褐色伏贴柔毛，早落；叶柄长 6~13cm，具纵沟，无翅，被伏贴柔毛；小叶纸质，顶生小叶宽椭圆形至披针形，长 12~19cm，宽 5~10cm，先端渐尖，具细尖头，基部圆形至宽楔形，两面密被伏贴柔毛，脉上的较密，下面被稀疏的黑色腺点；基出脉 3 条，侧脉每边 7~13 条。侧生小叶稍小，斜披针形至斜椭圆形，基出脉 2~4 条；小叶柄长 5~7mm，被长粗伏毛。总状花序腋生，长约 3cm，3~6 个簇生于叶腋。花大，长 1.7~2.1cm；荚果斜椭圆形，长 1~1.2cm，宽约 7mm。（栽培园地：XTBG）

Flemingia paniculata Wall. ex Benth. **锥序千斤拔**

直立灌木。小枝略呈“之”字形，具明显细纵纹，被短柔毛及混生长柔毛。单叶互生，纸质，卵状心形或宽椭圆状心形，先端骤短尖，边缘微波状，上面无毛，下面除脉上被毛外，其余无毛，但散生黑褐色腺点，基出脉 5 条，靠近叶两侧的较细，侧脉每边 5~6 条；叶柄长 1.5~2.3cm，略被长柔毛；托叶披针形，具脉纹，被毛，早落。总状或复总状花序腋生或顶生，纤细，长 2.5~4cm，各部被灰色短柔毛及混生长柔毛；总花梗短或近无；苞片卵形；花长 6~10mm；花冠紫红色，伸出萼外。荚果椭圆状，长约 1cm，宽约 0.6cm。（栽培园地：XTBG）

Flemingia strobilifera (L.) R. Br. **球穗千斤拔**

直立或近蔓状灌木，高 0.3~3m。小枝具棱，密被灰色至灰褐色柔毛。单叶互生，近革质，卵形、卵状椭圆形、宽椭圆状卵形或长圆形，长 6~15cm，宽 3~7cm，先端渐尖、钝或急尖，基部圆形或微心形，两面除中脉或侧脉外无毛或几无毛，侧脉每边 5~9 条；叶柄长 0.3~1.5cm，密被毛；托叶线状披针形，长 0.8~1.8cm，宿存或脱落。小聚伞花序包藏于贝状苞片内，复再排成总状或复总状花序，花序长 5~11cm，序轴密

Flemingia strobilifera 球穗千斤拔

被灰褐色柔毛；贝状苞片纸质至近膜质。荚果椭圆形，膨胀，长 6~10mm，宽 4~5mm。（栽培园地：XTBG）

Fordia 干花豆属

该属共计 2 种，在 5 个园中有种植

Fordia cauliflora Hemsl. **干花豆**

灌木，高达 2m。茎粗壮，当年生枝密被锈色绒毛，后秃净。羽状复叶长达 50cm 以上，其中叶柄长约 10cm。小叶 12 对，长圆形至卵状长圆形，中部叶较大。总状花序长 15~40cm，着生侧枝基部或老茎上，劲直，有时 2~3 枝簇生，生花节球形，簇生 3~6(10) 朵花；苞片圆形，甚小，小苞片小，圆形，贴萼生；花冠粉红色至紫红色，旗瓣圆形，外被细绢毛，具瓣柄；子房窄卵形，被柔毛，无柄，上部渐狭至花柱，细长上弯，胚珠 2 枚。荚果棍棒状，扁平。（栽培园地：SCBG, WHIOB, KIB, XTBG, GXIB）

Fordia cauliflora 干花豆（图 1）

Fordia cauliflora 干花豆（图 2）

Fordia microphylla Dunn ex Z. Wei **小叶干花豆**

直立灌木，高达 2m。幼枝被淡黄色细绒毛，后渐秃净，老茎黑褐色，皮孔小，凸起，散生。羽状复叶集生枝梢，长 15~20cm；叶柄长 3~5cm；叶轴上面具浅沟；托叶三角状披针形，脱落；小叶 8~10 对，卵状披针形，中部叶较大，最下部 1~2 对小叶较小，长 2.5~6cm，宽约 1.5cm，先端渐尖，基部楔形或圆钝，上面被平伏细毛或无毛，下面密被平伏细毛或绒毛，中脉明显，直达叶尖成细尖，侧脉 7~9 对，不明显；小叶柄长约 2mm；小托叶刺毛状，甚细，长约 1.5mm。总状花序长 8~13cm，着生于当年生枝的基部叶腋。花冠红色至紫色；荚果棍棒状，扁平，长 3.5~6cm，革质。（栽培园地：WHIOB, XTBG）

Galactia 乳豆属

该属共计 1 种，在 2 个园中有种植

Galactia tenuiflora (Willd.) Wight et Arn. **乳豆**

多年生草质藤本。茎密被灰白色或灰黄色长柔毛。

Galactia tenuiflora 乳豆

小叶椭圆形，纸质，长 2~4.5cm，宽 1.3~2.7cm，两端钝圆，先端微凹，具小凸尖，上面深绿色，被疏短柔毛，下面灰绿色，密被灰白色或黄绿色长柔毛；侧脉 4~7 对，纤细，两面微凸；小叶柄短，长约 2mm；小托叶针状，长 1~1.5mm。总状花序腋生，花序轴纤细，长 2~10cm，单生或孪生；小苞片卵状披针形，被毛；花具短梗；花萼长约 7mm，几无毛，萼管长约 3mm，裂片狭披针形，先端尖；花冠淡蓝色，旗瓣倒卵形，长约 10.5mm，宽约 7mm，先端圆，基部渐狭，具小耳。荚果线形，长 2~4cm，宽 6~7mm。（栽培园地：SCBG, XTBG）

Genista 染料木属

该属共计 1 种，在 3 个园中有种植

Genista tinctoria L. **染料木**

灌木，高 50~200cm；植株无毛至密被绢毛。茎直立，具棱，无刺，分枝多而细。单叶，椭圆形、披针形、倒披针形至线形，先端急尖，基部渐狭至楔形，花枝上的叶较小而窄，近无毛或脉上和叶缘被柔毛；托叶钻形，长 1~3mm。花密集排列于枝端成总状花序或复总状花序；苞片与叶同型；花梗长 1~3mm；小苞片不到 1mm，着生花梗中部；萼钟形，长 3~7mm，无毛至密被毛，萼齿三角形，几与萼筒等长；花冠黄色，无毛，旗瓣阔卵形，长 8~15mm；具短瓣柄，翼瓣和龙骨瓣均与旗瓣等长。荚果线形，稍弯曲。（栽培园地：SCBG, KIB, CNBG）

Genista tinctoria 染料木

Gleditsia australis 小果皂荚（图 1）

Gleditsia australis 小果皂荚（图 2）

Gleditsia 皂荚属

该属共计 8 种，在 12 个园中有种植

Gleditsia australis Hemsl. **小果皂荚**

小乔木至乔木，高 3~20m。枝褐灰色，具粗刺，刺圆锥状，长 3~5cm，有分枝，褐紫色。叶为一至二回羽状复叶（具羽片 2~6 对），长 10~18cm；小叶 5~9 对，纸质至薄革质，斜椭圆形至菱状长圆形，长 2.5~4(5)cm，宽 1~2cm，先端圆钝，常微缺，基部斜急尖或斜楔形，边缘具钝齿或近全缘，上面有光泽，脉上稍被短柔毛，下面无毛；网脉稍疏而不甚明显；小

叶柄长约 1mm。花杂性，浅绿色或绿白色；花梗长 1~2.5mm；雄花直径 4~5mm，数朵簇生或组成小聚伞花序，后者于花序轴上再组成较密集的总状花序。荚果带状长圆形，压扁，长 (4)6~12cm，宽 1~2.5cm，劲直或稍弯。（栽培园地：GXIB）

Gleditsia fera (Lour.) Merr. **华南皂荚**

小乔木至乔木，高 3~42m。枝灰褐色；刺粗壮，具分枝，基部圆柱形，长可达 13cm。叶为一回羽状复叶，长 11~18cm；叶轴具槽，槽及两边无毛或被疏柔毛；小叶 5~9 对，纸质至薄革质，斜椭圆形至菱状长圆形，先端圆钝而微凹，有时急尖，基部斜楔形或圆钝而偏斜，边缘具圆齿，有时为浅钝齿，上面深棕褐色，有光泽，无毛，有时中脉上被柔毛，下面无毛；网脉细密，清晰，凸起，中脉在小叶基部偏斜；小叶柄长约 1mm。花杂性，绿白色，数朵组成小聚伞花序，再由多个聚伞花序组成腋生或顶生、长 7~16cm 的总状花序。荚果扁平，长 13.5~26(41)cm，宽 2.5~3(6.5)cm，劲直或稍弯。（栽培园地：KIB, XTBG, XMBG）

Gleditsia fera 华南皂荚（图 1）

Gleditsia fera 华南皂荚（图 2）

Gleditsia fera 华南皂荚（图 3）

Gleditsia japonica Miq. **山皂荚**

落叶乔木或小乔木，高达 25m。小枝紫褐色或脱皮后呈灰绿色，微有棱，具分散的白色皮孔，光滑无毛；刺略扁，粗壮，紫褐色至棕黑色，常分枝，长 2~15.5cm。叶为一至二回羽状复叶（具羽片 2~6 对），长 11~25cm；小叶 3~10 对，纸质至厚纸质，卵状长圆形或卵状披针形至长圆形。花黄绿色，组成穗状花序；

Gleditsia japonica 山皂荚（图 1）

Gleditsia japonica 山皂荚（图 2）

Gleditsia japonica 山皂荚（图 3）

Gleditsia japonica var. **delavayi** 滇皂荚（图 3）

花序腋生或顶生，被短柔毛，雌花长 7~8(9)mm；荚果带形，扁平，长 20~35cm，宽 2~4cm，不规则旋扭或弯曲作镰刀状。（栽培园地：WHIOB, XJB, IAE）

Gleditsia japonica Miq. var. **delavayi** (Franch.) L. C. Li **滇皂荚**

本变种与原变种的主要区别为：雌花长 7~8(9)mm，荚果长 30~54mm，宽 4.5~7cm。（栽培园地：SCBG, KIB）

Gleditsia japonica var. **delavayi** 滇皂荚（图 1）

Gleditsia japonica var. **delavayi** 滇皂荚（图 2）

Gleditsia japonica Miq. var. **velutina** L. C. Li **绒毛皂荚**

本变种与原变种的主要区别为：荚果上密被黄绿色绒毛。（栽培园地：SCBG, IBCAS, WHIOB, KIB, LSBG, CNBG, SZBG, GXIB）

Gleditsia japonica var. **velutina** 绒毛皂荚（图 1）

Gleditsia microphylla D. A. Gordon **野皂荚**

灌木或小乔木，高 2~4m。枝灰白色至浅棕色；幼枝被短柔毛，老时脱落；刺不粗壮，长针形，长 1.5~6.5cm，有少数短小分枝。叶为一至二回羽状复叶，薄

Gleditsia japonica var. velutina 绒毛皂荚（图 2）

Gleditsia japonica var. velutina 绒毛皂荚（图 3）

Gleditsia microphylla 野皂荚

革质，斜卵形至长椭圆形，长 6~24mm，宽 3~10mm，植株上部的小叶远比下部的小，先端圆钝，基部偏斜，阔楔形，边全缘，上面无毛，下面被短柔毛；叶脉在两面均不清晰；小叶柄短，长 1mm，被短柔毛。花杂性，绿白色，近无梗，簇生，组成穗状花序或顶生的圆锥花序；花序长 5~12cm，被短柔毛。荚果扁薄，斜椭圆形或斜长圆形，长 3~6cm，宽 1~2cm。（栽培园地：KIB, XTBG）

Gleditsia sinensis Lam. **皂荚**

落叶乔木或小乔木，高可达 30m。枝灰色至深褐

Gleditsia sinensis 皂荚（图 1）

Gleditsia sinensis 皂荚（图 2）

Gleditsia sinensis 皂荚（图 3）

Gleditsia triacanthos 美国皂荚（图 2）

色；刺粗壮，圆柱形，常分枝，多呈圆锥状，长达16cm。叶为一回羽状复叶；小叶 (2)3~9 对，纸质，卵状披针形至长圆形，棘刺圆柱形；小叶上面网脉明显凸起，边缘具细密锯齿；花杂性，黄白色，组成总状花序；花序腋生或顶生，长 5~14cm，被短柔毛。子房于缝线处和基部被柔毛；荚果肥厚，不扭转，劲直或指状稍弯呈猪牙状。（栽培园地：SCBG, IBCAS, WHIOB, LSBG, CNBG, GXIB, XMBG）

Gleditsia triacanthos L. **美国皂荚**

落叶乔木或小乔木，高可达 45m。树皮灰黑色，厚

Gleditsia triacanthos 美国皂荚（图 1）

Gleditsia triacanthos 美国皂荚（图 3）

1~2cm，具深的裂缝及狭长的纵脊；小枝深褐色，粗糙，微有棱，具圆形皮孔；刺略扁，粗壮，深褐色，常分枝，长 2.5~10cm，少数无刺。叶为一至二回羽状复叶（具羽片 4~14 对），长 11~22cm；小叶 11~18 对，纸质，椭圆状披针形，先端急尖。花黄绿色；子房被灰白色绒毛。荚果带形，扁平，长 30~50cm，镰刀状弯曲或不规则旋扭。（栽培园地：IBCAS, XJB）

Glycine 大豆属

该属共计 2 种，在 5 个园中有种植

Glycine max (L.) Merr. **大豆**

一年生草本。叶通常具 3 枚小叶；托叶宽卵形，渐尖；小叶纸质，宽卵形、近圆形或椭圆状披针形，顶生一枚较大。总状花序短的少花，长的多花；总花梗长 10~35mm 或更长，通常有 5~8 朵无柄、紧挤的花，植株下部的花有时单生或成对生于叶腋间；苞片披针形，长 2~3mm，被糙伏毛；子房基部有不发达的腺体，被毛。花紫色、淡紫色或白色；荚果肥大，长圆形，稍弯，下垂，黄绿色，长 4~7.5cm，宽 8~15mm，密被褐黄色长毛；种子 2~5 颗，椭圆形、近球形。（栽培园地：SCBG, LSBG）

Glycine soja Sieb. et Zucc. **野大豆**

一年生缠绕草本，长 1~4m。茎、小枝纤细，全体疏被褐色长硬毛。叶具 3 枚小叶，长可达 14cm；托叶卵状披针形，急尖，被黄色柔毛。顶生小叶卵圆形或卵状披针形，先端锐尖至钝圆，基部近圆形，全缘，两面均被绢状的糙伏毛，侧生小叶斜卵状披针形。总状花序通常短，稀长可达 13cm；花小，长约 5mm；花梗密生黄色长硬毛；苞片披针形；花萼钟状，密生长毛，裂片 5 枚，三角状披针形，先端锐尖；花冠淡红紫色或白色，旗瓣近圆形，先端微凹，基部具短瓣柄，翼瓣斜倒卵形，有明显的耳。荚果长 17~23mm，宽 4~5mm；种子小，长 2.5~4mm。（栽培园地：SCBG, WHIOB, KIB, LSBG, GXIB）

Glycine soja 野大豆（图 1）

Glycine soja 野大豆（图 2）

Glycine soja 野大豆（图 3）

Glycyrrhiza 甘草属

该属共计 5 种，在 5 个园中有种植

Glycyrrhiza aspera Pall. **粗毛甘草**

多年生草本。根和根状茎较细瘦，直径 3~6mm，

Glycyrrhiza aspera 粗毛甘草（图 1）

Glycyrrhiza aspera 粗毛甘草（图 2）

Glycyrrhiza glabra 洋甘草（图 1）

Glycyrrhiza aspera 粗毛甘草（图 3）

外面淡褐色，内面黄色，具甜味。茎直立或铺散，有时稍弯曲，多分枝，高 10~30cm，疏被短柔毛和刺毛状腺体。叶长 2.5~10cm；托叶卵状三角形，长 4~6cm，宽 2~4mm，叶柄疏被短柔毛与刺毛状腺体；小叶 (5)7~9 枚，卵形、宽卵形、倒卵形或椭圆形，长 10~30mm，宽 3~18mm，上面深灰绿色。无毛，下面灰绿色，沿脉疏生短柔毛和刺毛状腺体，两面均无腺点，顶端圆，具短尖，有时微凹，基部宽楔形，边缘具微小的钩状刺毛。总状花序腋生，具多数花。（栽培园地：IBCAS, XJB）

Glycyrrhiza glabra L. 洋甘草

多年生草本。根与根状茎粗壮，直径 0.5~3cm，根皮褐色，里面黄色，具甜味。茎直立而多分枝，高 0.5~1.5m，基部带木质，密被淡黄色鳞片状腺点和白色柔毛，幼时具条棱，有时具短刺毛状腺体。叶长 5~14cm；托叶线形，长仅 1~2mm，早落；叶柄密被黄褐色腺毛及长柔毛；小叶 11~17 枚，卵状长圆形、长圆状披针形、椭圆形，长 1.7~4cm，宽 0.8~2cm，上面

Glycyrrhiza glabra 洋甘草（图 2）

Glycyrrhiza glabra 洋甘草（图 3）

近无毛或疏被短柔毛，下面密被淡黄色鳞片状腺点，沿脉疏被短柔毛，顶端圆或微凹，具短尖，基部近圆形。总状花序腋生，具多数密生的花。花冠淡紫色或紫色，基部带绿色；荚果念珠状，长 15~25mm，常弯曲成环状或镰刀状。（栽培园地：XJB）

Glycyrrhiza inflata Batal. **胀果甘草**

多年生草本。根与根状茎粗壮，外皮褐色，被黄色

Glycyrrhiza inflata 胀果甘草（图 1）

Glycyrrhiza inflata 胀果甘草（图 2）

Glycyrrhiza inflata 胀果甘草（图 3）

鳞片状腺体，里面淡黄色，有甜味。茎直立，基部带木质，多分枝，高 50~150cm。叶长 4~20cm；托叶小三角状披针形，褐色，长约 1mm，早落；叶柄、叶轴均密被褐色鳞片状腺点，幼时密被短柔毛；小叶 3~7(9) 枚，卵形、椭圆形或长圆形，长 2~6cm，宽 0.8~3cm，先端锐尖或钝，基部近圆形，上面暗绿色，下面淡绿色，两面被黄褐色腺点，沿脉疏被短柔毛，边缘或多或少波状。总状花序腋生，具多数疏生的花。花冠紫色或淡紫色；荚果椭圆形或长圆形，长 8~30mm，宽 5~10mm，直或微弯。（栽培园地：XJB）

Glycyrrhiza pallidiflora Maxim. **刺果甘草**

多年生草本。根和根状茎无甜味。茎直立，多分枝，高 1~1.5m，具条棱，密被黄褐色鳞片状腺点，几无毛。叶长 6~20cm；托叶披针形，长约 5mm；叶柄无毛，密生腺点；小叶 9~15 枚，披针形或卵状披针形，长 2~6cm，宽 1.5~2cm，上面深绿色，下面淡绿色，两面均密被鳞片状腺体，无毛，顶端渐尖，具短尖，基部楔形，边缘具微小的钩状细齿。总状花序腋生，花密集成球状；总花梗短于叶，密生短柔毛及黄色鳞片状腺点；苞片卵状披针形，长 6~8mm，膜质，具腺点；花萼钟状。花冠淡紫色、紫色或淡紫红色；果序呈椭圆状，荚果卵圆形，长 10~17mm，宽 6~8mm。（栽培园地：SCBG, KIB）

Glycyrrhiza pallidiflora 刺果甘草（图 1）

Glycyrrhiza pallidiflora 刺果甘草（图 2）

Glycyrrhiza uralensis 甘草（图 2）

Glycyrrhiza uralensis 甘草（图 3）

Glycyrrhiza uralensis Fisch. ex DC. **甘草**

多年生草本。根与根状茎粗状，直径 1~3cm，外皮褐色，里面淡黄色，具甜味。茎直立，多分枝，高 30~120cm，密被鳞片状腺点、刺毛状腺体及白色或褐色的绒毛，叶长 5~20cm；托叶三角状披针形，长约 5mm，宽约 2mm，两面密被白色短柔毛；叶柄密被褐色腺点和短柔毛；小叶 5~17 枚，卵形、长卵形或近圆形，长 1.5~5cm，宽 0.8~3cm，上面暗绿色，下面绿色，两面均密被黄褐色腺点及短柔毛，顶端钝，具短尖，基部圆，边缘全缘或微呈波状，多少反卷。总状花序腋生，具多数花。花冠紫色、白色或黄色；荚果弯曲呈镰刀状或呈环状，密集成球。（栽培园地：SCBG, IBCAS, WHIOB, KIB, XJB）

Glycyrrhiza uralensis 甘草（图 1）

Gueldenstaedtia 米口袋属

该属共计 1 种，在 3 个园中有种植

Gueldenstaedtia verna (Georgi) Boriss **少花米口袋**

多年生草本，主根圆锥状。分茎极缩短，叶及总花梗于分茎上丛生。托叶宿存，下面的阔三角形，上面的狭三角形，基部合生，外面密被白色长柔毛；叶在早春时长仅 2~5cm，夏秋间可长达 15cm，个别甚至可达 23cm，早生叶被长柔毛，后生叶毛稀疏，甚几至无毛；叶柄具沟；小叶 7~21 片，椭圆形至长圆形、卵形至长卵形，有时披针形，顶端小叶有时为倒卵形，长 (4.5)10~14(25)mm，宽 (1.5)5~8(10)mm，基部圆，先端具细尖，急尖、钝、微缺或下凹成弧形。

伞形花序有2~6朵花。花冠红紫色；荚果长圆筒状，长15~20mm，直径3~4mm。（栽培园地：WHIOB，XJB，XTBG）

Gymnocladus 肥皂荚属

该属共计1种，在2个园中有种植

Gymnocladus chinensis Baill. **肥皂荚**

落叶乔木，无刺，高达5~12m。树皮灰褐色，具明显的白色皮孔；当年生小枝被锈色或白色短柔毛，后变光滑无毛。二回偶数羽状复叶长20~25cm，无托叶；叶轴具槽，被短柔毛；羽片对生、近对生或互生，5~10对；小叶互生，8~12对，几无柄，具钻形的小托叶，小叶片长圆形，长2.5~5cm，宽1~1.5cm，两端圆钝，先端有时微凹，基部稍斜，两面被绢质柔毛。总状花序顶生，被短柔毛；花杂性，白色或带紫色，有长梗，下垂；苞片小或消失；花托深凹，长5~6mm，被短柔毛；萼片钻形，较花托稍短；花瓣长圆形，先端钝。荚果长圆形，长7~10cm，宽3~4cm，扁平或膨胀，无毛。（栽培园地：WHIOB, CNBG）

Gymnocladus chinensis 肥皂荚（图1）

Gymnocladus chinensis 肥皂荚（图2）

Gymnocladus chinensis 肥皂荚（图3）

Haematoxylon 采木属

该属共计1种，在2个园中有种植

Haematoxylon campechianum L. **采木**

小乔木，高可达8m。有时具广展的枝条而呈灌木状；树干具深槽纹；树皮浅灰色；小枝纤细。叶长5~10cm，具短柄；小叶2~4对，纸质，倒卵形至倒心形，长1~3cm，先端圆或深凹入，基部楔形，上面有光泽，下面淡绿色，具细脉。总状花序长2~5cm，具数至多花；总花梗短；花梗纤细，长4~6mm；花萼长3~4mm，裂片长圆状披针形，先端急尖；花瓣黄色，狭倒卵形，

Haematoxylon campechianum 采木（图1）

Haematoxylon campechianum 采木（图 2）

Haematoxylon campechianum 采木（图 3）

长 5~6mm，先端钝；雄蕊约与花瓣等长。荚果披针状长圆形，长 2~5cm，宽 8~12mm，果瓣薄，具细脉纹。（栽培园地：SCBG, XTBG）

Halimodendron 铃铛刺属

该属共计 1 种，在 1 个园中有种植

Halimodendron halodendron (Pall.) Druce **铃铛刺**

灌木，高 0.5~2m。树皮暗灰褐色；分枝密，具短枝；长枝褐色至灰黄色，有棱，无毛；当年生小枝密被白色短柔毛。叶轴宿存，呈针刺状；小叶倒披针形，长 1.2~3cm，宽 6~10mm，顶端圆或微凹，有凸尖，基部楔形，初时两面密被银白色绢毛，后渐无毛；小叶柄极短。总状花序生 2~5 花；总花梗长 1.5~3cm，密被绢质长柔毛；花梗细；小苞片钻状，长约 1mm；花萼长 5~6mm，密被长柔毛，基部偏斜，萼齿三角形；旗瓣边缘稍反折，翼瓣与旗瓣近等长，龙骨瓣较翼瓣稍短；子房无毛，有长柄。荚果长 1.5~2.5cm，宽 0.5~1.2cm，

Halimodendron halodendron 铃铛刺（图 1）

Halimodendron halodendron 铃铛刺（图 2）

Halimodendron halodendron 铃铛刺（图 3）

背腹稍扁。（栽培园地：XJB）

Hedysarum 岩黄耆属

该属共计 2 种，在 1 个园中有种植

Hedysarum fruticosum Pall. var. **laeve** (Maxim) H. C. Fu **羊柴**

本变种与原变种的主要区别为：子房和荚果无毛和刺。但本变种更接近木岩黄耆，主要区别在于花萼明显浅裂，萼齿短三角形，锐尖，长仅为萼筒的 1/3；翼瓣片短而尖，等于或短于龙骨瓣柄。（栽培园地：XJB）

Hedysarum scoparium Fisch. et C. A. Mey. **细枝岩黄耆**

半灌木，高 80~300cm。茎直立，多分枝，幼枝绿色或淡黄绿色，被疏长柔毛，茎皮亮黄色，呈纤维状剥落。托叶卵状披针形。褐色干膜质，长 5~6mm，下部合生，易脱落。茎下部叶具小叶 7~11 枚，上部的叶通常具小叶 3~5 枚，最上部的叶轴完全无小叶或仅具 1

Hedysarum scoparium 细枝岩黄耆（图 1）

Hedysarum scoparium 细枝岩黄耆（图 2）

Hedysarum scoparium 细枝岩黄耆（图 3）

枚顶生小叶；小叶片灰绿色，线状长圆形或狭披针形，长 15~30mm，宽 3~6mm，无柄或近无柄，先端锐尖，具短尖头，基部楔形，表面被短柔毛或无毛，背面被较密的长柔毛。总状花序腋生，上部明显超出叶，总花梗被短柔毛。花冠紫红色。荚果 2~4 节，节荚宽卵形，长 5~6mm，宽 3~4mm，两侧膨大。（栽培园地：XJB）

Hylodesmum 长柄山蚂蝗属

该属共计 6 种，在 5 个园中有种植

Hylodesmum laxum (DC.) H. Ohashi et R. R. Mill **疏花长柄山蚂蝗**

直立草本，高 30~100cm。茎基部木质，从基部开始分枝或单一，下部被疏毛，上部毛较密。叶为羽状三出复叶，通常簇生于枝顶部；托叶三角状披针形，长约 10mm，基部宽 4mm；叶柄长 3~9cm，被柔毛；小叶纸质，顶生小叶卵形，长 5~12cm，宽 5~5.5cm，先端渐尖，基部圆形，全缘，两面近无毛或下面薄被柔毛，侧脉每边4~6条，不达叶缘，网脉明显，侧生小叶略小，偏斜；小托叶丝状，长1~3mm，被柔毛；小叶柄长1~2cm，被柔毛。总状花序顶生或腋生，通常有分枝。花冠淡紫色。荚果扁平，种子间缢缩。（栽培园地：XTBG）

Hylodesmum leptopus (A. Gray ex Benth.) H. Ohashi et R. R. Mill **细长柄山蚂蝗**

亚灌木，高30~70cm。茎直立，幼时被柔毛，老时渐变无毛。叶为羽状三出复叶，簇生或散生，小叶3枚；托叶披针形；小叶纸质，较薄，卵形至卵状披针形，先端长渐尖，基部楔形或圆形，侧生小叶通常较小，基部极偏斜，上面除中脉被小钩状毛外，其余近无毛，下面干时有苍白色的小块状斑痕，有极疏的短柔毛，基出脉3条，侧脉每边2~4条；小托叶针状，脱落或宿存；小叶柄长3~4mm，被糙伏毛。花序顶生，总状花序或具少数分枝的圆锥花序；花冠粉红色；荚果的荚节斜三角形。（栽培园地：XTBG）

Hylodesmum oldhamii (Oliv.) H. Ohashi et R. R. Mill **羽叶长柄山蚂蝗**

多年生草本，茎直立，高50~150cm。根茎木质，较粗壮；茎微有棱，几无毛。叶为羽状复叶，小叶7枚，偶为3~5枚；托叶钻形，长7~8mm，基部宽约1mm；叶柄长约6cm，被短柔毛；小叶纸质，披针形、长圆形或卵状椭圆形，长6~15cm，宽3~5cm，顶生小叶较大，下部小叶较小，先端渐尖，基部楔形或钝，两面疏被短柔毛，全缘，侧脉每边约6条；小托叶丝状，长1~2.5mm，早落；顶生小叶的小叶柄长约1.5cm。总状花序顶生或腋生，单一或有短分枝，长达40cm，花序轴被黄色短柔毛。荚果扁平，荚节斜三角形。（栽培园地：LSBG）

Hylodesmum oldhamii 羽叶长柄山蚂蝗（图1）

Hylodesmum oldhamii 羽叶长柄山蚂蝗（图2）

Hylodesmum podocarpum (DC.) H. Ohashi et R. R. Mill **长柄山蚂蝗**

直立草本，高50~100cm。根茎稍木质；茎具条纹，疏被伸展短柔毛。叶为羽状三出复叶，小叶3枚；托叶钻形；叶柄长2~12cm，着生茎上部的叶柄较短，茎下部的叶柄较长，疏被伸展短柔毛；小叶纸质，顶生小叶宽倒卵形，长4~7cm，宽3.5~6cm，先端凸尖，基部楔形或宽楔形，全缘，两面疏被短柔毛或几无毛，

Hylodesmum podocarpum 长柄山蚂蝗（图1）

Hylodesmum podocarpum 长柄山蚂蝗（图2）

侧脉每边约 4 条，直达叶缘，侧生小叶斜卵形，较小，偏斜，小托叶丝状，长 1~4mm；小叶柄长 1~2cm，被伸展短柔毛。总状花序或圆锥花序；花冠紫红色。荚果长约 1.6cm，通常有荚节 2 节。（栽培园地：SCBG, WHIOB）

Hylodesmum podocarpum (DC.) H. Ohashi et R. R. Mill ssp. **fallax** (Schindl.) H. Ohashi et R. R. Mill **宽卵叶长柄山蚂蝗**

本亚种与原亚种的主要区别为：顶生小叶宽卵形或卵形，长 3.5~12cm，宽 2.5~8cm，先端渐尖或急尖，基部阔楔形或圆。（栽培园地：WHIOB, XTBG, CNBG）

Hylodesmum podocarpum (DC.) H. Ohashi et R. R. Mill ssp. **oxyphyllum** (DC.) H. Ohashi et R. R. Mill **尖叶长柄山蚂蝗**

本亚种与原亚种的主要区别为：顶生小叶菱形，长 4~8cm，宽 2~3cm，先端渐尖，尖头钝，基部楔形。（栽培园地：SCBG, WHIOB, XTBG, LSBG）

Hylodesmum podocarpum ssp. **oxyphyllum** 尖叶长柄山蚂蝗（图 1）

Hylodesmum podocarpum ssp. **oxyphyllum** 尖叶长柄山蚂蝗（图 2）

Hymenaea 孪叶豆属

该属共计 2 种，在 2 个园中有种植

Hymenaea courbaril L. **孪叶豆**

常绿乔木，高 5~10m。小枝灰绿色，有多数棕色小

Hymenaea courbaril 孪叶豆（图 1）

Hymenaea courbaril 孪叶豆（图 2）

Hymenaea courbaril 孪叶豆（图 3）

皮孔和紧贴的短柔毛。叶互生；小叶卵形或卵状长圆形，向内微弯；小叶柄不明显。伞房状圆锥花序顶生；花较大，长 2.5~3cm；花梗具节，密被紧贴短柔毛；萼管长 1.3~1.5cm，上部膨大呈钟状，裂片阔卵形或近圆形，与萼管等长，外面密被紧贴短柔毛，里面中部密被长绢毛；花瓣长卵形，无柄或近无柄，近等大；荚果木质，长圆形或倒卵状长圆形，长 5~10.5cm，宽 2.5~5cm，红褐色。（栽培园地：SCBG, XTBG）

Hymenaea verrucosa Gaertn. **疣果李叶豆**

乔木，高 6~24m。小枝灰白色。小叶卵状长圆形，不对称，长 5~8(12)cm，宽 2.5~5cm，先端急尖，基部斜圆形，两面光滑，无毛；小叶柄明显，长约 3mm。圆锥花序生于枝顶；苞片和小苞片卵形或圆形，脱落；花小，萼管上部微膨大呈狭陀螺状，裂片长 7~11mm，外面密被紧贴短柔毛，里面密被白色长绢毛；花瓣不等大，后方 3 片大，近圆形，具柄，前方 2 片小，鳞片状，或有时 5 片近等大而全部具柄；子房具短柄，基部密被长硬毛。荚果倒卵形，略扁，长 3~4.2cm，黑褐色，表面具疣状凸起。（栽培园地：XTBG）

Hymenaea verrucosa 疣果李叶豆

Indigofera 木蓝属

该属共计 22 种，在 9 个园中有种植

Indigofera amblyantha Craib **多花木蓝**

直立灌木，高 0.8~2m；少分枝。茎褐色或淡褐色，圆柱形，幼枝禾秆色，具棱，密被白色平贴“丁”字毛，后变无毛。羽状复叶长达 18cm；小叶较大，长 1~3.7(6.5)cm，下面细脉不明显，叶柄长 2~5cm。总状花序腋生，近无总花梗；苞片线形，长约 2mm，早落；花梗长约 1.5mm；花萼长约 3.5mm，被白色平贴“丁”字毛；花冠淡红色，荚果线状圆柱形，长 3.5~6(7)cm。（栽培园地：IBCAS, WHIOB, XTBG）

Indigofera amblyantha 多花木蓝

Indigofera arborea Roxb. **树木蓝**

灌木，高 1~4m。茎栗褐色，圆柱形，皮孔圆形，淡黄色，明显；幼枝灰褐色，直立，有棱，密生棕褐色或锈色软毛。羽状复叶长达 12cm；叶柄长 1~1.5cm，叶轴圆柱形，上面微有槽，与叶柄均被与枝相同毛；托叶线形，长 5~8mm，密生软毛，脱落；小叶 4~7 对，

Indigofera arborea 树木蓝（图 1）

Indigofera arborea 树木蓝（图 2）

Indigofera atropurpurea 深紫木蓝（图 1）

Indigofera arborea 树木蓝（图 3）

对生，椭圆形。两面有灰褐色或白色半开展“丁”字毛，下面尤密，在叶缘和中脉上棕色毛较多。总状花序腋生，少数成头状、穗状或圆锥状；苞片常早落；花萼钟状或斜杯状，萼齿 5 枚，近等长或下萼齿常稍长；花冠紫红色至淡红色，偶为白色或黄色。荚果线形或圆柱形。（栽培园地：WHIOB）

Indigofera atropurpurea Buch.-Ham. ex Hornem. **深紫木蓝**

灌木或小乔木。羽状复叶长达 24cm；叶柄长 2.5~3.5(5)cm，叶轴上面扁平或有浅槽，与小叶柄均被白色或间生有棕色平贴疏“丁”字毛。总状花序长达 28cm；花冠深紫色，旗瓣长圆状椭圆形，长 7~8.5mm，宽 4.5~5.5mm，外面无毛，翼瓣长 7~8mm，先端有缘毛，基部有短瓣柄，龙骨瓣长 7.5~8.5mm，先端及边缘有柔毛，中下部有距，距长约 0.5mm，基部有短瓣柄；荚果圆柱形，长 2.5~5cm。（栽培园地：WHIOB）

Indigofera bungeana Walp. **河北木蓝**

直立灌木，高 40~100cm。茎褐色，圆柱形，有皮孔，枝银灰色，被灰白色“丁”字毛。羽状复叶长 2.5~5cm；

Indigofera atropurpurea 深紫木蓝（图 2）

叶柄长达 1cm，叶轴上面有槽，与叶柄均被灰色平贴“丁”字毛；托叶三角形，长约 1mm，早落；小叶 2~4 对，对生，椭圆形，稍倒阔卵形，长 5~1.5mm，宽 3~10mm，先端钝圆，基部圆形，上面绿色，疏被“丁”字毛，下面苍绿色，“丁”字毛较粗；小叶柄长 0.5mm；小托叶与小叶柄近等长或不明显。总状花序腋生，花 10~15 朵，花冠紫色或紫红色。荚果褐色，线状圆柱形，长不超过 2.5cm。（栽培园地：WHIOB, LSBG, CNBG, GXIB）

Indigofera bungeana 河北木蓝（图 1）

Indigofera bungeana 河北木蓝（图 2）

Indigofera bungeana 河北木蓝（图 3）

Indigofera cassioides Rottl. ex DC. **椭圆叶木蓝**

羽状复叶长 5.5~15cm；叶柄长 1.1~1.8cm，叶轴上面有槽，均被白色或棕色平贴疏“丁”字毛；托叶线形，早落；小叶 6~10 对，对生或近对生，稀互生，椭圆形或倒卵形，长 1~2.4cm，宽 7~15mm，先端钝或截形，微凹，具小尖头，基部楔形至圆形，上面绿色，下面灰白色，两面均被白色或下面间有棕色平贴短“丁”字毛，中脉上面微凹，下面隆起，侧脉 8~11 对，上面较明显；小叶柄长约 2mm，被柔毛，稀无毛；小托叶锥形，长约 1mm。总状花序腋生，花序基部芽鳞宿存，几无总花梗，花长约 10mm；花冠紫红色；荚果细圆柱形。（栽培园地：SCBG, XTBG）

Indigofera cassioides 椭圆叶木蓝

Indigofera caudata Dunn **尾叶木蓝**

灌木，高约 2.5m。茎直立，褐色，圆柱形，疏被卷曲毛，幼枝具棱，灰褐色，密被棕褐色长柔毛或卷曲毛。羽状复叶通常长 12~18cm，最长达 30cm；叶柄长 2~3cm，叶轴三棱状，上面扁平或有浅槽，与叶柄均密被棕褐色近平贴或半开展“丁”字毛；托叶线形，长达 7mm，被棕褐色毛，毛常反曲，宿存或脱落；小叶 2~5 对，对生，卵形、椭圆形或卵状披针形。总状

花序长 12~20cm，花冠白色。荚果褐色，线状圆柱形。（栽培园地：XTBG）

Indigofera decora Lindl. **庭藤**

灌木，高 0.4~2m。茎圆柱形或有棱，无毛或近无毛。

Indigofera decora 庭藤（图 1）

Indigofera decora 庭藤（图 2）

Indigofera decora 庭藤（图 3）

小叶长 2~7.5cm，先端渐尖或急尖，偶为圆钝，上面无毛或具脱落性毛；总状花序长 13~21(32)cm，直立；花梗长 3~6mm，无毛；花萼杯状，长 2.5~3.5mm，顶端被短毛或近无毛，萼筒长 1.5~2mm，萼齿三角形，长约 1mm，或下萼齿与萼筒等长；花冠淡紫色或粉红色，稀白色，旗瓣椭圆形。荚果棕褐色，圆柱形。（栽培园地：SCBG, LSBG）

Indigofera decora Lindl. var. **ichangensis** (Craib) Y. Y. Fang et C. Z. Zheng **宜昌木蓝**

本变种与原变种的主要区别为：小叶 3~6 对，两面有毛。（栽培园地：WHIOB）

Indigofera fortunei Craib **华东木蓝**

灌木。羽状复叶长 10~15(20)cm；小叶 3~7 对，对生，间有互生，卵形、阔卵形、卵状椭圆形或卵状披针形。总状花序长 8~18cm；总花梗长达 3cm，常短于叶柄，无毛；苞片卵形，长约 1mm，早落；花梗长达 3mm；花萼斜杯状，长 2.5mm，外面疏生“丁”字毛，萼齿三角形，长约 0.5mm，最下萼齿稍长；花冠紫红色或粉红色。荚果褐色，线状圆柱形。（栽培园地：LSBG）

Indigofera fortunei 华东木蓝

Indigofera hancockii Craib **绢毛木蓝**

灌木，高达 2.5m。茎红褐色，圆柱形，幼枝有棱，初密生白色和褐色平贴“丁”字毛，后渐变无毛，密具皮孔。羽状复叶长 3~6(8)cm；叶柄长 5~10mm，叶轴上面有槽，有平贴“丁”字毛；托叶卵形至卵状披针形，长约 2mm；小叶 4~8 对，通常为长圆状倒卵形，顶生小叶倒卵形，长 5~10mm，宽 2.5~6(7)mm，先端圆形或微凹，有小尖头，基部楔形，两面有平贴“丁”字毛，粗糙，中脉上面凹入，下面隆起，侧脉不显；小叶柄长 1~1.5mm；小托叶微小。总状花序长 3~8cm，花密集；总花梗长约 1cm；苞片卵形，外面有毛。花冠紫红色；荚果褐色，圆柱形，长约 3cm。（栽培园地：WHIOB）

Indigofera hendecaphylla Jacq. **穗序木蓝**

一至多年生草本，高 15~40cm。茎单一或基部多分枝，枝直立，上升，中空，幼枝具棱，有灰色紧贴“丁”字毛。羽状复叶长 2.5~7.5cm；叶柄极短或近无柄；托叶膜质，披针形，长达 6mm；小叶 2~5 对，互生，倒卵形至倒披针形，有时线形，长 8~20mm，宽 4~8mm，先端圆钝或截平，基部阔楔形，上面无毛，下面疏生粗“丁”字毛，中脉上面凹入，侧脉不显；小叶柄短，长约 1mm；小托叶钻形，与小叶柄等长。总状花序约与复叶等长；总花梗长约 1cm；花冠橙红色；果线状圆柱形，长 3~6cm。（栽培园地：XTBG）

Indigofera hendecaphylla 穗序木蓝（图 1）

Indigofera hendecaphylla 穗序木蓝（图 2）

Indigofera kirilowii Maxim. ex Palibin **花木蓝**

小灌木，高 30~100cm。茎圆柱形，无毛，幼枝有棱，疏生白色“丁”字毛。羽状复叶长 6~15cm；小叶 (2)3~5 对，对生，阔卵形、卵状菱形或椭圆形，长 1.5~4cm，宽 1~2.3cm，先端圆钝或急尖，具长的小尖头，基部楔形或阔楔形，上面绿色，下面粉绿色，两面散生白色“丁”字毛，中脉上面微隆起，下面隆起，侧脉两面明

Indigofera kirilowii 花木蓝（图 1）

Indigofera kirilowii 花木蓝（图 2）

Indigofera kirilowii 花木蓝（图 3）

显；小叶柄长 2.5mm，密生毛；小托叶钻形，长 2~3mm，宿存。总状花序长 5~12(20)cm，疏花；花冠淡红色，稀白色；荚果棕褐色，圆柱形。（栽培园地：SCBG, IBCAS）

Indigofera mulinnensis Y. Y. Fang et C. Z. Zheng **木里木蓝**

灌木，高 60~100cm。茎圆柱形，皮易剥落，枝光滑，有皮孔，与分枝明显呈四棱形。羽状复叶长 3~7.5cm；叶柄长 1~2cm；托叶披针形，长 5~6(10)mm；小叶 2~4 对，长圆形或卵状长圆形，稀倒卵状长圆形，长 1~3cm，宽 0.6~1.5cm，先端圆钝或短尖，有小尖头，基部近圆形或稍不对称，上面绿色，无毛，下面被白色并间生褐色平贴“丁”字毛，侧脉 4~6 对，上面明显；小叶柄长 1~1.5mm；小托叶明显，与小叶柄近等长。总状花序腋生，长 4~8mm；总花梗长 5~20mm，花冠紫红色。荚果暗褐色，圆柱形，长 2.2~3.3cm。（栽培园地：WHIOB）

Indigofera nigrescens Kurz ex King et Prain **黑叶木蓝**

直立灌木，高 1~2m。茎赤褐色，幼枝绿色，有沟纹，被平贴棕色“丁”字毛。羽状复叶长 8~18cm；叶柄长 2~2.5cm，叶轴圆柱形或上面稍扁平，有浅槽，疏生“丁”字毛；托叶线形，长 5(~8)mm；小叶 5~11 对，对生，椭圆形或倒卵状椭圆形，稀倒披针形，长 1.5~2.5(3)cm，宽 0.7~1.3(1.5)cm，先端圆钝，具小尖头，基部宽楔形或近圆形，两面疏生短“丁”字毛，干后小叶下面通常变黑色或有黑色斑点与斑块。总状花序长达 19cm，花密集；总花梗长达 2cm；苞片显著，线形，花冠红色或紫红色。荚果圆柱形，长 1.7~2.5cm。（栽培园地：XTBG）

Indigofera pampaniniana Craib **昆明木蓝**

灌木，高 20~80cm。茎褐色。老枝圆柱形，有瘤状皮孔；幼枝有棱，密被棕色间杂白色卷曲长软毛，后

Indigofera pampaniniana 昆明木蓝（图 1）

Indigofera pampaniniana 昆明木蓝（图 2）

Indigofera pampaniniana 昆明木蓝（图 3）

脱落变无毛。羽状复叶长达 15cm；叶柄长达 2.2cm，叶轴上面有槽沟，有长软毛；托叶线状披针形，长 7~8mm；小叶 5~9(11) 对，对生，长圆形，长 1.5~3cm，宽 1~1.5cm，先端圆钝或微凹，具长 1mm 的小尖头，基部圆形或浅心形；小叶 5~9(11) 对，长圆形，长 1.5~3cm。花常先叶开放，长 13~18mm，总状花序长 3~6cm，疏花；花冠紫红色；荚果圆柱形，长 4.5cm。（栽培园地：KIB）

Indigofera pendula Franch. **垂序木蓝**

灌木，高 2~3m。茎黑褐色，圆柱形，无毛，皮孔

Indigofera pendula 垂序木蓝

明显，幼枝淡黄褐色，具棱，有淡褐色或棕黄色平贴“丁”字毛。羽状复叶；小叶 6~10(13) 对，对生，通常椭圆形或长圆形，顶生小叶倒卵形，长 1~2.5cm，宽 5~9mm，先端圆钝或微凹，基部楔形至阔楔形或圆形，上面绿色，无毛或近无毛，下面粉绿色，疏生平贴“丁”字毛，中脉上面凹入，侧脉约 6 对，上面较显著，小叶柄长 1.5~2mm，有毛；小托叶钻形，长 0.5~1mm，宿存。花序下垂，长可达 35cm，花冠紫红色；荚果褐色，圆柱形，长约 5cm。（栽培园地：KIB）

Indigofera simaoensis Y. Y. Fang et C. Z. Zheng **思茅木蓝**

亚灌木，高 80~100cm。分枝略呈圆柱形，具沟纹，幼时密被白色二歧开展长毛，后变无毛。羽状复叶长达 11cm；叶柄长 5~10mm，叶轴扁平，着生小叶处通常收缩成关节状；托叶线形，长 5~10mm；小叶 8~12 对，对生，倒披针形或长圆形，稀倒卵形，长 7~15mm，宽 4~6mm，先端钝圆或圆形，基部阔楔形或圆形，两面被白色平贴细“丁”字毛，下面并间有褐色毛；小叶柄长 1.5~2mm；小托叶线形，与小叶柄略等长。总状花序腋生，长达 16cm；总花梗通常长约 3cm，被褐色毛；苞片早落。花冠暗紫红色；荚果紫色，长 3~3.5cm。（栽培园地：XTBG）

Indigofera spicata Forsk. **白穗木蓝**

一至多年生草本，高 15~40cm。茎单一或基部多分枝，枝直立或偃状，上升，中空，幼枝具棱，有灰色紧贴“丁”字毛。羽状复叶长 2.5~7.5cm；叶柄极短或近无柄；托叶膜质，披针形，长达 6mm；小叶 2~5 对，互生，倒卵形至倒披针形，有时线形，长 8~20mm，宽 4~8mm，先端圆钝或截平，基部阔楔形，上面无毛，下面疏生粗“丁”字毛，中脉上面凹入，侧脉不显；小叶柄短，长约 1mm；小托叶钻形，与小叶柄等长。总状花序约与复叶等长；总花梗长约 1cm；苞片膜质，披针形，长约 3mm，脱落。花冠青紫色；荚果有 4

Indigofera spicata 白穗木蓝（图 1）

Indigofera spicata 白穗木蓝（图 2）

Indigofera spicata 白穗木蓝（图 3）

棱，线形，长 10~25mm。（栽培园地：SCBG, XTBG, SZBG）

Indigofera stachyodes Lindl. **茸毛木蓝**

灌木，高 1~3m。茎直立，灰褐色，幼枝具棱，密生棕色或黄褐色长柔毛。羽状复叶长 10~20cm；叶柄极短，叶轴上面有槽，密生软毛；托叶线形，长 5~6mm，被长软毛；小叶 (9)15~20(25) 对，互生或近对生，长圆状披针形，顶生小叶倒卵状长圆形，长 1.2~2cm，宽 4~9mm，先端圆钝或急尖，基部楔形或圆形，上面绿色，两面密生棕黄色或灰褐色长软毛，中脉上面微凹，侧脉两面不明显。总状花序长达 12cm，多花；总花梗长于叶柄，与花序轴均密被长软毛；苞片线形。花冠深红色或紫红色；荚果圆柱形，长 3~4cm，密生长柔毛。（栽培园地：XTBG）

Indigofera suffruticosa Mill. **野青树**

直立灌木或亚灌木，高 0.8~1.5m；少分枝。茎灰绿

Indigofera suffruticosa 野青树（图 1）

Indigofera suffruticosa 野青树（图 2）

色，有棱，被平贴“丁”字毛。羽状复叶长5~10cm；叶柄长约1.5cm，叶轴上面有槽，被“丁”字毛；托叶钻形，长达4mm；小叶5~7(9)对，对生，长椭圆形或倒披针形，长1~4cm，宽5~15mm，先端急尖，稀圆钝，基部阔楔形或近圆形，上面绿色，密被“丁”字毛或脱落近无毛，下面淡绿色，被平贴“丁”字毛。总状花序呈穗状，长2~3cm；总花梗极短或缺；苞片线形，长约2mm，被粗“丁”字毛，早落；花萼钟状，长约1.5mm，外面有毛，萼齿宽短，约与萼筒等长；花冠红色；荚果镰状弯曲，长1~1.5cm，紧挤，下垂。（栽培园地：SCBG, XTBG）

Indigofera tinctoria L. **木蓝**

直立亚灌木，高0.5~1m；分枝少。幼枝有棱，扭曲，被白色“丁”字毛。羽状复叶长2.5~11cm；叶柄长1.3~2.5cm，叶轴上面扁平，有浅槽，被“丁”字毛，托叶钻形，长约2mm；小叶4~6对，对生，倒卵状长圆形或倒卵形，长1.5~3cm；宽0.5~1.5cm，先端圆钝或微凹，基部阔楔形或圆形；小叶柄长约2mm；小托叶钻形。总状花序长2.5~5(9)cm，花疏生，近无总花梗；苞片钻形，长1~1.5mm；花梗长4~5mm；花萼钟状。花冠伸出萼外，红色；荚果线形，长2.5~3cm，种子间有缢缩。（栽培园地：KIB）

Indigofera zollingeriana Miq. **尖叶木蓝**

直立亚灌木，高1~2m。茎上部有棱，薄被紧贴柔毛。羽状复叶长达25cm；叶柄长2~2.5cm，叶轴上面平，有浅槽，被白色并间生棕色平贴“丁”字毛；托叶线状披针形，长5~8mm，脱落；小叶5~9对，对生，卵状披针形，长3~6cm，宽1.5~2cm，先端渐尖，基部圆形或阔楔形；小托叶针形，长约1.5mm。总状花序长7~13cm，花多而稠密；总花梗短于叶柄。花冠白色微带红色或紫色；荚果劲直，近圆柱形，肿胀，长2.5~4.5cm，直径5.5~6mm。（栽培园地：SCBG, XTBG）

Inga 印加豆属

该属共计1种，在2个园中有种植

Inga edulis Mart. **印加豆**

高大乔木，高可达30m。羽状复叶，头状花序组成圆锥花序，小花白色。豆荚圆柱形，长3cm，略弯曲，肥厚，肿胀，种子间略有缢缩。（栽培园地：SCBG, XTBG）

Inga edulis 印加豆（图1）

Inga edulis 印加豆（图2）

Inga edulis 印加豆（图 3）

Intsia 印茄属

该属共计 1 种，在 1 个园中有种植

Intsia bijuga (Colebr.) Kuntze **单对印茄**

乔木。叶为偶数羽状复叶，有小叶数对；托叶小，早落。圆锥花序顶生；苞片和小苞片卵形，较厚，不具颜色，萼片状，脱落或近宿存；花两性，具梗；花萼管状，喉部具 1 花盘，裂片 4 枚，稍不等大，革质，覆瓦状排列；花瓣 1 片，近圆形或肾形，具柄，其余的退化或缺；能育雄蕊 7~8 枚，花丝伸长，基部多少连合或分离，花药卵形或长圆形，纵裂；退化雄蕊 2 枚，极小；子房具柄，其柄与萼管贴生，有胚珠数颗，花柱丝状，柱头小，近头状。花冠上唇紫红色，下唇带绿色。荚果长圆形或斜长圆形，木质，厚，稍压扁。（栽培园地：XTBG）

Jacaranda 蓝花楹属

该属共计 1 种，在 1 个园中有种植

Jacaranda mimosifolia D. Don **蓝花楹**

落叶乔木，高达 15m。叶对生，为二回羽状复叶，羽片通常在 16 对以上，每一羽片有小叶 16~24 对；小叶椭圆状披针形至椭圆状菱形，长 6~12mm，宽 2~7mm，顶端急尖，基部楔形，全缘。花蓝色，花序长达 30cm，直径约 18cm。花萼筒状，长宽约 5mm，萼齿 5 枚。花冠筒细长，蓝色，下部微弯，上部膨大，长约 18cm，花冠裂片圆形。雄蕊 4 枚，2 强，花丝着生于花冠筒中部。子房圆柱形，无毛。朔果木质，扁卵圆形，长宽均约 5cm，中部较厚，四周逐渐变薄，不平展。（栽培园地：SCBG）

Jacaranda mimosifolia 蓝花楹（图 1）

Jacaranda mimosifolia 蓝花楹（图 2）

Jacaranda mimosifolia 蓝花楹（图 3）

Kummerowia 鸡眼草属

该属共计 2 种，在 5 个园中有种植

Kummerowia stipulacea (Maxim.) Makino **长萼鸡眼草**

一年生草本，高 7~15cm。茎平伏，上升或直立，多分枝，茎和枝上被疏生向上的白毛，有时仅节处有毛。叶为三出羽状复叶；托叶卵形，长 3~8mm，比叶柄长或有时近相等，边缘通常无毛；叶柄短；小叶纸质，倒卵形、宽倒卵形或倒卵状楔形，长 5~18mm，宽 3~12mm，先端微凹或近截形，基部楔形，全缘；下面中脉及边缘有毛，侧脉多而密。花常 1~2 朵腋生；小苞片 4 枚，较萼筒稍短、稍长或近等长，生于萼下，其中 1 枚很小，生于花梗关节之下，常具 1~3 条脉；花梗有毛；花萼膜质，阔钟形，5 裂。花冠上部暗紫色；荚果椭圆形或卵形，稍侧偏。（栽培园地：LSBG）

Kummerowia striata (Thunb.) Schindl. **鸡眼草**

一年生草本，披散或平卧，多分枝，高 (5)10~45cm。茎和枝上被倒生的白色细毛。叶为三出羽状复叶；托叶大，膜质，卵状长圆形，比叶柄长，长 3~4mm，具条纹，有缘毛；叶柄极短；小叶纸质，倒卵形、长倒卵形或长圆形，较小，长 6~22mm，宽 3~8mm，先端圆形，稀微缺，基部近圆形或宽楔形，全缘；两面沿中脉及边缘有白色粗毛，但上面毛较稀少，侧脉多而密。花小，单生或 2~3 朵簇生于叶腋；花梗下端具 2 枚大小不等的苞片，萼基部具 4 枚小苞片，其中 1 枚极小，位于花梗关节处，小苞片常具 5~7 条纵脉；花萼钟状，带紫色，5 裂。花冠粉红色或紫色；荚果圆形或倒卵形，稍侧扁，长 3.5~5mm。（栽培园地：SCBG, XJB, LSBG, CNBG, GXIB）

Kummerowia striata 鸡眼草（图 1）

Kummerowia striata 鸡眼草（图 2）

Lablab 扁豆属

该属共计 1 种，在 6 个园中有种植

Lablab purpureus (L.) Sweet **扁豆**

多年生缠绕藤本。全株几无毛，茎长可达 6m，常呈淡紫色。羽状复叶具 3 小叶；托叶基着，披针形；小托叶线形，长 3~4mm；小叶宽三角状卵形，长 6~10cm，宽约与长相等，侧生小叶两边不等大，偏斜，先端急尖或渐尖，基部近截平。总状花序直立，长 15~25cm，花序轴粗壮，总花梗长 8~14cm；小苞片 2 枚，近圆形，长 3mm，脱落；花 2 至多朵簇生于每一节上；花萼钟状，长约 6mm，上方 2 枚裂齿几完全合生，下方的 3 枚近相等；花冠白色或紫色，旗瓣圆形。荚果长圆状镰形，长 5~7cm。（栽培园地：SCBG, WHIOB, LSBG, CNBG, SZBG, GXIB）

Lablab purpureus 扁豆（图 1）

Lablab purpureus 扁豆（图 2）

Lablab purpureus 扁豆（图 3）

Laburnum 毒豆属

该属共计 2 种，在 2 个园中有种植

Laburnum alpinum (Mill.) Bercht. et J. S. Presl **高山金链花**

小乔木。叶互生，掌状三出复叶，卵形或微倒卵形。

Laburnum alpinum 高山金链花

叶长 3.8~7.5cm，叶柄长 2.5~5.0cm，总状花序顶生于无叶枝端，下垂；花序长 25~40cm，下垂，黄色，味芳香，荚果线形，扁平，具颈，缝线增厚，2 瓣裂。种子棕色。（栽培园地：SCBG, IBCAS）

Laburnum anagyroides Medic. **毒豆**

小乔木，高 2~5m。嫩枝被黄色贴伏毛，后渐脱落，枝条平展或下垂，老枝褐色，光滑。三出复叶，具长柄；托叶细小，早落；小叶椭圆形至长圆状椭圆形，纸质，先端钝圆，具细尖，基部阔楔形，上面平坦近无毛，下面被贴伏细毛，脉上较密，侧脉 6~7 对，近叶边分叉不明显。总状花序顶生，下垂，长 10~30cm；花序轴被银白色柔毛；苞片线形，早落；花长约 2cm，多数；花梗细，长 8~14mm；小苞片线形；萼歪钟形，稍呈二唇状，长约 5mm，上方 2 枚齿尖，下方 3 枚齿尖，均甚短，被贴伏细毛；花冠黄色；荚果线形，长 4~8cm。（栽培园地：IBCAS）

Lathyrus 山黧豆属

该属共计 3 种，在 4 个园中有种植

Lathyrus davidii Hance **大山黧豆**

多年生草本，具块根，高 1~1.8m。茎粗壮，通常直径 5mm，圆柱状，具纵沟，直立或上升，无毛。托叶大，半箭形，全缘或下面稍有锯齿，长 4~6cm，宽 2~3.5cm；叶轴末端具分枝的卷须；小叶 (2)3~4(5) 对，通常为卵形，具细尖，基部宽楔形或楔形，全缘，长 4~6cm，宽 2~7cm，两面无毛，上面绿色，下面苍白色，具羽状脉。总状花序腋生，约与叶等长，有花 10 余朵。萼钟状，长约 5mm，无毛，萼齿短小，最小萼齿长 2mm，最上萼齿长 1mm；花深黄色，长 1.5~2cm；荚果线形，长 8~15cm，宽 5~6mm。（栽培园地：

IBCAS, WHIOB）

Lathyrus odoratus L. **香豌豆**

一年生草本，高 50~200cm，全株或多或少被毛。茎攀缘，多分枝，具翅。叶具 1 对小叶，托叶半箭形；叶轴具翅，叶轴末端具分枝的卷须；小叶卵状长圆形或椭圆形，长 2~6cm，宽 0.7~3cm，全缘，具羽状脉或有时近平行脉。总状花序长于叶，具 1~3(4) 朵花，长于叶；花下垂，极香，长 2~3cm，通常紫色，也有白色、粉红色、红紫色、紫堇色及蓝色等各种颜色；萼钟状，萼齿近相等，长于萼筒；子房线形，花柱扭转。荚果线形，有时稍弯曲。（栽培园地：KIB, LSBG）

Lathyrus quinquenervius (Miq.) Litv. ex Kom. et Alis. **山藜豆**

多年生草本。根状茎不增粗，横走。茎通常直立，单一，高 20~50cm，具棱及翅，有毛，后渐脱落。偶数羽状复叶，叶轴末端具不分枝的卷须，下部叶的卷须短，成针刺状；托叶披针形至线形，长 7~23mm，宽 0.2~2mm；叶具小叶 1~2(3) 对；小叶质坚硬，椭圆状披针形或线状披针形，长 35~80mm，宽 5~8mm，先端渐尖，具细尖，基部楔形，两面被短柔毛，上面稀疏，老时毛渐脱落，具 5 条平行脉，两面明显凸出。总状花序腋生，具 5~8 朵花。花梗长 3~5mm；萼钟状，被短柔毛，最下一萼齿约与萼筒等长；花紫蓝色或紫色；荚果线形，长 3~5cm，宽 4~5mm。（栽培园地：IBCAS）

Lespedeza 胡枝子属

该属共计 12 种，在 9 个园中有种植

Lespedeza bicolor Turcz. **胡枝子**

直立灌木，高 1~3m，多分枝。小枝黄色或暗褐色，

Lespedeza bicolor 胡枝子（图 2）

有条棱，被疏短毛；芽卵形，长 2~3mm，具数枚黄褐色鳞片。羽状复叶具 3 枚小叶；托叶 2 枚，线状披针形，长 3~4.5mm；叶柄长 2~7(9)cm；小叶质薄，卵形、倒卵形或卵状长圆形，长 1.5~6cm，宽 1~3.5cm，先端钝圆或微凹，稀稍尖，具短刺尖，基部近圆形或宽楔形，全缘，上面绿色，无毛，下面色淡，被疏柔毛。总状花序腋生，比叶长，常构成大型、较疏松的圆锥花序；总花梗长 4~10cm；花冠红紫色，极稀白色；荚果斜倒卵形，稍扁，长约 10mm，宽约 5mm。（栽培园地：IBCAS, WHIOB, XJB, LSBG, GXIB）

Lespedeza buergeri Miq. **绿叶胡枝子**

直立灌木，高 1~3m。枝灰褐色或淡褐色，被疏毛。托叶 2 枚，线状披针形，长 2mm；小叶卵状椭圆形，长 3~7cm，宽 1.5~2.5cm，先端急尖，基部稍尖或钝圆，上面鲜绿色，光滑无毛，下面灰绿色。密被贴生的毛。总状花序腋生，在枝上部者构成圆锥花序；苞片 2 枚，长卵形，长约 2mm，褐色，密被柔毛；花萼钟状，长 4mm，5 裂至中部，裂片卵状披针形或卵形，密被长柔

Lespedeza bicolor 胡枝子（图 1）

Lespedeza buergeri 绿叶胡枝子（图 1）

Lespedeza buergeri 绿叶胡枝子（图 2）

毛；花冠淡黄绿色，长约 10mm；荚果长圆状卵形，长约 15mm。（栽培园地：WHIOB, LSBG）

Lespedeza chinensis G. Don **中华胡枝子**

小灌木，高达 lm。全株被白色伏毛，茎下部毛渐脱落，茎直立或铺散；分枝斜升，被柔毛。托叶钻状，长 3~5mm；叶柄长约 1cm；羽状复叶具 3 小叶，小叶倒卵状长圆形、长圆形、卵形或倒卵形，先端截形、近截形、微凹或钝头，具小刺尖，边缘稍反卷，下面密被白色伏毛。总状花序腋生，不超出叶，少花；总花梗极短；花梗长 1~2mm；苞片及小苞片披针形，小苞片 2 枚，长 2mm，被伏毛；花萼长为花冠之半，5 深裂，裂片狭披针形，长约 3mm，被伏毛，边具缘毛；花冠白色或黄色；荚果卵圆形，长约 4mm，宽 2.5~3mm。（栽培园地：CNBG）

Lespedeza cuneata (Dum.-Cours.) G. Don **截叶铁扫帚**

小灌木，高达 1m。茎直立或斜升，被毛，上部分枝；分枝斜上举。叶密集，柄短；小叶楔形或线状楔形，长 1~3cm，宽 2~5(7)mm，先端截形成近截形，具小刺尖，基部楔形，上面近无毛，下面密被伏毛。总状花序腋生，具 2~4 朵花；总花梗极短；小苞片卵形或狭卵形，长 1~1.5mm，先端渐尖，背面被白色伏毛，边具缘毛；花萼狭钟形，密被伏毛，5 深裂，裂片披针形；花冠淡黄

Lespedeza cuneata 截叶铁扫帚（图 1）

Lespedeza cuneata 截叶铁扫帚（图 2）

Lespedeza cuneata 截叶铁扫帚（图 3）

色或白色；闭锁花簇生于叶腋。荚果宽卵形或近球形。（栽培园地：SCBG, WHIOB）

Lespedeza daurica (Laxm.) Schindl. **兴安胡枝子**

小灌木，高达 1m。茎通常稍斜升，单一或数个簇生；老枝黄褐色或赤褐色，被短柔毛或无毛，幼枝绿褐色，有细棱，被白色短柔毛。羽状复叶具 3 小叶；托叶线形，长 2~4mm；叶柄长 1~2cm；小叶长圆形或狭长圆形，长 2~5cm，宽 5~16mm；顶生小叶较大。总状花序腋生。较叶短或与叶等长；总花梗密生短柔毛；小苞片披针状线形，有毛；花萼 5 深裂，外面被白毛，

Lespedeza daurica 兴安胡枝子（图 1）

Lespedeza daurica 兴安胡枝子（图 2）

Lespedeza daurica 兴安胡枝子（图 3）

萼裂片披针形，先端长渐尖，成刺芒状，与花冠近等长；花冠白色或黄白色，旗瓣长圆形。荚果小，倒卵形或长倒卵形，长 3~4mm，宽 2~3mm。（栽培园地：XJB）

Lespedeza davidii Franch. **大叶胡枝子**

直立灌木，高 1~3m。枝条较粗壮，稍曲折，有明显的条棱，密被长柔毛。托叶 2 枚，卵状披针形，长

Lespedeza davidii 大叶胡枝子（图 1）

Lespedeza davidii 大叶胡枝子（图 2）

Lespedeza davidii 大叶胡枝子（图 3）

5mm；叶柄长 1~4cm，密被短硬毛；小叶宽卵圆形或宽倒卵形，长 3.5~7(13)cm，宽 2.5~5(8)cm，先端圆或微凹，基部圆形或宽楔形，全缘，两面密被黄白色绢毛。总状花序腋生或于枝顶形成圆锥花序，花稍密集，比叶长；总花梗长 4~7cm，密被长柔毛；小苞片卵状披针形，长 2mm，外面被柔毛；花萼阔钟形，5 深裂，长 6mm，裂片披针形，被长柔毛；花红紫色；荚果卵形，长 8~10mm。（栽培园地：SCBG, WHIOB, KIB, LSBG, CNBG）

Lespedeza floribunda Bunge **多花胡枝子**

小灌木，高 30~60(100)cm。根细长；茎常近基部分枝；枝有条棱，被灰白色绒毛。托叶线形，长 4~5mm，先端刺芒状；羽状复叶具 3 小叶；小叶具柄，倒卵形、宽倒卵形或长圆形，先端微凹、钝圆或近截形，具小刺尖，基部楔形，上面被疏伏毛，下面密被白色伏柔毛；侧生小叶较小。总状花序腋生；总花梗细长，显著超出叶；花多数；小苞片卵形，长约 1mm，先端急尖；花萼长 4~5mm，被柔毛，5 裂，上方 2 枚裂片下部合生，上部分离，裂片披针形或卵状披针形，长 2~3mm，先端渐尖；花冠紫色、紫红色或蓝色；荚果宽卵形，长约 7mm。（栽培园地：CNBG）

Lespedeza formosa (Vog.) Koehne **美丽胡枝子**

直立灌木，高 1~2m。多分枝，枝伸展，被疏柔毛。托叶披针形至线状披针形，长 4~9mm，褐色，被疏柔毛；叶柄长 1~5cm；被短柔毛；小叶椭圆形、长圆状椭圆形或卵形，稀倒卵形，两端稍尖或稍钝，长 2.5~6cm，宽 1~3cm，上面绿色，稍被短柔毛，下面淡绿色，贴生短柔毛。总状花序单一，腋生，比叶长，或构成顶生的圆锥花序；总花梗长可达 10cm，密被绒毛；花梗短，被毛；花萼钟状，长 5~7mm，5 深裂，裂片长圆状披针形，长为萼筒的 2~4 倍，外面密被短柔毛；花冠红紫色；荚果倒卵形或倒卵状长圆形，长 8mm，宽 4mm。（栽培园地：SCBG, IBCAS, WHIOB, KIB,

Lespedeza formosa 美丽胡枝子（图 1）

Lespedeza formosa 美丽胡枝子（图 2）

Lespedeza formosa 美丽胡枝子（图 3）

LSBG, CNBG）

Lespedeza juncea (L. f.) Pers. **尖叶铁扫帚**

小灌木，高可达 1m。全株被伏毛，分枝或上部分枝呈扫帚状。托叶线形，长约 2mm；叶柄长 0.5~1cm；羽状复叶具 3 枚小叶；小叶倒披针形、线状长圆形或狭长圆形，长 1.5~3.5cm，宽 (2)3~7mm，先端稍尖或钝圆，有小刺尖，基部渐狭，边缘稍反卷，上面近无

Lespedeza juncea 尖叶铁扫帚

毛，下面密被伏毛。总状花序腋生，稍超出叶，有3~7朵排列较密集的花，近似伞形花序；总花梗长；花萼狭钟状，长3~4mm，5深裂，裂片披针形，先端锐尖，外面被白色状毛，花开后具明显3脉；花冠白色或淡黄色。荚果宽卵形，两面被白色伏毛，稍超出宿存萼。（栽培园地：XTBG）

Lespedeza maximowiczii C. K. Schneider **宽叶胡枝子**

直立灌木。多分枝，枝近圆柱形，稍具棱，暗褐色，被白色疏柔毛。羽状复叶具3枚小叶；托叶披针形或钻形，长4~5mm，褐色；叶柄长1~4.5cm，被疏柔毛；小叶宽椭圆形或卵状椭圆形，长3~6(9)cm，宽2~4cm，总状花序腋生，超出叶；总花梗长3~5cm，或构成顶生的圆锥花序；小苞片卵形至卵状披针形，长1mm，褐色，被短柔毛；花梗长约3mm，被短柔毛；花萼钟状，长4~5mm，5裂至中部。花冠紫红色，长8~10mm；荚果卵状椭圆形，长9mm，宽10mm。（栽培园地：LSBG）

Lespedeza pilosa (Thunb.) Sieb. et Zucc. **铁马鞭**

多年生草本。全株密被长柔毛，茎平卧，细长，长60~80(100)cm，少分枝，匍匐地面。托叶钻形，长约3mm，先端渐尖；叶柄长6~15mm；羽状复叶具3小叶；小叶宽倒卵形或倒卵圆形，长1.5~2cm，宽1~1.5cm，先端圆形、近截形或微凹，有小刺尖，基部圆形或近截形，两面密被长毛，顶生小叶较大。总状花序腋生，比叶短；总花梗极短，密被长毛；小苞片2枚，披针状钻形，长1.5mm，背部中脉具长毛，边缘具缘毛；花萼密被长毛，5深裂。花冠黄白色或白色；荚果广卵形，长3~4mm。（栽培园地：WHIOB）

Lespedeza virgata (Thunb.) DC. **细梗胡枝子**

小灌木，高25~50cm，有时可达1m。基部分枝，枝细，带紫色，被白色伏毛。托叶线形，长5mm；羽状复叶具3小叶；小叶椭圆形、长圆形或卵状长圆形，稀近圆形，长(0.6)1~2(3)cm，宽4~10(15)mm；叶柄长1~2cm，被白色伏柔毛。总状花序腋生，通常具3朵稀疏的花；总花梗纤细，毛发状，被白色伏柔毛，显著超出叶；苞片及小苞片披针形，长约1mm，被伏毛；花梗短。花冠白色，带紫色条纹，基部紫色。荚果近圆形，通常不超出萼。（栽培园地：WHIOB）

Lespedeza virgata 细梗胡枝子

Leucaena 银合欢属

该属共计1种，在7个园中有种植

Leucaena leucocephala (Lam.) de Wit **银合欢**

灌木或小乔木，高2~6m。幼枝被短柔毛，老枝无毛，具褐色皮孔，无刺；托叶三角形，小。羽片4~8对，长5~9(16)cm，叶轴被柔毛，在最下一对羽片着生处有黑色腺体1枚；小叶5~15对，线状长圆形，长7~13mm，宽1.5~3mm，先端急尖，基部楔形，边缘被短柔毛，中脉偏向小叶上缘，两侧不等宽。头状花序通常1~2个腋生，直径2~3cm；苞片紧贴，被毛，早落；总花梗长2~4cm；花白色；花萼长约3mm，顶

Leucaena leucocephala 银合欢（图1）

Leucaena leucocephala 银合欢（图 2）

Leucaena leucocephala 银合欢（图 3）

端具 5 枚细齿，外面被柔毛；花瓣狭倒披针形，长约 5mm，被疏柔毛。荚果带状，长 10~18cm，宽 1.4~2cm。（栽培园地：SCBG, WHIOB, KIB, XTBG, CNBG, SZBG, GXIB）

Lotus 百脉根属

该属共计 2 种，在 2 个园中有种植

Lotus corniculatus L. **百脉根**

多年生草本，高 15~50cm，全株散生稀疏白色柔毛或秃净。具主根。茎丛生，平卧或上升，实心，近四棱形。羽状复叶小叶 5 枚；叶轴长 4~8mm，疏被柔毛，顶端 3 枚小叶，基部 2 枚小叶呈托叶状，纸质，斜卵形至倒披针状卵形，长 5~15mm，宽 4~8mm，中脉不清晰；小叶柄甚短，长约 1mm，密被黄色长柔毛。伞形花序；总花梗长 3~10cm；花 3~7 朵集生于总花梗顶端；萼钟形。花冠黄色或金黄色，干后常变蓝色；荚果直，线状圆柱形，长 20~25mm，直径 2~4mm。（栽培园地：LSBG）

Lotus corniculatus L. var. **japonicus** Regel **光叶百脉根**

本变种与原变种的主要区别为：茎、叶几无毛；花序具花 1~3(4) 朵，萼齿较萼筒稍长或等长。（栽培园地：SCBG）

Lotus corniculatus var. **japonicus** 光叶百脉根（图 1）

Lotus corniculatus var. **japonicus** 光叶百脉根（图 2）

Lupinus 羽扇豆属

该属共计 1 种，在 2 个园中有种植

Lupinus polyphyllus Lindl. **多叶羽扇豆**

多年生草本，高 50~100cm。茎直立，分枝成丛，全株无毛或上部被稀疏柔毛。掌状复叶，小叶

Lupinus polyphyllus 多叶羽扇豆（图 1）

(5)9~15(18) 枚；叶柄远长于小叶；托叶披针形，下半部连生于叶柄，先端长锥尖；小叶椭圆状倒披针形，长 (3)4~10(15)cm，宽 1~2.5cm，先端钝圆至锐尖，基部狭楔形，上面通常无毛，下面多少被贴伏毛。总状花序远长于复叶，长 15~40cm；花多而稠密，互生，长 10~15mm；苞片卵状披针形，长 5mm，被毛，早落；花梗长 4~10mm；萼二唇形。花冠蓝色至堇青色；荚果长圆形，长 3~5cm，宽 1.5~2cm，密被绢毛。（栽培园地：KIB, CNBG）

Lysidice 仪花属

该属共计 1 种，在 5 个园中有种植

Lysidice rhodostegia Hance **仪花**

灌木或小乔木，高 2~5m，很少超过 10m。小叶 3~5 对，纸质，长椭圆形或卵状披针形，长 5~16cm，宽 2~6.5cm，先端尾状渐尖，基部圆钝；侧脉纤细，近平行，两面明显；小叶柄粗短，长 2~3mm。圆锥花序长 20~40cm，总轴、苞片、小苞片均被短疏柔毛；苞片、小苞片粉红色，卵状长圆形或椭圆形，苞片长 1.2~2.8cm，宽 0.5~1.4cm，小苞片小，长 2~5mm，极少超过 5mm；萼管长 1.2~1.5cm，比萼裂片长 1/3 或过

Lupinus polyphyllus 多叶羽扇豆（图 2）

Lycidice rhodoslegia 仪花（图 1）

Lycidice rhodoslegia 仪花（图 2）

Maackia chekiangensis 浙江马鞍树（图 1）

之，萼裂片长圆形，暗紫红色；花瓣紫红色，阔倒卵形。荚果倒卵状长圆形，长 12~20cm。（栽培园地：SCBG, WHIOB, XTBG, GXIB, XMBG）

Maackia 马鞍树属

该属共计 4 种，在 4 个园中有种植

Maackia amurensis Rupr. et Maxim. **朝鲜槐**

落叶乔木，高可达 15m，通常高 7~8m，胸径约 60cm；树皮淡绿褐色，薄片剥裂。枝紫褐色，有褐色皮孔，幼时有毛，后光滑；芽稍扁，芽鳞少，外面无毛。羽状复叶，长 16~20.6cm；小叶 3~4(5) 对，对生或近对生，纸质，卵形、倒卵状椭圆形或长卵形，长 3.5~6.8(9.7)cm，宽 (1)2~3.5(4.9)cm，先端钝，短渐尖，基部阔楔形或圆形，幼叶两面密被灰白色毛，后脱落；小叶柄长 3~6mm。总状花序 3~4 个集生，长 5~9cm；总花梗及花梗密被锈褐色柔毛。花冠白色，长 7~9mm；荚果扁平，长 3~7.2cm，宽 1~1.2cm。（栽培园地：CNBG, IAE）

Maackia chekiangensis Chien **浙江马鞍树**

灌木，高 1~1.5m。小枝灰褐色，有白色皮孔，幼时有疏毛，后光滑。羽状复叶，长 17~20cm；叶轴光滑；小叶 4~5 对，对生或近对生，卵状披针形或椭圆状卵形，长 2.5~6.3cm，宽 1.1~2.1cm，先端渐尖，基部楔形，边缘向下反卷，上面无毛，下面疏被淡褐色短伏毛；小叶柄长 1~2mm。总状花序长 8~14cm，3 个集生枝顶或腋生，总花梗被淡褐色短柔毛；花密集；花梗纤细，长 2~3.5mm；花萼钟状，长 3mm，萼齿 5 枚，其中 2 枚较短，被贴生锈褐色柔毛；花冠白色；荚果椭圆形、卵形或长圆形，长 2.7~4cm，宽 1.1~1.3cm。（栽培园地：WHIOB, LSBG）

Maackia chekiangensis 浙江马鞍树（图 2）

Maackia chekiangensis 浙江马鞍树（图 3）

Maackia hupehensis Takeda **马鞍树**

乔木，高 5~23m，胸径 20~80cm。树皮绿灰色或灰黑褐色，平滑。幼枝及芽被灰白色柔毛，老枝紫褐色，毛脱落；芽多少被毛。羽状复叶，长 17.5~20cm；小叶上部的对生，下部的近对生，卵形、卵状椭圆形或椭圆形，长 2~6.8cm，宽 1.5~2.8cm，先端钝，基部宽楔形或圆形。总状花序长 3.5~8cm，2~6 个集生枝稍；

总花梗密被淡黄褐色柔毛；花密集，长约 10mm；花梗长 2~4mm，纤细，密被锈褐色毛。花冠白色；荚果阔椭圆形或长椭圆形，扁平，褐色，长 4.5~8.4cm，宽 1.6~2.5cm。（栽培园地：WHIOB, LSBG, CNBG）

Maackia tenuifolia (Hemsl.) Hand.-Mazz. **光叶马鞍树**

灌木或小乔木，高 2~7m。树皮灰色。小枝幼时绿色，有紫褐色斑点，被淡褐色柔毛，在芽和叶柄基部的膨大部分最密，后变为棕紫色，无毛或有疏毛；芽密被褐色柔毛。奇数羽状复叶，长 12~16.5cm；叶轴有灰白色疏毛，在叶轴顶端 1 对小叶处延长 2.4~3cm 生顶小叶；小叶 2(~3) 对，顶生小叶倒卵形、菱形或椭圆形，长达 10cm，宽 6cm，先端长渐尖，基部楔形或圆形，侧生小叶对生，椭圆形或长椭圆状卵形。总状花序顶生；花冠绿白色。荚果线形。（栽培园地：CNBG）

Mecopus 长柄荚属

该属共计 1 种，在 1 个园中有种植

Mecopus nidulans Benn. **长柄荚**

直立草本，高 30~40cm 或更高。根茎木质，茎和枝纤细，平展，无毛。叶具单小叶；托叶小，线状披针形，长 5~7mm，具条纹，无毛；小叶膜质，宽倒卵状肾形，长 0.9~2cm，宽 1~2.5cm，先端截形或微凹，基部圆形或近心形，两面无毛，淡绿色，侧脉每边 4~5 条，纤细；叶柄纤细，长约 1cm，有沟槽，无毛。总状花序顶生，长 2.5~3cm，花成对着生于花序轴上，苞片 2 枚；苞片锥形，长约 7mm，被极稀疏、开展的灰黄色长柔毛；花梗长 1~1.5cm，超出于苞片，先端钩状，被灰黄色短柔毛；花极小，花萼膜质。花冠白色；荚果椭圆形，压扁，两面稍凸起，长 2~2.5cm。（栽培园地：XTBG）

Medicago 苜蓿属

该属共计 4 种，在 6 个园中有种植

Medicago falcata L. **野苜蓿**

多年生草本，高 (20)40~100(120)cm。主根粗壮，木质，须根发达。茎平卧或上升，圆柱形，多分枝。羽状三出复叶；托叶披针形至线状披针形，先端长渐尖，基部戟形，全缘或稍具锯齿，脉纹明显；叶柄细，比小叶短；小叶倒卵形至线状倒披针形，长 (5)8~15(20)mm，宽 (1)2~5(10)mm，先端近圆形，具刺尖，基部楔形，边缘上部四分之一具锐锯齿，上面无毛，下面被贴伏毛，侧脉 12~15 对，与中脉成锐角平行达叶边，不分叉；顶生小叶稍大。花序短总状，长 1~2(4)cm。花冠黄色；荚果镰形，长 (8)10~15mm，宽 2.5~3.5(4)mm。（栽培园地：SCBG）

Medicago lupulina L. **天蓝苜蓿**

一、二年生或多年生草本，高 15~60cm，全株被柔

Medicago lupulina 天蓝苜蓿（图 1）

Medicago lupulina 天蓝苜蓿（图 2）

Medicago lupulina 天蓝苜蓿（图 3）

毛或有腺毛。主根浅，须根发达。茎平卧或上升，多分枝，叶茂盛。羽状三出复叶；托叶卵状披针形，长可达 1cm，先端渐尖，基部圆或戟状，常齿裂；下部叶柄较长，长 1~2cm，上部叶柄比小叶短；小叶倒卵形、阔倒卵形或倒心形，长 5~20mm，宽 4~16mm，纸质，先端多少截平或微凹，具细尖，基部楔形，边缘在上半部具不明显尖齿，两面均被毛，侧脉近 10 对，平行达叶边，几不分叉，上下均平坦；顶生小叶较大，小叶柄长 2~6mm，侧生小叶柄甚短。花序小头状，具花 10~20 朵。花冠黄色；荚果肾形，长 3mm，宽 2mm。（栽培园地：KIB, GXIB）

Medicago polymorpha L. **多型苜蓿**

一、二年生草本，高 20~90cm。茎平卧、上升或直立，近四棱形，基部分枝，无毛或微被毛。羽状三出复叶；托叶大，卵状长圆形，长 4~7mm，先端渐尖，基部耳状，边缘具不整齐条裂，成丝状细条或深齿状缺刻，脉纹明显；叶柄柔软，细长，长 1~5cm，上面具浅沟；小叶倒卵形或三角状倒卵形，几等大，长 7~20mm，宽 5~15mm，纸质，先端钝，近截平或凹缺，具细尖，基部阔楔形，边缘在三分之一以上具浅锯齿，上面无毛，下面被疏柔毛，无斑纹。花序头状伞形，具花 (1)2~10 朵；总花梗腋生，纤细无毛。花冠黄色；荚果盘形。（栽培园地：SCBG, LSBG）

Medicago sativa L. **紫花苜蓿**

多年生草本，高 30~100cm。根粗壮，深入土层，根颈发达。茎直立、丛生以至平卧，四棱形，无毛或微被柔毛，枝叶茂盛。羽状三出复叶；小叶长卵形、倒长卵形至线状卵形，等大，或顶生小叶稍大，长 (5)10~25(40)mm，宽 3~10mm，纸质，先端钝圆，具由中脉伸出的长齿尖，基部狭窄，楔形，边缘三分之一以上具锯齿，上面无毛，深绿色，下面被贴伏柔毛，侧脉 8~10 对，与中脉成锐角，在近叶边处略有分叉；顶生小叶柄比侧生小叶柄略长。花序总状或头状；花冠各色，淡黄色、深蓝色至暗紫色。荚果螺旋状紧卷 2~4(6) 圈。（栽培园地：KIB, XJB, CNBG）

Medicago sativa 紫花苜蓿（图 2）

Medicago sativa 紫花苜蓿（图 1）

Melilotus 草木犀属

该属共计 3 种，在 4 个园中有种植

Melilotus albus Medic. ex Desr. **白花草木犀**

一、二年生草本，高 70~200cm。茎直立，圆柱

Melilotus alba 白花草木犀（图 1）

Melilotus alba 白花草木犀（图 2）

Melilotus alba 白花草木犀（图 3）

形，中空，多分枝，几无毛。羽状三出复叶；托叶尖刺状锥形，长 6~10mm，全缘；叶柄比小叶短，纤细；小叶长圆形或倒披针状长圆形，长 15~30cm，宽 (4)6~12mm，先端钝圆，基部楔形，边缘疏生浅锯齿，上面无毛，下面被细柔毛，侧脉 12~15 对，平行直达叶缘齿尖，两面均不隆起，顶生小叶稍大，具较长小叶柄，侧小叶小叶柄短。总状花序长 9~20cm，腋生，具花 40~100 朵，排列疏松；苞片线形，长 1.5~2mm；花长 4~5mm；花梗短。花冠白色；荚果椭圆形至长圆形，长 3~3.5mm。（栽培园地：WHIOB）

Melilotus indica (L.) All. **印度草木犀**

一年生草本，高 20~50cm。根系细而松散。茎直立，作“之”字形曲折，自基部分枝，圆柱形，初被细柔毛，后脱落。羽状三出复叶；托叶披针形，边缘膜质，长 4~6mm，先端长，锥尖，基部扩大成耳状，有 2~3 枚细齿；叶柄细，与小叶近等长，小叶倒卵状楔形至狭长圆形，近等大，长 10~25(30)mm，宽 8~10mm，先端钝或截平，有时微凹，基部楔形，边缘在三分之二处以上具细锯齿，上面无毛，下面被贴伏柔毛，侧脉 7~9 对，平行直达齿尖，两面均平坦。总状花序细，长 1.5~4cm，总梗较长。花冠黄色；荚果椭圆形。（栽培园地：XTBG）

Melilotus officinalis (L.) Desr. **黄花草木犀**

二年生草本，高 40~100(250)cm。茎直立，粗壮，多分枝，具纵棱，微被柔毛。羽状三出复叶；托叶镰状线形，长 3~5(7)mm，中央有 1 条脉纹，全缘或基部有 1 枚尖齿；叶柄细长；小叶倒卵形、阔卵形、倒披

Melilotus officinalis 黄花草木犀（图 1）

Melilotus officinalis 黄花草木犀（图 2）

Melilotus officinalis 黄花草木犀（图 3）

针形至线形，长 15~25(30)mm，宽 5~15mm，先端钝圆或截形，基部阔楔形，边缘具不整齐疏浅齿，上面无毛，粗糙，下面散生短柔毛，侧脉 8~12 对，平行直达齿尖，两面均不隆起，顶生小叶稍大，具较长的小叶柄，侧小叶的小叶柄短。总状花序长 6~15(20)cm，腋生，具花 30~70 朵。花冠黄色；荚果卵形，长 3~5mm，宽约 2mm。（栽培园地：XJB, LSBG）

Millettia 崖豆藤属

该属共计 16 种，在 7 个园中有种植

Millettia cubittii Dunn **红河崖豆**

乔木，高约 8m。树皮灰色，粗糙。小枝具纵棱，密被红褐色绒毛，叶痕清晰。羽状复叶长 25~35cm；叶柄长 7~9cm，叶轴与花序轴均密被红褐色细毛；托叶钻形，长约 8mm，坚硬，宿存，甚为显著；小叶 6~8 对，间隔 2.5~3cm，革质，长圆状披针形，长 8~11cm，宽 2.2~3cm，先端渐尖，基部圆钝，两侧不等大，侧脉 7~9 对；小叶柄长约 4mm，被毛；小托叶刺毛状，长约 2.5mm。总状圆锥花序集生枝梢叶腋，长 15~25cm，生花节具短柄，花 2~4 朵簇生。花冠蓝紫色。（栽培园地：XTBG）

Millettia cubittii 红河崖豆

Millettia dielsiana Harms **香花崖豆藤**

攀援灌木，长 2~5m。茎皮灰褐色，剥裂，枝无毛或被微毛。羽状复叶长 15~30cm；叶柄长 5~12cm，叶轴被稀疏柔毛，后秃净，上面有沟；托叶线形，长 3mm；小叶 2 对，间隔 3~5cm，纸质，披针形、长圆形至狭长圆形，长 5~15cm，宽 1.5~6cm，先端急尖至渐尖，偶钝圆，基部钝圆，偶近心形，上面有光泽，几无毛，下面被平伏柔毛或无毛，侧脉 6~9 对，近边缘环结，中脉在上面微凹，下面甚隆起，细脉网状，两面均显著；小叶柄长 2~3mm；小托叶锥刺状，长 3~5mm。圆锥花序顶生，宽大，长达 40cm，生花枝伸展。花冠紫红色；荚果线形至长圆形，长 7~12cm，宽 1.5~2cm，扁平。（栽培园地：SCBG, WHIOB, XTBG, LSBG, CNBG, SZBG）

Millettia dielsiana 香花崖豆藤（图 1）

Millettia dielsiana 香花崖豆藤（图 2）

Millettia dielsiana Harms var. **herterocarpa** (Chun ex T. Chen) Z. Wei **异果崖豆藤**

本变种与原变种的主要区别为：小叶较宽大；果瓣薄革质，种子近圆形。（栽培园地：SCBG, WHIOB）

Millettia dielsiana var. **heterocarpa** 异果崖豆藤（图 1）

Millettia dielsiana var. **heterocarpa** 异果崖豆藤（图 2）

Millettia dielsiana var. **heterocarpa** 异果崖豆藤（图 3）

Millettia erythrocalyx Gagnep. **红萼崖豆**

乔木，高 7~8m，树干圆柱形；树冠大；皮灰白色。枝被锈色硬毛，渐脱落，皮孔斑点状凸起。羽状复叶长约 25cm；叶柄长 5~8cm，初被硬毛，后渐脱落；托叶卵形，长 1.5~3mm；小叶 3~5 对，间隔 2cm，纸质，卵状披针形或椭圆状披针形，长 3~6cm，宽 1.5~2cm，先端尾状渐尖，钝头，基部狭心形，钝圆，上面光亮无毛，下面中脉及叶缘被红色长硬毛，渐脱落，侧脉 7~8 对，纤细，不甚明显，下面隆起；小叶柄长约 3mm，密被硬毛；小托叶细刺状，几不可见，总状圆锥花序近枝梢腋生；花冠淡紫色；荚果褐色，长圆状线形，长 9~10cm，宽约 2cm，扁平。（栽培园地：XTBG）

Millettia eurybotrya Drake **宽序崖豆藤**

攀援灌木；树皮光滑。小枝浅黄色，散布不明显皮孔，初被平伏柔毛，后渐脱落，具棱。羽状复叶长 20~25(40)cm；叶柄长 (3)5~6(7)cm，叶轴稀被柔毛，上面有沟；托叶锥刺状，长 4~6mm，基部向下突起成 1 对尖硬的距；小叶 (2~)3 对，间隔 2~3(5)cm，纸质，卵状长圆形或披针状椭圆形，长 6~16cm，宽 2.5~8cm，先端急尖，基部圆形或阔楔形，两面无毛，暗绿色，侧脉 6~7 对，近叶缘向上弧曲，细脉网状，两面均隆起，甚明显；小叶柄长 3~5mm；小托叶针刺状，长约 3mm。圆锥花序顶生。花冠紫红色，花瓣近等长；荚果长圆形，长 10~11cm，宽 2~3cm，顶端喙尖，肿胀，缝线增厚，种子间稍缢缩。（栽培园地：XTBG）

Millettia leptobotrya Dunn **思茅崖豆藤**

乔木，高 18~25m；树皮灰色，粗糙。小枝初被褐色细毛，旋秃净，质脆易折断。羽状复叶长近 50cm；叶柄长 5~6cm，与叶轴同被微毛；托叶小，卵状三角形，长 2~3mm，早落；小叶 3~4 对，间隔 (2)3~5cm，纸质，长圆状披针形；长 12~25cm，宽 5~8cm，先端尾尖，

Millettia leptobotrya 思茅崖豆藤（图 1）

Millettia leptobotrya 思茅崖豆藤（图 2）

基部截形或钝，两面无毛，侧脉 11~13 对，近叶缘弧曲，细脉清晰，两面均隆起；小叶柄长 6~8mm；无小托叶。总状圆锥花序腋生，狭长，挺直，长 35~50cm，宽 4cm，被褐色细毛，花序轴近基部均生花，生花节圆锥形。花冠白色，各瓣近等长；荚果线状长圆形，长 7~20cm，宽 3.5~4cm，扁平，顶端喙尖。（栽培园地：XTBG）

Millettia nitida Benth. **亮叶崖豆藤**

攀援灌木。茎皮锈褐色，粗糙，枝初被锈色细毛，后秃净。羽状复叶长 15~20cm；叶柄长 3~6cm，叶轴疏被短毛，渐秃净，上面有狭沟；托叶线形，长约 5mm，脱落；小叶 2 对，间隔 2~3cm，硬纸质，卵状披针形或长圆形，长 5~9(11)cm，宽 (2)3~4cm，先端钝尖，基部圆形或钝，上面光亮无毛，有时中脉有毛，下面无毛或被稀疏柔毛，侧脉 5~6 对，达叶喙向上弧曲，细脉网状，两面均隆起；小叶柄长约 3mm；小托叶锥刺状，长约 2mm。圆锥花序顶生，粗壮，长 10~20cm，密被锈褐色绒毛，生花枝通直，粗壮。花冠青紫色，旗瓣密被绢毛；荚果线状长圆形，长 10~14cm，宽 1.5~2cm，密被黄褐色绒毛，顶端具尖喙。（栽培园地：SCBG）

Millettia oosperma Dunn **皱果崖豆藤**

攀援灌木或藤本，长达 20m。茎具棱，枝圆柱形，密被棕褐色绒毛，后渐脱落。羽状复叶长 25~40cm；小叶 2 对，间隔 3~5cm，硬纸质，披针状椭圆形或卵状长圆形，上面无毛或疏被毛，下面密被棕褐色长柔毛。圆锥花序顶生，密被褐色绒毛；花长 1.5~2cm，花冠红色带微紫色；旗瓣和萼同被密绢毛，阔卵形，有 2 枚胼胝体和耳；子房密被绢毛。荚果卵形至圆柱形，长 6~13cm，密被褐色绒毛，顶端具尖喙。（栽培园地：KIB）

Millettia oosperma 皱果崖豆藤

Millettia pachycarpa Benth. **厚果崖豆藤**

巨大藤本，长达 15m。幼年时直立如小乔木状。嫩枝褐色，密被黄色绒毛，后渐秃净，老枝黑色，光滑，散布褐色皮孔，茎中空。羽状复叶长 30~50cm；叶柄长 7~9cm；托叶阔卵形，黑褐色，贴生鳞芽两侧，长 3~4mm，宿存；小叶 6~8 对，间隔 2~3cm，草质，长圆状椭圆形至长圆状披针形，长 10~18cm，宽 3.5~4.5cm，先端锐尖，基部楔形或圆钝，上面平坦，下面被平伏绢毛，中脉在下面隆起，密被褐色绒毛，侧脉 12~15 对，平行近叶缘弧曲；小叶柄长 4~5mm，密被毛；无小托叶。总状圆锥花序。花冠淡紫色；荚果深褐黄色，肿胀，长圆形。（栽培园地：SCBG, WHIOB, XTBG, GXIB）

Millettia pachycarpa 厚果崖豆藤（图 1）

Millettia pachyloba Drake **海南崖豆藤**

巨大藤本，长达 20m。树皮黄色，粗糙，纵裂。小枝挺直，密被黄褐色绢毛，渐脱落，皮孔大，散布，茎中空。羽状复叶长 25~35cm；叶柄长 6~8cm；托叶三

Millettia pachycarpa 厚果崖豆藤（图 2）

Millettia pachycarpa 厚果崖豆藤（图 3）

Millettia pachyloba 海南崖豆藤（图 1）

Millettia pachyloba 海南崖豆藤（图 2）

Millettia pachyloba 海南崖豆藤（图 3）

角形，长 3~4mm，宿存；小叶 4 对，间隔 2~2.5cm，厚纸质，倒卵状长圆形或长圆状椭圆形，长 7~17cm，宽 3~5.5cm，先端短渐尖或钝，有时呈浅凹缺，基部圆钝，上面光亮无毛，下面密被黄色平伏绢毛，渐脱落，侧脉 13~17 对，平行直达叶缘，细脉在侧脉间垂直连结，上面微凹，下面明显隆起；小叶柄长 5~6mm；小托叶针刺状，长约 3mm，被毛。总状圆锥花序顶生。花冠淡紫色；荚果菱状长圆形，长 5~8cm，宽 3~4cm，厚约 2cm，肿胀。（栽培园地：SCBG, XTBG）

Millettia pubinervis Kurz **薄叶崖豆**

小乔木，高 7~8m。树皮灰色，粗糙。小枝初被细柔毛，后渐脱落。羽状复叶长 20~35cm；叶柄长 8~12cm，与叶轴同被浅黄色细毛；托叶小，早落；小叶 3~5 对，间隔 4cm，膜质或薄纸质，披针状椭圆形，长 6~14cm，宽 3~5cm，先端渐尖或锐尖，基部阔楔形或截形，两面被平伏细毛，上面稍稀，中脉上显著，侧脉 6~8 对，近叶缘弧曲，细脉网结，下面隆起；小叶柄长 3~4mm，被毛；无小托叶。总状圆锥花序腋生或腋上生，长 10~15cm，微被细柔毛，总花梗长 4~5cm，生花节长约 1mm，小而疏，花 1~2 朵着生节上。花冠淡红色；荚果线形，长 9~12cm，宽 1.3~2cm，扁

平，顶端骤尖。（栽培园地：XTBG）

Millettia pulchra (Bentham) Kurz **印度崖豆**

灌木或小乔木，高3~8m。树皮粗糙，散布小皮孔。枝、叶轴、花序均被灰黄色柔毛，后渐脱落。羽状复叶长8~20cm；叶柄长3~4cm，叶轴上面具沟；托叶披针形，长约2mm，密被黄色柔毛；小叶6~9对，间隔约2cm，纸质，披针形或披针状椭圆形，长2~6cm，宽7~15mm，先端急尖，基部渐狭或钝，上面暗绿色，具稀疏细毛，下面浅绿色，被平伏柔毛，中脉隆起，侧脉4~6对，直达叶缘弧曲，细脉不明显；小叶柄长约2mm，被毛；小托叶刺毛状，长1~3mm，被毛。总状圆锥花序腋生，长6~15cm，短于复叶，密被灰黄色柔毛。花冠淡红色至紫红色；荚果线形，长5~10cm，宽1~1.5cm，扁平。（栽培园地：SCBG, XTBG）

Millettia pulchra 印度崖豆（图1）

Millettia pulchra 印度崖豆（图2）

Millettia reticulata Benth. **网络崖豆藤**

藤本。小枝圆形，具细棱，初被黄褐色细柔毛，旋秃净，老枝褐色。羽状复叶长10~20cm；叶柄长2~5cm；叶柄无毛，上面有狭沟；托叶锥刺形，长3~5(7)mm，基部向下突起成1对短而硬的距；叶腋有多数钻形的芽苞叶，宿存；小叶3~4对，间隔1.5~3cm，硬纸质，卵状长椭圆形或长圆形，先端钝，渐尖，或微凹缺，基部圆形，两面均无毛，或被稀疏柔毛，侧脉6~7对，二次环结，细脉网状，两面均隆起，甚明显；小叶柄长1~2mm，具毛；小托叶针刺状，长1~3mm，宿存。圆锥花序顶生或着生枝梢叶腋，常下垂。花冠红紫色；荚果线形，狭长，长约15cm，宽1~1.5cm，扁平。（栽培园地：SCBG, WHIOB, XTBG, LSBG, CNBG）

Millettia reticulata 网络崖豆藤（图1）

Millettia reticulata 网络崖豆藤（图2）

Millettia reticulata 网络崖豆藤（图 3）

Millettia speciosa 美丽崖豆藤（图 2）

Millettia speciosa (Champ. ex Benth.) Schot **美丽崖豆藤**

藤本，树皮褐色。小枝圆柱形，初被褐色绒毛，后渐脱落。羽状复叶长 15~25cm；小叶通常 6 对，间隔 1.5~2cm，硬纸质，长圆状披针形或椭圆状披针形，长 4~8cm，宽 2~3cm，先端钝圆，短尖，基部钝圆。边缘略反卷，上面无毛，干后粉绿色，光亮，下面被锈色柔毛或无毛，干后红褐色，侧脉 5~6 对，二次环结，细脉网状，上面平坦，下面略隆起；小叶柄长 1~2mm，密被绒毛；小托叶针刺状，长 2~3mm，宿存。圆锥花序腋生，常聚集枝梢成带叶的大型花序，长达 30cm，密被黄褐色绒毛，花 1~2 朵并生或单生密集于花序轴上部呈长尾状。（栽培园地：SCBG, WHIOB, XTBG）

Millettia speciosa 美丽崖豆藤（图 1）

Millettia speciosa 美丽崖豆藤（图 3）

Millettia tetraptera Kurz **四棱崖豆藤**

乔木，高 15~26m。小枝灰褐色，粗糙，初被绿黄色绒毛，后渐秃净，质脆。羽状复叶长15~30cm，托叶长圆形，长3~4mm，脱落，与叶轴均被黄色绒毛；小叶(2)3~5(6)对，厚纸质，椭圆状倒卵形，长8~13cm，宽2.5~3.5cm，先端圆钝或渐尖，凹缺，基部圆形或近心形，嫩时两面被绒毛，后上面秃净，仅中脉上留存，下面密被黄色绒毛，侧脉8~10对，向上弧曲，上面平坦，下面隆起；小叶柄长约4mm，密被毛；无小托叶。总状圆锥花序集生枝端叶腋，长10~15cm，近基部均生花，2~5朵族生节上；苞片线形。花冠淡紫色；荚果线形或长圆形，扁平，长15~27cm，宽3~3.5cm。（栽培园地：XTBG）

Millettia unijuga Gagnep. **三叶崖豆藤**

攀援灌木。茎圆柱形，灰白色，粗糙，小枝初被淡黄色绒毛，后秃净，具细棱。羽状复叶；叶柄长2~3cm，叶轴密被绒毛；托叶针刺状，长约2mm；小叶仅1对，纸质，阔卵形，顶生小叶大，长6.5~8cm，宽3.5~4.5cm，先端急尖，基部近心形，侧生小叶长2.5~4cm，宽1.5~2.5cm，左右2枚不等大，上面除中脉被绒毛外，光滑无毛，平坦，下面密被淡黄色细硬毛，侧脉7~8对，平行近叶缘环结，细脉横向连成网状，隆起；小叶柄长约1.5mm，被绒毛；小托叶刺毛状，长约1mm。圆锥花序腋生或顶生，长25~30cm；花冠米黄色；荚果线形，长约10cm，宽2cm，厚约2cm。（栽培园地：XTBG）

Mimosa 含羞草属

该属共计2种，在11个园中有种植

Mimosa bimucronata (DC.) Kuntze **光荚含羞草**

落叶灌木，高3~6m。小枝无刺，密被黄色茸毛。二回羽状复叶，羽片6~7对，长2~6cm，叶轴无刺，被短柔毛，小叶12~16对，线形，长5~7mm，宽1~1.5mm，革质，先端具小尖头，除边缘疏具缘毛外，余无毛，中脉略偏上缘。头状花序球形；花白色；花萼杯状，极小；花瓣长圆形，长约2mm，仅基部连合；雄蕊8枚，花丝长4~5mm。荚果带状，劲直，长3.5~4.5cm，宽约6mm，无刺毛，褐色，通常有5~7个荚节，成熟时荚节脱落而残留荚缘。（栽培园地：XTBG, SZBG, GXIB）

Mimosa bimucronata 光荚含羞草（图2）

Mimosa bimucronata 光荚含羞草（图1）

Mimosa pudica L. **含羞草**

披散、亚灌木状草本，高可达1m；茎圆柱状，具分枝，有散生、下弯的钩刺及倒生刺毛。托叶披针形，长5~10mm，有刚毛。羽片和小叶触之即闭合而下垂；羽片通常2对，指状排列于总叶柄之顶端，长3~8cm；小叶10~20对，线状长圆形，长8~13mm，宽1.5~2.5mm，先端急尖，边缘具刚毛。头状花序圆球形，直径约1cm，具长总花梗，单生或2~3个生于叶腋；花小，淡红色，多数；苞片线形；花萼极小；花冠钟状，裂片4枚，外面被短柔毛；雄蕊4枚，伸出于花冠之外。荚果长圆形（栽培园地：SCBG, IBCAS, WHIOB, KIB, XTBG, XJB, LSBG, CNBG, SZBG, GXIB, XMBG）

Mimosa pudica 含羞草（图1）

Mimosa pudica 含羞草（图 2）

Mucuna birdwoodiana 白花油麻藤（图 1）

Mimosa pudica 含羞草（图 3）

Mucuna birdwoodiana 白花油麻藤（图 2）

Mucuna 黧豆属

该属共计 10 种，在 7 个园中有种植

Mucuna birdwoodiana Tutch. **白花油麻藤**

常绿大型木质藤本。老茎外皮灰褐色，断面淡红褐色，有 3~4 个偏心的同心圆圈，断面先流白汁，2~3min 后有血红色汁液形成；幼茎具纵沟槽，皮孔褐色，凸起，无毛或节间被伏贴毛。羽状复叶具 3 枚小叶，叶长 17~30cm；托叶早落；叶柄长 8~20cm；叶轴长 2~4cm；小叶近革质，顶生小叶椭圆形、卵形或略呈倒卵形，通常较长而狭。总状花序生于老枝上或生于叶腋，长 20~38cm，有花 20~30 朵，常呈束状。花白色；果木质，带形。（栽培园地：SCBG）

Mucuna calophylla W. W. Smith **美叶油麻藤**

攀援藤本，茎长可达 1~3m，直径达 2cm，红褐色。树皮常具纵槽纹，开裂，幼茎被伏贴细长毛，以后近无毛或无毛。羽状复叶具 3 小叶，叶长 15~22cm；托叶脱落，狭卵形或披针形。花序腋生，长 3~12cm，每节有 3 朵花，分布在整个花序轴的部分，但多聚集在

Mucuna birdwoodiana 白花油麻藤（图 3）

Mucuna calophylla 美叶油麻藤（图 1）

Mucuna calophylla 美叶油麻藤（图 2）

近顶端，苞片早落，狭卵形；花冠紫色带红色或深洋红色，旗瓣近圆形。果木质，带状长圆形。（栽培园地：KIB）

Mucuna cyclocarpa Metc. **闽油麻藤**

攀援木质藤本。茎具纵脊，近无毛或具很稀疏短细毛，但在节间和嫩茎上密被硬毛。羽状复叶具 3 枚小叶，长 26~31cm，托叶未见；叶柄长达 13cm；小叶薄纸质，顶生小叶卵形或三角状心形，长约 15cm，宽约 11.5cm，先端急尖至渐尖，基部心形，侧生小叶很不对称，斜卵形，长约 15cm，宽约 11cm，基部浅心形或近

Mucuna cyclocarpa 闽油麻藤

截形，上面近无毛或疏被白色短糙伏毛，下面粉绿色；中脉在上面凸起或多少凹下，侧脉每边 5~7 条；小托叶刚毛状，长约 5mm。花序生老茎上；花序、苞片、小苞片未见。花萼外面密被短硬毛。果革质，长圆状带形。（栽培园地：GXIB）

Mucuna hainanensis Hayata **海南黧豆**

多年生攀援灌木。茎长达 5m。小枝无毛或具稀疏贴伏毛，具纵槽纹。羽状复叶具 3 枚小叶，长 7~23cm；托叶脱落；叶柄长 6~11.5cm；小叶纸质或革质，顶生小叶倒卵状椭圆形或椭圆形，长 6.5~8(12)cm，宽 2.5~5cm，先端骤然收缩成一短尾尖，具小凸尖，基部圆形，两面近无毛，侧生小叶极偏斜，长 5~8(11)cm；侧脉 3~5；小托叶长 2~6mm；小叶柄长 3~6mm。总状花序腋生，长 6~27cm，每节具 3 朵花；花梗长 8~10mm，密被丝质短毛；苞片大，包盖花蕾，长圆形或宽卵形，长 2~3cm，被毛。花冠深紫色或带红色；果革质，不对称的长圆形或卵状长椭圆形，长 9~18cm，宽 4.5~5.5cm，厚约 1cm。（栽培园地：XTBG）

Mucuna interrupta Gagnep. **间序油麻藤**

缠绕藤本，多少木质。茎通常具纵棱，无毛。羽状复叶具 3 枚小叶；托叶脱落；叶柄长 6~9cm；小叶薄纸质，顶生小叶椭圆形，长 9~14cm，宽 4~8cm，先端骤然短渐尖，有细尖头，基部圆或多少心形，两面无毛或具很稀疏的毛，侧生小叶偏斜，长 9~12cm，宽 5~7cm，先端骤然渐尖，有细尖头，基部圆或截形；侧脉每边 6~7 条，在两面凸起；小托叶长 2~4mm；小叶柄长约 4mm。花序腋生，长 8~24cm，花序下部无花；苞片常宿存，宽卵形，长 2.5~3.2cm，宽 2~2.5cm，两面密被伏贴细短毛。花冠白色或红色；果革质，卵形，长 5~12cm，宽 3.5~6cm，厚 1.5~2cm。（栽培园地：XTBG）

Mucuna macrobotrys Hance **大球油麻藤**

大型攀援藤本。茎具纵槽纹，节间具红褐色短细毛

或光秃。羽状复叶具3枚小叶，叶长29~33cm；托叶脱落；叶柄长6~10cm；小叶薄革质或纸质，近无毛，顶生小叶椭圆形或长披针形，长11~13(15.5)cm，宽3~4(7)cm，先端常具长1.5cm的尾状渐尖，具细尖头，基部圆，侧生小叶偏斜，长9~12cm；侧脉每边4~5条，在两面隆起；小叶柄长7~10mm。花序长约15cm，每节具2~3朵花；苞片脱落；花梗长约1cm，被暗褐色伏贴短毛。花冠暗紫色；果革质，不对称的长圆形，长16~17cm，宽约4.5cm。（栽培园地：XTBG）

Mucuna macrocarpa Wall. **大果油麻藤**

大型木质藤本。茎具纵棱脊和褐色皮孔，被伏贴灰白色或红褐色细毛，尤以节上为密，老茎常光秃无毛。羽状复叶具3枚小叶，叶长25~33cm；托叶脱落；叶柄长8~13(15)cm；叶轴长2~4.5cm，小叶纸质或革质，顶生小叶椭圆形、卵状椭圆形、卵形或稍倒卵形，长10~19cm，宽5~10cm，先端急尖或圆，具短尖头，很少微缺，基部圆或稍微楔形；侧生小叶极偏斜，长10.5~17cm；上面无毛或被灰白色或带红色伏贴短毛，在脉上和嫩叶上常较密；侧脉每边5~6条；小托叶长5mm。花序通常生在老茎上，长5~23cm。花冠暗紫色，

Mucuna macrocarpa 大果油麻藤（图1）

Mucuna macrocarpa 大果油麻藤（图2）

Mucuna macrocarpa 大果油麻藤（图3）

但旗瓣带绿白色；果木质，带形，长26~45cm，宽3~5cm，厚7~10mm，近念珠状。（栽培园地：SCBG, XTBG, GXIB）

Mucuna pruriens (L.) DC. **刺毛黧豆**

一年生半木质缠绕藤本。茎具细纵沟槽；枝纤细，被紧贴的柔毛，渐变无毛。羽状复叶具3枚小叶，叶的大小变化大，长可达46cm；托叶长3~4mm，脱落；叶柄长8~26cm，被柔毛；顶生小叶椭圆形或卵状菱形，长(7)14~16cm，宽(4.5)8~10cm，先端圆、急尖或变狭成短尖头，基部宽楔形至圆形，侧生小叶极偏斜，长

Mucuna pruriens 刺毛黧豆（图1）

Mucuna pruriens 刺毛黧豆（图 2）

7~19cm，基部稍截形或稀心形，上面初被毛，渐变无毛，下面薄被灰白色绢毛；侧脉每边 5~8 条；小托叶锥状，长 4~5mm；小叶柄长 5mm，被浅褐色茸毛。总状花序腋生，长而下垂，长 15~30cm。花冠暗紫色；荚果长圆形，但不具念珠状，稍呈"S"字形，长 5~9cm，宽 0.8~2cm，厚 5mm。（栽培园地：XTBG, LSBG, GXIB）

Mucuna pruriens (L.) DC. var. **utilis** (Wall. ex Wight) Baker ex Burck **黧豆**

一年生缠绕藤本。枝略被开展的疏柔毛。羽状复叶具 3 枚小叶；小叶长 6~15cm 或过之，宽 4.5~10cm，长度少有超过宽度的一半，顶生小叶明显地比侧生小叶小，卵圆形或长椭圆状卵形，基部菱形，先端具细尖头，侧生小叶极偏斜，斜卵形至卵状披针形，先端具细尖头，基部浅心形或近截形，两面均薄被白色疏毛；侧脉通常每边 5 条，近对生，凸起；小托叶线状，长 4~5mm；小叶柄长 4~9mm，密被长硬毛。总状花序下垂，长 12~30cm，有花 10~20 朵；苞片小，线状披针形；花萼阔钟状，密被灰白色小柔毛和疏刺毛。花冠深紫色或带白色；荚果长 8~12cm，宽 18~20mm，嫩果膨胀。（栽培园地：SCBG）

Mucuna pruriens var. **utilis** 黧豆（图 1）

Mucuna pruriens var. **utilis** 黧豆（图 2）

Mucuna sempervirens Hemsl. **常春油麻藤**

常绿木质藤本，长可达 25m。老茎直径超过 30cm，树皮有皱纹，幼茎有纵棱和皮孔。羽状复叶具 3 枚小叶，叶长 21~39cm；托叶脱落；叶柄长 7~16.5cm；小叶纸质或革质，顶生小叶椭圆形、长圆形或卵状椭圆形，长 8~15cm，宽 3.5~6cm，先端渐尖头可达 15cm，基部稍楔形，侧生小叶极偏斜，长 7~14cm，无毛；侧脉 4~5 对，在两面明显，下面凸起；小叶柄长 4~8mm，膨大。总状花序生于老茎上，长 10~36cm，每节上有 3 朵花，无香气或有臭味；苞片和小苞片不久脱落，苞片狭倒卵形。花冠深紫色；果木质，带形，长 30~60cm，宽 3~3.5cm，厚 1~1.3cm，种子间缢缩，近念珠状。（栽培园地：SCBG, WHIOB, KIB, LSBG, XMBG）

Mucuna sempervirens 常春油麻藤（图 1）

Mucuna sempervirens 常春油麻藤（图 2）

Mucuna sempervirens 常春油麻藤（图 3）

Myroxylon 香脂豆属

该属共计 2 种，在 3 个园中有种植

Myroxylon balsamum (L.) Harms **吐鲁胶**

直立乔灌木。羽状复叶，小叶 4~7 对，卵形或卵状椭圆形，宽 5cm 以下，先端长渐尖，叶缘波状起伏。

Myroxylon balsamum 吐鲁胶（图 1）

Myroxylon balsamum 吐鲁胶（图 2）

大型花序顶生；花色白；荚果柱形，有棱，先端增厚。（栽培园地：SCBG, XTBG, SZBG）

Myroxylon balsamum (L.) Harms var. **pereirae** (Royle) Harms **秘鲁香**

乔木，高达 30m。幼枝的皮部有树脂道，但早脱落，树干则全无树脂道。单数羽状复叶，小叶 9~13 枚，椭圆形，先端渐尖，全缘。总状花序腋生；花白色。荚果黄色。（栽培园地：XTBG）

Neptunia 假含羞草属

该属共计 1 种，在 1 个园中有种植

Neptunia oleracea Lour. **水含羞草**

漂浮性水生植物。在茎节处长根，根红褐色或褐色。茎呈“之”字形生长，植株高度密贴水面。互生叶片为二回偶数羽状复叶，小叶可达 7~22 对，小叶近中脉处色彩变浅。叶片触摸后会产生闭合下垂的反应。头状花序，长 1.5~2.5cm。花黄色，分为两性花与雌雄蕊退化的中性花。（栽培园地：WHIOB）

Ohwia 小槐花属

该属共计 1 种，在 4 个园中有种植

Ohwia caudata (Thunb.) H. Ohashi **小槐花**

直立灌木或亚灌木。叶为羽状三出复叶，小叶 3 枚；托叶披针状线形；小叶近革质或纸质，顶生小叶披针形或长圆形。总状花序顶生或腋生，长 5~30cm，

Ohwia caudata 小槐花（图 1）

Ohwia caudata 小槐花（图 2）

Ohwia caudata 小槐花（图 3）

花序轴密被柔毛并混生小钩状毛，每节生 2 朵花；苞片钻形，长约 3mm；花梗长 3~4mm，密被贴伏柔毛；花萼窄钟形，长 3.5~4mm，被贴伏柔毛和钩状毛，裂片披针形，上部裂片先端微 2 裂；花冠绿白色或黄白色，长约 5mm。荚果线形，扁平。（栽培园地：SCBG, WHIOB, XTBG, CNBG）

Onobrychis 驴食草属

该属共计 2 种，在 1 个园中有种植

Onobrychis tanaitica Fisch. ex Studel **顿河红豆草**

多年生草本。茎多数自根颈处生出，较细，高 40~70cm。奇数羽状复叶，有小叶 9~19 枚，小叶长椭圆形或椭圆状条形，长 10~25mm，宽 2~6mm。总状花序腋生，花序轴长达 30cm，花多数密集，花冠淡红色至蔷薇色。荚果不开裂，被短伏毛，长 5~6mm，倒卵状半圆形，稍扁，两侧有凸起网脉，脉上具棘刺，沿腹缝边缘右棘刺状锯齿。花萼长及荚果的 2/3 或平齐。每荚含 1 粒种子，种子肾形，长约 3mm，宽约 2mm，褐色。（栽培园地：XJB）

Onobrychis viciifolia Scop. **驴食草**

多年生草本，高 40~80cm。茎直立，中空，被向上贴伏的短柔毛。小叶 13~19 枚，几无小叶柄；小叶片长圆状披针形或披针形，长 20~30mm，宽 4~10mm，上面无毛，下面被贴伏柔毛。总状花序腋生，明显超出叶层；花多数，长 9~11mm，具 1mm 左右的短花梗；萼钟状，长 6~8mm，萼齿披针状钻形，长为萼筒的 2~2.5 倍，下萼齿较短；花冠玫瑰紫色，旗瓣倒卵形，翼瓣长为旗瓣的 1/4，龙骨瓣与旗瓣约等长；子房密被贴伏柔毛。荚果具 1 个节荚，节荚半圆形，上部边缘具或尖或钝的刺。（栽培园地：XJB）

Onobrychis viciifolia 驴食草（图 1）

Onobrychis viciifolia 驴食草（图 2）

Onobrychis viciifolia 驴食草（图 3）

Ormosia 红豆属

该属共计 20 种，在 8 个园中有种植

Ormosia balansae Drake **长脐红豆**

常绿乔木，树干通直，高可达 30m，胸径达 60cm。奇数羽状复叶；小叶 2~3 对，近花序处通常 3 枚，革质或薄革质，长圆形、椭圆形或长椭圆形。大

Ormosia balansae 长脐红豆（图 1）

Ormosia balansae 长脐红豆（图 2）

Ormosia balansae 长脐红豆（图 3）

Ormosia elliptica 厚荚红豆（图 1）

型圆锥花序顶生，长约 19cm，在花序下部的分枝长达 20cm，常腋生；总花梗及花梗密被灰褐色短茸毛，花梗长 2~3mm；萼齿 5 枚，不相等，上方 2 枚三角形，其余的披针形，密被褐色绒毛；花冠白色，旗瓣近圆形，具短柄，翼瓣与龙骨瓣长椭圆形，瓣柄细长；雄蕊 10 枚，不等长；子房密被灰褐色短绒毛，花柱无毛，胚珠 2 粒。荚果阔卵形、近圆形或倒卵形。（栽培园地：SCBG, XMBG）

Ormosia elliptica Q. W. Yao et R. H. Chang **厚荚红豆**

乔木，高 15m。羽状复叶，长 15~18cm；叶柄长 2.3~3.2cm，叶轴长 3cm，叶轴在最上部一对小叶处延长 1~1.5cm 生顶小叶，略粗壮，无毛或在小叶着生处微有毛；小叶 2(3) 对，长椭圆形，长 3.3~9cm，宽 1~3cm，先端钝尖，基部楔形，上面无毛，下面仅中脉有疏毛或近无毛，侧脉 6~8 对，与中脉成 40° 角，细脉成网眼，干后两面明显凸起。总状果序，顶生或腋生；荚果椭圆形，长 4.5~5.6cm，宽 2.5~3cm，果瓣肥厚木质，厚 3~4mm，有中果皮，果瓣外面平滑无毛，内壁无隔膜，通常有种子 2~3 粒。（栽培园地：GXIB）

Ormosia elliptica 厚荚红豆（图 2）

Ormosia fordiana Oliv. **肥荚红豆**

乔木，高可达 17m。树皮深灰色，浅裂。奇数羽状复叶，长 19~40cm；叶柄长 3.5~7cm，叶轴长 5.5~15.5cm；小叶薄革质，稀椭圆形，顶生小叶较大，圆锥花序生于新枝梢，花大，花萼淡褐绿色，花冠淡紫红色，长约 1.5cm；荚果半圆形或长圆形，种子长椭圆形，两端钝圆。（栽培园地：SCBG, XTBG, SZBG, GXIB）

Ormosia fordiana 肥荚红豆（图 1）

Ormosia fordiana 肥荚红豆（图 2）

Ormosia fordiana 肥荚红豆（图 3）

Ormosia glaberrima Y. C. Wu **光叶红豆**

常绿乔木，高可达 15(~21)m，胸径可达 40cm；树皮灰绿色，平滑。小枝绿色，干时暗灰色，有锈褐色毛，老则脱落；芽有褐色毛。奇数羽状复叶，长 12.5~19.7cm；叶柄长 2.5~3.7cm；叶轴长 3.5~7.2(10.8)cm，叶轴在最上部一对小叶处延长 0.7~2.8cm 生顶小叶，无沟槽，幼时有黄褐色绢毛，后脱落；小叶 (1)2~3 对，革质或薄革质，卵形或椭圆状披针形。圆锥花序顶生，长 5~7cm，被锈色粗毛，后变无毛。

Ormosia glaberrima 光叶红豆（图 1）

Ormosia glaberrima 光叶红豆（图 2）

Ormosia glaberrima 光叶红豆（图 3）

荚果扁平，椭圆形或长椭圆形，长 3.5~5cm，宽 1.7~2cm，两端急尖。（栽培园地：SCBG, WHIOB）

Ormosia hekouensis R. H. Chang **河口红豆**

乔木，高约 20m。小枝有深褐色短柔毛，老时则逐渐脱落而无毛；芽密被黑色短柔毛。奇数羽状复叶，长 26~41cm；叶柄长 3~5cm，叶轴长 10~20cm，叶轴在最上部的一对小叶处延长 0.8~1.8cm 生顶小叶，无毛或近于无毛；小叶 4~5 对，倒卵状披针形或长椭圆形，长 6.5~18cm，宽 2.7~6.4cm，先端尖，基部窄楔形，幼叶有深褐色短柔毛，后渐脱落，仅于下面有短毛，中脉上面凹陷，侧脉 9~10 对，细而隆起，下面叶脉均隆起；小叶柄长 3~5mm，上面有凹沟，无毛或稀具短柔毛。圆锥花序顶生。总果梗密被灰褐色短毛。荚果大，甚肥厚，木质，含 1 粒种子时近球形，含 2~3 粒种子时则为长椭圆形，长 4.5~9cm，直径 4cm。（栽培园地：XTBG）

Ormosia henryi Prain **花榈木**

常绿乔木，高 16m，胸径可达 40cm。奇数羽状复

Ormosia henryi 花榈木（图 1）

Ormosia henryi 花榈木（图 2）

Ormosia henryi 花榈木（图 3）

Ormosia hosiei 红豆树（图 2）

叶；小叶 (1)2~3 对，革质，椭圆形或长圆状椭圆形。圆锥花序顶生，或总状花序腋生；花冠中央淡绿色，边缘绿色微带淡紫色，旗瓣近圆形，翼瓣倒卵状长圆形，淡紫绿色，长约 1.4cm，宽约 1cm，柄长 3mm，龙骨瓣倒卵状长圆形，长约 1.6cm，宽约 7mm，柄长 3.5mm；雄蕊 10 枚，分离，长 1.3~2.5cm，不等长，花丝淡绿色，花药淡灰紫色。荚果扁平，长椭圆形。（栽培园地：SCBG, WHIOB, XTBG, LSBG, CNBG, GXIB）

Ormosia hosiei Hemsl. et Wils. **红豆树**

常绿或落叶乔木。奇数羽状复叶；小叶 (1~)2(~4) 对，薄革质，卵形或卵状椭圆形，稀近圆形。圆锥花序顶生或腋生，长 15~20cm，下垂；花疏，有香气；花梗长 1.5~2cm；花萼钟形，浅裂，萼齿三角形，紫绿色，密被褐色短柔毛；花冠白色或淡紫色，旗瓣倒卵形，长 1.8~2cm，翼瓣与龙骨瓣均为长椭圆形；雄蕊 10 枚，花药黄色；子房光滑无毛，内有胚珠 5~6 粒，花柱紫色，线状，弯曲，柱头斜生。荚果扁，近圆形，果瓣革质，无中果皮。（栽培园地：WHIOB, XTBG, LSBG, CNBG, XMBG）

Ormosia hosiei 红豆树（图 3）

Ormosia indurata L. Chen **韧荚红豆**

常绿乔木。奇数羽状复叶；小叶 (2)3~4 对，对生，革质，倒披针形或椭圆形，边缘微反卷，上面无毛，淡绿色，下面色淡，微被淡黄色疏短毛或无毛，侧脉 4~6 对，纤细。圆锥花序顶生，未开花时长约 5cm，花蕾倒卵形，花序及花蕾贴生锈色绢状短毛；花瓣白色；子房密被灰褐色柔毛，有胚珠 4 粒。荚果木质，倒卵

Ormosia hosiei 红豆树（图 1）

Ormosia indurata 韧荚红豆（图 1）

Ormosia indurata 韧荚红豆（图 2）

Ormosia microphylla 小叶红豆（图 1）

形或长圆形，先端尖，果颈长约 5mm，果瓣厚木质，略肿胀。（栽培园地：SCBG）

Ormosia merrilliana L. Chen **云开红豆**

常绿乔木，全体被黄褐色茸毛。奇数羽状复叶；小叶 2~3 对，革质，椭圆状倒披针形至倒披针形。圆锥花序顶生，长 17~30cm，略开展，密被柔毛；花梗长约 2mm；萼齿三角形，密被锈褐色柔毛；花冠白色，旗瓣阔圆形，宽约 1.2cm，连柄长约 1cm，翼瓣阔椭圆形，长约 9mm，宽约 6mm，基部耳形，龙骨瓣长约 7mm，宽约 4mm，基部一侧略成耳形，柄长 4~5mm。荚果阔卵形或倒卵形，肿胀。（栽培园地：SCBG）

Ormosia microphylla Merr **小叶红豆**

灌木或乔木。奇数羽状复叶，近对生；小叶 5~7 对，纸质，椭圆形，长 (1.5)2~4cm，宽 1~1.5cm，先端急尖，基部圆，上在榄绿色，无毛或疏被柔毛，下面苍白色，多少贴生短柔毛，中脉具黄色密毛，侧脉 5~7 对，纤细，下面隆起，边缘不明显弧曲不相连接，细脉网状；小叶柄长 1.5~2mm，密被黄褐色柔毛。花序顶生。荚果有梗，近菱形或长椭圆形，压扁，顶端有小尖头，果瓣厚革质或木质，黑褐色或黑色，有光泽，内壁有横隔膜，有种子 3~4 粒。（栽培园地：SCBG）

Ormosia microphylla 小叶红豆（图 2）

Ormosia microphylla 小叶红豆（图 3）

Ormosia nuda (How) R. H. Chang et Q. W. Yao **秃叶红豆**

常绿乔木，高 7~27m，胸径 50cm。树皮灰色或灰褐色。奇数羽状复叶；叶柄长 2~4.5cm，叶轴长 2.7~7.8cm，叶柄在最上部一对小叶处不延长或延长 1.4~2.5cm 生顶小叶；小叶 2~3 对，革质，椭圆形，先端渐尖或尾尖，基部楔形或微圆，上面绿色，无毛，下面色稍淡，微被淡黄色细毛或无毛，中脉上面微凹，下面微隆起，侧脉 7~8 对，不明显；小叶柄长 5mm，圆形，干时微皱，有疏短毛。（栽培园地：SCBG, WHIOB）

Ormosia nuda 秃叶红豆

Ormosia olivacea L. Chen **榄绿红豆**

乔木。奇数羽状复叶；小叶 (4)7~8 对，在叶轴下部的近对生，上部的对生，厚纸质，长椭圆形，先端渐尖，基部圆，上面无毛或仅在中脉处微有毛，下面有褐色柔毛，中脉上面凹下，下面隆起，侧脉 5~8 对，直伸不弧曲，上面微凹，下面隆起；小叶柄长 2~4mm，有短柔毛，总状花序或圆锥花序顶生，或总状花序腋生，密被褐色柔毛或近无毛。荚果扁，椭圆形或倒卵状披针形。（栽培园地：XTBG）

Ormosia pachycarpa Champion ex Bentham. **茸荚红豆**

常绿乔木。小枝、叶柄、叶下面、花序、花萼和荚果密被灰白色绵毛状毡毛，后变为灰色。奇数羽状复叶；

Ormosia pachycarpa 茸荚红豆（图 1）

Ormosia pachycarpa 茸荚红豆（图 2）

Ormosia pachycarpa 茸荚红豆（图 3）

小叶 2~3 对，革质，倒卵状长椭圆形，先端急尖并具短尖头。圆锥花序顶生，长达 20cm，花近无柄；萼齿 5 枚，外面有棉毛，内面薄被毛；花冠白色，旗瓣近圆形，长约 8mm，宽约 1cm，先端凹，瓣柄长约 3mm，宽约 2mm，翼瓣长椭圆形，长约 10mm，宽约 4mm，瓣柄细，长约 3mm，龙骨瓣镰状，大小似翼瓣，基部一侧耳形。荚果椭圆形或近圆形。（栽培园地：SCBG）

Ormosia pinnata (Lour.) Merr. **海南红豆**

常绿乔木或灌木。奇数羽状复叶；小叶 3(~4) 对，薄革质，披针形，先端钝或渐尖，两面均无毛。圆锥花序顶生，长 20~30cm；花长 1.5~2cm；花萼钟状，比花梗长，被柔毛，萼齿阔三角形；花冠粉红色而带黄白色，各瓣均具柄，旗瓣长 13mm，瓣片基部有角质耳状体 2 枚，翼瓣倒卵圆形，龙骨瓣基部耳形；子房密被褐色短柔毛，内有胚珠 4 粒，花柱无毛而弯曲。荚果长 3~7cm，宽约 2cm，有种子 1~4 粒。如具单粒种子时，其基部有明显的果颈，呈镰状；如具数粒种子时，则肿胀而微弯曲，种子间缢缩。（栽培园地：SCBG, WHIOB, XTBG, SZBG, XMBG）

Ormosia pinnata 海南红豆（图 1）

Ormosia pinnata 海南红豆（图 2）

Ormosia pinnata 海南红豆（图 3）

Ormosia semicastrata Hance **软荚红豆**

常绿乔木，高达 12m。奇数羽状复叶；小叶 1~2 对，革质，卵状长椭圆形或椭圆形，先端渐尖或急尖，钝头或微凹，基部圆形或宽楔形，两面无毛或有时下面有白粉，沿中脉被柔毛。圆锥花序顶生，在下部的分枝生于叶腋内，约与叶等长；总花梗、花梗均密被黄褐色柔毛；花小，长约 7mm，花萼钟状，长 4~5mm，

Ormosia semicastrata 软荚红豆

萼齿三角形，近相等，外面密被锈褐色绒毛，内面疏被锈褐色柔毛；花冠白色，约比萼长2倍。荚果小，近圆形，稍肿胀，革质，光亮。（栽培园地：SCBG, WHIOB, GXIB）

Ormosia semicastrata Hance f. **litchifolia** How **荔枝叶红豆**

本变型与原变型的主要区别为：树皮白色或暗灰色，小叶2~3对，有时达4对，叶片椭圆形或披针形，上面光亮如荔枝叶。（栽培园地：SCBG）

Ormosia semicastrata f. **litchifolia** 荔枝叶红豆（图1）

Ormosia semicastrata f. **litchifolia** 荔枝叶红豆（图2）

Ormosia semicastrata f. **litchifolia** 荔枝叶红豆（图3）

Ormosia semicastrata Hance f. **pallida** How **苍叶红豆**

本变型与原变型的主要区别为：树皮青褐色，小叶常为3~4对，有时可达5对，叶片长椭圆状披针形或倒披针形，长4~10(13)cm，宽1~3.5cm，基部楔形或稍钝。（栽培园地：SCBG, WHIOB）

Ormosia semicastrata f. **pallida** 苍叶红豆（图1）

Ormosia semicastrata f. pallida 苍叶红豆（图 2）

Ormosia semicastrata f. pallida 苍叶红豆（图 3）

Ormosia striata Dunn **槽纹红豆**

乔木，高 7~30m。小叶 3~4(5) 对，薄革质，长椭圆形或卵状披针形，上部小叶较大，下部渐小，先端尾状长尖。总状花序生于上部叶腋内，花序与复叶等长或稍短；花长约 1cm，生于花序上部的为 2 朵近集生，下部者单生；花萼外面无毛，内面密被柔毛，萼齿阔三角形，钝尖；花冠黄色，长于萼 3 倍，旗瓣有条纹；子房具柄，无毛，有胚珠 2~4 粒。荚果斜方状卵形或椭圆形，顶端具偏斜的喙，隆凸，有种子 1~2 粒；种子椭圆形，沿种脐向下至基部常有一微凹的槽。（栽培园地：XTBG）

Ormosia xylocarpa Chun ex Merrill et L. **木荚红豆**

常绿乔木。奇数羽状复叶；小叶 (1)2~3 对，厚革质，长椭圆形或长椭圆状倒披针形。圆锥花序顶生，长 8~14cm，被短柔毛；花大，长 2~2.5cm，有芳香；花梗长约 8mm；花萼长约 10mm，5 齿裂，萼齿长卵形，长约 8mm，外面密被褐黄色短绢毛；花冠白色或粉红色，各瓣近等长；子房密被褐黄色短绢毛，内有胚珠 7~9 粒。荚果倒卵形至长椭圆形或菱形，压扁，着种子处微隆起，果瓣厚木质，腹缝边缘向外反卷，外面密被黄褐色短绢毛。（栽培园地：SCBG, XTBG）

Ormosia yunnanensis Prain **云南红豆**

常绿乔木。奇数羽状复叶；小叶 (3)4~6 对，对生或

Ormosia xylocarpa 木荚红豆（图 1）

Ormosia xylocarpa 木荚红豆（图 2）

Ormosia xylocarpa 木荚红豆（图 3）

Ormosia yunnanensis 云南红豆（图 1）

Ormosia yunnanensis 云南红豆（图 2）

稀在上部互生，革质，长椭圆形、长椭圆状披针形。圆锥花序顶生，密集，长约 25cm；总花梗及花梗密被锈褐色茸毛，花梗长 2~3mm；苞片和小苞片长 2~5mm，宽 1.5mm，急尖，脱落，被锈色柔毛；花长约 1cm；花萼钟形，长 8mm，萼齿 5 枚，裂至中部，三角形，内外密被锈褐色茸毛，外面尤密；花冠粉红色或橙红色；子房边缘被锈褐色柔毛。荚果倒卵形，偏斜，具 1 粒种子；或长椭圆形，果瓣厚革质，具 2~3 粒种子。（栽培园地：WHIOB, XTBG）

Oxytropis 棘豆属

该属共计 1 种，在 2 个园中有种植

Oxytropis hirta Bunge **硬毛棘豆**

多年生草本。羽状复叶长 15~25(30)cm，坚挺；小叶之间有时密生小腺点；小叶 5(9)~19(23)，对生，罕互生，卵状披针形或长椭圆形。多花组成密长穗形总状花序；花葶粗壮，长于叶，长 20~50mm，密被长硬毛，或至无毛；苞片草质，线形或线状披针形；花冠蓝紫色、紫红色或黄白色，旗瓣匙形，先端圆形，基部下延成瓣柄，翼瓣倒卵状长圆形，先端钝，龙骨瓣斜长圆形。荚果长卵形，2/3 包于萼内，长 10~12mm，宽 3~4.5mm。（栽培园地：IBCAS, GXIB）

Oxytropis hirta 硬毛棘豆

Pachyrhizus 豆薯属

该属共计 1 种，在 3 个园中有种植

Pachyrhizus erosus (L.) Urban **豆薯**

粗壮、缠绕、草质藤本，稍被毛，有时基部稍木质。羽状复叶具 3 枚小叶；小叶菱形或卵形，中部以上不规则浅裂，裂片小，急尖，侧生小叶两侧极不等，仅下面微被毛。总状花序长 15~30cm，每节有花 3~5 朵；花冠浅紫色或淡红色，旗瓣近圆形，中央近基部处有 1 枚黄绿色斑块及 2 枚胼胝状附属物，瓣柄以上有 2 枚半圆形、直立的耳，翼瓣镰刀形，基部具线形、向下的长耳，龙骨瓣近镰刀形；雄蕊二体，对旗瓣的 1 枚离生。荚果带状，扁平，被细长糙伏毛；种子每荚 8~10 颗，近方形。（栽培园地：SCBG, KIB, LSBG）

Paraderris 拟鱼藤属

该属共计 2 种，在 1 个园中有种植

Paraderris elliptica (Wall.) Adema **毛鱼藤**

粗壮攀援状灌木。羽状复叶，密被棕褐色柔毛；小叶 4~6 对，厚纸质，长椭圆形、倒卵状长椭圆形至倒披针形，上面无毛或仅沿叶脉被毛，下面粉绿色，薄被棕褐色绢毛；小叶柄密被棕褐色柔毛。总状花序腋生；花序轴、总花梗和花梗密被棕褐色柔毛；花萼浅杯状；花冠淡红色或白色，外面被黄褐色柔毛，内面无毛，旗瓣近圆形，先端 2 裂，基部内侧有附属体。荚果长椭圆形，扁平。（栽培园地：SCBG）

Paraderris elliptica 毛鱼藤（图 1）

Paraderris elliptica 毛鱼藤（图 2）

Paraderris hancei (Hemsl.) T. C. Chen et Pedley **粤东鱼藤**

攀援状灌木。羽状复叶；小叶 3~4 对，稀 2 对，纸质，倒卵状长椭圆形，长 5~9cm，宽 2~3.5cm，先端短渐尖，钝头。总状花序腋生，狭窄，长 7~12cm，散生微柔毛；花梗纤细，长 3~5mm，顶端有小苞片 2 枚；花萼紫红色，顶端近截平，长和宽 3~4mm，外面无毛，内面近口部有一环柔毛；花冠白色，外面稍带红色，长 10~12mm；旗瓣近圆形，先端凹陷，基部内侧有薄片状小附属体 2 枚；子房被毛，有胚珠 2 粒。荚果斜卵形或长卵形。（栽培园地：SCBG）

Parkia 球花豆属

该属共计 1 种，在 1 个园中有种植

Parkia biglobosa (Jacq.) G. Don **球花豆**

直立乔木，高达 30m。小枝棕色。二回羽状复叶；小叶 50~60 对，线形，长 5~10mm，宽 1~2mm，稍呈弯镰状，顶端急尖，基部截平。花小，组成头状花序，花序托下部收窄呈柄状；花萼管状，长 6mm；花冠管状，顶部 5 裂，管部无毛，白色，裂片被长柔毛；雄

Parkia biglobosa 球花豆（图 1）

Parkia biglobosa 球花豆（图 2）

蕊 10 枚，花丝基部与花冠贴生；子房具柄。荚果扁平，劲直，带状，无毛，基部收狭成长达 15cm 的柄；种子 15~21 颗，卵形，长约 2cm，种皮黑色，坚硬，厚达 2mm。（栽培园地：XTBG）

Parkinsonia 扁轴木属

该属共计 1 种，在 1 个园中有种植

Parkinsonia aculeata L. **扁轴木**

灌木或乔木，具刺或不具刺。二回偶数羽状复叶；叶轴特扁；羽片通常 2~4 枚，骤视之呈簇状；托叶短小，鳞片状至刺状；羽轴极长且扁；小叶片退化不明显，形小而数多，对生或互生。总状花序或伞房花序腋生；具稀疏的黄色花；苞片小，早落；花梗长，无小苞片；花两性；花托盘状；萼片 5 枚，膜质，略不相等，覆瓦状排列或近于镊合状排列；花瓣 5 片，开展，略不相等，具短柄，最上面一片较宽，具长柄；雄蕊 10 枚，分离，不伸出花瓣外。荚果念珠状，长 7.5~10.5cm。（栽培园地：XTBG）

Parochetus 紫雀花属

该属共计 1 种，在 1 个园中有种植

Parochetus communis Buch.-Ham. ex D. Don **紫雀花**

匍匐草本，高 10~20cm，被稀疏柔毛。根茎丝状，节上生根，有根瘤。掌状三出复叶；托叶阔披针状卵形，膜质，无毛，全缘；叶柄细柔，微被细柔毛；小叶倒心形。伞状花序生于叶腋，具花 1~3 朵；总花梗与叶柄等长；花冠淡蓝色至蓝紫色，偶为白色和淡红色，旗瓣阔倒卵形，先端凹陷，基部狭至瓣柄，无毛，脉纹明显，翼瓣长圆状镰形，先端钝，基部有耳，稍短于旗瓣，龙骨瓣比翼瓣稍短，三角状阔镰形，先端成直角弯曲，并具急尖，基部具长瓣柄。荚果线形，无毛。（栽培园地：WHIOB）

Parkinsonia aculeata 扁轴木

Parochetus communis 紫雀花（图 1）

Parochetus communis 紫雀花（图 2）

Peltophorum tonkinense 银珠（图 2）

Peltophorum 盾柱木属

该属共计 2 种，在 3 个园中有种植

Peltophorum tonkinense (Pierre) Gagnep. **银珠**

乔木。二回偶数羽状复叶，长达 15~35cm；叶轴长 8~25cm；小叶 5~14 对，长圆形。总状花序近顶生，长 8~10cm；花黄色，大而芳香；花梗长 1~1.5cm，被锈色毛；花蕾圆球形，直径 8mm，密被锈色毛；花托盘状；萼片 5 枚，近相等，长圆形，长 8~9mm，最下面

Peltophorum tonkinense 银珠（图 1）

Peltophorum tonkinense 银珠（图 3）

一片较狭；花瓣 5 片，倒卵状圆形，长 15mm，具柄，边缘波状，两面中脉被锈色长柔毛。荚果薄革质，纺锤形，长 8~13cm，中部宽 2.5~3cm，两端不对称，渐尖，初被毛，老时红褐色，光滑无毛，两边具翅。（栽培园地：SCBG, XTBG）

Peltophorum pterocarpum (Candolle) Backer ex K. Heyne **盾柱木**

乔木。二回羽状复叶；小叶 (7)10~21 对，无柄，排列紧密，小叶片革质，长圆状倒卵形，先端圆钝，具凸尖，基部两侧不对称，边全缘，上面深绿色，下面浅绿色。圆锥花序顶生或腋生，密被锈色短柔毛；苞片长 5~8mm，早落；花梗长 5mm，与花蕾等长，相距 5~7mm；花蕾圆形，直径 5~8mm；萼片 5 枚，卵形，外面被锈色茸毛，长 5~8mm，宽 4~7mm；花黄色，花瓣 5 片，倒卵形，具长柄，两面中部密被锈色长柔毛。荚果具翅，扁平，纺锤形，两端尖，中央具条纹。（栽培园地：SCBG, XTBG, XMBG）

Peltophorum pterocarpum 盾柱木（图 1）

Peltophorum pterocarpum 盾柱木（图 2）

Peltophorum pterocarpum 盾柱木（图 3）

Phaseolus 菜豆属

该属共计 4 种，在 5 个园中有种植

Phaseolus coccineus L. **荷包豆**

多年生缠绕草本。羽状复叶具 3 枚小叶；托叶小，不显著；小叶卵形或卵状菱形，宽有时过于长，先端渐尖或稍钝，两面被柔毛或无毛。花多朵生于较叶为长的总花梗上，排成总状花序；苞片长圆状披针形，通常和花梗等长，多少宿存，小苞片长圆状披针形，与花萼等长或较萼为长；花萼阔钟形，无毛或疏被长柔毛，萼齿远较萼管为短；花冠通常鲜红色，偶为白色，长 1.5~2cm。荚果镰状长圆形；种子阔长圆形，顶端钝，深紫色而具红斑、黑色或红色，稀为白色。（栽培园地：XTBG, LSBG, GXIB）

Phaseolus coccineus 荷包豆（图 1）

Phaseolus coccineus 荷包豆（图 2）

Phaseolus vulgaris 菜豆（图 1）

Phaseolus lunatus L. **棉豆**

一年生或多年生缠绕草本。茎无毛或被微柔毛。羽状复叶具 3 枚小叶；托叶三角形，基着；小叶卵形，先端渐尖或急尖，基部圆形或阔楔形，沿脉上被疏柔毛或无毛，侧生小叶常偏斜。总状花序腋生；小苞片较花萼短，椭圆形，有 3 条粗脉，干时隆起；花萼钟状，长 2~3mm，外被短柔毛；花冠白色、淡黄色或淡红色，旗瓣圆形或扁长圆形，先端微缺，翼瓣倒卵形，龙骨瓣先端旋卷 1~2 圈；子房被短柔毛，柱头偏斜。荚果镰状长圆形，扁平，顶端有喙；种子近菱形或肾形。（栽培园地：SCBG）

Phaseolus lunatus 棉豆

Phaseolus vulgaris L. **菜豆**

一年生、缠绕或近直立草本。茎被短柔毛或老时无毛。羽状复叶具 3 枚小叶。小叶宽卵形或卵状菱形，侧生的偏斜，先端长渐尖，有细尖，基部圆形或宽楔形，全缘，被短柔毛。总状花序比叶短，有数朵生于花序顶部的花；小苞片卵形，有数条隆起的脉，宿存；花萼杯状，上方的 2 枚裂片连合成一微凹的裂片；花冠

Phaseolus vulgaris 菜豆（图 2）

白色、黄色、紫堇色或红色；旗瓣近方形，翼瓣倒卵形，龙骨瓣长约 1cm，先端旋卷。荚果带形，稍弯曲，略肿胀，通常无毛，顶有喙；种子 4~6 枚，长椭圆形或肾形。（栽培园地：SCBG, XJB, LSBG, GXIB）

Phaseolus vulgaris L. var. **humilis** Alef. **龙牙豆**

一年生、缠绕或近直立草本。羽状复叶具 3 枚小叶；初生第 1 对真叶为对生单叶，近心形；第 3 片叶及以后的真叶为三出复叶，互生。小叶 3 枚，顶生小叶阔卵形或菱状卵形，先端急尖，基部圆形或宽楔形，

两面沿叶脉有疏柔毛，侧生小叶偏斜；总状花序腋生，比叶短，花生于总花梗的顶端，小苞片斜卵形，较萼长；萼钟形，萼齿4枚，有疏短柔毛；花冠白色、黄色，后变淡紫红色。花梗自叶腋抽生，蝶形花。花冠白色、黄色、淡紫色或紫色。荚果条形，略膨胀。（栽培园地：LSBG）

Phylacium 苞护豆属

该属共计1种，在1个园中有种植

Phylacium majus Coll. et Hemsl. **苞护豆**

缠绕草本，基部稍木质。茎幼时被贴伏长毛，后渐脱落变无毛。叶为羽状三出复叶；托叶小，近线形，长1.5mm，渐尖，宿存；叶柄长7~10cm，基部膨大，被贴伏柔毛；叶轴长1cm；小叶纸质，卵状长圆形，顶生小叶长(5)8~13cm，宽(2)4~5(6.5)cm，侧生小叶略小，先端极钝，有时微凹，基部圆形或稍心形，上面无毛，网脉明显，下面密被灰黄色短毛；小托叶近线形，长1.5mm；小叶柄长2~3mm，密被柔毛。总状花序腋生，长10~15cm，有时有1~2分枝，有倒向糙伏毛。花冠白色，长约1cm；荚果卵形，长8mm，宽约5mm。（栽培园地：XTBG）

Phyllodium 排钱树属

该属共计4种，在3个园中有种植

Phyllodium elegans (Lour.) Desv. **毛排钱树**

灌木，高0.5~1.5m。茎、枝和叶柄均密被黄色绒毛。

Phyllodium elegans 毛排钱树（图1）

Phyllodium elegans 毛排钱树（图2）

Phyllodium elegans 毛排钱树（图3）

托叶宽三角形，长3~5mm，基部宽2~3mm，外面被绒毛；叶柄长约5mm；小叶革质，顶生小叶卵形、椭圆形至倒卵形，长7~10cm，宽3~5cm，侧生小叶斜卵形，长比顶生小叶约短1倍，两端钝，两面均密被绒毛，下面尤密，侧脉每边9~10条，直达叶缘，边缘呈浅波状；小托叶针状，长约2mm；小叶柄长1~2mm，密被黄色绒毛。花通常4~9朵组成伞形花序生于叶状苞片内，叶状苞片排列成总状圆锥花序状，顶生或侧生，苞片与总轴均密被黄色绒毛；苞片宽椭圆形。花冠白色或淡绿色；荚果通常长1~1.2cm，宽3~4mm。（栽培园地：SCBG）

Phyllodium kurzianum (Kuntze) H. Ohashi **长柱排钱树**

灌木，高1~2m。多分枝；分枝圆柱形，幼时密被

Phyllodium kurzianum 长柱排钱树

灰黄色绒毛。托叶三角形，长约 4mm，基部宽 2mm，外面密被贴伏丝状毛；叶柄长 2~3mm，粗壮，密被灰黄色绒毛；小叶近革质或革质，顶生小叶卵形、圆卵形或椭圆形，先端急尖或钝，基部钝圆或微心形，侧生小叶长 7~11cm，宽 5~6cm，基部偏斜，小叶上面被白色贴伏短柔毛，下面密被白色绒毛，侧脉每边 8~10 条，直达叶缘，在下面隆起，网脉两面明显；小托叶狭三角形；小叶柄长 1mm，被灰黄色绒毛。伞形花序有花 5~11 朵，藏于叶状苞片内，排成顶生总状圆锥花序状。花冠白色或淡黄色；荚果长 1~2cm，宽 4~5mm。（栽培园地：XTBG）

Phyllodium longipes (Craib) Schindl. **长叶排钱树**

灌木，高约 1m。茎、枝圆柱形，小枝“之”字形弯曲，密被开展、褐色短柔毛。托叶狭三角形，长 6~7mm，基部宽约 2mm，有条纹，被柔毛；叶柄长约 3mm，被褐色绒毛；小叶革质，顶生小叶披针形或长圆形，长 13~20cm，宽 3.7~6cm，先端渐狭而急尖，基部圆形或宽楔形，侧生小叶斜卵形，长 3~4cm，宽 1.5~2cm，先端急尖，上面疏被毛或近无毛，下面密被褐色软毛，侧脉每边 8~15 条，隆起，网脉明显；小托叶线形，长 2mm；小叶柄长 1mm，被褐色绒毛；伞形花序有花 (5)9~15 朵，藏于叶状苞片内，由许多苞片排成顶生总状圆锥花序状；花冠白色或淡黄色；荚果长 8~15mm，宽 3.5mm，仅被缘毛，有荚节 2~5 节。（栽培园地：XTBG）

Phyllodium pulchellum (L.) Desv. **排钱树**

灌木，高 0.5~2m。小枝被白色或灰色短柔毛。托叶三角形，长约 5mm，基部宽 2mm；叶柄长 5~7mm，密被灰黄色柔毛；小叶革质，顶生小叶卵形、椭圆形或倒卵形，长 6~10cm，宽 2.5~4.5cm，侧生小叶约比顶生小叶小 1 倍，先端钝或急尖，基部圆或钝，侧生小叶基部偏斜，边缘稍呈浅波状，上面近无毛，下面

Phyllodium longipes 长叶排钱树

Phyllodium pulchellum 排钱树（图 1）

Phyllodium pulchellum 排钱树（图 2）

疏被短柔毛，侧脉每边 6~10 条，在叶缘处相连接，下面网脉明显；小托叶钻形，长 1mm；小叶柄长 1mm，密被黄色柔毛。伞形花序有花 5~6 朵，藏于叶状苞片内，叶状苞片排列成总状圆锥花序状，长 8~30cm 或更长。花冠白色或淡黄色；荚果长 6mm，宽 2.5mm，腹、背两缝线均稍缢缩，通常有荚节 2 节。（栽培园地：SCBG, XTBG, CNBG）

Piptanthus 黄花木属

该属共计 3 种，在 1 个园中有种植

Piptanthus concolor Harrow. **黄花木**

灌木，高 1~4m。树皮暗褐色，散布不明显皮孔。枝圆柱形，具沟棱，幼时被白色短柔毛，后秃净。叶柄长 1.5~2.5cm，多少被毛，上面有浅沟，下面圆凸；托叶长 7~11mm，被细柔毛，边缘睫毛状；小叶椭圆形、长圆状披针形至倒披针形，两侧不等大，纸质，长 4~10cm，宽 1.5~3cm，先端渐尖或锐尖，基部楔形，上面无毛或中脉两侧有疏柔毛，下面被贴伏短柔毛，边缘具睫毛，侧脉 6~8 对，近边缘弧曲。总状花序顶生，疏被柔毛，具花 3~7 轮。花冠黄色，旗瓣中央具暗棕色斑纹；荚果线形，长 7~12cm，宽 9~12(15)mm。（栽培园地：KIB）

Piptanthus nepalensis (Hook.) D. Don **尼泊尔黄花木**

灌木，高 1.5~3m。茎圆柱形，具沟棱，被白色棉毛。叶柄长 1~3cm，上面具阔槽，下面圆凸，密被毛；托叶长 7~14mm，被毛；小叶披针形、长圆状椭圆形或线状卵形，长 6~14cm，宽 1.5~4cm，先端渐尖，基部楔形，硬纸质，上面无毛，暗绿色，下面初被黄色丝状毛和白色贴伏柔毛，后渐脱落，呈粉白色，两面平坦，侧脉不隆起；总状花序顶生，长 5~8cm，具花 2~4 轮，花后几不伸长，密被白色棉毛，不脱落；苞片阔卵形，

Piptanthus nepalensis 尼泊尔黄花木（图 1）

Piptanthus nepalensis 尼泊尔黄花木（图 2）

长约 1.2cm，先端锐尖，密被毛；花梗长 2~2.5cm。花冠黄色；荚果阔线形，扁平，长 8~15cm，宽 1.6~1.8cm。（栽培园地：KIB）

Piptanthus tomentosus Franch. **绒毛黄花木**

灌木，高 1~3m。树皮暗棕色。茎圆柱形，具沟棱，嫩枝密被绒毛，老时秃净。托叶阔卵形，长 5~15mm，密被绒毛；叶柄长 1~2cm，上面具槽，下面圆，被毛；小叶卵状椭圆形、披针形至倒卵状披针形，长 2.5~8cm，宽 1~3cm，先端急尖或钝，基部楔形，上面初时密被白色丝状毛，后渐稀疏，下面密被锈色和灰白色交织绒毛。总状花序顶生，密被绒毛，幼时短，后伸长，节间长 1.5~2cm；苞片阔卵形，锐尖头，密被锈色丝状毛。花冠黄色；荚果线形，扁平，先端急尖，长 4.5~9cm，宽 9~10mm。（栽培园地：KIB）

Pisum 豌豆属

该属共计 1 种，在 3 个园中有种植

Pisum sativum L. **豌豆**

一年生攀援草本，高 0.5~2m。全株绿色，光滑无毛，

被粉霜。叶具小叶 4~6 片，托叶比小叶大，叶状，心形，下缘具细牙齿。小叶卵圆形，长 2~5cm，宽 1~2.5cm；花于叶腋单生或数朵排列为总状花序；花萼钟状，深 5 裂，裂片披针形；花冠颜色多样，随品种而异，但多为白色和紫色，雄蕊 (9+1) 两体。子房无毛，花柱扁，内面有髯毛。荚果肿胀，长椭圆形，长 2.5~10cm，宽 0.7~14cm，顶端斜急尖，背部近于伸直，内侧有坚硬纸质的内皮；种子 2~10 颗，圆形，青绿色，有皱纹或无，干后变为黄色。（栽培园地：SCBG, LSBG, CNBG）

Pithecellobium 牛蹄豆属

该属共计 1 种，在 4 个园中有种植

Pithecellobium dulce (Roxb.) Benth. **牛蹄豆**

常绿乔木，中等大。枝条通常下垂，小枝有由托叶变成的针状刺。羽片 1 对，每一羽片只有小叶 1 对，羽片和小叶着生处各有凸起的腺体 1 枚；羽片柄及总叶柄均被柔毛；小叶坚纸质，长倒卵形或椭圆形，长 2~5cm，宽 0.2~2.5cm，大小差异甚大，先端钝或凹入，基部略偏斜，无毛；叶脉明显，中脉偏于内侧。头状

Pithecellobium dulce 牛蹄豆（图 1）

Pithecellobium dulce 牛蹄豆（图 2）

Pithecellobium dulce 牛蹄豆（图 3）

花序小，于叶腋或枝顶排列成狭圆锥花序式；花萼漏斗状，长 1mm，密被长柔毛；花冠白色或淡黄色，长约 3mm，密被长柔毛。荚果线形，长 10~13cm，宽约 1cm，膨胀，旋卷。（栽培园地：SCBG, XTBG, SZBG, XMBG）

Pongamia 水黄皮属

该属共计 1 种，在 2 个园中有种植

Pongamia pinnata (L.) Merrill **水黄皮**

乔木，高 8~15m。嫩枝通常无毛，有时稍被微柔毛，老枝密生灰白色小皮孔。羽状复叶长 20~25cm；小叶 2~3 对，近革质，卵形、阔椭圆形至长椭圆形，长 5~10cm，宽 4~8cm，先端短渐尖或圆形，基部宽楔形、圆形或近截形；小叶柄长 6~8mm。总状花序腋生，长 15~20cm，通常 2 朵花簇生于花序总轴的节上；花梗长 5~8mm，在花萼下有卵形的小苞片 2 枚；花萼长约 3mm，萼齿不明显，外面略被锈色短柔毛，边缘尤密；花冠白色或粉红色，长 12~14mm。荚果长 4~5cm。（栽培园地：SCBG, XMBG）

Pongamia pinnata 水黄皮（图 1）

Pongamia pinnata 水黄皮（图 2）

Pongamia pinnata 水黄皮（图 3）

Psophocarpus 四棱豆属

该属共计 1 种，在 1 个园中有种植

Psophocarpus tetragonolobus (L.) Candolle **四棱豆**

一年生或多年生攀援草本。茎长 2~3m 或更长，具块根。叶为具 3 枚小叶的羽状复叶；叶柄长，上有深槽，基部有叶枕；小叶卵状三角形，长 4~15cm，宽 3.5~12cm，全缘，先端急尖或渐尖，基部截平或圆形；托叶卵形至披针形，着生点以下延长成形状相似的距，长 0.8~1.2cm。总状花序腋生，长 1~10cm，有花 2~10 朵；花萼绿色，钟状，长约 1.5cm；花瓣浅蓝色；荚果四棱状，长 10~25(40)cm，宽 2~3.5cm，黄绿色或绿色，有时具红色斑点。（栽培园地：SCBG）

Psophocarpus tetragonolobus 四棱豆（图 1）

Psophocarpus tetragonolobus 四棱豆（图 2）

Psoralea 补骨脂属

该属共计 1 种，在 5 个园中有种植

Psoralea corylifolia L. **补骨脂**

一年生直立草本，高 60~150cm。枝坚硬，疏被白色绒毛，有明显腺点。叶为单叶，有时有 1 片长约 1~2cm 的侧生小叶；托叶镰形，长 7~8mm；叶柄长 2~4.5cm，有腺点；小叶柄长 2~3mm，被白色绒毛；叶宽卵形，长 4.5~9cm，宽 3~6cm，先端钝或锐尖，基部圆形或心形，边缘有粗而不规则的锯齿，质地坚韧，两面有明显黑色腺点，被疏毛或近无毛。花序腋生，

Psoralea corylifolia 补骨脂（图 1）

Psoralea corylifolia 补骨脂（图 2）

有花 10~30 朵，组成密集的总状或小头状花序，总花梗长 3~7cm，花冠黄色或蓝色；荚果卵形，长 5mm。（栽培园地：IBCAS, KIB, XTBG, LSBG, CNBG）

Pterocarpus 紫檀属

该属共计 1 种，在 4 个园中有种植

Pterocarpus indicus Willd. **紫檀**

乔木，高 15~25m，胸径达 40cm。树皮灰色。羽状复叶长 15~30cm；托叶早落；小叶 3~5 对，卵形，长 6~11cm，宽 4~5cm，先端渐尖，基部圆形，两面无毛，叶脉纤细。圆锥花序顶生或腋生，多花，被褐色短柔毛；花梗长 7~10mm，顶端有 2 枚线形、易脱落的小苞片；花萼钟状，微弯，长约 5mm，萼齿阔三角形，长约 1mm，先端圆，被褐色丝毛；花冠黄色，花瓣有长柄，边缘皱波状，旗瓣宽 10~13mm；雄蕊 10 枚，单体，最后分为 5+5 的二体；子房具短柄，密被柔毛。荚果圆形，扁平，偏斜。（栽培园地：SCBG, XTBG, GXIB, XMBG）

Pterocarpus indicus 紫檀

Pterolobium 老虎刺属

该属共计 1 种，在 4 个园中有种植

Pterolobium punctatum Hemsl. **老虎刺**

木质藤本或攀援性灌木，高 3~10m。小枝具棱，幼嫩时银白色，被短柔毛及浅黄色毛，老后脱落，具散生的、或于叶柄基部具成对的黑色、下弯的短钩刺。叶轴长 12~20cm；叶柄长 3~5cm，亦有成对黑色托叶刺；羽片 9~14 对，狭长；羽轴长 5~8cm，上面具

Pterolobium punctatum 老虎刺（图 1）

Pterolobium punctatum 老虎刺（图 2）

Pterolobium punctatum 老虎刺（图 3）

槽，小叶片 19~30 对，对生，狭长圆形，中部的长 9~10mm，宽 2~2.5mm，顶端圆钝具凸尖或微凹，基部微偏斜，两面被黄色毛，下面毛更密，具明显或不明显的黑点；脉不明显；小叶柄短，具关节。总状花序被短柔毛。花淡黄色；荚果长 4~6cm，发育部分菱形。（栽培园地：SCBG, WHIOB, KIB, XTBG）

Pueraria 葛属

该属共计 8 种，在 9 个园中有种植

Pueraria alopecuroides Craib **密花葛**

攀援灌木。分枝被锈色糙毛，直径约 6mm。羽状复叶具 3 枚小叶；托叶背着，箭头形，长约 2.2cm，宽约 8mm，具线条；小托叶线状披针形，稍较小叶柄为长，具线条；小叶宽卵形，先端尾状渐尖，具小尖头或幼时急尖，基部圆形，顶生的小叶边缘具圆锯齿，膜质，上面被疏柔毛，下面幼时被伏贴的疏柔毛，侧脉 6~8 对，延伸至边缘，上面明显，下面连同小脉均凸起；侧生的小叶偏斜；叶柄长 10~20cm，疏被锈色糙毛，上面有槽；小叶柄长 0.5~1cm。总状花序排成圆锥花序。旗瓣白色，龙骨瓣紫色。（栽培园地：XTBG）

Pueraria edulis Pampan. **食用葛**

藤本。具块根，茎被稀疏的棕色长硬毛。羽状复叶具 3 枚小叶；托叶背着，箭头形，上部裂片长 5~11mm，基部 2 裂片长 3~8mm，具条纹及长缘毛；小托叶披针形，长 5~7mm；顶生小叶卵形，长 9~15cm，宽 6~10cm，3 裂，侧生的斜宽卵形，稍小，多少 2 裂，先端短渐尖，基部截形或圆形，两面被短柔毛；小叶柄及总叶柄均密被长硬毛，总叶柄长 3.5~16cm。总状花序腋生，长达 30cm，不分枝或具 1 分枝；花 3 朵生于花序轴的每节上；苞片卵形，长 4~6mm，无毛或具缘毛；小苞片每花 2 枚，卵形。花紫色或粉红色；荚果带形，长 5.5~6.5(9)cm，宽约 1cm。（栽培园地：XTBG）

Pueraria lobata (Willd.) Ohwi var. **lobata** (Willd.) Ohwi **葛**

粗壮藤本，长可达 8m，全体被黄色长硬毛。茎基部木质，有粗厚的块状根。羽状复叶具 3 枚小叶；托叶背着，卵状长圆形，具线条；小托叶线状披针形，与小叶柄等长或较长；小叶 3 裂，偶尔全缘，顶生小叶宽卵形或斜卵形，长 7~15(19)cm，宽 5~12(18)cm，先端长渐尖，侧生小叶斜卵形，稍小，上面被淡黄色、平伏的疏柔毛。下面较密；小叶柄被黄褐色绒毛。总状花序长 15~30cm，中部以上有颇密集的花；苞片线状披针形至线形，远比小苞片长，早落；小苞片卵形。花冠长 10~12mm，紫色。荚果长椭圆形，长 5~9cm，宽 8~11mm，扁平。（栽培园地：SCBG, IBCAS, WHIOB, KIB, XTBG, LSBG, CNBG, SZBG, GXIB）

Pueraria lobata (Willd.) Ohwi var. **thomsonii** (Benth.) van der Maesen **粉葛**

本变种与原变种的主要区别为：顶生小叶菱状卵形或宽卵形，侧生的斜卵形，长和宽 10~13cm，先端急尖或具长小尖头，基部截平或急尖，全缘或具 2~3 裂片，

Pueraria lobata var. **thomsonii** 粉葛（图 1）

Pueraria lobata var. thomsonii 粉葛（图 2）

Pueraria lobata var. thomsonii 粉葛（图 3）

两面均被黄色粗伏毛；花冠长 16~18mm；旗瓣近圆形。（栽培园地：SCBG, GXIB）

Pueraria peduncularis (Graham ex Bentham) Bentham **苦葛**

缠绕草本，各部被疏或密的粗硬毛。羽状复叶具 3 枚小叶；托叶基着，披针形，早落；小托叶小，刚毛状；小叶卵形或斜卵形，长 5~12cm，宽 3~8cm，全缘，先端渐尖，基部急尖至截平，两面均被粗硬毛，稀可上面无毛；叶柄长 4~12cm。总状花序长 20~40cm，纤细，苞片和小苞片早落；花白色，3~5 朵簇生于花序轴的节上；花梗纤细，长 2~6mm，萼钟状，长 5mm，被长柔毛，上方的裂片极宽，下方的稍急尖，较萼管为短；花冠长约 1.4cm，旗瓣倒卵形，基部渐狭。荚果线形，长 5~8cm，宽 6~8mm。（栽培园地：KIB）

Pueraria phaseoloides (Roxburgh) Bentham **三裂叶野葛**

草质藤本。茎纤细，长 2~4m，被褐黄色、开展的长硬毛。羽状复叶具 3 枚小叶；托叶基着，卵状披针形，长 3~5mm；小托叶线形，长 2~3mm；小叶宽卵形、菱形或卵状菱形，顶生小叶较宽，长 6~10cm，宽 4.5~9cm，侧生的较小，偏斜，全缘或 3 裂，上面绿色，被紧贴的长硬毛，下面灰绿色，密被白色长硬毛。总状花序单生，长 8~15cm 或更长，中部以上有花；花具短梗，聚生于稍疏离的节上；萼钟状，长约 6mm，被紧贴的长硬毛。花冠浅蓝色或淡紫色；荚果近圆柱状，长 5~8cm，直径约 4mm。（栽培园地：SCBG, SZBG）

Pueraria phaseoloides 三裂叶野葛

Pueraria stricta Kurz **小花野葛**

灌木，偶蔓生。茎高 1~2.5m，枝圆柱形，有条纹，嫩时被灰色短柔毛，老时无毛。羽状复叶具 3 枚小叶；顶生小叶菱形至卵形，侧生小叶斜卵形，两面被灰色短柔毛。总状花序腋生，通常不分枝；花4~6(8)朵聚生于增厚的短枝上；苞片披针形，长2~3mm，多少钩状，被短柔毛；花较小；花冠白色、粉红色、紫色、蓝色或黄色，旗瓣倒卵形，长5~8mm。荚果长圆形。（栽培园地：XTBG）

Pueraria wallichii DC. **须弥葛**

灌木状缠线藤本。枝纤细，薄被短柔毛或变无毛。叶大，偏斜；托叶基着，披针形，早落；小托叶小，刚毛状。顶生小叶倒卵形，长10~13cm，先端尾状渐尖，基部三角形，全缘，上面绿色，变无毛，下面灰色，被疏毛。总状花序长达15cm，常簇生或排成圆锥花序式；总花梗长，纤细；花梗纤细，簇生于花序每节上；花萼长约4mm，近无毛，膜质，萼齿有时消失，有时极宽，下部的稍宽；花冠淡红色，旗瓣倒卵形，长1.2cm，基部渐狭成短瓣柄。荚果直，长7.5~12.5cm，宽6~12mm。（栽培园地：XTBG）

Pueraria wallichii 须弥葛

Pycnospora 密子豆属

该属共计1种，在2个园中有种植

Pycnospora lutescens (Poir.) Schindl. **密子豆**

亚灌木状草本，高15~60cm。茎直立或平卧，从

Pycnospora lutescens 密子豆（图1）

Pycnospora lutescens 密子豆（图2）

Pycnospora lutescens 密子豆（图3）

基部分枝，小枝被灰色短柔毛，托叶狭三角形，长4mm，基部宽1mm，被灰色柔毛和缘毛；叶柄长约1cm，被灰色短柔毛；小叶近革质，倒卵形或倒卵状长圆形，顶生小叶长1.2~3.5cm，宽1~2.5cm，先端圆形或微凹，基部楔形或微心形，侧生小叶常较小或有时缺，两面密被贴伏柔毛，侧脉4~7条，纤细，在下面隆起，网脉明显；小托叶针状，长1mm；小叶柄长约1mm，被灰色短柔毛。总状花序长3~6cm，花很小，每2朵排列于疏离的节上。花冠淡紫蓝色，长约4mm；荚果长圆形，长6~10mm，宽及厚5~6mm，膨胀，有横脉纹。（栽培园地：SCBG, XTBG）

Reevesia 梭罗树属

该属共计1种，在1个园中有种植

Reevesia pubescens Mast. **梭罗树**

乔木，高达16m。树皮灰褐色，有纵裂纹；小枝幼时被星状短柔毛。叶片薄革质，椭圆状卵形、矩圆状卵形或椭圆形，长7~12cm，宽4~6cm，顶端渐尖或急尖，基部钝形、圆形或浅心形，上面被稀疏的短柔毛或几无毛，下面密被星状短柔毛。聚伞状伞房花序顶生，长约7cm，被毛；花梗比花短，长8~11mm；萼倒圆锥状，长8mm，5裂，裂片广卵形，顶端急尖；花瓣5片，白色或淡红色，条状匙形，长1~1.5cm，外面被短柔毛；雌雄蕊柄长2~3.5cm。蒴果梨形或矩圆状梨形。（栽培园地：WHIOB）

Rhynchosia 鹿藿属

该属共计3种，在5个园中有种植

Rhynchosia himalensis Benth. ex Baker var. **craibiana** (Rehd.) Peter-Stibal **紫脉花鹿藿**

攀援状草本。茎和花序轴密被带褐色腺毛和薄被软伏毛。叶具羽状3枚小叶；托叶狭卵形，长4~8mm；叶柄长2~6cm；小叶圆卵形，长宽近相等，为2.5~4.5cm；两面密被短柔毛并混生腺毛，上面绿色，下面淡绿色，具腺点；小叶柄长1~2cm，侧生小叶基部偏斜。总状花序较短，长6~9cm；花较少，3~5朵；最下方萼齿较花冠为短，长8~10mm。花黄色，长1.3~1.5cm；荚果长2.5~3cm，宽0.9cm。（栽培园地：WHIOB）

Rhynchosia himalensis var. **craibiana** 紫脉花鹿藿（图1）

Rhynchosia himalensis var. **craibiana** 紫脉花鹿藿（图2）

Rhynchosia himalensis var. **craibiana** 紫脉花鹿藿（图3）

Rhynchosia rufescens (Willdenow) Candolle **淡红鹿藿**

匍匐或攀援状或近直立灌木。茎略呈“之”字形弯曲，全株被灰色或淡黄色短柔毛。叶具羽状3枚小叶；托叶小，线状披针形，长2~4mm，早落；叶柄长2~4.5cm，被毛，顶生小叶卵形至卵状椭圆形，长2.5~5.5cm，宽1.2~2.5(3.5)cm，先端钝或短尖，基部圆形，两面被短柔毛；基出脉3条，上面小脉平或略凹陷，在下面凸起，侧生小叶稍小，斜卵形；小叶柄短，长1~2mm。总状花序腋生，纤细，长2~4cm，有花2~6朵，密被短柔毛；苞片小，脱落；花稍大，长约1cm。花冠紫色至黄色；荚果斜圆形，与花萼等长或近等长。（栽培园地：XTBG）

Rhynchosia volubilis Lour. **鹿藿**

缠绕草质藤本。全株各部多少被灰色至淡黄色柔毛；茎略具棱。叶为羽状或有时近指状 3 枚小叶；托叶小，披针形，长 3~5mm，被短柔毛；叶柄长 2~5.5cm；小叶纸质，顶生小叶菱形或倒卵状菱形，长 3~8cm，宽 3~5.5cm，先端钝，或为急尖，常有小凸尖，基部圆形或阔楔形，两面均被灰色或淡黄色柔毛，下面尤密，并被黄褐色腺点；基出脉 3 条；小叶柄长 2~4mm，侧生小叶较小，常偏斜。总状花序长 1.5~4cm，1~3 个腋生；花长约 1cm，排列稍密集；花梗长约 2mm；花萼钟状，长约 5mm，裂片披针形，外面被短柔毛及腺点；花冠黄色；荚果长圆形，红紫色，长 1~1.5cm，宽约 8mm，极扁平。（栽培园地：SCBG, WHIOB, CNBG, GXIB）

Rhynchosia volubilis 鹿藿（图 1）

Rhynchosia volubilis 鹿藿（图 2）

Robinia 刺槐属

该属共计 2 种，在 8 个园中有种植

Robinia pseudoacacia L. **刺槐**

落叶乔木，高 10~25m。树皮灰褐色至黑褐色，浅

Robinia pseudoacacia 刺槐（图 1）

Robinia pseudoacacia 刺槐（图 2）

Robinia pseudoacacia 刺槐（图 3）

裂至深纵裂，稀光滑。小枝灰褐色，幼时有棱脊，微被毛，后无毛；具托叶刺，长达2cm；冬芽小，被毛。羽状复叶长10~25(40)cm；叶轴上面具沟槽；小叶2~12对，常对生，椭圆形、长椭圆形或卵形，长2~5cm，宽1.5~2.2cm，先端圆，微凹，具小尖头，基部圆形至阔楔形，全缘，上面绿色，下面灰绿色，幼时被短柔毛，后变无毛；小叶柄长1~3mm；小托叶针芒状，总状花序花序腋生，长10~20cm，下垂，花多数，芳香；苞片早落。花冠白色；荚果褐色，或具红褐色斑纹，线状长圆形，长5~12cm，宽1~1.3(1.7)cm。（栽培园地：WHIOB, KIB, XTBG, XJB, LSBG, CNBG, GXIB, IAE）

Robinia pseudoacacia L. var. **pyramidalis** (Pepin) Schneid. **塔形洋槐**

本变种与原变种的主要区别为：枝挺直，无刺，树冠紧凑收拢。（栽培园地：XTBG）

Robinia pseudoacacia var. **pyramidalis** 塔形洋槐

Samanea 雨树属

该属共计1种，在3个园中有种植

Samanea saman (Jacq.) Merr. **雨树**

无刺大乔木。树冠极广展，干高10~25m，分枝甚低；幼嫩部分被黄色短绒毛。羽片3~5(6)对，长达15cm；总叶柄长15~40cm，羽片及叶片间常有腺体；小叶3~8对，由上往下逐渐变小，斜长圆形，长2~4cm，宽1~1.8cm，上面光亮，下面被短柔毛。花玫瑰红色，组成单生或簇生、直径5~6cm的头状花序，生于叶腋；总花梗长5~9cm；花萼长6mm；花冠长12mm；雄蕊20枚，长5cm。荚果长圆形，长10~20cm，宽1.2~2.5cm，直或稍弯，不裂，无柄，通常扁压，边缘增厚，在黑色的缝线上有淡色的条纹。（栽培园地：SCBG, XTBG, XMBG）

Samanea saman 雨树（图1）

Samanea saman 雨树（图2）

Samanea saman 雨树（图3）

Saraca 无忧花属

该属共计 3 种，在 8 个园中有种植

Saraca declinata (Jack) Miq. **垂枝无忧花**

常绿乔木，株高 10~15m。偶数羽状复叶，革质，叶柄短，1.5~2cm。花为橙黄色，雄蕊 4 枚。荚果长圆形。（栽培园地：SCBG, WHIOB, XTBG）

Saraca declinata 垂枝无忧花（图 1）

Saraca declinata 垂枝无忧花（图 3）

Saraca dives Pierre **中国无忧花**

乔木，高 5~20m；胸径达 25cm。叶有小叶 5~6 对，嫩叶略带紫红色，下垂；小叶近革质，长椭圆形、卵状披针形或长倒卵形，长 15~35cm，宽 5~12cm，基部 1 对常较小，先端渐尖、急尖或钝，基部楔形，侧脉 8~11 对；小叶柄长 7~12mm。花序腋生，较大，总轴被毛或近无毛；总苞大，阔卵形，被毛，早落；苞片卵形、披针形或长圆形，长 1.5~5cm，宽 6~20mm。下

Saraca declinata 垂枝无忧花（图 2）

Saraca dives 中国无忧花（图 1）

Saraca dives 中国无忧花（图 2）

Saraca dives 中国无忧花（图 3）

部的 1 片最大，往上逐渐变小，被毛或无毛，早落或迟落；小苞片与苞片同形，但远较苞片为小；花黄色，后部分（萼裂片基部及花盘、雄蕊、花柱）变红色。荚果棕褐色，扁平，长 22~30cm，宽 5~7cm，果瓣卷曲。（栽培园地：SCBG, WHIOB, KIB, XTBG, CNBG, SZBG, GXIB, XMBG）

Saraca griffithiana Prain **云南无忧花**

乔木，高达 18m。小叶 4~6 对，纸质，长圆形或倒卵状长圆形，长 23~36cm，宽 6.5~10cm，先端圆钝，基部圆或楔形；中脉粗壮，两面凸起，侧脉 11~12 对；小叶柄粗扁，长 4~6mm。花序腋生，有密而短小的分枝，开放时略呈圆球形，长和宽约 13cm，总花梗和总轴均被黄绿色短柔毛；苞片和小苞片卵形，大小相若，长约 3mm，先端略尖，被缘毛，宿存，苞片扩展，小苞片直立，紧抱着花梗；花多数，密集，具长梗，其梗与萼管连接处有一关节；花黄色。（栽培园地：XTBG）

Saraca griffithiana 云南无忧花

Senna 番泻决明属

该属共计 10 种，在 9 个园中有种植

Senna alata (L.) Roxb. **翅荚决明**

直立灌木，高 1.5~3m。枝粗壮，绿色。叶长 30~60cm；在靠腹面的叶柄和叶轴上有 2 条纵棱条，有狭翅，托叶三角形；小叶 6~12 对，薄革质，倒卵状长圆形或长圆形，长 8~15cm，宽 3.5~7.5cm，顶端圆钝而有小短尖头，基部斜截形，下面叶脉明显凸起；小叶

Senna alata 翅荚决明（图 1）

Senna alata 翅荚决明（图 2）

Senna bicapsularis 双荚决明（图 1）

Senna alata 翅荚决明（图 3）

Senna bicapsularis 双荚决明（图 2）

柄极短或近无柄。花序顶生和腋生，具长梗，单生或分枝，长 10~50cm；花直径约 2.5cm，芽时为长椭圆形、膜质的苞片所覆盖；花瓣黄色，有明显的紫色脉纹；荚果长带状，长 10~20cm，宽 1.2~1.5cm。（栽培园地：SCBG, XTBG, SZBG, GXIB, XMBG）

Senna bicapsularis (L.) Roxburgh **双荚决明**

直立灌木，多分枝，无毛。叶长 7~12cm，有小叶 3~4 对；叶柄长 2.5~4cm；小叶倒卵形或倒卵状长圆形，膜质，长 2.5~3.5cm，宽约 1.5cm，顶端圆钝，基部渐狭，偏斜，下面粉绿色，侧脉纤细，在近边缘处呈网结；在最下方的一对小叶间有黑褐色线形而钝头的腺体 1 枚。总状花序生于枝条顶端的叶腋间，常集成伞房花序状，长度约与叶相等，花鲜黄色，直径约 2cm；雄蕊 10 枚，7 枚能育，3 枚退化而无花药，能育雄蕊中有 3 枚特大，高出于花瓣，4 枚较小，短于花瓣。荚果圆柱状，膜质，直或微曲。荚果圆柱状，膜质，直或微曲，长 13~17cm，直径 1.6cm。（栽培园地：SCBG, IBCAS, KIB, XTBG, GXIB, XMBG）

Senna bicapsularis 双荚决明（图 3）

Senna corymbosa (Lam.) H. S. Irwin et Barneby **伞房决明**

常绿灌木，高 2~3m，多分枝。枝条平滑，叶长椭圆状披针形，叶色浓绿，由 3~5 对小叶组成复叶。圆锥花序伞房状，鲜黄色，花瓣阔，3~5 朵腋生或顶生，花期 7 月中下旬至 10 月。先期开放的花朵，先长成纤长的豆荚。荚果圆柱形，长 5~8cm。（栽培园地：XTBG, CNBG, GXIB）

Senna corymbosa 伞房决明（图 1）

Senna corymbosa 伞房决明（图 2）

Senna corymbosa 伞房决明（图 3）

Senna hirsuta (L.) H. S. Irwin et Barneby **毛荚决明**

灌木，高 0.6~2.5m。嫩枝长满黄褐色长毛。叶有小叶 4~6 对，长 10~20cm；叶柄与叶轴均被黄褐色长毛，在叶柄基部的上面有黑褐色腺体 1 枚；小叶卵状长圆形或长圆状披针形，长 3~8cm，宽 1.5~3.5cm，顶端渐尖，基部近圆形，边全缘，两面均被长毛。花序生于枝条顶端的叶腋；总花梗和花梗均被长柔毛；萼片 5 枚，密被长柔毛，长约 5mm；花瓣无毛，长 15~18mm。花冠鲜黄色；荚果细长，扁平，长 10~15cm，宽约 6mm，表面密被长粗毛。（栽培园地：XTBG, SZBG）

Senna hirsuta 毛荚决明（图 1）

Senna hirsuta 毛荚决明（图 2）

Senna hirsuta 毛荚决明（图 3）

Senna occidentalis (L.) Link **望江南**

直立、少分枝的亚灌木或灌木，无毛，高 0.8~1.5m。枝带草质，有棱；根黑色。叶长约 20cm；叶柄近基部有大而带褐色、圆锥形的腺体 1 枚；小叶 4~5 对，膜质，卵形至卵状披针形，长 4~9cm，宽 2~3.5cm，顶端渐尖，有小缘毛；小叶柄长 1~1.5mm，揉之有腐败气味；托叶膜质，卵状披针形，早落。花数朵组成伞房状总状花序，腋生和顶生，长约 5cm；苞片线状披针形或长卵形，长渐尖，早脱；花长约 2cm；萼片不等大，外生的近圆形，长 6mm，内生的卵形，长 8~9mm；花瓣黄色；荚果带状镰形，褐色，压扁，长 10~13cm，宽 8~9mm。（栽培园地：SCBG, WHIOB, XTBG, CNBG, SZBG, GXIB, XMBG）

Senna occidentalis 望江南（图 1）

Senna occidentalis 望江南（图 2）

Senna occidentalis 望江南（图 3）

Senna occidentalis (L.) Link var. **sophera** (L.) X. Y. Zhu **槐叶决明**

本变种与原变种的主要区别为：小叶较小，有 5~10 对，长 1.7~4.2cm，宽 0.7~2cm，椭圆状披针形，顶端急尖或短渐尖。荚果较短，长仅 5~10cm，初时扁而稍厚，成熟时近圆筒形而多少膨胀。（栽培园地：SCBG, XTBG）

Senna siamea (Lam.) H. S. Irwin et Barneby **铁刀木**

乔木，高约 10m。树皮灰色，近光滑，稍纵裂；嫩枝有棱条，疏被短柔毛。叶长 20~30cm；叶轴与叶柄无腺体，被微柔毛；小叶对生，6~10 对，革质，长圆形或长圆状椭圆形，长 3~6.5cm，宽 1.5~2.5cm，顶端圆钝，常微凹，有短尖头，基部圆形，上面光滑无毛，下面粉白色，边全缘；小叶柄长 2~3mm；托叶线形，早落。总状花序生于枝条顶端的叶腋，并排成伞房花序状；苞片线形，长 5~6mm；萼片近圆形，不

Senna siamea 铁刀木（图 1）

Senna siamea 铁刀木（图 2）

Senna siamea 铁刀木（图 3）

等大，外生的较小，内生的较大，外被细毛；花瓣黄色，阔倒卵形，长 12~14mm，具短柄。荚果扁平，长 15~30cm，宽 1~1.5cm。（栽培园地：SCBG, WHIOB, XTBG, CNBG, SZBG）

Senna spectabilis (DC.) H. S. Irwin et Barneby **美丽决明**

常绿小乔木，高约 5m。嫩枝密被黄褐色绒毛。叶互生，长 12~30cm，具小叶 6~15 对；叶轴及叶柄密被黄褐色绒毛，无腺体；小叶对生，椭圆形或长圆状披

Senna spectabilis 美丽决明（图 1）

Senna spectabilis 美丽决明（图 2）

Senna spectabilis 美丽决明（图 3）

针形，长 2.5~6cm，宽 0.8~1.7cm，顶端短渐尖，具针状短尖，基部阔楔形或稍带圆形，稍偏斜，上面绿色，被稀疏而短的白色绒毛，下面密被黄褐色绒毛，中脉在背面凸起，侧脉每边 15~20 条。花组成顶生的圆锥花序或腋生的总状花序；花梗及总花梗密被黄褐色绒毛；花直径 5~6cm；萼片 5 枚。花瓣黄色，有明显的脉；荚果长圆筒形，长 25~35cm；种子间稍收缩。（栽培园地：SCBG, XTBG, CNBG）

Senna surattensis (Burm. f.) H. S. Irwin et Barneby ssp. **glauca** (Lam.) X. Y. Zhu **粉叶决明**

大灌木或小乔木。嫩枝被疏柔毛，后变无毛，小枝有肋条。叶长 15~30cm，叶轴上面最下 2 对小叶间各有棍棒状的腺体 1 枚，叶柄长 3.5~6.5cm，托叶线形，早落；小叶 4~6 对，通常 5 对，卵形或椭圆形，长 3.5~10cm，宽 2.5~4cm，顶端圆钝，或有不明显的微凹，基部阔楔形或近圆形，上面绿色，下面粉白色；小叶柄长约 3mm。总状花序生于枝条上部的叶腋内；萼片卵圆形或圆形，不等大，外生的长 3~4mm，内生的长 8mm；花瓣黄色或深黄色；荚果扁平，直生，带形，开裂，长 15~20cm，宽 12~18mm。（栽培园地：

Senna surattensis ssp. **glauca** 粉叶决明（图 1）

Senna surattensis ssp. **glauca** 粉叶决明（图 2）

Senna surattensis ssp. **glauca** 粉叶决明（图 3）

WHIOB, KIB）

Senna tora (L.) Roxb. **决明**

直立、粗壮、一年生亚灌木状草本，高 1~2m。叶长 4~8cm；叶柄上无腺体；叶轴上每对小叶间有棒状的腺体 1 枚；小叶 3 对，膜质，倒卵形或倒卵状长椭圆形，长 2~6cm，宽 1.5~2.5cm，顶端圆钝而有小尖头，基部渐狭，偏斜，上面被稀疏柔毛，下面被柔毛；小

Senna surattensis ssp. **glauca** 粉叶决明（图 4）

Senna tora 决明（图 1）

Senna surattensis ssp. **glauca** 粉叶决明（图 5）

叶柄长 1.5~2mm。花腋生，通常 2 朵聚生；总花梗长 6~10mm；花梗长 1~1.5cm，丝状；萼片稍不等大，卵形或卵状长圆形，膜质，外面被柔毛，长约 8mm；花瓣黄色，下面二片略长。荚果纤细，近四棱形，两端渐尖，长达 15cm，宽 3~4mm，膜质。（栽培园地：SCBG, WHIOB, XTBG, CNBG, GXIB）

Senna tora 决明（图 2）

Sesbania 田菁属

该属共计 3 种，在 6 个园中有种植

Sesbania bispinosa (Jacq.) W. F. Wight **刺田菁**

灌木状草本，高 1~3m。枝圆柱形，稍具绿白色线条，通常疏生扁小皮刺。偶数羽状复叶长 13~30cm；叶轴上面有沟槽，顶端尖，下方疏生皮刺；托叶线披针形，长约 7mm，宽约 1mm，先端渐尖，无毛，早落；小叶 20~40 对，线状长圆形，长 10~16mm，宽 2~3mm，先端钝圆，有细尖头，基部圆，上面绿色，下面灰绿色，两面密生紫褐色腺点，无毛；小托叶细小，针芒状。总状花序长 5~10cm，具 2~6 花；总花梗常具皮刺；苞片线状披针形。花冠黄色；荚果深褐色，圆柱形，直或稍镰状弯曲，长 15~22cm，直径约 3mm。（栽培园地：XTBG）

Sesbania cannabina (Retz.) Poir. **田菁**

一年生草本，高 3~3.5m。茎绿色，有时带褐色红色，

Sesbania cannabina 田菁（图 1）

Sesbania cannabina 田菁（图 2）

微被白粉，有不明显淡绿色线纹。平滑，基部有多数不定根，幼枝疏被白色绢毛，后秃净，折断有白色黏液，枝髓粗大充实。羽状复叶；叶轴长 15~25cm，上面具沟槽，幼时疏被绢毛，后儿无毛；托叶披针形，早落；小叶 20~30(40) 对，对生或近对生，线状长圆形。总状花序长 3~10cm，具 2~6 朵花，疏松。花冠黄色；荚果细长，长圆柱形。（栽培园地：SCBG, XTBG, XJB, GXIB）

Sesbania cannabina 田菁（图 3）

Sesbania grandiflora (L.) Pers. **大花田菁**

小乔木，高 4~10m，胸径达 25cm。枝斜展，圆柱形，叶痕及托叶痕明显。羽状复叶，长 20~40cm；叶轴圆柱，幼时密被毛，后变无毛；托叶斜卵状披针形。长达 8mm，早落；小叶 10~30 对，长圆形至长椭圆形，长 2~5cm，宽 8~16mm，叶轴中部小叶较两端者大，先端圆钝至微凹，有小突尖，基部圆形至阔楔形，两面密布紫褐色腺点或无，幼时两面被绢状伏毛，后变无

Sesbania grandiflora 大花田菁（图 1）

Sesbania grandiflora 大花田菁（图 2）

Sesbania grandiflora 大花田菁（图 3）

毛，侧脉 7~8 对，不明显；小叶柄长 1~2mm；小托叶针状。总状花序长 4~7cm，下垂，具 2~4 花；花冠白色、粉红色至玫瑰红色；荚果线形，稍弯曲，下垂，长 20~60cm，宽 7~8mm，厚约 8mm。（栽培园地：SCBG, XTBG, CNBG, SZBG）

Shuteria 宿苞豆属

该属共计 3 种，在 2 个园中有种植

Shuteria ferruginea (Kurz) Baker **硬毛宿苞豆**

草质缠绕藤本．长 1~3(4)m。茎纤细，多分枝，具纵棱，被倒生茸毛。羽状复叶具 3 枚小叶；托叶披针形，长 6~12m，具纵条纹，宿存；叶柄长 2.5~3cm；小叶卵形；膜质，长 6~8cm，宽 5~6cm，先端渐尖，基部圆形，上面绿色，下面淡绿色，两面被紧贴柔毛；侧脉每边 5 条，明显；小托叶小；小叶柄长 4mm，被毛。总状花序腋生，长 10~16cm，簇生花 6~12 朵，稀疏，总花梗长 2~3cm，密被毛；苞片披针形，长 6~8mm，具纵条纹，具硬毛，宿存；花梗长 2mm；花冠长约 8mm，淡紫色至紫色；荚果长圆形，扁，稍弯，长约 5cm，宽约 3mm。（栽培园地：XTBG）

Shuteria involucrata (Wall.) Wight et Arn. **宿苞豆**

草质缠绕藤本，长 1~3m。茎纤细，密被毛或无毛。羽状复叶具 3 枚小叶；托叶卵状披针形；叶柄长 2.5~4.5cm；小叶膜质至薄纸质，宽卵形、卵形或近圆形，长 2.8~3.5cm，宽 2.3~3cm，先端圆形，微缺，具小凸尖，基部圆形或宽圆形，上面黄褐色或海蓝色，下面灰色至灰绿色；小托叶针形。总状花序腋生，花

Shuteria involucrata 宿苞豆（图 1）

Shuteria involucrata 宿苞豆（图 2）

序轴长约 10cm，基部 2~3 节上具缩小的 3 枚小叶，无柄，圆形或肾形；花小，长约 10mm；苞片和小苞片披针形；花萼管状，裂齿 4 枚，披针形，比萼管短；花冠红色、紫色、淡紫色。荚果线形，压扁，成熟时长 3~5cm，宽 2~6mm，先端具喙。（栽培园地：WHIOB, XTBG）

Shuteria vestita Wight et Arnot. **西南宿苞豆**

草质绕藤本。长 1~3m；茎纤细，密被短柔毛或无毛。托叶披针形；顶生小叶椭圆形至近菱形，侧生小叶椭圆形，稍偏斜。总状花序腋生；苞片披针形；旗瓣倒卵状椭圆形，基部下延成瓣柄，翼瓣和龙骨瓣长椭圆形。花冠紫色到浅紫色，长约 8mm；果线形，压扁，稍弯。（栽培园地：XTBG）

Sindora 油楠属

该属共计 2 种，在 4 个园中有种植

Sindora glabra Merr. ex de Wit **油楠**

乔木，高 8~20m，直径 30~60cm。叶长 10~20cm，有小叶 2~4 对；小叶对生，革质，椭圆状长圆形，很少卵形，长 5~10cm，宽 2.5~5cm，顶端钝急尖或短渐尖，基部钝圆稍不等边，侧脉纤细，多条，不明显，网脉不明显；小叶柄长约 5mm。圆锥花序生于小枝顶端之叶腋，长 15~20cm，密被黄色柔毛；苞片卵形，叶状，长 5~7mm；花梗长 2~4mm，中部以上有线状披针形小苞片 1~2 枚，长 5~6mm，苞片、花梗及小苞片均密被黄色柔毛；萼片 4 枚，萼片外面有软刺；荚果圆形或椭圆形，长 5~8cm，宽约 5cm。（栽培园地：SCBG, XMBG）

Sindora tonkinensis A. Chev. ex K. Larsen et S. S. Larsen **东京油楠**

乔木，高可达 15m；枝条无毛。托叶早落。叶长

Sindora glabra 油楠（图 1）

Sindora glabra 油楠（图 2）

Sindora glabra 油楠（图 3）

Sindora tonkinensis 东京油楠（图 1）

Sindora tonkinensis 东京油楠（图 2）

Sindora tonkinensis 东京油楠（图 3）

10~20cm，无毛，有小叶 4~5 对；小叶革质，无毛，卵形、长卵形或椭圆状披针形，长 6~12cm，宽 3.5~6cm，两侧不对称，上侧较狭，下侧较阔，顶端渐尖或短渐尖，基部圆形或阔楔形，边全缘。圆锥花序生于小枝顶端的叶腋，长 15~20(30)cm，密被黄色柔毛；苞片三角形，长 5~10mm；花梗长 2~4mm，中部以上有小苞片 1~2 枚，小苞片椭圆状披针形，长约 5mm，两面均被黄色柔毛；萼片 4 枚，外面密被黄色柔毛，无刺。荚果近圆形或椭圆形，长 7~10cm，宽 4~6cm。（栽培园地：SCBG, XTBG, SZBG）

Sinodolichos 华扁豆属

该属共计 1 种，在 1 个园中有种植

Sinodolichos lagopus (Dunn) Verdc. **华扁豆**

缠绕草本。茎及叶柄密被黄色短毛。羽状复叶具 3 枚小叶，托叶基着，三角形，长约 3mm；小托叶线形，宿存；小叶纸质，卵形或菱形，长 4~10cm，宽 2.5~7cm，两面被粗柔毛，先端渐尖，基部钝；叶脉在下面凸起；叶柄长 4~10cm；叶轴长约 1cm；小叶柄长 2~3mm。总状花序腋生，比叶柄短；花萼长约 1cm，被灰色或黄色粗柔毛，裂片 4 枚，线状披针形，长约 6mm；花冠紫色；荚果线形，长 5.5~6.5cm，宽约 6mm，被黄色粗长毛。（栽培园地：WHIOB）

Smithia 坡油甘属

该属共计 2 种，在 2 个园中有种植

Smithia ciliata Royle **缘毛合叶豆**

一年生草本，高 15~60cm。茎和小枝纤细，无毛。叶具小叶 5 对；托叶披针形，长约 8mm，无毛；叶柄长 1.5~2cm，无毛，叶轴长 1.5~3cm；小叶倒披针形或线状长圆形，长 6~12mm；花序有花 12 朵或更多；花冠黄色或白色，稍长于萼；荚果有 6~8 荚节。（栽培园

地：XTBG）

Smithia sensitiva Aiton **坡油甘**

一年生灌木状草本。偶数羽状复叶，具小叶3~10对；托叶干膜质，下延成耳，有纵纹，无毛；茎上部的节不缩短成头状。总状花序腋生；总状花序和叶不密集在小枝的顶部；总花梗长2~3cm；花小，1~6朵或更多，密集于总花梗的近顶部；花梗短；小苞片2枚，卵形，具纵脉纹，有缘毛，长约为萼的1/3，紧贴花萼，宿存。花冠黄色，稍长于萼；荚果有4~6荚节，叠藏于萼内。（栽培园地：SCBG, XTBG）

Sophora 槐属

该属共计13种，在11个园中有种植

Sophora alopecuroides L. **苦豆子**

草本，或基部木质化成亚灌木状。羽状复叶；小叶7~13对，对生或近互生，纸质；总状花序顶生，花密集，旗瓣非倒卵状匙形，长15~20mm，宽3~4mm；雄蕊不同程度连合，有时近两体，龙骨瓣先端具凸尖；花冠白色或淡黄色；荚果圆串珠状，成熟时表面常出撕裂，最后开裂成2瓣。（栽培园地：SCBG, WHIOB, XJB）

Sophora alopecuroides 苦豆子（图1）

Sophora alopecuroides 苦豆子（图2）

Sophora alopecuroides 苦豆子（图3）

Sophora davidii (Franch.) Skeels **白刺花**

灌木或小乔木，高1~2m，有时3~4m。枝多开展，小枝初被毛，旋即脱净，不育枝末端明显变成刺，有时分叉。羽状复叶；小叶5~9对，形态多变；枝和茎近无毛；小叶下面与叶轴疏被短柔毛，上面无

Sophora davidii 白刺花（图1）

Sophora davidii 白刺花（图 2）

Sophora flavescens 苦参（图 1）

Sophora davidii 白刺花（图 3）

Sophora flavescens 苦参（图 2）

Sophora flavescens 苦参（图 3）

毛，托叶有时部分变刺；总状花序着生于小枝顶端；花小，长约 1.5cm。花冠白色或淡黄色，有时旗瓣稍带红紫色；荚果非典型串珠状，稍压扁，长 6~8cm，宽 6~7mm。（栽培园地：SCBG, IBCAS, WHIOB, KIB, XTBG, XJB）

Sophora flavescens Aiton **苦参**

草本或亚灌木，稀呈灌木状，通常高 1m 左右，稀达 2m。茎具纹棱，幼时疏被柔毛，后无毛。羽状复叶长达 25cm；托叶披针状线形，渐尖，长 6~8mm；小叶 6~12 对，互生或近对生，纸质，形状多变，椭圆形、卵形、披针形至披针状线形，长 3~4(6)cm，宽 (0.5)1.2~2cm，先端钝或急尖，基部宽楔开或浅心形，上面无毛，下面疏被灰白色短柔毛或近无毛。中脉下面隆起。总状花序花疏散，旗瓣倒卵状匙形，长 13~14mm，宽 5~7mm；

雄蕊分离，龙骨瓣先端无凸尖；花冠比花萼长 1 倍，白色或淡黄白色；荚果稍四棱形，成熟时开裂成 4 瓣。（栽培园地：SCBG, IBCAS, WHIOB, XTBG, XJB, LSBG, CNBG, GXIB）

Sophora japonica L. **槐**

乔木，高达 25m。树皮灰褐色，具纵裂纹。当年生枝绿色，无毛。羽状复叶长达 25cm；叶轴初被疏柔毛，

Sophora japonica 槐（图 1）

Sophora japonica 槐（图 2）

Sophora japonica 槐（图 3）

旋即脱净；叶柄基部膨大，包裹着芽；托叶形状多变，有时呈卵形，叶状，有时线形或钻状，早落；小叶 4~7 对，对生或近互生，纸质，卵状披针形或卵状长圆形，长 2.5~6cm，宽 1.5~3cm，先端渐尖，具小尖头，基部宽楔形或近圆形，稍偏斜，下面灰白色，初被疏短柔毛，旋变无毛；小托叶 2 枚，钻状。圆锥花序顶生，常呈金字塔形，子房与雄蕊近等长；花冠白色或淡黄色；荚果较细，连续的串珠状，种子相互靠近；种子卵球形。（栽培园地：SCBG, IBCAS, WHIOB, KIB, XJB, LSBG, CNBG, GXIB, IAE）

Sophora japonica L. f. **pendula** Hort. **龙爪槐**

本变型与原变型的主要区别为：枝和小枝均下垂，并向不同方向弯曲盘旋，形似龙爪，易与其他类型相区别。（栽培园地：WHIOB, KIB, XJB, LSBG, CNBG, GXIB）

Sophora microcarpa C. Y. Ma **细果槐**

灌木，高 1~2m，少分枝。枝被灰白色短柔毛。羽状复叶长 15~20cm；叶轴上面具窄槽，被灰褐色疏短柔毛；托叶线形，长约 10mm；小叶 9~14 对，互生或近对生，纸质，卵状披针形或长椭圆形，长 30~35mm，宽约 10mm，先端渐尖，钝圆，具小尖头，基部圆形，

Sophora japonica f. pendula 龙爪槐（图 1）

Sophora japonica f. pendula 龙爪槐（图 2）

Sophora japonica f. pendula 龙爪槐（图 3）

稍歪斜，两面被灰白色或褐色短柔毛，下面稍密，中脉上面凹陷，下面明显隆起，带苍白色，细脉明显；小叶柄长不足 1mm，被灰褐色或锈色柔毛。总状花序顶生，或间有与叶对生。花冠紫红色；荚果圆串珠状，纤细，直径 5~7mm；种子长卵形或椭圆形，两端圆形，长 6~7mm，厚 3~4mm。（栽培园地：XTBG）

Sophora prazeri Prain **锈毛槐**

灌木，高 1~3m。皮灰褐色。幼枝、花序及叶轴被

Sophora prazeri 锈毛槐（图 1）

Sophora prazeri 锈毛槐（图 2）

Sophora prazeri 锈毛槐（图 3）

锈色茸毛。羽状复叶；小叶 3~7 对，坚纸质或近革质，形状和大小以其着生部位不同而有变化，顶生者最大，常为卵状椭圆形或卵形或长椭圆形。总状花序侧生或与叶互生，长 5~20cm；花冠白色或淡黄色；荚果串珠状，长 4~10cm，具纤细的果颈和喙。（栽培园地：WHIOB）

Sophora prazeri Prain var. **maieri** (Pamp.) Tsoong **西南槐**

本变种与原变种的主要区别为：小叶披针状长椭圆形，长 3~5cm，宽 1~1.5cm，上面疏被灰褐色或锈色柔毛，下面毛较密。（栽培园地：XTBG）

Sophora tomentosa L. **绒毛槐**

灌木或小乔木，高 2m 以上。小叶 5~7(9) 对，近革质；小叶较大，长 3cm 以上，宽 2~3cm，下面被灰色绒毛。通常为总状花序，有时分枝成圆锥状，顶生，长 10~20cm，花大，长 15mm 以上，花冠白色或淡黄色，旗瓣近圆形，翼瓣和龙骨瓣单侧生；荚果的种子间缢缩部短，种子靠近。（栽培园地：SCBG, XTBG, SZBG）

Sophora tomentosa 绒毛槐（图 1）

Sophora tomentosa 绒毛槐（图 2）

Sophora tomentosa 绒毛槐（图 3）

Sophora tonkinensis Gagnep. **越南槐**

灌木，茎纤细，有时攀援状。根粗壮。枝绿色，无毛，圆柱形，分枝多，小枝被灰色柔毛或短柔毛。羽状复叶长 10~15cm；叶柄长 1~2cm，基部稍膨大；托叶极小或近于消失；小叶 5~9 对，革质或近革质，对生或近互生，椭圆形、长圆形或卵状长圆形，长 15~25mm，宽 10~15mm，叶轴下部的叶明显渐小，顶生小叶大，长达 30~40mm，宽约 20mm，先端钝，骤尖，基部圆形或微凹成浅心形，上面无毛或散生短柔毛，下面被紧贴的灰褐色柔毛，中脉上面微凹，下面明显隆起；小叶柄长 1~2mm，稍肿胀。总状花序或基部分枝近圆锥状，顶生；花冠黄色；荚果串珠状，稍扭曲，长 3~5cm，直径约 8mm。（栽培园地：XTBG）

Sophora velutina Lindl. **短绒槐**

灌木，高约 2m。幼枝、花序轴、花枝和叶轴等幼嫩部分密被黄白色或锈色短绒毛（小叶上面除外）。羽状复叶，长 15~20cm；叶轴上面具狭槽；托叶线形，长 6~7mm，被长柔毛；小叶 8~12 对，对生或近对生，

Sophora tonkinensis 越南槐

Sophora velutina 短绒槐

纸质，卵状披针形、长圆形或卵状长圆形，长 2~4cm，宽 1~1.5cm，有时较小，先端渐尖或急尖，具小尖头，基部圆或钝，上面被灰白色或锈色绒毛，中脉稍隆起，偶见细脉。花序总状，与叶对生或假顶生。花冠紫红色；荚果串珠状，稍压扁，较粗壮，宽 7~10mm；种子两端常急尖，长 7~9mm，宽 4~5mm，黄色或黄褐色。（栽培园地：XTBG）

Sophora velutina Lindl. var. **multifoliolata** C. Y. Ma **多叶槐**

小叶 (9)12~17(20) 对，椭圆形或披针状椭圆形，通常长 10~15(25)mm，宽 5~6mm，上面无毛，或沿中脉疏被柔毛；花序顶生；果颈长 2~4cm 或更长。（栽培园地：XTBG）

Sophora xanthantha C. Y. Ma **黄花槐**

草本或亚灌木，高不足 1m。茎、枝、叶轴和花序密被金黄色或锈色茸毛。羽状复叶长 15~20cm；叶轴上面具狭槽；托叶早落；小叶 8~12 对，对生或近对生，纸质，长圆形或长椭圆形，长 2.5~3.5cm，宽 1~1.5cm，两端钝圆，先端常具芒尖，上面被灰白色疏短柔毛，下面密被金黄色或锈色贴伏状绒毛，沿中脉和小叶柄更密，中脉上面凹陷，下面明显隆起，侧脉 4~5 对，上面常不明显，细脉下面可见。总状花序顶生；花序顶生，稀与叶对生，花多，密集，黄色；荚果串珠状，长 8~13cm，宽 0.8~1cm，被长柔毛，先端具喙。（栽培园地：KIB）

Spartium 鹰爪豆属

该属共计 1 种，在 1 个园中有种植

Spartium junceum L. **鹰爪豆**

常绿灌木，高 1~3m。树冠密集成丛，呈圆球形。茎直立，圆柱形，具细棱，无毛，分枝细长，多分叉，嫩枝绿色，老干灰色。单叶；无托叶；叶柄短，基部平展作鞘状；叶片狭椭圆形至线状披针形，长 10~40mm，宽 5~17mm，纸质，先端钝圆，基部渐狭，上面无毛，下面稀被贴伏柔毛，中脉明显隆起，侧脉不明显；叶片早落。花单生叶腋，在茎上部排成疏松的总状花序。花冠鲜金黄色；荚果线形。（栽培园地：CNBG）

Spatholobus 密花豆属

该属共计 5 种，在 4 个园中有种植

Spatholobus pulcher Dunn **美丽密花豆**

攀援藤本。小枝黑褐色，具稀疏皮孔和锈色粗长毛。小叶近革质，异形，顶生的倒卵形或宽椭圆形，长 3~13cm，宽 3~8.6cm，侧生的略小，卵形或长圆形，先端圆或具短钝尖头，基部钝圆，两侧不对称，上面近无毛，下面被锈色粗长毛，脉上的毛较密；侧脉 5~7 对，微弯，下面凸起，小脉网状，上面不明显，下面微凸；叶柄和小叶柄密被锈色粗长毛；小托叶钻状，长约 2.5mm。圆锥花序有密集成团的花，花萼裂齿披针形，其长等于萼管；花冠白色，旗瓣先端 2 浅裂。荚果镰形，长 7.5~9.5cm，基部圆而向腹侧弯拱，上部收狭成一微弯的喙。（栽培园地：XTBG）

Spatholobus sinensis Chun et T. Chen **红血藤**

攀援藤本。幼枝紫褐色，疏被短柔毛，后变无毛。小叶革质，近同形，长圆状椭圆形，小叶较小，下面被疏微毛；小叶柄和叶片下面中脉密被糙伏毛。花瓣紫红色，翼瓣倒卵状长圆形，基部一侧具短尖耳垂；龙骨瓣比翼瓣短，镰状长圆形，基部截平，无耳。荚果斜长圆形，长 6~9cm，中部以下宽 2~2.5cm。（栽培园地：SCBG）

Spatholobus sinensis 红血藤

Spatholobus suberectus Dunn **密花豆**

攀援藤本，幼时呈灌木状。小叶纸质或近革质，异形，顶生的两侧对称，宽椭圆形、宽倒卵形至近圆形，先端骤缩为短尾状，尖头钝，基部宽楔形，侧生的两侧不对称，与顶生小叶等大或稍狭，基部宽楔形或圆形，两面近无毛或略被微毛，下面脉腋间常有髯毛；侧脉 6~8 对，微弯；小叶柄长 5~8mm，被微毛或无毛；小托叶钻状，长 3~6mm。圆锥花序腋生或生于小枝顶端，花萼裂齿先端圆或略钝，长不超过 1mm，比萼管短 2~3 倍。花瓣白色；荚果近镰形，长 8~11cm，密被棕色短绒毛。（栽培园地：SCBG, WHIOB, XTBG, GXIB）

Spatholobus suberectus 密花豆（图 1）

Spatholobus suberectus 密花豆（图 2）

Spatholobus uniauritus C. F. Wei **单耳密花豆**

攀援藤本。小枝圆柱形，被疏长毛叶具 3 小叶，叶柄长 5~10cm；小叶厚纸质，较小，异形，顶生的椭圆形或倒卵状椭圆形；小叶柄长 4~5mm；小托叶钻状，与小叶柄等长或稍短。圆锥花序腋生，总轴几不延伸，比分枝短；花紫色，密集；翼瓣倒卵状长圆形，基部一侧和龙骨瓣均具钝长耳垂。（栽培园地：XTBG）

Spatholobus varians Dunn **云南密花豆**

攀援藤本。小枝幼时被长伏毛，后变无毛。叶柄长

6~9cm；小叶革质，近同形；小叶倒卵形，基部阔锲形或钝；圆锥花序腋生或顶生，花瓣紫色，翼瓣近匙形，与龙骨瓣均近无耳。荚果长 6~9cm，先端稍狭而略弯，具短尖喙（栽培园地：XTBG）

Sphaerophysa 苦马豆属

该属共计 1 种，在 1 个园中有种植

Sphaerophysa salsula (Pall.) DC. **苦马豆**

半灌木或多年生草本，茎直立或下部匍匐，高 0.3~0.6m，稀达 1.3m。枝开展，具纵棱脊，被疏至密的灰白色“丁”字毛；托叶线状披针形、三角形至钻形，自茎下部至上部渐变小。叶轴长 5~8.5cm，上面具沟槽；小叶 11~21 片，倒卵形至倒卵状长圆形，长 5~15(25)mm，宽 3~6(10)mm，先端微凹至圆，具短尖头，基部圆至宽楔形，上面疏被毛至无毛，侧脉不明显，下面被细小、白色的“丁”字毛；小叶柄短，被白色细柔毛。总状花序常较叶长，花冠初呈鲜红色，后变紫红色；荚果椭圆形至卵圆形，膨胀。（栽培园地：XJB）

Strongylodon 碧玉藤属

该属共计 1 种，在 2 个园中有种植

Strongylodon macrobotrys A. Gray **翡翠葛**

常绿木质藤本，直径可达 3cm 以上。嫩茎绿色，木质化老茎灰褐色。叶为三出复叶，小叶长椭圆形，中间小叶最长。总状花序下垂，长可达 50~100cm，爪状花长约 7.5cm。紫色花萼圆形。花瓣 5 片，上方旗瓣向后弯，瓣缘内卷；翼瓣 2 枚短小；下方 2 枚龙骨瓣弯曲上翘。花色浅绿色至浅蓝绿色。荚果圆形，长十余厘米，里面仅 1 粒大种子。（栽培园地：SCBG，XTBG）

Strongylodon macrobotrys 翡翠葛（图 1）

Strongylodon macrobotrys 翡翠葛（图 2）

Strongylodon macrobotrys 翡翠葛（图 3）

Swainsona 耀花豆属

该属共计 1 种，在 1 个园中有种植

Swainsona formosa (G. Don) J. Thompson **沙耀花豆**

多年生草本，长达 3m。茎具淡红色柔毛，有匍匐特性。叶片灰绿色，柔软，叶为基数羽状复叶。茎的节梗处都可抽生花茎。6~8 个花簇生于短直的花茎上。花鲜红色，通常长为 9cm，下垂，船形的花瓣上下开展。（栽培园地：GXIB）

Tadehagi 葫芦茶属

该属共计 2 种，在 4 个园中有种植

Tadehagi pseudotriquetrum (Candolle) H. Ohashi **蔓茎葫芦茶**

亚灌木，茎蔓生。叶较短而宽，长 3~10cm，宽 1.3~5.2cm，长为宽的 3 倍以下。总状花序顶生和腋生，长达 25cm，花冠紫红色，长 7mm。荚果仅背腹缝线密被白色柔毛，果皮无毛，具网脉。（栽培园地：XTBG）

Tadehagi triquetrum (L.) H. Ohashi **葫芦茶**

灌木或亚灌木，茎直立。荚果全部密被黄色或白色糙伏毛，无网脉；叶长 5.8~13cm，宽 1.1~3.5cm，长为宽的 3 倍以上。总状花序顶生和腋生，长 15~30cm，被贴伏丝状毛和小钩状毛；花 2~3 朵簇生于每节上；苞片钻形或狭三角形，长 5~10mm。花冠淡紫色或蓝紫色，长 5~6mm，伸出萼外；荚果长 2~5cm，宽 5mm。（栽培园地：SCBG, XTBG, SZBG, GXIB）

Tadehagi triquetrum 葫芦茶（图 1）

Tadehagi triquetrum 葫芦茶（图 2）

Tadehagi triquetrum 葫芦茶（图 3）

Tamarindus 酸豆属

该属共计 1 种，在 5 个园中有种植

Tamarindus indica L. **酸豆**

乔木。小叶小，长圆形，长 1.3~2.8cm，宽 5~9mm，先端圆钝或微凹，基部圆而偏斜，无毛。花黄色或杂

Tamarindus indica 酸豆（图 1）

Tamarindus indica 酸豆（图 2）

Tamarindus indica 酸豆（图 3）

以紫红色条纹，少数；总花梗和花梗被黄绿色短柔毛；小苞片 2 枚，长约 1cm，开花前紧包着花蕾；萼管长约 7mm，檐部裂片披针状长圆形，长约 1.2cm，花后反折；花瓣倒卵形，与萼裂片近等长，边缘波状，皱折；雄蕊长 1.2~1.5cm，近基部被柔毛，花丝分离部分长约 7mm，花药椭圆形，长 2.5mm；子房圆柱形，长约 8mm，微弯，被毛。荚果长圆柱形，不开裂。（栽培园地：SCBG, KIB, XTBG, CNBG, XMBG）

Tephrosia 灰毛豆属

该属共计 2 种，在 3 个园中有种植

Tephrosia candida DC. **白灰毛豆**

灌木状草本，高 1~3.5m。茎木质化，具纵棱。羽状复叶长 15~25cm；小叶 8~12 对，长圆形，长 3~6cm，宽 6~1.4cm；总状花序顶生或侧生，长 15~20cm，疏散多花；花冠白色、淡黄色或淡红色。荚果直，线形，密被褐色长短混杂细绒毛，长 8~10cm，宽 7.5~8.5mm，顶端截尖，喙直，长约 1cm。（栽培园地：SCBG, XTBG, GXIB）

Tephrosia candida 白灰毛豆（图 1）

Tephrosia candida 白灰毛豆（图 2）

Tephrosia candida 白灰毛豆（图 3）

Tephrosia kerrii J. R. Drumm. et W. G. Craib **银灰毛豆**

多年生灌木状草本，高达 3m；全株密被黄色伸展茸毛。羽状复叶长 9~15cm。总状花序顶生，初时球果状，为苞片所覆盖，花期长约 10cm，稠密多花；花冠红色。荚果直，稍向下斜展，线形，长 8~10cm，宽 0.6~0.8cm。（栽培园地：XTBG）

Thermopsis 野决明属

该属共计 1 种，在 3 个园中有种植

Thermopsis chinensis Benth. ex S. Moore **霍州油菜**

多年生草本。叶柄与托叶等长或略长，茎基部叶片抱茎连合成鞘，先端全缘。花黄色，互生；苞片早落；萼阔钟形，长 5~10(13)mm，基部钝圆，下方萼齿三角形或钻状三角形，长为萼筒之半，上方 2 枚齿连合，微凹头；花瓣长 14~23(29)mm，瓣柄长 4~5(7)mm，翼瓣与龙骨瓣等宽或略宽；荚果向上直指，披针状线形。（栽培园地：IBCAS, XJB, CNBG）

Trifolium 车轴草属

该属共计 5 种，在 6 个园中有种植

Trifolium hybridum L. **杂种车轴草**

短期多年生草本。茎直立，不在节上生根；掌状三出复叶；总花梗长约 5cm，萼齿比萼筒长或等长，脉纹 5 条。花序球形，直径 1~2cm，着生上部叶腋。花冠淡红色至白色。（栽培园地：KIB）

Trifolium incarnatum L. **绛车轴草**

一年生草本，高 30~100cm。主根深入土层达 50cm。茎直立或上升，粗壮，被长柔毛，具纵棱。掌状三出复叶；托叶椭圆形，膜质托叶离生部分钝三角形。小叶阔倒卵形至近圆形，长 1.5~3.5cm，纸质，先端钝，有时微凹，基部阔楔形，渐窄至小叶柄，边缘具波状钝齿，两面疏生长柔毛，侧脉 5~10 对，与中脉作 40°~50° 角展开，中部分叉，纤细，不明显。花序圆筒状顶生，花序长筒形，长 3~5cm，无总苞；萼密被长硬毛花冠深红色、朱红色至橙色；荚果卵形；有 1 粒褐色种子。（栽培园地：XJB, CNBG）

Trifolium lupinaster L. **野火球**

多年生草本，高 30~60cm。茎直立；掌状复叶，通常小叶 5 枚，稀 3 枚或 7(~9) 枚；花多数集成头状花序，着生顶端和上部叶腋，具花 20~35 朵；总花梗长 1.3(~5)cm，被柔毛。花冠淡红色至紫红色；荚果长圆形，长 6mm（不包括宿存花柱），宽 2.5mm。（栽培园地：IBCAS）

Trifolium pratense L. **红车轴草**

短期多年生草本。小叶卵状椭圆形至倒卵形，长 1.5~3.5(5)cm，宽 1~2cm，先端钝，有时微凹，基部阔楔形，两面疏生褐色长柔毛，叶面上常有 “V” 字形白色斑，侧脉约 15 对，作 20° 角展开在叶边处分叉隆起，伸出形成不明显的钝齿；小叶柄短，长约 1.5mm。花序球状或卵状，顶生；花序无总花梗，包于顶生叶的托叶之内；花冠紫红色至淡红色。荚果卵形；通常有 1 粒扁圆形种子。（栽培园地：KIB, LSBG）

Trifolium repens L. **白车轴草**

短期多年生草本。掌状三出复叶；茎平卧或匍匐，节上生根；总花梗长 6~20cm，萼齿比萼筒短，脉纹 10 条。花序球形，顶生，直径 15~40mm；总花梗甚长，比叶柄长近 1 倍。花冠白色、乳黄色或淡红色；荚果长圆形；种子通常 3 粒。（栽培园地：SCBG, KIB, LSBG, CNBG）

Trigonella 胡卢巴属

该属共计 1 种，在 2 个园中有种植

Trigonella foenum-graecum L. **胡卢巴**

一年生草本，高 30~80cm。羽状三出复叶；小叶长倒卵形、卵形至长圆状披针形，近等大，长 15~40mm，宽 4~15mm；花 1~2 朵单生叶腋，无梗，花冠淡黄色至淡紫色，普通型花冠；荚果长大，圆锥状线形，具长喙，网纹纵长；种子多数，长圆形，较大，表面具疣点或凹凸不平。（栽培园地：SCBG, KIB）

Trigonella foenum-graecum 胡卢巴

Uraria 狸尾豆属

该属共计 4 种，在 2 个园中有种植

Uraria crinita (L.) Desv. ex DC. **猫尾草**

亚灌木。茎直立，高 1~1.5m. 分枝少，被灰色短毛。叶为奇数羽状复叶，茎下部小叶常为 3 枚，上部为 5 枚，少有 7 枚，长椭圆形、卵状披针形或卵形，宽 2~7cm；总状花序顶生，长 15~30cm 或更长，粗壮；花冠紫色，长 6mm。荚果略被短柔毛，荚节 2~4 节，椭圆形。（栽培园地：SCBG, XTBG）

Uraria lacei Craib **滇南狸尾豆**

直立灌木，高约 1.5m。茎圆柱形，具纵条纹，粗壮，分枝亦粗壮，被黄色绒毛。叶为羽状三出复叶；小叶纸质，长圆形或卵状披针形，顶生小叶长达 16cm，宽约 8cm；苞片卵形或圆形，中部以上不为尾尖；圆锥花序顶生，长 42cm；荚果无毛；顶生小叶长达 16cm，宽约 8cm。（栽培园地：XTBG）

Uraria lagopodioides (L.) Desv. ex DC. **狸尾豆**

平卧或开展草本，通常高可达 60cm。小叶通常 3 枚，偶兼有 1 枚；总状花序较短，顶生，长 3~6cm；萼下部裂片较上部裂片长 3 倍以上；花冠长约 6mm，淡紫色；荚果有 1~2 荚节，无毛。（栽培园地：SCBG, XTBG）

Uraria rufescens (DC.) Schindl. **钩柄狸尾豆**

亚灌木。茎直立，高 40~70cm，下部呈紫褐色，少分枝，小枝较纤细，被稀疏灰白色短柔毛和褐色短钩状毛。叶为 3 枚小叶或单小叶；托叶披针形，长 8~10mm，有缘毛，早落；叶柄长 1~2.5cm，被毛；小叶纸质，椭圆形或卵状椭圆形，长 3~8cm，宽 2~4cm。总状花序或由总状花序集合而成圆锥花序顶生，长 10~20cm，密被钩状毛和柔毛；花稀疏。花冠紫色，比花萼长 1~2 倍。荚果有反复折叠的荚节 4~7 节，荚节扁平。（栽培园地：XTBG）

Urariopsis 算珠豆属

该属共计 1 种，在 1 个园中有种植

Urariopsis cordifolia (Wall.) Schindl. **算珠豆**

直立灌木，高 0.4~1m。小枝粗壮，密被黄色绒毛。叶具单小叶；托叶三角形，长 15mm，被短绒毛；叶柄长 4~5cm，被黄色绒毛；小叶纸质，卵形或宽卵形，长 (4)6~12cm，宽 6~10cm，先端钝，无细尖，基部浅心形，两面被短绒毛。总状花序顶生，长 13~20cm，

Urariopsis cordifolia 算珠豆

密被黄色短绒毛，不分枝或在基部具 1 个分枝；苞片披针形，长 5~10mm，外面密被毛；每苞片生 2 朵花；花冠淡红色或白色，长 5~6mm。荚果褐色，被短毛，有 2~3 荚节。（栽培园地：XTBG）

Vicia 野豌豆属

该属共计 11 种，在 6 个园中有种植

Vicia amoena Fisch. ex Ser. **山野豌豆**

多年生草本，高 30~100cm。植株被疏柔毛，稀近无毛。主根粗壮，须根发达。茎具棱，多分枝，细软，斜升或攀援。偶数羽状复叶，长 5~12cm，几无柄，顶端卷须有 2~3 个分支；托叶半箭头形，长 0.8~2cm，边缘有 3~4 枚裂齿；小叶 4~7 对，互生或近对生，椭圆形至卵披针形，长 1.3~4cm，宽 0.5~1.8cm；先端圆，微凹，基部近圆形，上面被贴伏长柔毛，下面粉白色；沿中脉毛被较密，侧脉扇状展开直达叶缘。总状花序通常长于叶；花 10~20(30) 密集着生于花序轴上部；花冠红紫色、蓝紫色或蓝色，花期颜色多变。荚果长圆形，长 1.8~2.8cm，宽 0.4~0.6cm。（栽培园地：IBCAS）

Vicia bungei Ohwi **大花野豌豆**

一、二年生缠绕或匍匐伏草本，高 15~40(50)cm。茎有棱，多分枝，近无毛，偶数羽状复叶顶端卷须有分枝；托叶半箭头形，长 0.3~0.7cm，有锯齿；小叶 3~5 对，长圆形或狭倒卵状长圆形，长 1~2.5cm，宽 0.2~0.8cm，先端平截微凹，稀齿状，上面叶脉不甚清晰，下面叶脉明显被疏柔毛。总状花序长于叶或与叶轴近等长；具花 2~4(5) 朵，着生于花序轴顶端，长 2~2.5cm，萼钟形，被疏柔毛，萼齿披针形；花冠红紫色或金蓝紫色。荚果扁长圆形，长 2.5~3.5cm，宽约 0.7cm。（栽培园地：IBCAS）

Vicia cracca L. **广布野豌豆**

多年生草本，高 40~150cm。根细长，多分支。茎攀援或蔓生，有棱，被柔毛。偶数羽状复叶，叶轴顶端卷须有 2~3 隔分支；小叶 5~12 对互生，线形、长圆形或披针状线形，长 1.1~3cm，宽 0.2~0.4cm，先端锐尖或圆形，具短尖头，基部近圆或近楔形，全缘。总状花序与叶轴近等长，花多数，10~40 朵密集一面着生于总花序轴上部；花萼钟状，萼齿 5 枚，近三角状披针形；花冠紫色、蓝紫色或紫红色；旗瓣长圆形，中部缢缩呈提琴形，先端微缺。荚果长圆形或长圆状菱形，长 2~2.5cm，宽约 0.5cm，先端有喙。（栽培园地：IBCAS, KIB, LSBG）

Vicia cracca 广布野豌豆（图 1）

Vicia cracca 广布野豌豆（图 2）

Vicia faba L. **蚕豆**

一年生草本，高 30~100(120)cm。主根短粗，多须根，根瘤粉红色，密集。茎粗壮，直立，直径 0.7~1cm，具 4 棱，中空、无毛。偶数羽状复叶，叶轴顶端卷须短缩为短尖头；小叶通常 1~3 对，互生，上部小叶可达 4~5 对，基部较少，小叶椭圆形、长圆形或倒卵形，稀圆形，长 4~6(10)cm，宽 1.5~4cm，先端圆钝，具短尖头，基部楔形，全缘，两面均无毛。总状花序腋生，花梗近无；花萼钟形，萼齿披针形，下萼齿较长。花冠白

色，具紫色脉纹及黑色斑晕；荚果肥厚，长 5~10cm，宽 2~3cm。（栽培园地：SCBG, LSBG）

Vicia hirsuta (L.) Gray **小巢菜**

一年生草本，高 15~90(120)cm，攀援或蔓生。茎细柔有棱，近无毛。偶数羽状复叶末端卷须分支；托叶线形，基部有 2~3 枚裂齿；小叶 4~8 对，线形或狭长圆形，长 0.5~1.5cm，宽 0.1~0.3cm，先端平截，具短尖头，基部渐狭，无毛。总状花序明显短于叶；花萼钟形，萼齿披针形，长约 0.2cm；花 2~4(7) 密集生于花序轴顶端，花甚小，长仅 0.3~0.5cm；花冠白色、淡蓝青色或紫白色，稀粉红色，旗瓣椭圆形，长约 0.3cm，先端平截有凹，翼瓣近勺形，与旗瓣近等长，龙骨瓣较短。荚果长圆菱形，长 0.5~1cm，宽 0.2~0.5cm。（栽培园地：LSBG, CNBG）

Vicia kulingana L. H. Bailey **牯岭野豌豆**

多年生直立草本。偶数羽状复叶，叶轴顶端无卷须，具短尖头；小叶 2~3 对，卵圆状披针形或长圆状披针形。总状花序长于叶轴或近等长；花萼近斜钟状；具花 5~18 朵，着生于花序轴上部，花较大；小花梗长 0.15cm，基部有宿存小苞片；花冠紫色、紫红色或蓝色，旗瓣长圆状提琴形或近长圆形，翼瓣与旗瓣近等长，龙骨瓣略短于翼瓣。荚果长圆形，长 4~5cm，宽 0.7~0.8cm。（栽培园地：SCBG, LSBG）

Vicia latibracteolata K. T. Fu **宽苞野豌豆**

多年生草本，高 60~120cm。茎直立、少分枝、有棱，被疏柔毛。羽状复叶长 9~11cm，叶轴末端卷须有 2~3 个分支；托叶半箭头形、菱形至披针形，二裂，长 0.5~1.2cm；小叶通常 9 对，线状披针形、卵圆状披针形或长圆形，长 1.2~2.7cm，宽 0.7~1.1cm，先端渐尖或圆，有短尖头，基部渐狭，近楔形；侧脉 9~13 对至叶缘联接。总状花序明显短于叶，花具小苞片；花冠紫色、紫红色、淡紫色或带粉红色；荚果侧扁，狭长圆形，长 2~2.5cm，先端有喙。（栽培园地：WHIOB）

Vicia pseudorobus Fisch. ex C. A. Meyer **大叶野豌豆**

多年生草本，高 50~150(200)cm。根茎粗壮、木质化，须根发达，表皮黑褐色或黄褐色。茎直立或攀援，有棱，绿色或黄色，具黑褐斑，被微柔毛，老时渐脱落。偶数羽状复叶，长 2~17cm；顶端卷须发达，有 2~3 个分支。总状花序长于叶，长 4.5~1.5cm；花多，通常 15~30 朵，花长 1~2cm，紫色或蓝紫色；荚果长圆形，扁平，长 2~3cm，宽 0.6~0.8cm。（栽培园地：IBCAS）

Vicia sativa L. **救荒野豌豆**

一、二年生草本，高 15~90(105)cm。茎斜升或攀援，单一或多分枝，具棱，被微柔毛。偶数羽状复叶长

Vicia sativa 救荒野豌豆（图 1）

Vicia sativa 救荒野豌豆（图 2）

2~10cm，叶轴顶端卷须有 2~3 个分支。花 1~2(4) 朵腋生，近无梗；萼钟形，外面被柔毛，萼齿披针形或锥形；花冠紫红色或红色；荚果线长圆形，长 4~6cm，宽 0.5~0.8cm，表皮土黄色，种间缢缩。（栽培园地：SCBG, KIB, LSBG）

Vicia tetrasperma (L.) Schreb. **四籽野豌豆**

一年生缠绕草本，高 20~60cm。茎纤细柔软有棱，多分支，被微柔毛。偶数羽状复叶，长 2~4cm；顶端为卷须，托叶箭头形或半三角形，长 0.2~0.3cm；小叶 2~6 对，长圆形或线形，长 0.6~0.7cm，宽约 0.3cm，先端圆，具短尖头，基部楔形。总状花序长约 3cm，花 1~2 朵着生于花序轴先端，花甚小，仅长约 0.3cm；花冠淡蓝色或带蓝色、紫白色，旗瓣长圆状倒卵形，长约 0.6cm，宽 0.3cm；荚果长圆形，长 0.8~1.2cm，宽 0.2~0.4cm，表皮棕黄色，近革质。（栽培园地：LSBG）

Vicia unijuga A. Braun **歪头菜**

多年生草本，高 (15)40~100(180)cm。叶轴末端为细刺尖头；偶见卷须，托叶戟形或近披针形，长 0.8~2cm，宽 3~5mm，边缘有不规则齿蚀状；小叶 1 对，卵状披针形或近菱形，先端渐尖，边缘具小齿状，基

部楔形，两面均疏被微柔毛。叶总状花序单一，稀有分支呈圆锥状复总状花序，花萼紫色，斜钟状或钟状，长约 0.4cm，直径 0.2~0.3cm，无毛或近无毛，萼齿明显短于萼筒；花冠蓝紫色、紫红色或淡蓝色，旗瓣倒提琴形，翼瓣先端钝圆。荚果扁，长圆形。（栽培园地：SCBG, IBCAS, WHIOB）

Vigna 豇豆属

该属共计 7 种，在 5 个园中有种植

Vigna angularis (Willd.) Ohwi et Ohashi **赤豆**

一年生直立或缠绕草本，高 30~90cm，植株被疏长毛。羽状复叶具 3 枚小叶；托叶盾状着生，箭头形，长 0.9~1.7cm；小叶卵形至菱状卵形，长 5~10cm，宽 5~8cm，先端宽三角形或近圆形，侧生的偏斜，全缘或浅三裂，两面均稍被疏长毛。花黄色，5~6 朵生于短的总花梗顶端；花梗极短；花冠长约 9mm。荚果圆柱状，长 5~8cm，宽 5~6mm，平展或下弯。（栽培园地：SCBG, LSBG）

Vigna radiata (L.) R. Wilczek **绿豆**

一年生直立草本，高 20~60cm。羽状复叶具 3 枚小叶；小叶卵形，长 5~16cm，宽 3~12cm，被疏长毛；总状花序腋生，有花 4 至数朵，最多可达 25 朵；花冠黄绿色；荚果线状圆柱形，长 4~9cm，宽 5~6mm，被散生长硬毛；种子淡绿色或黄褐色，短柱形。（栽培园地：SCBG, LSBG, GXIB）

Vigna radiata 绿豆（图 1）

Vigna radiata 绿豆（图 2）

Vigna umbellata (Thunb.) Ohwi et H. Ohashi **赤小豆**

一年生草本。茎纤细，长达 1m 或过之，幼时被黄色长柔毛，老时无毛。羽状复叶具 3 小叶；托叶盾状着生，披针形或卵状披针形，长 10~15mm，两端渐尖；小托叶钻形，小叶纸质，卵形或披针形，长 10~13cm，宽 (2)5~7.5cm，先端急尖，基部宽楔形或钝，全缘或微 3 裂。总状花序腋生，短，有花 2~3 朵；苞片披针形；花梗短，着生处有腺体；花黄色，长约 1.8cm，宽约 1.2cm；龙骨瓣右侧具长角状附属体。荚果线状圆柱形，下垂。（栽培园地：SCBG, LSBG）

Vigna unguiculata (L.) Walp. **豇豆**

一年生缠绕、草质藤本或近直立草本，有时顶端缠绕状。茎近无毛。羽状复叶具 3 小叶；托叶披针形，长约 1cm，着生处下延成一短距，有线纹；小叶卵状菱形，长 5~15cm，宽 4~6cm，先端急尖，边全缘或近全缘，有时淡紫色，无毛。总状花序腋生，具长梗；花 2~6 朵聚生于花序的顶端，花梗间常有肉质密腺；花萼浅绿色，钟状，长 6~10mm，裂齿披针形；花冠黄白色而略带青紫色，长约 2cm，各瓣均具瓣柄，旗瓣扁圆形，宽约 2cm，顶端微凹，基部稍有耳，翼瓣略呈三角形，龙骨瓣稍弯；子房线形，被毛。荚果下垂，直立或斜展，线形。（栽培园地：WHIOB, XJB, LSBG）

Vigna unguiculata (L.) Walp. ssp. **cylindrica** (L.) Verdc. **短豇豆**

一年生直立草本，高 20~40cm。荚果长 10~16cm；种子深红色或黑色，有黑色或棕色斑点，圆形或肾形。（栽培园地：SCBG, XJB）

Vigna unguiculata 豇豆（图 1）

Vigna unguiculata 豇豆（图 2）

Vigna unguiculata (L.) Walp. ssp. **sesquipedalis** (L.) Verdc. **长豇豆**

一年生攀援植物，长 2~4m。花冠紫色至蓝紫色，旗瓣圆形，先端圆，基部略作心形，翼瓣狭长圆形，基部截平，具小尖角，龙骨瓣较阔，近镰形，先端圆钝；荚果倒披针形，下垂，嫩时多少膨胀；种子肾形，长 8~12mm。（栽培园地：LSBG）

Vigna vexillata (L.) Rich. **野豇豆**

多年生攀援或蔓生草本。根纺锤形，木质；茎被开展的棕色刚毛，老时渐变为无毛。羽状复叶具 3 枚小叶；小叶膜质，形状变化较大，卵形至披针形，长 4~9(15)cm，宽 2~2.5cm；叶柄长 1~11cm；叶轴长 0.4~3cm；小叶柄长 2~4mm。花序腋生，有 2~4 朵生于花序轴顶部的花，使花序近伞形；旗瓣黄色、粉红色或紫色，翼瓣紫色，基部稍淡，龙骨瓣白色或淡紫色；荚果直立，线状圆柱形，长 4~14cm，宽 2.5~4mm。（栽培园地：LSBG）

Wisteria 紫藤属

该属共计 5 种，在 9 个园中有种植

Wisteria floribunda (Willd.) DC. **多花紫藤**

落叶藤本。树皮赤褐色。茎右旋，枝较细柔，分枝密，叶茂盛，初时密被褐色短柔毛，后秃净。羽状复叶长 20~30cm；托叶线形，早落；小叶 5~9 对，薄纸质，卵状披针形，自下而上等大或逐渐狭短，长 4~8cm，宽 1~2.5cm，先端渐尖，基部钝或歪斜，嫩时两面被平伏毛，后渐秃净；小叶柄长 3~4mm，干后变黑色，被柔毛；小托叶刺毛状，长约 3mm，易脱落。总状花序生于当年生枝的枝梢，同一枝上的花儿同时开放，花冠紫色至蓝紫色。荚果倒披针形，长 12~19cm，宽 1.5~2cm，平坦，密被绒毛。（栽培园地：KIB, LSBG）

Wisteria sinensis (Sims) Sweet **紫藤**

落叶藤本。茎左旋，枝较粗壮，嫩枝被白色柔毛，后秃净；冬芽卵形。奇数羽状复叶长 15~25cm；托叶线形，早落；小叶 3~6 对，纸质，卵状椭圆形至卵状披针形，上部小叶较大，基部 1 对最小，长 5~8cm，宽 2~4cm，先端渐尖至尾尖，基部钝圆或楔形或歪斜，嫩叶两面被平伏毛，后秃净；小叶柄长 3~4mm，被柔毛。总状花序发自去年生短枝的腋芽或顶芽，长 15~30cm，直径 8~10cm，花序轴被白色柔毛；苞片披针形，早落；花芳香，花冠紫色。荚果倒披针形，长 10~15cm，宽 1.5~2cm，密被绒毛。（栽培园地：SCBG, IBCAS, WHIOB, KIB, LSBG, CNBG, SZBG, GXIB, XMBG）

Wisteria sinensis 紫藤（图 1）

Wisteria sinensis 紫藤（图 2）

Wisteria sinensis 紫藤（图 3）

Wisteria sinensis (Sims) Sweet f. **alba** (Lindl.) Rehd. et Wils. **白花紫藤**

本变型与原变型的主要区别为：花白色。（栽培园地：LSBG, CNBG, XMBG）

Wisteria venusta Rehder et E. H. Wilson **白花藤萝**

落叶藤本，长 2~10m。嫩枝密被黄色平伏柔毛，后渐秃净；冬芽球形，长约 1cm，密被黄色绢毛。羽状复叶长 18~35cm；托叶早落；小叶 4~5 对，卵状长圆形至长圆状披针形，中部 1 对较大，长 6~10cm，宽 2.5~5cm，先端短渐尖，基部截形至歪斜或近心形，上面被平伏柔毛，下面较密，尤以中脉及边缘更显著；小叶柄长 2~3mm。总状花序生于枝端，下垂，与叶片同时开展，密被黄色绒毛。花冠白色；荚果倒披针形，扁平，密被黄色绒毛。（栽培园地：CNBG）

Wisteria villosa Rehder **藤萝**

落叶藤本。当年生枝粗壮，密被灰色柔毛，次年秃净；冬芽灰黄色，卵形，长约 1cm，密被灰色柔毛。羽状复叶长 15~32cm；叶柄长占 2~5cm；托叶早落；小叶 4~5 对，纸质，卵状长圆形或椭圆状长圆形，自下而上逐渐缩小，但最下 1 对并非最大，长 5~10cm，宽 2.3~3.5cm，先端短渐尖至尾尖，基部阔楔形或圆形，上面疏被白色柔毛，下面毛较密，不脱落；小叶柄长 3~4mm；小托叶刺毛状，长 5~6mm，易落，与小叶柄均被伸展长毛。总状花序生于枝端，下垂，盛花时叶半展开。花冠堇青色；荚果倒披针形，长 18~24cm，宽 2.5cm。（栽培园地：WHIOB）

Xeroderris 红皮鱼豆属

该属共计 1 种，在 1 个园中有种植

Xeroderris stuhlmannii (Taub.) Mendonca et Sousa **红皮铁木**

常绿大乔木，高达 30m 以上，胸径 1m 以上。树皮

Xeroderris stuhlmannii 红皮铁木（图 1）

Xeroderris stuhlmannii 红皮铁木（图 2）

灰色，平滑，老时呈灰褐色，片状剥落。叶片厚革质，椭圆状卵形或宽卵形，长 9~18cm，宽 8~10cm，离基三出脉，基部不对称；叶柄通常长 4~5cm。雌雄异株，稀同株。花序腋生或顶生。花冠白色或绿白色。蒴果椭圆形，成熟时裂为 5 个果瓣，每果瓣有 1 枚种子。（栽培园地：XTBG）

Zapoteca

该属共计 1 种，在 1 个园中有种植

Zapoteca portoricensis (Jacq.) H. M. Hern. **香水合欢**

常绿灌木，株高 1~2m。枝条于生长初期挺直伸长，之后才逐渐向四周弯曲，枝条红褐色，叶互生，二回羽状复叶，小叶线形。头状花序腋生，阴天或夜间会闭合，具香味，花丝细长，下端雪白色，花形酷似粉扑。荚果扁平带状。（栽培园地：XMBG）

Zenia 任豆属

该属共计 1 种，在 4 个园中有种植

Zenia insignis Chun **任豆**

乔木，高 15~20m，胸径约 1m。小枝黑褐色，散生有黄白色的小皮孔；树皮粗糙，成片状脱落。芽椭圆状纺锤形，有少数鳞片，初时被黄色柔毛，后渐脱落。叶长 25~45cm；叶柄短，长 3~5cm；叶轴及叶柄

Zenia insignis 任豆（图 1）

Zenia insignis 任豆（图 2）

Zenia insignis 任豆（图 3）

多少被黄色微柔毛；小叶薄革质，长圆状披针形，长6~9cm，宽2~3cm，基部圆形，顶端短渐尖或急尖，边全缘，上面无毛，下面有灰白色的糙伏毛；小叶柄长2~3mm。圆锥花序顶生；总花梗和花梗被黄色或棕色糙伏毛；花红色，长约14mm；苞片小，狭卵形，早落。荚果褐色，不开裂，长圆形或长圆状椭圆形。（栽培园地：SCBG, WHIOB, KIB, GXIB）

Zornia 丁葵草属

该属共计1种，在2个园中有种植

Zornia diphylla (L.) Pers. 丁葵草

多年生、纤弱多分枝草本，高20~50cm。无毛，有时有粗厚的根状茎。托叶披针形，长1mm，无毛，有明显的脉纹，基部具长耳。小叶2枚，卵状长圆形、倒卵形至披针形，长0.8~1.5cm，有时长达2.5cm，先端急尖而具短尖头，基部偏斜，两面无毛，背面有褐色或黑色腺点。总状花序腋生，长2~6cm，花2~6(10)朵疏生于花序轴上；苞片2枚，卵形，长6~7(10)mm，盾状着生，具缘毛，有明显的纵脉纹5~6条；花萼长3mm，花冠黄色，旗瓣有纵脉，翼瓣和龙骨瓣均较小，具瓣柄。荚果通常长于苞片，有荚节2~6个，荚节近圆形。（栽培园地：SCBG, XTBG）

中文名索引

D

E

F

G

H

J

K

L

M

N

O

P

Q

T

W

X

拉丁名索引

C

D

E

F

G

H

I

J

M

T

U

V

W

X

Z